普通高等教育规划教材

工程力学教程

第二版

吴亚平 刘玮 边祖光 等编

化学工业出版社
·北京·

内容提要

全书共分为三篇18章。第一篇为静力学（第一章～第四章），主要介绍静力学的基本概念和基础知识，力系的合成及平衡的概念及求解方法。第二篇为杆件的强度、刚度及稳定性分析（第五章～第十一章），主要介绍材料力学的有关内容。第三篇为结构力学（第十二章～第十八章），主要介绍与结构静力学有关的内容。书末附录列出了型钢表及习题参考答案。

本教材可作为本科及应用型本科、专科相关专业（如土建，机械，环境，工程管理，包装等专业）少学时工程力学及建筑力学的教学用书，也适用于相关专业的函授自学，也可供相关专业工程技术人员参考。

图书在版编目（CIP）数据

工程力学教程/吴亚平，刘玮，边祖光等编. —2版.
北京：化学工业出版社，2012.4(2024.9重印)
普通高等教育规划教材
ISBN 978-7-122-12989-5

Ⅰ.工… Ⅱ.①吴…②刘…③边… Ⅲ.工程力学-高等学校-教材 Ⅳ.TB12

中国版本图书馆CIP数据核字（2011）第258375号

责任编辑：王文峡　　文字编辑：李仙华
责任校对：宋　玮　　装帧设计：尹琳琳

出版发行：化学工业出版社（北京市东城区青年湖南街13号　邮政编码100011）
印　　装：涿州市般润文化传播有限公司
787mm×1092mm　1/16　印张19　字数486千字　2024年9月北京第2版第8次印刷

购书咨询：010-64518888　　售后服务：010-64518899
网　　址：http://www.cip.com.cn
凡购买本书，如有缺损质量问题，本社销售中心负责调换。

定　　价：48.00元

前　言

工程力学是一门重要的技术基础课。随着科学技术的发展，工程力学的研究与应用已深入到许多领域，由于多学科的互相交叉和渗透使得工程力学的应用范围显著扩大了，除土木类、机械类专业将其作为主修课程，其他专业如运输、管理、包装、技术经济、工程造价、建筑学、环境工程、生物、测控、电器工程等专业的学生及技术人员也需要掌握一定的工程力学知识，但也可能存在学时有限的问题，因此需要一本既能使学生在较少的学时内掌握工程力学知识系统概貌，并具有一定应用水平的教科书。目前能满足上述要求的教材还较少。我们曾在2005年编写了一本《工程力学简明教程》，经过6年试用后反映较好，为了将教材的应用范围扩大到应用型本科的土建、机械专业，我们根据专业要求，结合多年来为上述专业讲授工程力学课程的经验和体会，在原有教材的基础上对部分内容进行了重新编写及修订并更名为《工程力学教程》。

本书的主要目的在于培养实用型人才，向他们提供工程力学学科的理性思维方法，并使之具有较好的实际应用能力。着眼点不在于繁杂的推导及论证，力争在有限的学时内，尽量增大教材的信息量、实用性及适用范围。本书根据这一原则选择与编排各章内容。

全书分为三篇，共18章。第一篇为静力学（第一章～第四章），主要介绍静力学的基本概念和基础知识，力系的合成及平衡的概念及求解方法。第二篇为杆件的强度、刚度及稳定性分析（第五章～第十一章），主要介绍材料力学的有关内容。第三篇为结构力学（第十二章～第十八章），主要介绍与结构静力学有关的内容。

为了节省学时，本教材根据实用的原则，在保证论述严谨、逻辑清晰的前提下尽量突出重点，删繁就简。在内容的编写上突出解题思路和方法以便于学生能真正学懂会用，如在第一篇中注重各力系之间的联系和融会贯通；在第二篇中将压杆的稳定性问题与杆件的轴向拉伸和压缩问题放在同一章中，并用折减系数法将其统一起来，从而避免了欧拉公式的推导；此外，将应力状态的概念分解在各相关章节中并对复杂应力状态的强度理论也只介绍其结果的应用。在第三篇中只介绍杆系结构的静力学问题，并考虑与第一篇、第二篇内容的衔接，删除了一般结构力学教材中与理论力学和材料力学中相重合的有关超静定、可变形固体等概念和内容。以上编排方法节省了许多学时，这也是本教材的一个特色。

综上所述，经过对内容的精选和编排，本书具有篇幅较小，信息容量较大，简便易学、实用的特点，在实际使用中可根据不同专业的要求进行取舍。全部学完该教材约需90～100学时，其中理论力学部分约占20学时，材料力学部分约占40学时，结构力学部分约占40学时。本教材可作为少学时工程力学及建筑力学相关专业（如土建、机械、环境、工程管理、包装等专业）的本科及应用型本科、专科学生及教师教学用书，也适用于有关专业的函授生自学，也可供相关专业工程技术人员参考。

本书在《工程力学简明教程》的基础上对部分内容进行了重新编写及修订。本书的静力学部分（第一篇）主要由边祖光负责编写和修订，其中摩擦、空间任意力系这两部分取自《工程力学简明教程》相应内容（程耀芳编写），杆件的强度、刚度及稳定性分析部分（第二篇）由吴亚平负责编写，结构力学部分（第三篇）主要由刘玮负责编写和修订，其中位移法、力矩分配法及影响线这部分内容由查支祥依据《工程力学简明教程》相应内容（康希良编写）进行了修改及修订，全书由吴亚平统稿。

本书较之《工程力学简明教程》主要是对静力学部分及结构力学部分的主要内容及习题进行了重新编写和修订，其特点是更加简练和易懂以满足应用型本科的要求。

限于编者的水平，书中可能存在不少欠妥之处，恳请广大读者批评指正。

编者

2011 年 9 月

第一版前言

工程力学是一门重要的技术基础课。随着科学技术的发展，工程力学的研究与应用已深入到许多领域，由于多学科的互相交叉和渗透使得工程力学的应用范围显著扩大了，许多非土木、机械专业如运输、管理、包装、技术经济、工程造价、建筑学、环境工程、生物、测控、电器工程等专业的学生及技术人员也需要掌握一定的工程力学知识。对于上述专业，由于工程力学一般为非主修课程，学时往往很有限，因此需要一本既能使学生在较少的学时内掌握工程力学知识系统概貌，并具有一定应用水平的教科书。目前能满足上述要求的教材还较少。我们曾在1990年根据运输管理及包装专业的要求编写了一本《工程力学教程》，经过4年试用后，在1994年将其修订后正式出版，此教材出版后又在各有关专业连续使用了10年。在此期间，使用该教材的专业不断增多，而且各专业的力学学时及教学内容都发生了很大变化。由于当时编写此教材的主要对象是运输管理及包装专业的学生，所以在教材的内容安排上有一定的局限性。针对以上情况，我们根据专业要求，结合多年来为上述专业讲授工程力学课程的经验和体会，在原有教材的基础上对内容重新编写了这本《工程力学简明教程》，并删去了有关动力学的内容，增加了结构力学内容。

本书的主要目的在于培养实用型人才，向他们提供工程力学学科的理性思维方法，并使之具有较好的实际应用能力。着眼点不在于繁杂的推导及论证，力争在有限的学时内，尽量增大教材的信息量、实用性及适用范围。本书根据这一原则选择与编排各章内容。

全书分为三篇，共18章。第一篇为静力学（第一章～第四章），主要介绍静力学的基本概念和基础知识，力系的合成及平衡的概念及求解方法。第二篇为杆件的强度、刚度及稳定性分析（第五章～第十一章），主要介绍材料力学的有关内容。第三篇为结构力学（第十二章～第十八章），主要介绍与结构静力学有关的内容。

为了节省学时，本教材根据实用的原则，在保证论述严谨，逻辑清晰的前提下尽量突出重点，删繁就简。在内容的编写上突出解题思路和方法以便于学生能真正学懂会用，如在第一篇中注重各力系之间的联系和融会贯通；在第二篇中将压杆的稳定性问题与杆件的轴向拉伸和压缩问题放在同一章中，并用折减系数法将其统一起来，从而避免了欧拉公式的推导；此外，将应力状态的概念分解在各相关章节中并对复杂应力状态的强度理论也只介绍其结果的应用。在第三篇中只介绍杆系结构的静力学问题，并考虑与第一篇，第二篇内容的衔接，删除了一般结构力学教材中与理论力学和材料力学中相重合的有关超静定、可变形固体等概念和内容。以上编排方法节省了许多学时，这也是本教材的一个特色。

综上所述，经过对内容的精选和编排，本书具有篇幅较小，信息容量较大，简便易学、实用的特点，全部学完该教材约需90～100学时，其中理论力学部分约占20学时，材料力学部分约占40学时，结构力学部分约占40学时。本教材可作为少学时工程力学相关专业的本、专科学生及教师教学用书，也适合于有关专业的函授生自学，也可供相关专业工程技术人员参考。

参加本书编写工作的有：吴亚平（第二篇），程耀芳（第一篇），康希良（第三篇），全书由吴亚平统稿。

本书在编写过程中，苏强、杨东涛、舒春生等同志在文稿整理、绘图方面做了大量工作，在此表示感谢。限于编者的水平，书中可能存在不少欠妥之处，恳请广大读者批评指正。

编　者

2005 年 1 月于兰州交通大学

目　　录

第一篇　静　力　学

第二篇　杆件的强度、刚度及稳定性分析

第三篇 结构力学

第一篇　静　力　学

静力学研究物体在力系的作用下的平衡规律。平衡是指物体相对于地面保持静止或作匀速直线运动。如静止的建筑物、桥梁，匀速直线行驶的汽车等都处于平衡状态。在静力学中，将具体研究以下问题：

1. 物体的受力分析
2. 力系的简化与力系的合成
3. 力系的平衡条件及其应用

静力学在工程中应用非常广泛。机械和工程结构的设计都需要应用静力学理论进行受力分析和静力计算，然后对它们进行强度、刚度或稳定性的分析计算。

第一章　静力学的基本概念和物体的受力分析

本章讲述静力学的基本概念与公理，介绍物体受力分析的基本方法。

第一节　静力学的基本概念

力的概念源自于生产实践。在总结前人成果的基础上，伽利略和牛顿对力作了如下定义：力是物体间相互的机械作用。力可以使物体的机械运动状态发生改变，如物体运动的快慢和运动的方向发生改变；力也可以使物体产生变形，如橡皮筋在拉力作用下伸长。

不直接接触的物体之间，也可以存在力，如重力场中的物体之间、磁场中的磁体之间、电场中的带电体之间。但是力不能脱离物体而存在，即必须同时存在施力物体和受力物体。

实践表明，力对物体的作用效果取决于以下三个要素：力的大小、方向、作用点。因此，力是一个矢量，本书用矢量符号 $\boldsymbol{F}$ 表示，而力的大小用普通符号 F 表示。在国际单位制中，力的单位是牛顿（N），而在建筑工程中广泛采用千牛顿（kN）作为力的单位，在表示钢绞线等的张拉力时，又常采用吨力（tf）作为力的单位，它们的换算关系是：

$$1\text{tf}=9.8\text{kN}\approx10\text{kN}$$

在多数情况下，工程中的物体同时受到多个力的作用，一般称这样的一群力为力系。按力作用线是否在同一平面内，力系可以分为平面力系和空间力系；按力作用线的相互关系，力系又可分为平行力系、汇交力系和任意力系。两个不同的力系，如果对同一个物体的作用效果完全一致，则称这两个力系相互等效。用一个简单力系等效替换一个复杂力系，称为力系的简化。

静力学是研究物体在力系作用下的平衡条件的学科。所谓平衡，是指物体相对于惯性参考系保持静止或作匀速直线运动状态。所谓平衡条件，是指物体维持平衡所应满足的力学条件。满足平衡条件的力系称为平衡力系。

在静力学中，刚体的概念经常涉及。在力的作用下，内部任意两点之间的距离保持不变的物体，称为刚体。显然，刚体的几何形状在受力前后维持不变。我们知道，自然界的物体在受力后将产生变形，如在房屋上部结构的作用下，地基与基础发生沉降。因此现实生活中并不存在刚体，刚体是从现实物体中抽象出来的一个力学模型。现实物体能否抽象为刚体，取决于研究问题的需要。在研究平衡规律时，如果现实物体的变形不影响平衡分析，则可以视之为刚体。

静力学的研究内容主要包括以下三部分：

(1) 物体的受力分析。

(2) 力系的简化。

(3) 物体平衡条件的建立。

静力学理论是后续各力学课程的重要基础，在工程设计也有着广泛的应用。

第二节　静力学公理

所谓公理，是指人们在长期的生产生活实践中积累的经验总结，经过实践的反复检验，证明它们是符合客观实际的最普遍、最一般的规律。静力学公理是研究力系简化与平衡的重要依据。

公理 1　二力平衡条件

作用在刚体上的两个力，使刚体维持平衡的充分和必要条件是，这两个力的大小相等，方向相反，作用在同一条直线上。如图 1-1 所示。

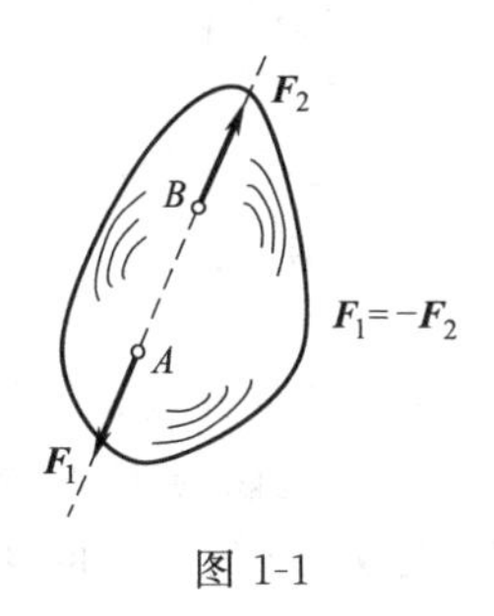

图 1-1

上述公理表明了作用于刚体上的最简单的平衡力系。需要说明的是，本公理不适用于变形体。例如，在图 1-2 中，软绳受到大小相等、方向相反的一对拉力作用，可以维持平衡；但如果把拉力变成压力，则软绳将失去平衡。因此，刚体的平衡条件，仅是变形体平衡的必要条件，而不是充分条件。

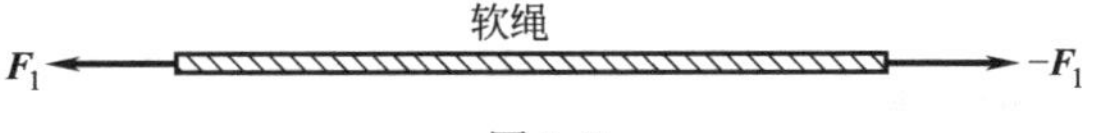

图 1-2

公理 2　加减平衡力系原理

从作用于刚体的任意力系中，加上或减去任意一个平衡力系，并不改变原力系对刚体的作用效果。

这个公理为力系的简化提供了重要的依据。但它同样不适用于变形体。

推论 1　力的可传性

作用于刚体上某点处的力，沿其作用线移动到刚体内任意一点，并不改变该力对刚体的作用效果。

证明如下：

如图 1-3（a）所示，刚体的 A 点处作用力 $\boldsymbol{F}_1$。现在其作用线上的任意一点 B 处，添加一组平衡力系 $\boldsymbol{F}_2$ 和 $\boldsymbol{F}_3$，且使得 $F_1=F_2=F_3$，如图 1-3（b）所示。由公理 2，此时刚体受到的作用效果并没有发生改变。又根据公理 1，可以看出此时力 $\boldsymbol{F}_1$ 和 $\boldsymbol{F}_2$ 也组成了一个平衡力系，因此可以将它们从刚体上移去，从而只剩下力 $\boldsymbol{F}_3$，如图 1-3（c）所示。这样，力 $\boldsymbol{F}_1$ 就从 A 点沿其作用线移动到刚体内任意一点 B，而对刚体的作用效果并不发生改变。

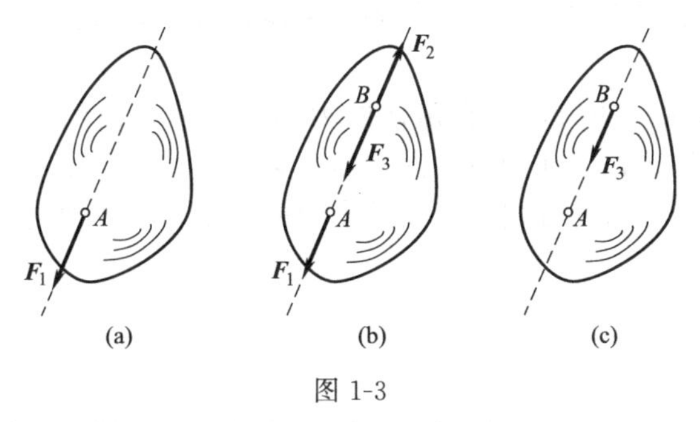

图 1-3

证毕。

由推论 1 可知，力对刚体的作用效果，不随力作用点位置的改变而改变。因此，对刚体来讲，力的三要素可以表示为：力的大小、方向和作用线。

注意，力的可传性对变形体不适用。

公理 3　力的平行四边形法则

作用于物体上同一点的两个力，可以合成为一个合力。合力的作用点也在该点，合力的大小和方向，由这两个力为邻边构成的平行四边形的对角线确定，如图 1-4 所示。

公理 3 可以用矢量运算来表示

$$\boldsymbol{F}_R=\boldsymbol{F}_1+\boldsymbol{F}_2 \tag{1-1}$$

式中，$\boldsymbol{F}_R$ 为 $\boldsymbol{F}_1$ 和 $\boldsymbol{F}_2$ 两个力的合力，而 $\boldsymbol{F}_1$ 和 $\boldsymbol{F}_2$ 称为力 $\boldsymbol{F}_R$ 的分力。

根据公理 3，两个共点力，可以合成为一个合力，且答案是确定的。但是反过来，要把一个已知力分解为两个分力，则答案是不唯一的。需要附加足够的限制条件，才能确定。

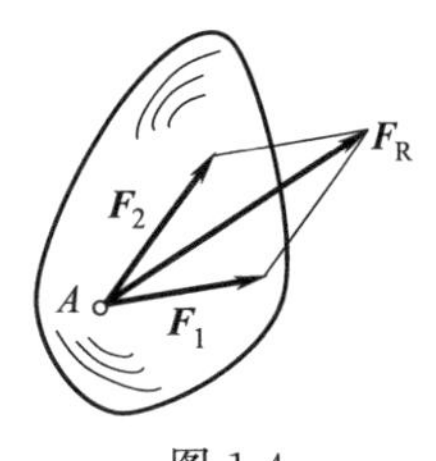

图 1-4

公理 3 是复杂力系简化的基础。

推论 2　三力平衡汇交定理

作用于刚体上三个相互平衡的力，若其中两个力的作用线汇交于一点，则此三力必在同一平面内，且第三个力的作用线也通过汇交点。

证明如下：

刚体上的 A、B、C 三点，分别作用有力 $\boldsymbol{F}_1$、$\boldsymbol{F}_2$、$\boldsymbol{F}_3$，其中力 $\boldsymbol{F}_1$ 和 $\boldsymbol{F}_2$ 汇交于 O 点，如图 1-5 所示。由推论 1，可以将力 $\boldsymbol{F}_1$ 和 $\boldsymbol{F}_2$ 滑移至 O 点；根据公理 3，这两个力可以合成为一个合力 $\boldsymbol{F}_R$。由于力 $\boldsymbol{F}_1$、$\boldsymbol{F}_2$、$\boldsymbol{F}_3$ 相互平衡，因此合力 $\boldsymbol{F}_R$ 应该与 $\boldsymbol{F}_3$ 平衡。再利用公理 1，可以得到力 $\boldsymbol{F}_R$ 与 $\boldsymbol{F}_3$ 共线。也即 $\boldsymbol{F}_3$ 与 $\boldsymbol{F}_1$、$\boldsymbol{F}_2$ 共面，并且通过汇交点 O。

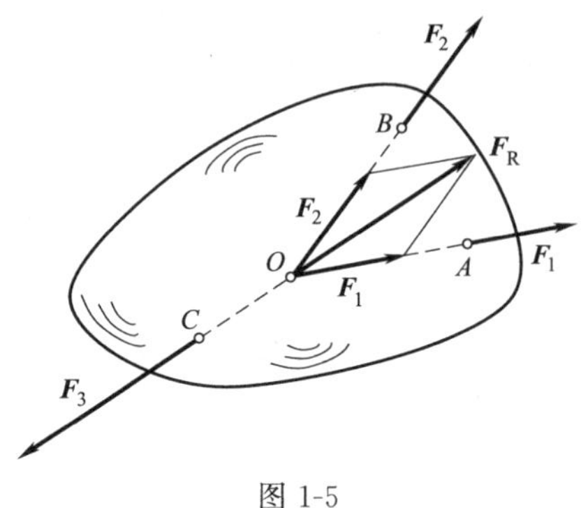

图 1-5

证毕。

公理 4　作用与反作用定律

作用与反作用力总是同时存在，且两个力的大小相等、方向相反、沿着同一作用线，分别作用在两个相互作用的物体上。

公理 4 实际上就是牛顿第三定律，它说明了物体间相互作用的关系。不管物体是否平衡，该定律均成立。由于作用力和反作用力分别作用在两个不同的物体上，因此它们不能构成一对平衡力系。

公理 3 和公理 4 既适用于刚体，也适用于变形体。

第三节　约　　束

空间中的物体，有些可以自由运动，称为自由体。例如运行中的人造卫星等。有些则不能自由运动，它们在空间某些方向上的位移受到了限制，称为非自由体。例如受到墙体限制的房屋楼板等。对非自由体的某些位移起限制作用的周围物体称为约束体，简称约束。例如上面所说的墙体，它是房屋楼板的一个约束。

约束对物体的作用，实际上就是力的作用。约束对非自由体的力称为约束力或约束反力。由于约束力的产生是因为限制了物体的位移，因此约束力的方向，必然与约束所限制的位移方向相反。应用这个原则，可以确定出约束力的方向。至于约束力的大小，需要通过力系的平衡条件才能求出。

一、基本约束

1. *光滑接触面约束*

两个物体相互接触，如果接触面非常光滑，以至于摩擦可以忽略，则称这样的约束为光滑接触面约束。如图 1-6 所示为两种光滑接触面的约束形式。

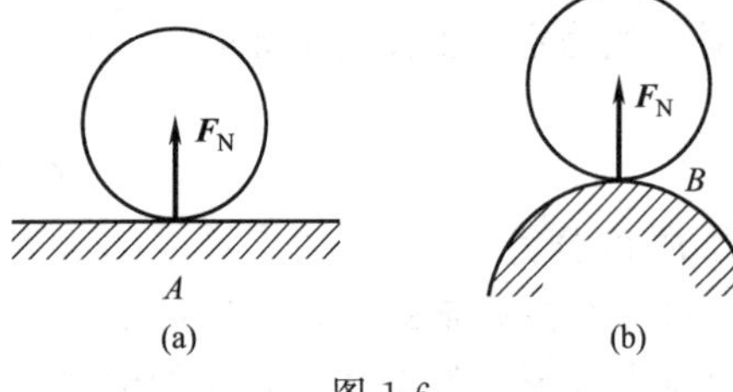

图 1-6

由于光滑接触面只能阻碍接触点沿着通过该点的公法线方向、并向约束内部的位移，而不能阻碍其它方向的位移。因此，光滑接触面的约束力，作用在接触点上，沿着接触面在该点的公法线方向，并指向被约束的物体。图 1-6 中的约束力 $\boldsymbol{F}_{\mathrm{N}}$已示于图中。

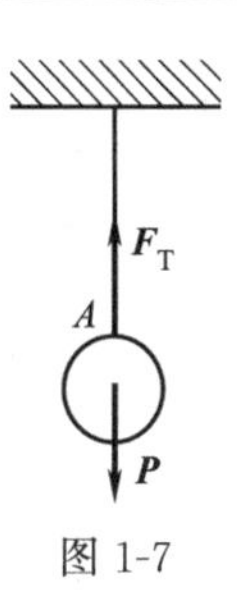

图 1-7

2. 柔软绳索约束

这里的绳索还包括链条、传动皮带等。这些约束的特点是只能承受拉力，即只能阻碍被约束的物体沿绳索中心线离开绳索，而不能阻碍其它方向的位移。因此绳索的约束力，作用在接触点，沿着绳索中心线背离物体，如图 1-7 中的力 $\boldsymbol{F}_{\mathrm{T}}$。

3. 光滑圆柱形铰链约束

如图 1-8（a）所示，用一根圆柱形销钉 C 穿过预埋在混凝土构件 A 和 B 内的圆弧形钢筋，从而把构件 A 和 B 连接在一起。如果销钉与钢筋之间的摩擦可以忽略，那么此时的联结便形成了一个光滑圆柱形铰链，或者简称为铰。图 1-8（b）是其简化表示法。

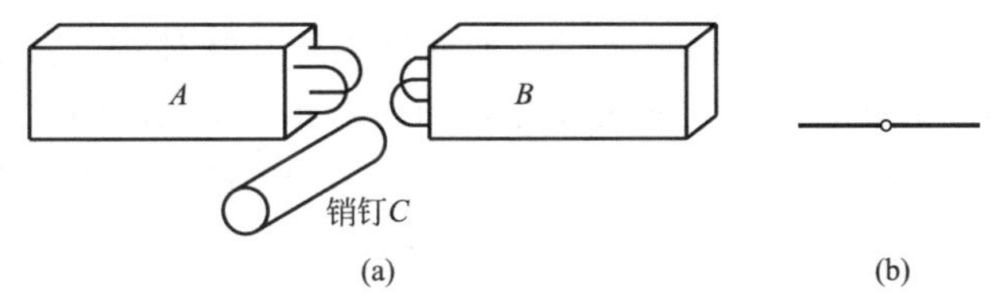

图 1-8

由于销钉不能阻碍连接的两个物体绕其转动，而只能阻碍它们在与销钉轴线垂直的平面内发生相互的错动。因此，光滑圆柱形铰链的约束力作用在与销钉轴线垂直的平面内，通过销钉中心，但约束力的具体方位不定。

以上仅仅列举了最基本的几种约束。在实际的工程中，约束的种类远远不止这些。对它们进行考察时，应忽略次要因素，从阻碍物体位移的角度出发，分析约束力的作用方向等要素。

二、支座

将结构或构件联接在支撑体上的装置，称为支座。设置支座的目的是为了限制结构或构件在某些方向上的位移，因此支座也是一种约束，通常将支座的约束力称为支座反力。在工程中，支座的构造多种多样。为了分析问题的方便，必须将它们加以简化。建筑工程中常用的支座，可以概况为以下几种基本形式。

1. 可动铰支座

图 1-9（a）为可动铰支座的示意图。上部构件与支座通过一个铰联接，可以绕着铰转动，而支座下部可以沿着支撑面滑动。可见，可动铰支座既不能阻碍上部结构沿着支撑面切线方向滑动，也不能阻碍上部结构的转动，它只能阻碍上部结构沿支撑面法线方向的位移。因此可动铰支座的支座反力只有一个，即通过铰中心，沿着支撑面的法线方向。图 1-9（b）为该支座的简图，其支座反力也示于图中。

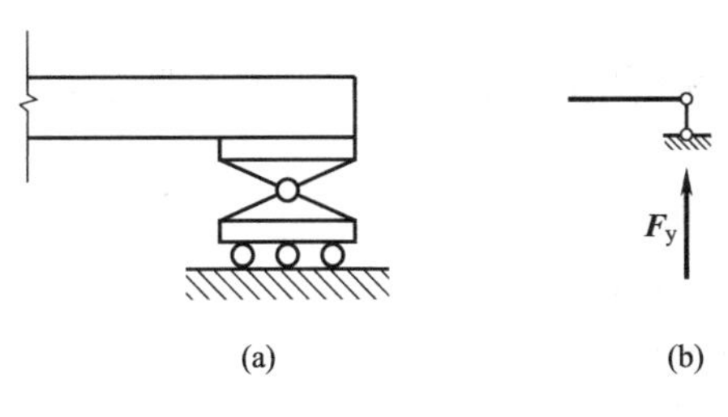

图 1-9

2. 固定铰支座

与可动铰支座不同，固定铰支座的下部被固定在支撑面上，如图 1-10（a）所示。此时上部结构依然可以绕着铰转动，但支座无法沿着支撑面发生任何方向的位移。可见，固定铰支座的约束作用与光滑圆柱形铰链类似，其支座反力通过铰中心，但方向不定。图 1-10（b）是该支

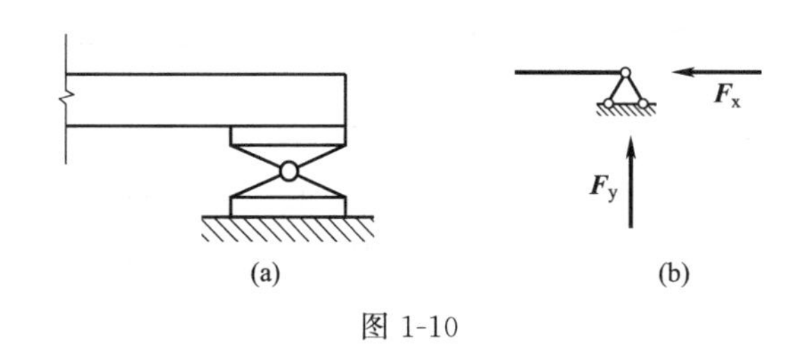

图 1-10

座的简图，支座反力用两个相互垂直的力表示，如图 1-10（b）所示。

3. 定向支座

图 1-11（a）为定向支座的示意图。被支撑的构件嵌入于支撑体内，构件可以沿着支撑面滚动，但不能发生转动，也不能沿着支撑面法线方向运动。因此，定向支座的支座反力有两个，一个为沿着支撑面法线方向的约束反力，另一个为阻碍构件转动的力，称之为约束反力偶（有关力偶的知识参见第三章）。定向支座的简图和支座反力示于图 1-11（b）。

4. 固定支座

固定支座的示意图如图 1-12（a）所示。构件嵌入于支撑体内，并和支撑体完全固定，构件既不能沿任何方向发生位移，也不能发生转动。因此固定支座的支座反力，包括沿支撑面法线方向和切线方向的力以及约束反力偶。它们和支座的简图一起示于图 1-12（b）。

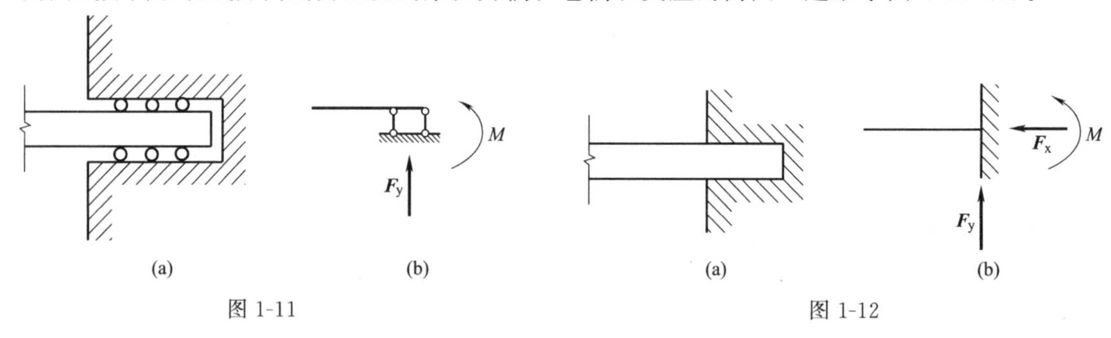

图 1-11 图 1-12

第四节 荷 载

约束力限制了物体发生位移。在现实生活中，还存在另外一类力，它们促使物体发生实际位移或者促使物体发生位移的趋势，这样的一类力被称之为主动力。在工程实践中，主动力又常被称之为荷载。

根据分析问题的需要，荷载有以下分类：

1. 按荷载作用时间，可分为恒载和活载

恒载——在相当长时期内，荷载的大小、方向和作用位置均维持不变，如构件的自重等。

活载——在所考察的时期内，荷载的大小、方向和作用位置发生变化，如人群荷载、车辆荷载等。

2. 按荷载作用位置，可分为固定荷载和移动荷载

固定荷载——荷载的作用位置维持不变，如构件的自重等。

移动荷载——荷载的作用位置可以移动，如车辆荷载等。

3. 按荷载作用范围，可分为集中荷载和分布荷载

集中荷载——荷载的作用面积很小，可以近似认为荷载作用在一点上。如斜拉桥中索的拉力等。

分布荷载——荷载作用在一定面积上（面荷载）或一定长度上（线荷载），如风、雪等。

面荷载的大小等于单位面积上荷载的大小。如雪的容重为 γ（kN/m^3），雪的厚度为 h（m），则雪重力所形成的面荷载为 $h\gamma$（kN/m^2）。

线荷载的大小等于单位长度上荷载的大小。如梁的容重为 γ（kN/m^3），梁横截面的宽度和高度分别为 b 和 h（m），则梁自重所形成的线荷载为 $bh\gamma$（kN/m）。

除了上面的分类，荷载还可分为静力荷载和动力荷载、面力与体力等。

第五节　物体受力分析

物体的受力分析是静力学的研究内容之一。所谓受力分析，即指确定物体的受力情况，包括物体受到哪些力，每个力的作用位置和作用方向。受力分析的目的，是为了能够建立平衡条件，从而求解出未知力。

为了方便物体的受力分析，常常将所研究的物体（称为受力体），从它周围的物体（称为施力体）中脱离出来，单独画出它的简图，然后把全部施力体对它的作用根据其性质，用合适的力代替，并画于简图中（施力体本身无需画出）。这种表示物体受力情况的简化图形称为受力图，被脱离出来的受力体称为隔离体。

作用于受力体的力一般同时包含主动力和约束力。主动力一般是已知的，可以事先独立地确定；约束力一般是未知的，它的方向由它所限制的受力体的位移决定，它的大小则需要通过平衡条件确定。

画物体受力图是求解静力学问题的一个重要步骤，直接关系到静力学问题求解的正确与否。下面举例说明。

【例 1-1】 图 1-13（a）为某对称屋架简图。其中 A 处为固定铰支座，B 处为可动铰支座。屋架 AC 处承受法向的均匀线荷载 q。已知屋架的自重为 $\boldsymbol{P}$，试作出屋架的受力图。

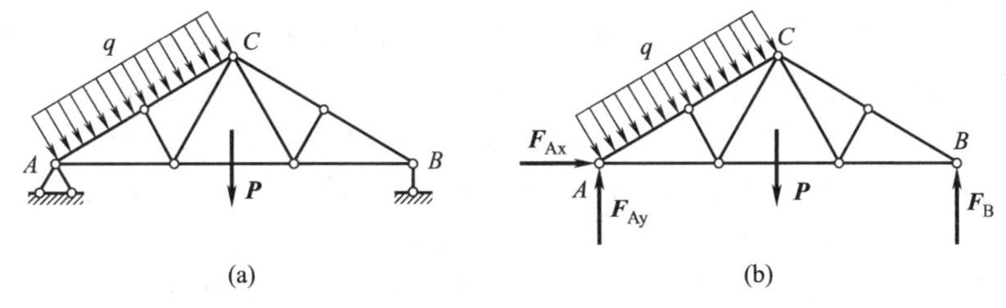

图 1-13

【解】（1）根据题意，取屋架为隔离体，画出简图；

（2）在隔离体上画出主动力，包括屋架的自重 $\boldsymbol{P}$ 和均布荷载 q；

（3）画支座反力。A 处为固定铰支座，它的支座反力可以用通过铰中心的两个相互垂直的力 $\boldsymbol{F}_{Ax}$ 和 $\boldsymbol{F}_{Ay}$ 表示。B 处为可动铰支座，它的支座反力垂直支撑面，即竖直向上。

图 1-13（b）为整个屋架的受力图。

【例 1-2】 建筑工地上某简易起吊装置，由折杆 AB、BC 以及系杆 AC 组成，它们的重力忽略不计，相互之间用铰连接。杆 AB 上吊有重为 $\boldsymbol{P}$ 的重物，如图 1-14（a）所示。试分别画出三杆的受力图。

【解】（1）先分析杆 AC。A 处为固定铰支座，因此在该点 AC 杆受到的力 $\boldsymbol{F}_{AC}$ 通过 A 点，但方向待定。C 点为可动铰支座，但由于 AC 杆在此处同时还受到折杆 BC 的作用，因此在该点 AC 杆受到的力 $\boldsymbol{F}_{CA}$ 也是方向待定，通过 C 点。由于杆 AC 的重力不计，因此它只受到 $\boldsymbol{F}_{AC}$ 和 $\boldsymbol{F}_{CA}$ 这两个力的作用，保持平衡。根据公理 1，这两个力应该大小相等，方向相反，作用在同一条直线上。由此可以确定出 $\boldsymbol{F}_{AC}$ 和 $\boldsymbol{F}_{CA}$ 这两个力的方向，即沿着 A、C 两点

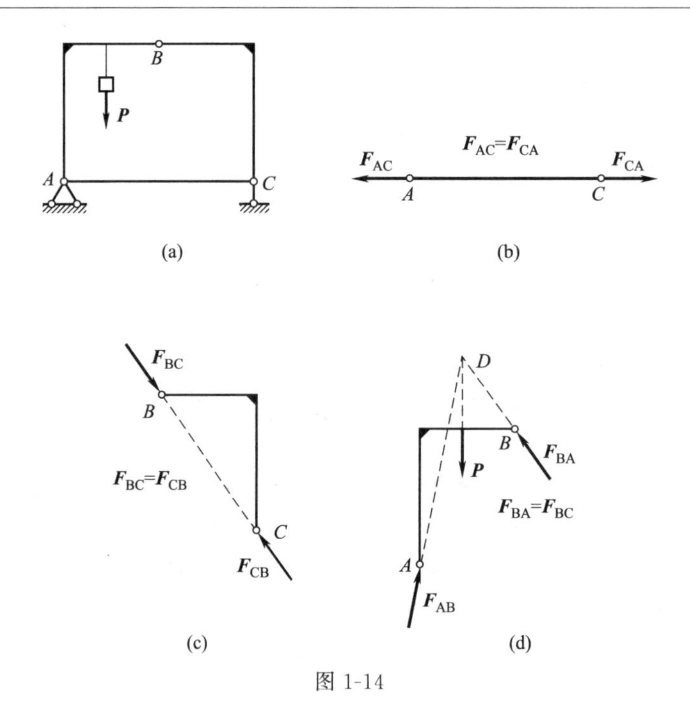

图 1-14

的连线。至于这两个力的具体指向，需要根据平衡条件才能最后确定。*AC* 杆的受力图如图 1-14（b）所示。

（2）再分析折杆 *BC*。它的约束情况与杆 *AC* 类似，也只在 *B*、*C* 两端受到铰的约束，因此上面的分析方法完全可以应用于此。折杆在 *B*、*C* 两点受到的力 $\boldsymbol{F}_{BC}$ 和 $\boldsymbol{F}_{CB}$ 的方向沿着 *B*、*C* 两点的连线。受力图如图 1-14（c）所示。

（3）最后分析折杆 *AB*。由于自身重力不计，主动力只有重物施加的力。对重物的受力分析可知，该力的大小为 $\boldsymbol{P}$，方向竖直向下。在铰 *B* 处，杆 *AB* 受到的约束力 $\boldsymbol{F}_{BA}$ 来自于杆 *BC*，因此它与力 $\boldsymbol{F}_{BC}$ 构成一对作用与反作用力，根据公理 4，它们大小相等，方向相反，沿着同一作用线。在铰 *A* 处，受到固定铰 *A* 和杆 *AC* 的作用，约束力 $\boldsymbol{F}_{AB}$ 的作用线通过 *A* 点，但方向待定。总之，杆 *AB* 受到主动力 $\boldsymbol{P}$ 和约束力 $\boldsymbol{F}_{BA}$、$\boldsymbol{F}_{AB}$ 的作用，保持平衡。由于力 $\boldsymbol{P}$ 和力 $\boldsymbol{F}_{BA}$ 汇交于一点 *D*，根据推论 2，力 $\boldsymbol{F}_{AB}$ 的作用线也应通过 *D* 点，从而可以确定 $\boldsymbol{F}_{AB}$ 的方向，但它的具体指向，还需要根据平衡条件确定。杆 *AB* 的受力图如图 1-14（d）所示。

在上面的例题中，出现了只有两个力作用下保持平衡的构件，称为二力杆件，简称二力杆。二力杆可以是直杆，如例题中的 *AC* 杆；也可以是折杆，如例题中的 *BC* 杆，甚至是曲杆。二力杆所受的两个力必然沿着两个力作用点的连线，且大小相等，方向相反。二力杆在工程中经常出现，对解题也很有帮助。

通过以上两例，可以归纳出以下几点：

（1）根据研究需要，确定研究对象。可以取单个物体为研究对象，也可以取由几个物体构成的整体为研究对象。将研究对象从周围物体中脱离出来，单独画出。

（2）明确研究对象所受到力的数目。根据承受的实际荷载情况，画出所有主动力。根据研究对象与外界的接触情况，画出全部的约束力。

（3）确定约束力的方向。首先判断约束属于哪种类型，再根据约束类型的特性，画出约束力的方向。

在分析过程中，必须时刻牢记力不能脱离受力体和施力体而存在，虽然受力图中不需要将施力体画出，但不能凭空创造作用力。在单独分析原本相互联系着的隔离体时，应注意它们之间的作用力是相互作用力，在一个隔离体上的作用力确定后，在另一个隔离体上的反作用力也就被确定了。

习　题

1-1　画出题 1-1 各图中的约束力方向，假定接触面均光滑。

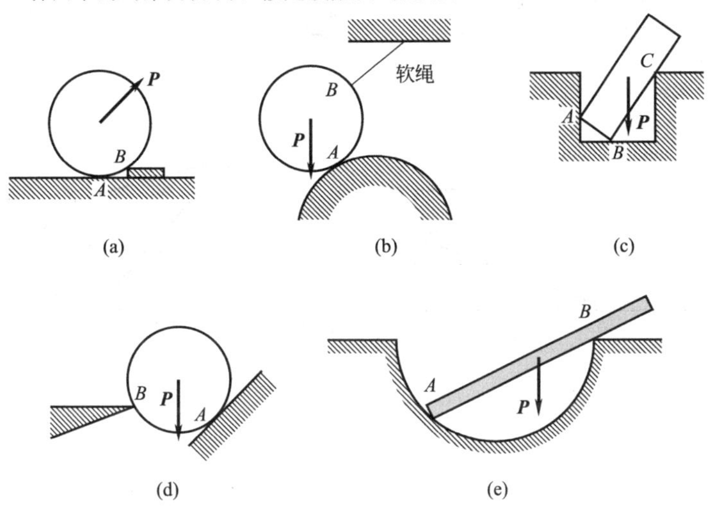

题 1-1 图

1-2　画出题 1-2 各图中构件的受力图。图中构件自重不计，假定所有接触均光滑。

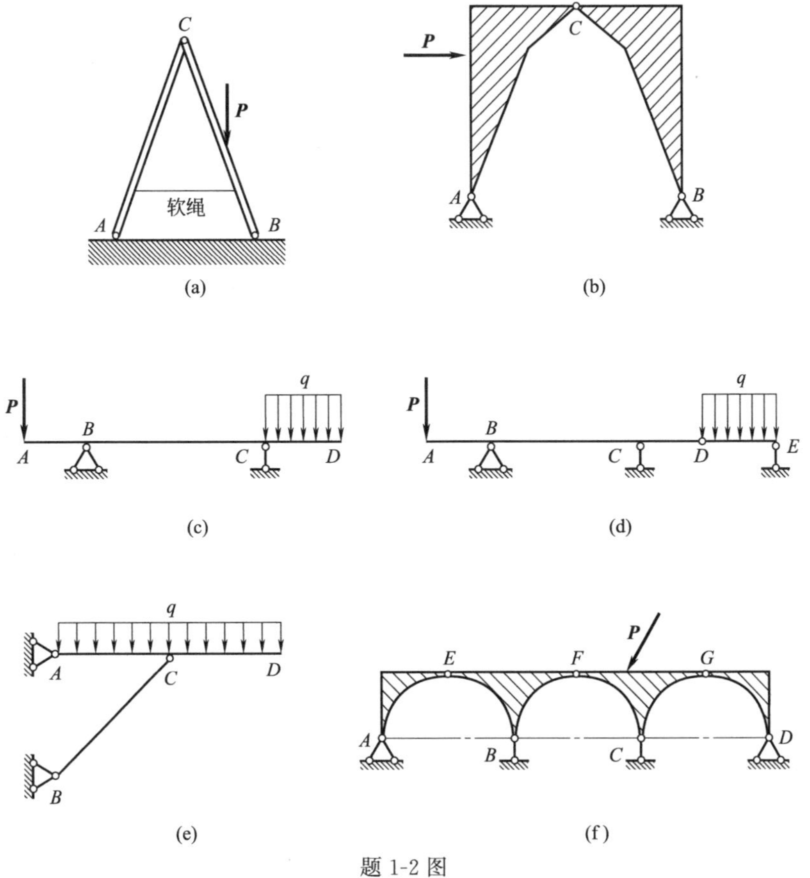

题 1-2 图

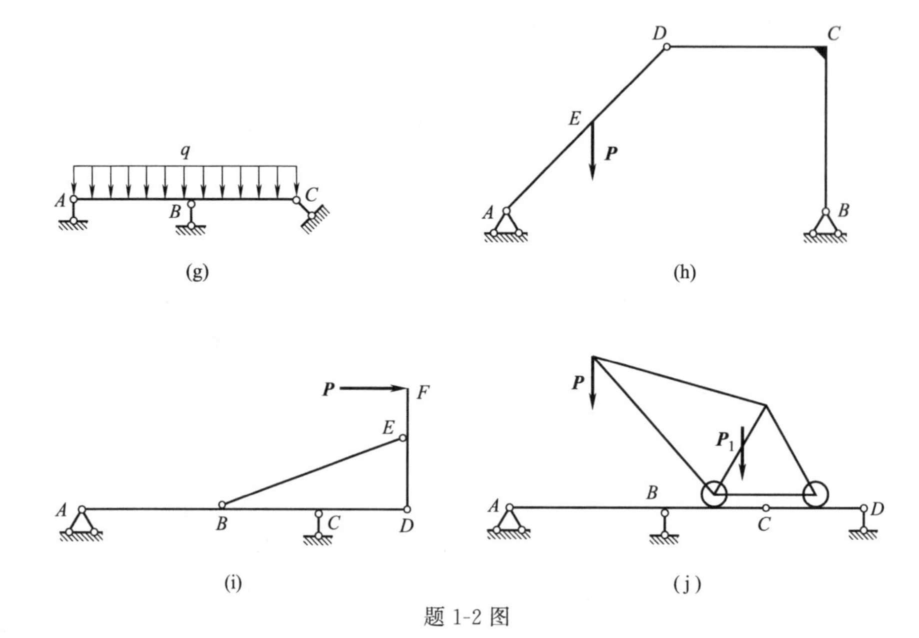

题 1-2 图

第二章　平面汇交力系及平面力偶系

作用线在同一平面内的一组力系，称为平面力系；作用线汇交于一点的平面力系，称为平面汇交力系。平面汇交力系是一种简单的力系，是研究复杂力系的基础。本章先介绍平面汇交力系的合成，再介绍平面汇交力系的平衡条件。所谓力系的合成，是指用简单的一个力或一组力等效原先复杂的力系。其目的是为进一步的分析提供方便。

第一节　平面汇交力系合成的几何法

力系的合成以力的平行四边形法则为基础。为方便起见，在实际应用中常将该法则表述成另外一种形式。如图 2-1（a）所示，力 $\boldsymbol{F}_1$ 和 $\boldsymbol{F}_2$ 作用于刚体上同一点 A，运用力的平行四边形法则，可以作出它们的合力 $\boldsymbol{F}_{\mathrm{R}}$。合力 $\boldsymbol{F}_{\mathrm{R}}$ 也可以通过如下方法作出：将力 $\boldsymbol{F}_2$ 平行移动至其起点与力 $\boldsymbol{F}_1$ 的终点 B 重合，然后连接力 $\boldsymbol{F}_1$ 的起点 A 与力 $\boldsymbol{F}_2$ 的终点 C，即得合力 $\boldsymbol{F}_{\mathrm{R}}$，如图 2-1（b）所示。这种求解合力的方法称为力的三角形法则。三角形 ABC 称为力三角形。

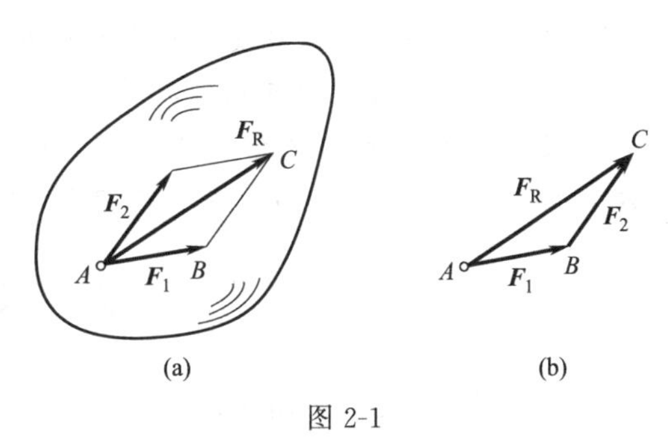

图 2-1

用几何法求解多个力组成的平面汇交力系的合力，可以通过反复运用上述力的三角形法则得到。设作用于同一刚体上的平面力系由任意多个力 $\boldsymbol{F}_1$，$\boldsymbol{F}_2$，…，$\boldsymbol{F}_n$ 组成，它们汇交于一点 A，如图 2-2（a）所示。根据力的可传性，可将这些力沿其作用线移动到 A 点。然后逐次应用力的三角形法则：先将力 $\boldsymbol{F}_1$ 和 $\boldsymbol{F}_2$ 合成为一个力 $\boldsymbol{F}_{\mathrm{R1}}$，再将力 $\boldsymbol{F}_{\mathrm{R1}}$ 和 $\boldsymbol{F}_3$ 合成为一个力 $\boldsymbol{F}_{\mathrm{R2}}$。这样不断进行下去，直至力 $\boldsymbol{F}_n$，最后得到一个力 $\boldsymbol{F}_{\mathrm{R}}$，如图 2-2（b）所示。这个力就是平面汇交力系的合力，它的作用线通过汇交点 A。由于力的平行四边形法则可以用矢量运算来表示，因此合力 $\boldsymbol{F}_{\mathrm{R}}$ 也可以用矢量运算表示为

$$\boldsymbol{F}_{\mathrm{R}}=\boldsymbol{F}_1+\boldsymbol{F}_2+\cdots+\boldsymbol{F}_n=\sum_{i=1}^{n}\boldsymbol{F}_i \tag{2-1}$$

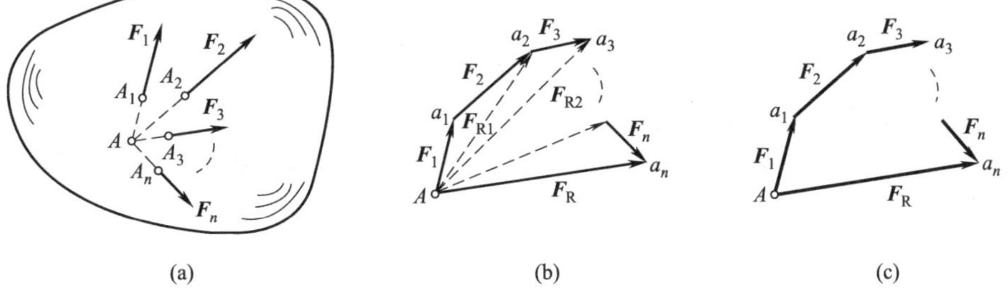

(a)　(b)　(c)

图 2-2

因为矢量的加法运算符合交换律，所以在合力的求解过程中，任意变换力三角形的作图次序，不影响最后得到的合力 $\boldsymbol{F}_{\mathrm{R}}$。

上面合力 $\boldsymbol{F}_R$ 还可以用更简单的方法求得，即在作图时不必将中间合力 $\boldsymbol{F}_{R1}$、$\boldsymbol{F}_{R2}$ 等画出，而只需将各力 $\boldsymbol{F}_1$，$\boldsymbol{F}_2$，…，$\boldsymbol{F}_n$ 依次首尾相连，最后连接第一个力 $\boldsymbol{F}_1$ 的起点 A 与最后一个力 $\boldsymbol{F}_n$ 的终点 a_n，矢量 $\overrightarrow{Aa_n}$ 即为合力 $\boldsymbol{F}_R$，如图 2-2（c）所示。这样作出的多边形 $Aa_1a_2\cdots a_n$ 称为力多边形，边 Aa_n 称为封闭边。这种求解合力的几何方法称为力多边形法则。

【例 2-1】 压路机在路面上受到挡条的阻碍而停止运动，如图 2-3（a）所示。已知碾子的重力 $G=63\text{kN}$，受到的水平牵引力 $P=23.1\text{kN}$。挡条对轮子的作用力 $F=46.2\text{kN}$，方向偏离竖直方向 30°。试用几何法求出这三个力的合力 $\boldsymbol{F}_R$。

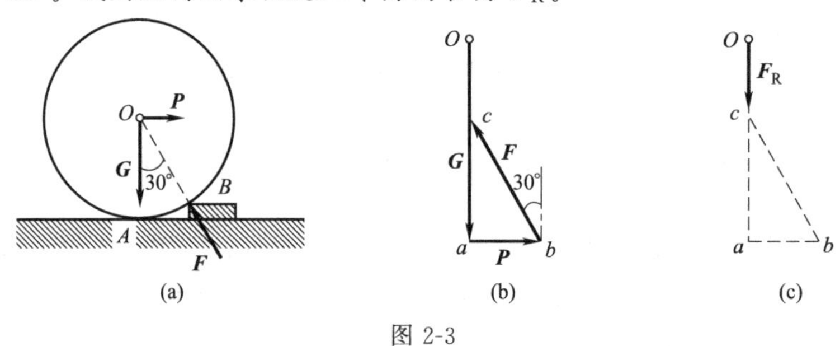

图 2-3

【解】 这三个力的作用线都通过碾子圆心 O，因此是一平面汇交力系。按比例和角度作出三力矢量 $\boldsymbol{G}$、$\boldsymbol{P}$、$\boldsymbol{F}$，将它们依次首尾相连，得到力多边形 $Oabc$，如图 2-3（b）所示。则力 $\boldsymbol{G}$ 的起点 O 与力 $\boldsymbol{F}$ 的终点 c 的连线 $\overrightarrow{Oc}$ 即为合力 $\boldsymbol{F}_R$，如图 2-3（c）所示。按比例尺量得它的大小 $F_R=23\text{kN}$，方向沿着竖直线向下，它的作用线通过原力系的汇交点 O。

第二节　平面汇交力系合成的解析法

平面汇交力系合成的解析法是一种通过力学计算求得合力的方法，它以力在坐标轴上的投影为基础。

一、力在坐标轴上的投影

如图 2-4 所示，直角坐标系 Oxy 所在的平面内有一力 $\boldsymbol{F}$，作用于刚体上的 A 点。过力 $\boldsymbol{F}$ 的起点 A 和终点 B 向 x 轴作垂线，得垂足 a 和 b。线段 ab 的长度再冠以正负号，称为力 $\boldsymbol{F}$ 在 x 轴上的投影，记为 F_x。如果从 a 到 b 的指向与 x 轴的正方向一致，则 F_x 取正号，反之取负号，因此图 2-4 中的 F_x 为负。同理可定义力 $\boldsymbol{F}$ 在 y 轴上的投影 F_y，图 2-4 中的 F_y 为正。

记 x 轴正向到力 $\boldsymbol{F}$ 的角度为 α（逆时针），则根据图 2-4 中的几何关系，以下式子成立

$$\left.\begin{aligned}F_x&=F\cos\alpha\\F_y&=F\sin\alpha\end{aligned}\right\}\tag{2-2}$$

因此，力在坐标轴上的投影是代数量。

反之，如果已知力 $\boldsymbol{F}$ 在正交坐标轴上的投影 F_x 和 F_y，则根据式（2-2）可以确定出该力的大小和方向

$$\left.\begin{aligned}&F=\sqrt{F_x^2+F_y^2}\\&\cos\alpha=\frac{F_x}{F},\quad \sin\alpha=\frac{F_y}{F}\end{aligned}\right\}\tag{2-3}$$

式中，α 同样为 x 轴正向到力 $\boldsymbol{F}$ 的角度。

【例 2-2】 求出图 2-5 中各力 $\boldsymbol{F}$ 在 x 轴和 y 轴上的投影 F_x 和 F_y。设各力的大小均

为 15kN。

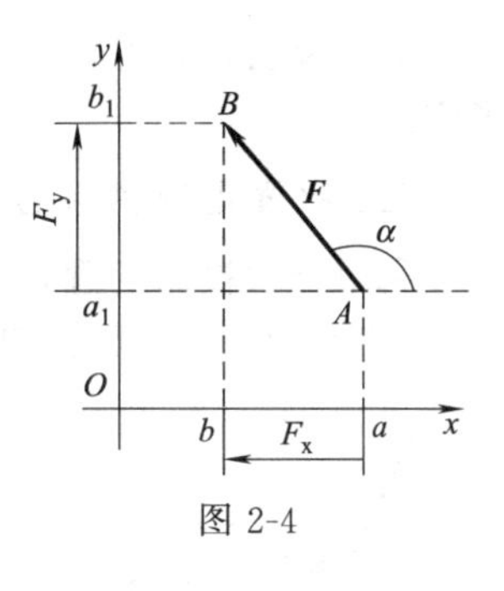

图 2-4

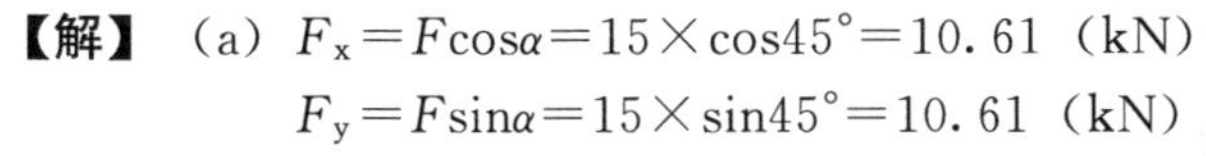

【解】(a) $F_x = F\cos\alpha = 15\times\cos45° = 10.61$（kN）

$F_y = F\sin\alpha = 15\times\sin45° = 10.61$（kN）

(b) $F_x = F\cos\alpha = 15\times\cos225° = -10.61$（kN）

$F_y = F\sin\alpha = 15\times\sin225° = -10.61$（kN）

(c) $F_x = F\cos\alpha = 15\times\cos315° = 10.61$（kN）

$F_y = F\sin\alpha = 15\times\sin315° = -10.61$（kN）

(d) $F_x = F\cos\alpha = 15\times\cos270° = 0$

$F_y = F\sin\alpha = 15\times\sin270° = -15$（kN）

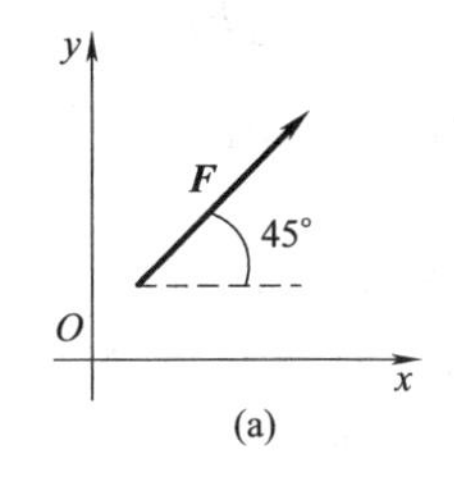

(a)

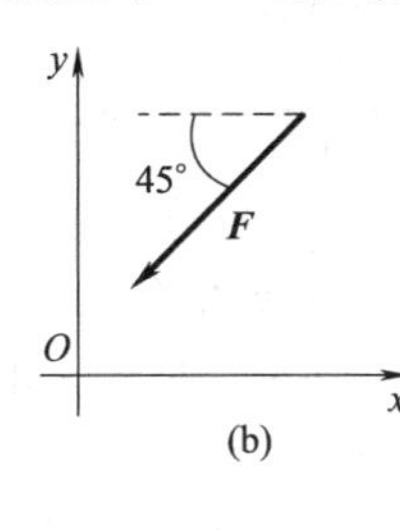

(b)

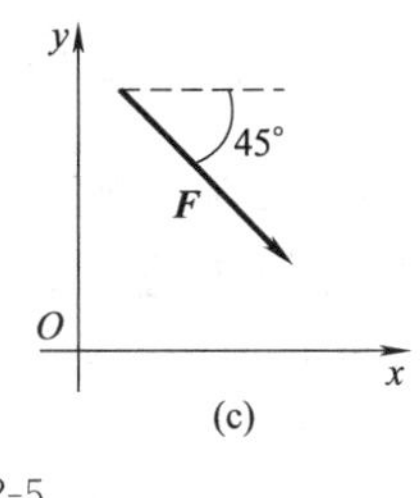

(c)

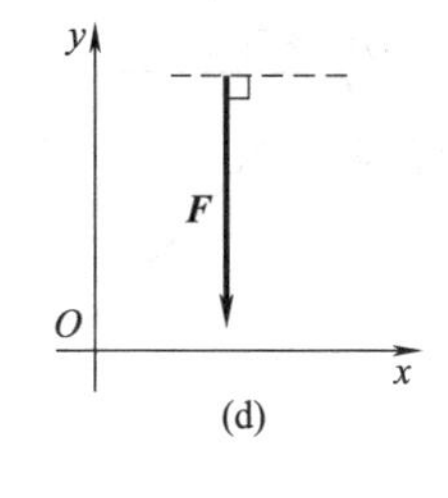

(d)

图 2-5

【例 2-3】 已知力 **F** 在 x 轴和 y 轴上的投影 F_x 和 F_y，求力 **F**：(1) $F_x = -3$kN，$F_y = 4$kN；(2) $F_x = -3$kN，$F_y = -4$kN。

【解】(1) $F = \sqrt{F_x^2 + F_y^2} = \sqrt{(-3^2)\ +4^2} = 5$（kN）

$$\cos\alpha = \frac{F_x}{F} = \frac{-3}{5} = -0.6，\sin\alpha = \frac{F_y}{F} = \frac{4}{5} = 0.8$$

$$\alpha = 126.87°$$

(2) $F = \sqrt{F_x^2 + F_y^2} = \sqrt{(-3^2) + (-4)^2} = 5$（kN）

$$\cos\alpha = \frac{F_x}{F} = \frac{-3}{5} = -0.6，\sin\alpha = \frac{F_y}{F} = \frac{-4}{5} = -0.8$$

$$\alpha = 233.13°$$

二、合力投影定理

作用于刚体上同一点 A 的两个力 $\boldsymbol{F}_1$ 和 $\boldsymbol{F}_2$，如图 2-6 所示。用力的三角形法则作出它们的合力 $\boldsymbol{F}_R$。在力的作用平面内建立直角坐标系 Oxy，分别作出力 $\boldsymbol{F}_1$、$\boldsymbol{F}_2$ 和 $\boldsymbol{F}_R$ 在 x 轴上的投影 F_{1x}、F_{2x} 和 F_{Rx}。由图可见

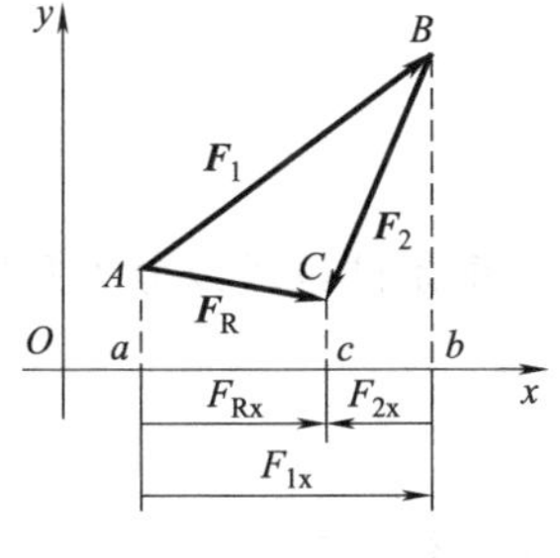

图 2-6

$$F_{1x} = |ab|，F_{2x} = -|cb|，F_{Rx} = |ac|$$

根据图中的几何关系，有

$$|ac| = |ab| - |cb|$$

因此

$$F_{Rx} = F_{1x} + F_{2x}$$

上式可以推广到由 n 个力组成的平面汇交力系在 x、y 轴投影的情形，即

$$\left.\begin{aligned} F_{Rx} &= F_{1x} + F_{2x} + \cdots + F_{nx} = \sum_{i=1}^{n} F_{ix} \\ F_{Ry} &= F_{1y} + F_{2y} + \cdots + F_{ny} = \sum_{i=1}^{n} F_{iy} \end{aligned}\right\} \tag{2-4}$$

上式说明，合力在某一轴上的投影等于各分力在同一轴上的投影的代数和。此即合力投影定理。

三、平面汇交力系合成的解析法

利用合力投影定理，可以求得平面汇交力系的合力 $\boldsymbol{F}_R$ 在正交坐标轴上的投影 F_{Rx} 和 F_{Ry}。再根据式（2-3），即可确定出合力 $\boldsymbol{F}_R$ 的大小和方向

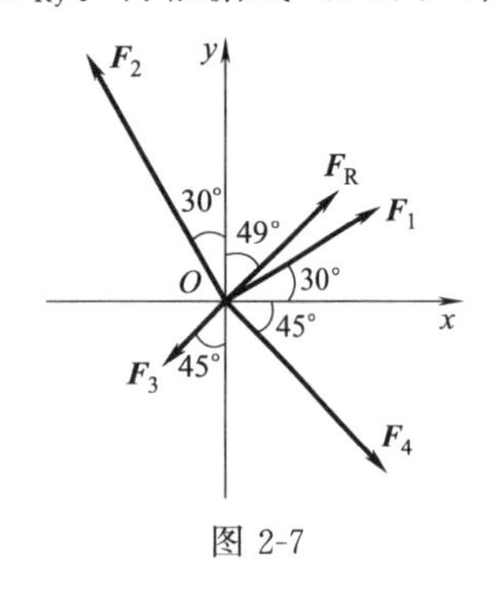

图 2-7

$$\left.\begin{aligned} F_R &= \sqrt{F_{Rx}^2+F_{Ry}^2} = \sqrt{\left(\sum_{i=1}^{n}F_{ix}\right)^2+\left(\sum_{i=1}^{n}F_{iy}\right)^2} \\ \cos\alpha &= \frac{F_{Rx}}{F_R} = \frac{\sum_{i=1}^{n}F_{ix}}{F_R},\ \sin\alpha = \frac{F_{Ry}}{F_R} = \frac{\sum_{i=1}^{n}F_{iy}}{F_R} \end{aligned}\right\} \tag{2-5}$$

式中，α 为 x 轴正向到力 $\boldsymbol{F}$ 的角度。

【例 2-4】 在 Oxy 平面内有某一汇交力系，如图 2-7 所示。已知 $F_1=30\text{kN}$，$F_2=45\text{kN}$，$F_3=15\text{kN}$，$F_4=37.5\text{kN}$，各力的方向示于图中，试用解析法求该力系的合力 $\boldsymbol{F}_R$。

【解】 先利用合力投影定理计算 $\boldsymbol{F}_R$ 在 x、y 轴上的投影 F_{Rx}、F_{Ry}

$$F_{Rx} = \sum_{i=1}^{4}F_{ix} = F_1\cos30° + F_2\cos120° + F_3\cos225° + F_4\cos315° = 19.39\ (\text{kN})$$

$$F_{Ry} = \sum_{i=1}^{4}F_{iy} = F_1\sin30° + F_2\sin120° + F_3\sin225° + F_4\sin315° = 16.85\ (\text{kN})$$

再利用式（2-5）求合力 $\boldsymbol{F}_R$ 的大小和方向

$$F_R=\sqrt{F_{Rx}^2+F_{Ry}^2}=\sqrt{(19.39)^2+(16.85)^2}=25.69\ (\text{kN})$$

$$\cos\alpha=\frac{F_{Rx}}{F_R}=\frac{19.39}{25.69}=0.75,\ \sin\alpha=\frac{F_{Ry}}{F_R}=\frac{16.85}{25.69}=0.66,\ \alpha=40.99°\approx41°$$

合力 $\boldsymbol{F}_R$ 的作用线通过汇交点 O。

第三节　平面汇交力系的平衡条件

平面汇交力系与其合力等效，因此，平面汇交力系平衡的充分和必要条件是该力系的合力等于零。根据式（2-1），亦即

$$\boldsymbol{F}_R = \sum_{i=1}^{n}\boldsymbol{F}_i = 0 \tag{2-6}$$

由于合力的求解有几何法和解析法两种，因此平面汇交力系的平衡条件也可以分为几何条件和解析条件两种。现分别介绍如下。

一、平面汇交力系平衡的几何条件

用几何法求解平面汇交力系的平衡问题时，式（2-6）的含义是力多边形中的封闭边为零，或者说，力多边形中最后一个力的终点与第一点的起点重合。此时的力多边形称为自行封闭的力多边形。因此平面汇交力系平衡的几何充分必要条件是：该力系的力多边形封闭边为零或者自行封闭。

【例 2-5】 压路机在路面上受到障碍而停止运动，如图 2-3（a）所示。已知碾子的重力 $G=63\text{kN}$，受到的水平牵引力 $P=19.1\text{kN}$。障碍物对碾子的作用力 $\boldsymbol{F}$ 与竖直线之间的夹角

为 30°。试用几何法求出力 $\boldsymbol{F}$ 的大小，以及此时路面对碾子的支撑力 $\boldsymbol{N}$ 的大小。

【解】 选取碾子为研究对象，它受到重力 $\boldsymbol{G}$、牵引力 $\boldsymbol{P}$、地面支撑力 $\boldsymbol{N}$ 以及障碍物支反力 $\boldsymbol{F}$ 的作用，其受力图如图 2-8 (a) 所示。这些力汇交于碾子圆心 O，是一平面汇交力系，碾子在该力系作用下保持平衡。因为力矢量 $\boldsymbol{G}$ 和 $\boldsymbol{P}$ 的大小和方向均已知，所以先按比例作出 $\boldsymbol{G}$ 和 $\boldsymbol{P}$，并将它们首尾相连。根据平面汇交力系平衡的几何条件，力 $\boldsymbol{G}$、$\boldsymbol{P}$、$\boldsymbol{N}$ 和 $\boldsymbol{F}$ 四个力构成的力多边形应该自行封闭。结合力 $\boldsymbol{N}$ 和 $\boldsymbol{F}$ 的方向，最后作出力多边形，如图 2-8 (b) 所示。

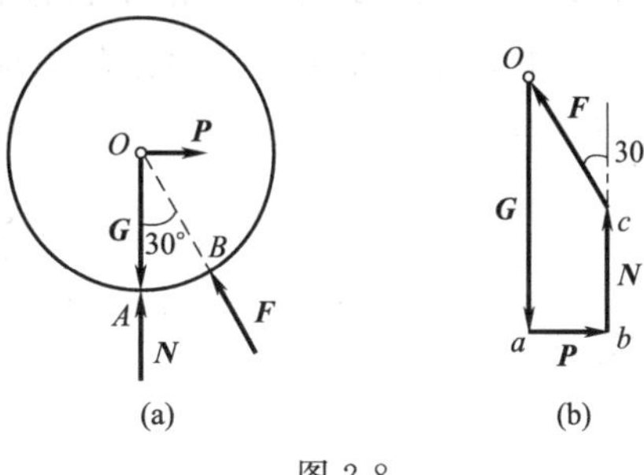

图 2-8

根据比例尺，可以量得：

$$N=29.9\text{kN},\ F=38.2\text{kN}$$

或者根据几何关系，利用三角函数公式计算得到力 $\boldsymbol{F}$ 和 $\boldsymbol{N}$ 的大小：

$$F=\frac{P}{\sin 30^\circ}=\frac{19.1}{\sin 30^\circ}=38.2\ (\text{kN})$$

$$N=G-\frac{P}{\tan 30^\circ}=63-\frac{19.1}{\tan 30^\circ}=29.9\ (\text{kN})$$

【例 2-6】 平面刚架 $ABCD$ 如图 2-9 (a) 所示，在 E 点承受水平力 $\boldsymbol{P}$ 作用，大小 $P=20\text{kN}$。不计刚架自重，求 A、D 两处的支座反力 $\boldsymbol{F}_\text{A}$、$\boldsymbol{F}_\text{D}$。

【解】 取刚架为研究对象。因为不计自重，刚架受三个力的作用：主动力 $\boldsymbol{P}$ 和 A、D 两处的支反力 $\boldsymbol{F}_\text{A}$、$\boldsymbol{F}_\text{D}$。根据可动铰支座的性质，$\boldsymbol{F}_\text{D}$ 的方向沿着竖直线，而固定铰支座 A 的支反力 $\boldsymbol{F}_\text{A}$ 方向待定。考虑到刚架只受三个力的作用而保持平衡，根据三力平衡汇交定理，这三个力的作用线应该汇交于一点，据此可以确定出支反力 $\boldsymbol{F}_\text{A}$ 的方向，从而画出刚架的受力图，如图 2-9 (b) 所示。这三个力组成力多边形 Oab，根据平面汇交力系平衡的几何条件，它应该是自行封闭的，如图 2-9 (c) 所示。利用三角公式进行计算：

$$\tan\alpha=\frac{4.66}{10}=0.466,\ \alpha=25^\circ$$

$$F_\text{A}=\frac{P}{\cos\alpha}=\frac{20}{\cos 25^\circ}=22.07\ (\text{kN})，作用线方向与水平线夹角 25^\circ$$

$$F_\text{D}=P\tan\alpha=20\times\tan 25^\circ=9.32\ (\text{kN})，作用线沿竖直方向$$

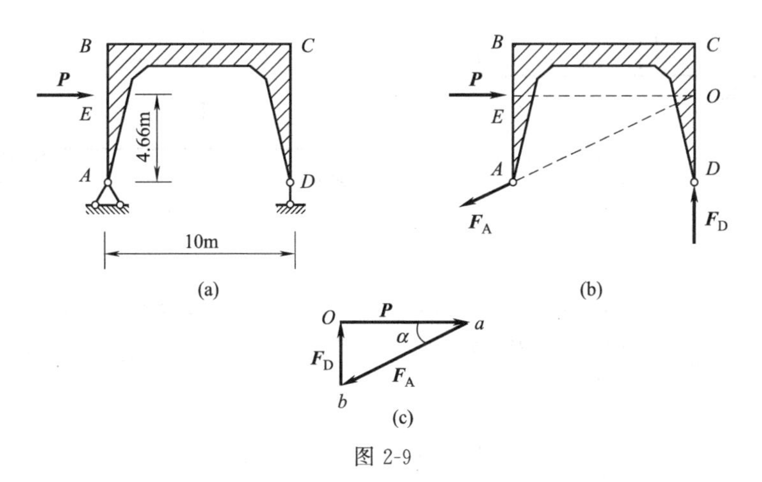

图 2-9

二、平面汇交力系平衡的解析条件

用解析法求解平面汇交力系的平衡问题时，式（2-6）的含义是合力的大小 $F_R=0$。根据式（2-5），有：

$$F_R=\sqrt{\left(\sum_{i=1}^{n}F_{ix}\right)^2+\left(\sum_{i=1}^{n}F_{iy}\right)^2}=0$$

上式等价于：

$$\left.\begin{aligned}\sum_{i=1}^{n}F_{ix}=0\\ \sum_{i=1}^{n}F_{iy}=0\end{aligned}\right\}\qquad(2\text{-}7)$$

因此，平面汇交力系平衡的充分和必要的解析条件是：力系中各力在两个正交坐标轴上的投影之和分别等于零。式（2-7）称为平面汇交力系的平衡方程。这是两个相互独立的方程，能且只能求解两个未知量。

【例 2-7】 某梁结构如图 2-10（a）所示，B 为可动铰支座，它与水平线之间的夹角为 30°，A 为固定铰支座。在梁 C 处承受集中荷载 $P=10\text{kN}$。不计梁自重，求 A、B 两处的支座反力 $\boldsymbol{F}_A$、$\boldsymbol{F}_B$。

【解】 （1）选取梁 AB 为研究对象。

（2）画受力图。在右端，可动铰支座 B 处的支反力 $\boldsymbol{F}_B$ 与支撑面垂直，即与水平线之间的夹角为 30°。在左端，固定铰支座 A 的支反力 $\boldsymbol{F}_A$ 通过铰中心 A，但方向待定。梁 AB 在支反力 $\boldsymbol{F}_A$、$\boldsymbol{F}_B$ 以及集中荷载 $\boldsymbol{P}$ 的作用下保持平衡，根据三力平衡汇交定理，$\boldsymbol{F}_A$ 的作用线必然通过 $\boldsymbol{F}_B$ 与 $\boldsymbol{P}$ 的作用线交点 O，从而可以确定出 $\boldsymbol{F}_A$ 的作用线方向，即沿 OA 线。梁 AB 的受力图如图 2-10（b）所示。

（3）列平衡方程。先建立直角坐标系，选取为汇交点 O 为坐标原点，如图 2-10（b）所示。由式（2-7），有：

$$\sum_{i=1}^{n}F_{ix}=0:\ F_A\cos\alpha-F_B\cos30^\circ=0$$

$$\sum_{i=1}^{n}F_{iy}=0:\ F_A\sin\alpha+F_B\sin30^\circ-P=0$$

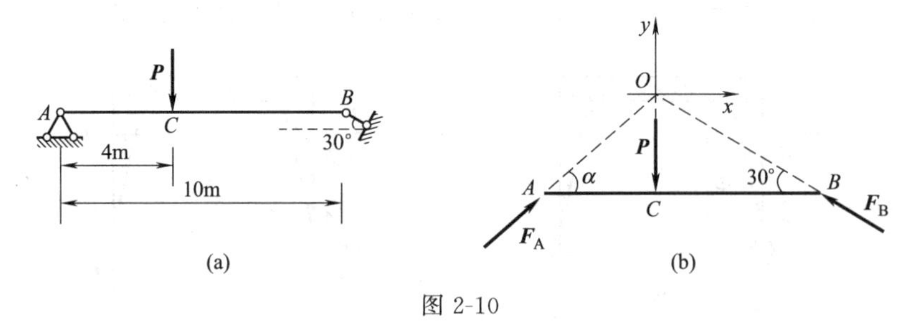

图 2-10

（4）方程求解。先求出角度 α。根据图 2-10（b）中的几何关系，有：

$$\tan\alpha=\frac{|CO|}{|AC|}=\frac{|CB|\tan30^\circ}{|AC|}=\frac{6}{4}\times\tan30^\circ=0.866,\ \alpha=40.89^\circ$$

从而可求得：

$$F_A=9.17\text{kN},\ F_B=8.00\text{kN}$$

上述结果均为正值，说明对这两个力的具体指向的假定与实际情况一致。反之，如果所得结果出现负号，则表明事先假定的力的指向与实际情况相反。

【例 2-8】 某支架结构如图 2-11（a）所示，A、B 为固定铰支座，斜撑 BC 与竖直线之间的夹角为 40°，与横梁 AD 通过铰 C 联接，C 点为横梁 AD 的中点。集中荷载 $P=20\text{kN}$，作用在 D 处。不计构件自重，求固定铰支座 A 的支反力 $\boldsymbol{F}_{\text{A}}$ 和斜撑 BC 所受的力 $\boldsymbol{F}_{\text{BC}}$。

【解】（1）确定研究对象。由于 $\boldsymbol{F}_{\text{A}}$ 和 $\boldsymbol{F}_{\text{BC}}$ 都与横梁 AD 有关，因此可以选择它作为研究对象。

（2）画受力图。横梁 AD 受到斜撑 BC 的作用。由于自重不计，斜撑 BC 只在两端受力，属于二力杆件，因此力 $\boldsymbol{F}_{\text{BC}}$ 的方向沿着 BC 方向，即与竖直线之间的夹角为 40°。横梁 AD 同时又受到固定铰支座 A 的支反力 $\boldsymbol{F}_{\text{A}}$ 作用，方向待定。在力 $\boldsymbol{F}_{\text{BC}}$、$\boldsymbol{F}_{\text{A}}$ 以及集中荷载 $\boldsymbol{P}$ 的作用下，横梁 AD 保持平衡。根据三力平衡汇交定理，可以确定出支反力 $\boldsymbol{F}_{\text{A}}$ 的方向。最后得到横梁 AD 的受力图，如图 2-11（b）所示。

（3）列平衡方程。先建立直角坐标系，将坐标原点建立在汇交点 E 上，如图 2-11（b）所示。根据式（2-7）列平衡方程：

$$\sum_{i=1}^{n} F_{i\text{x}} = 0:\ F_{\text{BC}}\sin 40° - F_{\text{A}}\sin\alpha = 0$$

$$\sum_{i=1}^{n} F_{i\text{y}} = 0:\ F_{\text{BC}}\cos 40° - F_{\text{A}}\cos\alpha - P = 0$$

（4）方程求解。先求出角度 α。因为 C 点是横梁 AD 的中点，由图 2-11（b）有：

$$|DE| = \frac{|CD|}{\tan 40°} = \frac{|AD|}{\tan\alpha},\quad |AD| = 2|CD|$$

因此

$$\tan\alpha = 2\times\tan 40° = 1.678,\quad \alpha = 59.21°$$

从而可求得：

$$F_{\text{A}} = 39.07\text{kN},\quad F_{\text{BC}} = 52.22\text{kN}$$

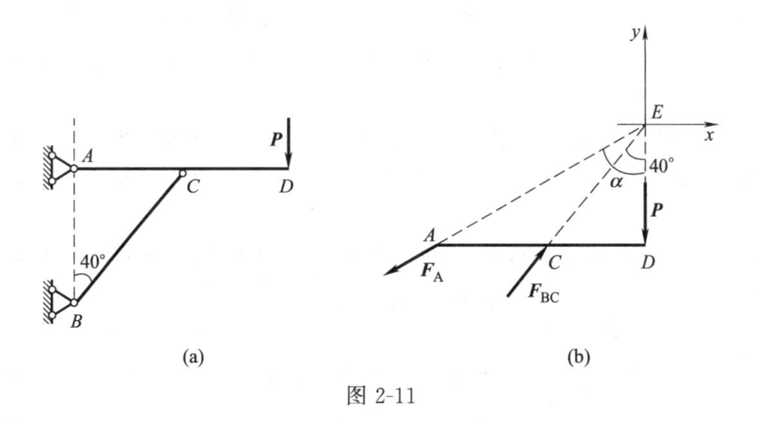

图 2-11

上面求出的 $\boldsymbol{F}_{\text{BC}}$ 实际上是斜撑 BC 对横梁 AD 的作用力，根据作用与反作用定律，斜撑 BC 所受的力大小也为 52.22kN。上述结果均为正值，说明对这两个力的具体指向的假定与实际情况一致。

通过前面几个例题，可以总结出求解平面汇交力系平衡问题的步骤是：

（1）根据题意，选择合适的平衡体作为研究对象；

（2）对研究对象进行受力分析，画出受力图；

(3) 如果采用几何法求解，则作出力多边形；如果采用解析法求解，则先建立合适的直角坐标系，然后列出平衡方程；

(4) 未知量求解：对于几何法，根据比例尺直接量出未知力的大小和方向，或者利用三角公式计算求解；对于解析法，通过求解平衡方程求出未知量。

第四节 平面力矩

一、力对点的矩

从长期的实践经验中，人们总结出力对物体的作用效果，可以分为两类：移动效应和转动效应。例如，用手推门，门将绕着门轴转动，如图 2-12 (a) 所示，图 2-12 (b) 是其俯视简图。这里力对门的作用效果便是转动效应。

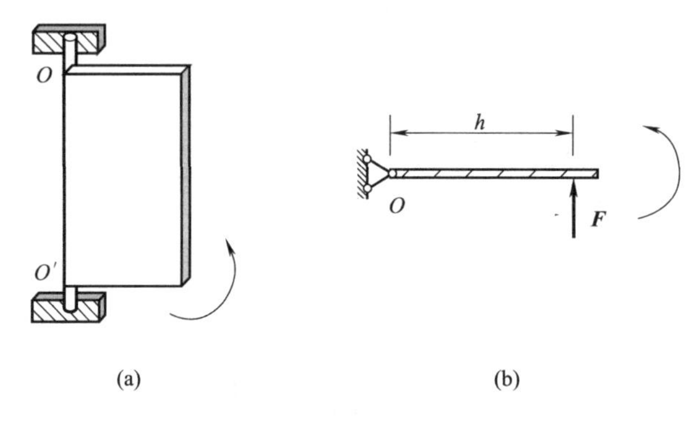

图 2-12

力对物体的转动效果与哪些因素有关呢？仍以上面门的转动问题为例。设门轴即转动中心为 O，手施加于门上的力为 $\boldsymbol{F}$，如图 2-12 (b) 所示。由生活经验可以知道，力作用点与门轴距离越远，越省力；力作用方向与门面越接近垂直，越省力。可见，力对门的转动效果不仅与力 $\boldsymbol{F}$ 的大小有关，而且还与转动中心 O 到力 $\boldsymbol{F}$ 作用线的垂直距离 h 有关。因此，可以用乘积 $F \cdot h$ 来衡量力 $\boldsymbol{F}$ 对门的转动效果。另外，如果改变力 $\boldsymbol{F}$ 的指向，使其朝相反的方向，则门将作反方向的转动。

上述力对物体的转动效果，可以用力对点的矩（简称为力矩）来表示，即力矩是度量力对刚体转动效应的物理量。转动中心称为力矩中心，简称为矩心。矩心到力作用线的垂直距离称为力臂。

如图 2-13 所示，力 $\boldsymbol{F}$ 与矩心 O 位于同一平面内。力 $\boldsymbol{F}$ 对点 O 的矩记为 $M_o(\boldsymbol{F})$，根据前面的讨论，有：

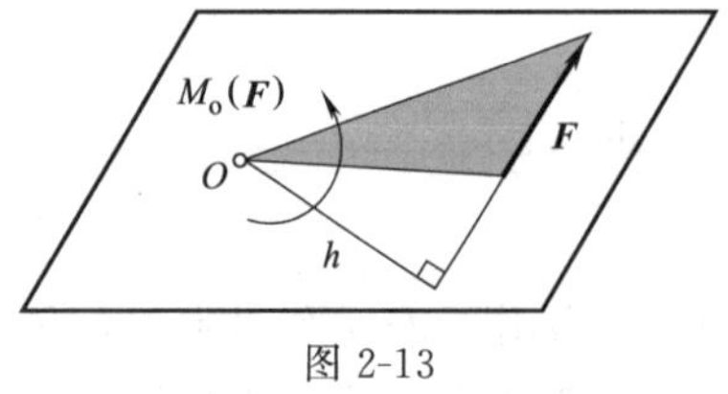

图 2-13

$$M_o(\boldsymbol{F}) = \pm F \cdot h \tag{2-8}$$

因此，在平面内，力矩是一个代数量。它的绝对值等于力的大小与力臂的乘积，它的正负号按以下规定选取：力使物体绕矩心作逆时针方向转动时取正号，反之取负号。在国际单位制中，力矩的单位是 N·m。从图 2-13 可以看出，力矩的大小两倍于图中阴影三角形的面积。

由式 (2-8) 可知，力矩等于零的两个条件是：(1) 力等于零；(2) 力臂等于零，即力的作用线通过矩心。另外，如果力沿着其作用线滑动，则由于力的大小和力臂均没有发生变化，因此力矩也保持不变。

【例 2-9】 挖土机的机械臂受力如图 2-14 所示。土重 $F=4\text{kN}$，机械臂长 $l=5\text{m}$，机械臂与水平面之间的夹角为 α，求下列两种情形，力 $\boldsymbol{F}$ 对点 O 的矩：(1) $\alpha=60°$；(2) $\alpha=45°$。

【解】 由图可知，力 $\boldsymbol{F}$ 对矩心 O 的力臂 $h=l\cos\alpha$，因此：

(1) $M_o(\boldsymbol{F})=-F\cdot h=-4\times5\cos60°=-10$ (kN・m)

(2) $M_o(\boldsymbol{F})=-F\cdot h=-4\times5\cos30°=-17.32$ (kN・m)

其中负号表示力 $\boldsymbol{F}$ 对点 O 的矩是顺时针转动的。

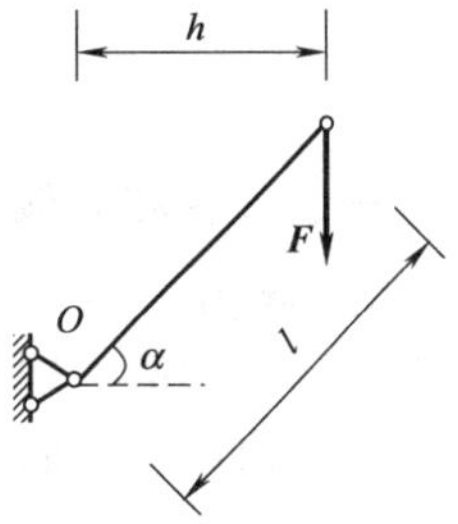

图 2-14

二、合力矩定理

在平面汇交力系中，各分力与它们的合力对物体的作用效果等效，这里的作用效果也包括物体的转动效应。由于物体的转动效应用力矩来度量，因此，平面汇交力系的合力对于平面内任一点的矩等于所有各分力对于该点的矩的代数和，这就是合力矩定理。它可以用式子表示为：

$$M_o(\boldsymbol{F}_R)=\sum_{i=1}^{n}M_o(\boldsymbol{F}_i) \tag{2-9}$$

式中，$\boldsymbol{F}_R=\sum_{i=1}^{n}\boldsymbol{F}_i$，$M_o(\boldsymbol{F}_R)$ 和 $M_o(\boldsymbol{F}_i)$ 分别为合力 $\boldsymbol{F}_R$ 和分力 $\boldsymbol{F}_i$ 对同一点 O 的矩。

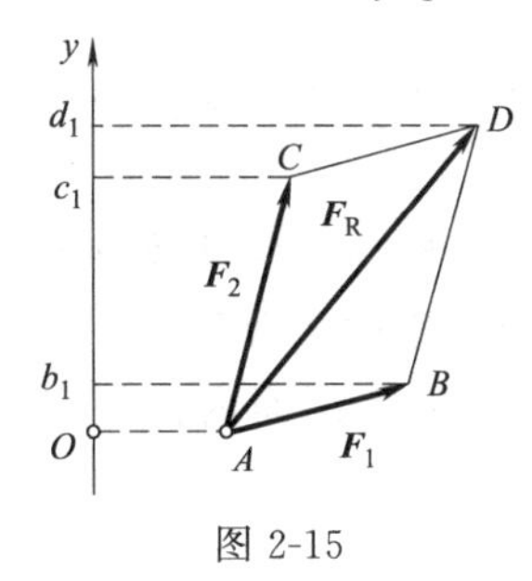

图 2-15

式 (2-9) 的证明如下：

如图 2-15 所示，刚体上的 A 点作用力 $\boldsymbol{F}_1$ 和 $\boldsymbol{F}_2$，它们的合力为 $\boldsymbol{F}_R$。在力 $\boldsymbol{F}_1$ 和 $\boldsymbol{F}_2$ 的作用平面内任取一点 O 作为矩心。过 O 点作 OA 的垂线 Oy，作为 y 轴。力 $\boldsymbol{F}_1$、$\boldsymbol{F}_2$ 和 $\boldsymbol{F}_R$ 在 y 轴上的投影分别为 Ob_1、Oc_1 和 Od_1，则：

$$M_o(\boldsymbol{F}_1)=2\times\triangle OAB\text{ 的面积}=OA\times Ob_1$$

$$M_o(\boldsymbol{F}_2)=2\times\triangle OAC\text{ 的面积}=OA\times Oc_1$$

$$M_o(\boldsymbol{F}_R)=2\times\triangle OAD\text{ 的面积}=OA\times Od_1$$

根据合力投影定理：$Od_1=Ob_1+Oc_1$，于是：

$$M_o(\boldsymbol{F}_R)=M_o(\boldsymbol{F}_1)+M_o(\boldsymbol{F}_2)$$

以上证明了合力矩定理在两个分力时的情形成立。当平面汇交力系的分力多于两个时，可以不断重复运用上式，最后证得式 (2-9)。

当力臂不易求出时，利用合力矩定理常可以简化力矩的计算。

【例 2-10】 折杆结构 ABC 如图 2-16 所示，AB 杆水平，BC 杆竖直。已知 $|AB|=4\text{m}$，$|BC|=3\text{m}$。A 点作用大小为 20kN 的力 $\boldsymbol{F}$，它与水平线的夹角为 30°，求力 $\boldsymbol{F}$ 对点 C 的矩。

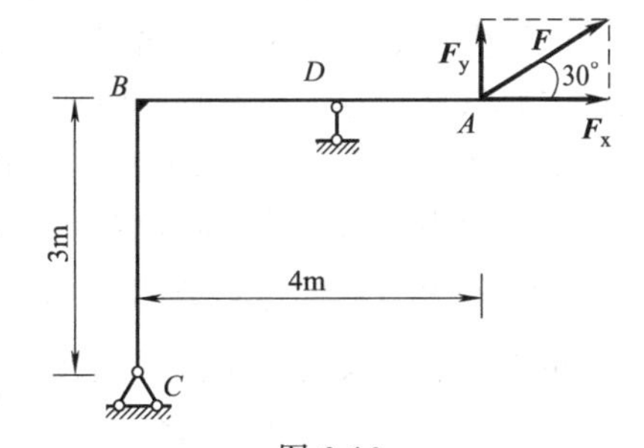

图 2-16

【解】 力 $\boldsymbol{F}$ 对点 C 的力臂不易求出，因此利用合力矩定理，简化计算。为此，先将力 $\boldsymbol{F}$ 分解为 $\boldsymbol{F}_x$ 和 $\boldsymbol{F}_y$ 两个分力，如图 2-16 所示。于是：

$$M_C(\boldsymbol{F}_x)=-F_x\times|BC|=-F\cos30°\times|BC|=-20\times0.866\times3=-51.96\ (\text{kN}\cdot\text{m})$$

$$M_C(\boldsymbol{F}_y)=F_y\times|AB|=F\sin30°\times|AB|=20\times0.5\times4=40\ (\text{kN}\cdot\text{m})$$

根据合力矩定理：

$$M_C(\boldsymbol{F})=M_C(\boldsymbol{F}_x)+M_C(\boldsymbol{F}_y)=-11.96\ (\text{kN}\cdot\text{m})$$

第五节 平面力偶

一、力偶和力偶矩

在实践中，有时会遇到两个大小相等、方向相反且不共线的平行力作用在一个物体上的情形。例如驾驶员转动方向盘时双手施加的力，如图 2-17 所示。显然，这两个力的矢量和等于零，但由于它们不共线，因此这两个力不能互相平衡。这种由两个大小相等、方向相反且不共线的平行力组成的力系，称为力偶，记作（$\boldsymbol{F}$，$\boldsymbol{F}'$），如图 2-18 所示。力偶的两个力作用线之间的距离 d 称为力偶臂，两个力所在的作用平面称为力偶作用面。

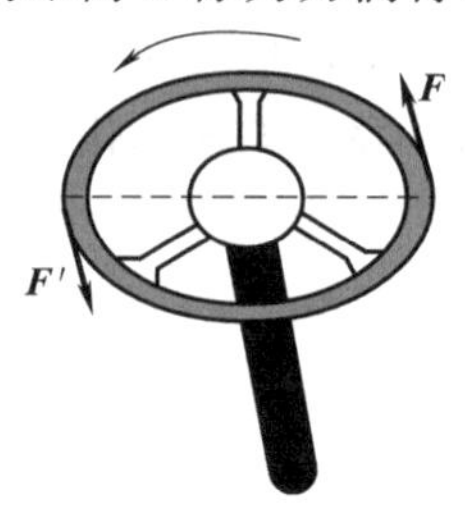

图 2-17

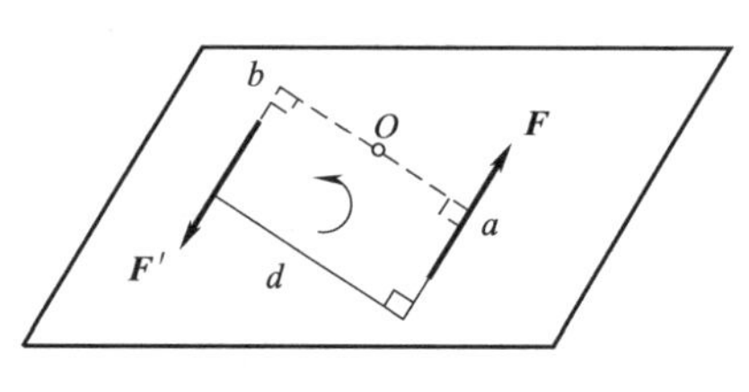

图 2-18

由于力偶的两个力平行，无法合成为一个合力，因此力偶不能用一个力来代替。力偶和力共同构成了静力学的两个基本要素。

力偶对物体的作用效果，仅仅使物体在力偶作用面内转动。力偶对物体的转动效果用力偶矩来度量。力偶矩的大小等于力偶中的两个力对其作用面内任一点的矩的代数和。

设有一力偶（$\boldsymbol{F}$，$\boldsymbol{F}'$），其力偶臂为 d，如图 2-18 所示。力偶对力偶作用面内任一点 O 的矩为 $M_O(\boldsymbol{F}, \boldsymbol{F}')$，于是

$$\begin{aligned} M_O(\boldsymbol{F}, \boldsymbol{F}') &= M_O(\boldsymbol{F}) + M_O(\boldsymbol{F}') \\ &= F \times |Oa| + F' \times |Ob| \\ &= F \times (|Oa| + |Ob|) = F \times d \end{aligned}$$

可见，力偶矩的大小等于力乘以力偶臂，而与矩心位置无关，因此在表示平面力偶矩时可以不指明矩心，记作 m（$\boldsymbol{F}$，$\boldsymbol{F}'$）或 m。

除了力偶矩的大小，力偶矩的转向也能影响力偶对物体的作用效果。在同一平面内，转动的方向只有顺时针与逆时针两种可能，可以用正、负号加以区分。因此可以用一个代数量来表示平面力偶矩：$m = \pm F \times d$，当力偶使物体逆时针转动时取正号，反之取负号。力偶矩的单位与力矩的单位相同，即 N·m。

二、平面力偶的等效定理

由于力偶仅仅使物体在力偶作用面内转动，而力偶对物体的转动效果采用力偶矩来度量。因此，在同一平面的两个力偶，如果力偶矩相等，则两力偶彼此等效。这就是平面力偶的等效定理，对它的详细证明从略，读者可以参见有关书籍。

平面力偶的等效定理给出了平面力偶的等效条件。由此可以得到平面力偶的两个性质：

（1）力偶可在力偶作用面内任意移动，而不改变它对刚体的转动效果。即力偶对刚体的转动效果与力偶在力偶作用面内的位置无关，如图 2-19 所示。

（2）同时改变力偶中力的大小和力偶臂的长短，但保持力偶矩的大小和转向不变，则力偶对刚体的转动效果不变，如图 2-20 所示。

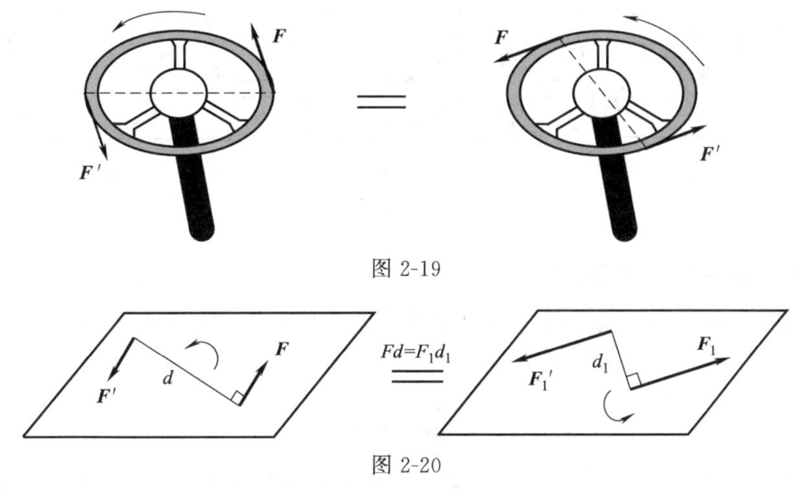

图 2-19

图 2-20

由此可见，力偶在力偶作用面内的位置、力偶中力的大小和力偶臂的长短，都不是力偶对刚体转动效果的最终决定因素，只有力偶矩才是力偶转动效果的唯一度量。今后将直接采用图 2-21 所示的符号来表示力偶，而不指明其作用位置等因素。

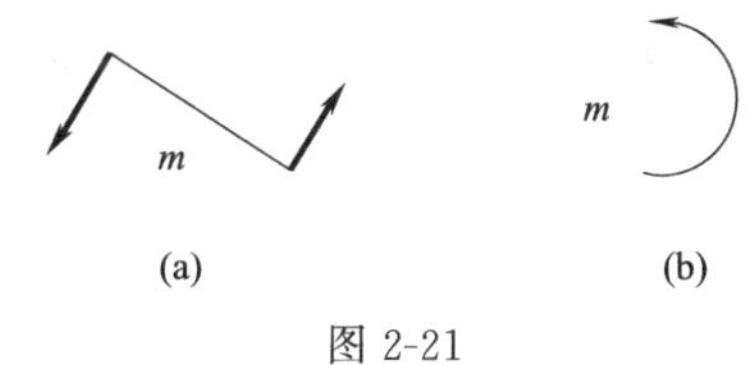

图 2-21

第六节　平面力偶系的平衡

一、平面力偶系的合成

作用于同一平面内、同一刚体上的一组力偶，称为平面力偶系。平面汇交力系可以合成为一个合力，那么平面力偶系的结果又如何呢?

如图 2-22（a）所示，在刚体的同一平面上作用有两个力偶（$\boldsymbol{F}_1$，$\boldsymbol{F}_1'$）和（$\boldsymbol{F}_2$，$\boldsymbol{F}_2'$），它们的力偶臂分别为 d_1 和 d_2，力偶矩分别为 m_1 和 m_2，则：

$$m_1=-F_1d_1,\ m_2=F_2d_2$$

根据平面力偶的性质，可以将力偶（$\boldsymbol{F}_2$，$\boldsymbol{F}_2'$）等效成力偶（$\boldsymbol{F}_3$，$\boldsymbol{F}_3'$），使得力偶（$\boldsymbol{F}_3$，$\boldsymbol{F}_3'$）的力偶臂 $d_3=d_1$，并且力 $\boldsymbol{F}_3$ 的方向与力 $\boldsymbol{F}_1$ 的方向一致，如图 2-22（b）所示。由力偶等效的原则，此时：

$$F_3=m_2/d_1$$

由于力 $\boldsymbol{F}_3$ 和 $\boldsymbol{F}_1$ 作用在同一点 A 处，因此可以将它们合成为一个合力 $\boldsymbol{F}$。同理，力 $\boldsymbol{F}_3'$ 和 $\boldsymbol{F}_1'$ 也可以合成为一个合力 $\boldsymbol{F}'$，如图 2-22（c）所示，其中（假设 $F_1<F_3$）：

$$F=F_3-F_1,\ F'=F_3'-F_1'$$

此时力 $\boldsymbol{F}$ 和 $\boldsymbol{F}'$ 大小相等、方向相反、相互平行，因此构成一个新的力偶（$\boldsymbol{F}$，$\boldsymbol{F}'$），它与原力偶系等效，称之为合力偶，记合力偶矩为 m，于是：

$$m=F\cdot d_1=(F_3-F_1)d_1=F_3d_1-F_1d_1=m_2+m_1$$

重复运用上述结果，就可以求得由 n 个力偶组成的平面力偶系的合力偶矩：

$$m=\sum_{i=1}^{n}m_i \tag{2-10}$$

上式说明，作用于同一刚体上的平面力偶系，可以合成为一个合力偶，合力偶矩等于各个力偶矩的代数和。

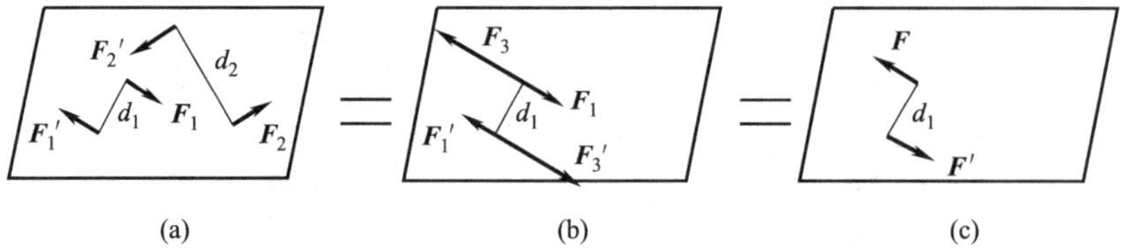

(a) (b) (c)

图 2-22

二、平面力偶系的平衡条件

平面力偶系与它的合力偶等效，因此平面力偶系平衡的充分和必要条件是合力偶矩等于零，也即：

$$\sum_{i=1}^{n} m_i = 0 \tag{2-11}$$

【例 2-11】 如图 2-23（a）所示，简支梁 AB 承受力偶矩为 $m=10\text{kN}\cdot\text{m}$ 的力偶作用保持平衡。已知梁长 $l=5\text{m}$，忽略梁自重和所有铰的摩擦，求此时支座 A、B 的约束反力。

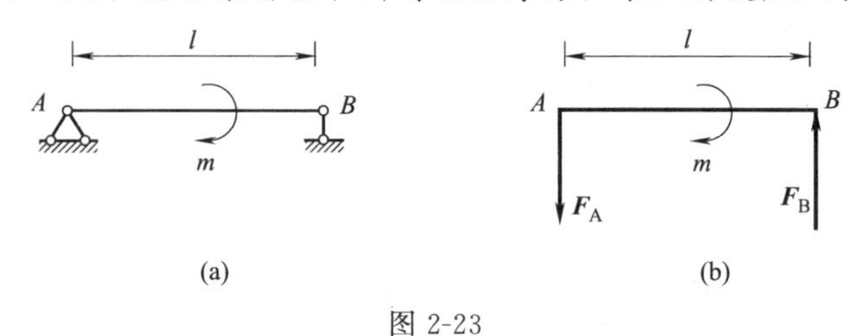

图 2-23

【解】 B 为可动铰支座，它的支座反力 $\boldsymbol{F}_B$ 沿着竖直方向，通过支座中心。A 为固定铰支座，它的支座反力 $\boldsymbol{F}_A$ 通过支座中心，但方向待定。梁 AB 受到力偶和支座反力 $\boldsymbol{F}_A$、$\boldsymbol{F}_B$ 的作用，保持平衡。由于力偶只能通过力偶平衡，因此力 $\boldsymbol{F}_A$ 和 $\boldsymbol{F}_B$ 必须构成一对力偶。也即 $\boldsymbol{F}_A$ 也沿着竖直方向，与 $\boldsymbol{F}_B$ 方向相反，大小相等。梁的受力图如图 2-23（b）所示。

根据平面力偶系的平衡条件，列出平衡方程：

$$\sum_{i=1}^{n} m_i = 0 : m - F_A \times l = 0$$

解得：

$$F_A = \frac{m}{l} = \frac{10}{5} = 2\ (\text{kN}),\ F_B = F_A = 2\text{kN}$$

方向如图 2-23（b）所示。

【例 2-12】 三铰刚架由直角折杆 AB 和 BC 构成，如图 2-24（a）所示。在 AB 折杆上作用有两个力偶，力偶矩大小分别为 $m_1=-2\text{kN}\cdot\text{m}$ 和 $m_2=-4\text{kN}\cdot\text{m}$。已知刚架宽 $b=8\text{m}$，高 $h=6\text{m}$，忽略刚架自重和所有铰的摩擦，求刚架平衡时 A、C 两处的支座反力。

【解】 A、C 均为固定铰支座，因此它们的支座反力 $\boldsymbol{F}_A$ 和 $\boldsymbol{F}_C$ 均为通过支座中心的集中力。

先分析折杆 BC。由于忽略自重，它只在两端受集中力的作用，因此是一根二力杆。从而确定支座反力 $\boldsymbol{F}_C$ 沿着 BC 两点的连线，如图 2-24（b）所示。

然后对刚架整体分析。刚架受到的主动荷载为两个力偶，约束反力为支座反力 $\boldsymbol{F}_A$ 和 $\boldsymbol{F}_C$。由于力偶只能通过力偶平衡，因此力 $\boldsymbol{F}_A$ 和 $\boldsymbol{F}_C$ 必须构成一对力偶，刚架才能保持平衡。由此可以确定，支座反力 $\boldsymbol{F}_A$ 和 $\boldsymbol{F}_C$ 的大小相等，互相平行但方向相反。整个刚架的受力图如图 2-24（b）所示，其中 $\boldsymbol{F}_A$ 和 $\boldsymbol{F}_C$ 组成的力偶矩为 $-F_A \times d$。

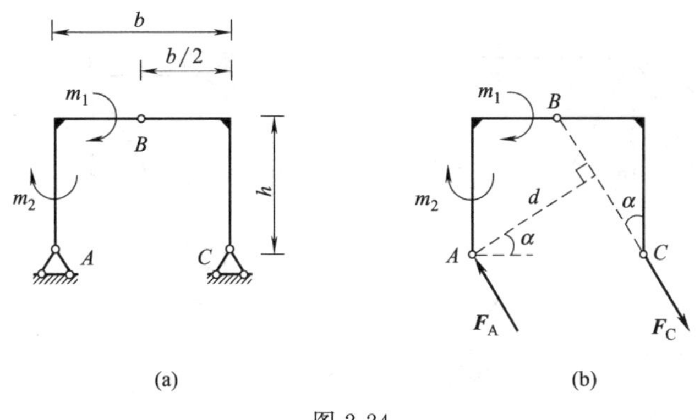

(a)　(b)

图 2-24

最后根据平面力偶系的平衡条件，列出平衡方程：

$$\sum_{i=1}^{n} m_i = 0 : m_1 + m_2 - F_A \times d = 0$$

根据几何关系：

$$\cos\alpha = \frac{6}{\sqrt{4^2+6^2}} = 0.832，\ d = b\cos\alpha = 8 \times 0.832 = 6.656\ (\mathrm{m})$$

代入上式，得：

$$F_A = \frac{m_1+m_2}{d} = \frac{-2-4}{6.656} = -0.901\ (\mathrm{kN})$$

而：

$$F_C = F_A = -0.901\mathrm{kN}$$

F_A和 F_C中的负号表示支座反力 $\boldsymbol{F}_A$和 $\boldsymbol{F}_C$的实际方向与图 2-24（b）中所示相反。

此题也可以通过分析折杆 AB 来取代整体分析。有兴趣的读者可以自行练习，并比较两种方法的异同。

习　题

2-1　分别用几何法和解析法求题 2-1 图中平面汇交力系的合力。已知 $F_1=F_2=20\mathrm{kN}$，$F_3=30\mathrm{kN}$，$F_4=40\mathrm{kN}$，力 $\boldsymbol{F}_1$作用线水平。

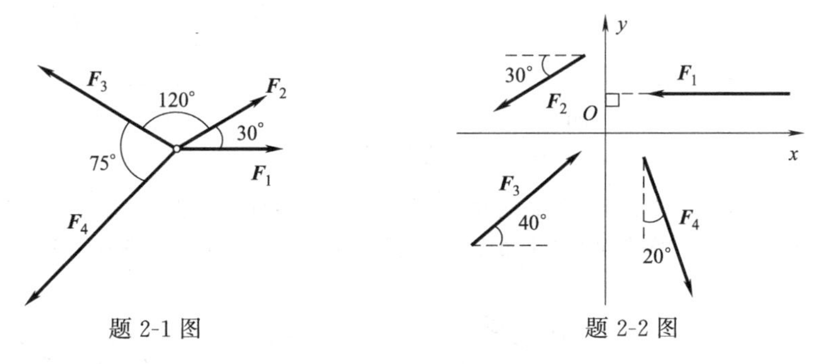

题 2-1 图　　题 2-2 图

2-2　平面上四个力的方向如题 2-2 图所示。已知 $F_1=10\mathrm{kN}$，$F_2=7.5\mathrm{kN}$，$F_3=10\mathrm{kN}$，$F_4=12.5\mathrm{kN}$，求每个力在 x、y 轴上的投影。

2-3　三角支架如题 2-3 图所示，直杆 AB 和 BC 在 B 处用铰连接，与地面通过固定铰支座连接，不计杆自重。忽略所有铰的摩擦。在铰 B 处受到与支架同一平面的三个力 $\boldsymbol{P}_1$、$\boldsymbol{P}_2$和 $\boldsymbol{P}_3$的作用，其中 $P_1=200\mathrm{N}$，$P_2=150\mathrm{N}$，$P_3=350\mathrm{N}$，方向如题 2-3 图所示。求此时杆 AB 和 BC 所承受的力，并说明杆件是受压还是受拉？

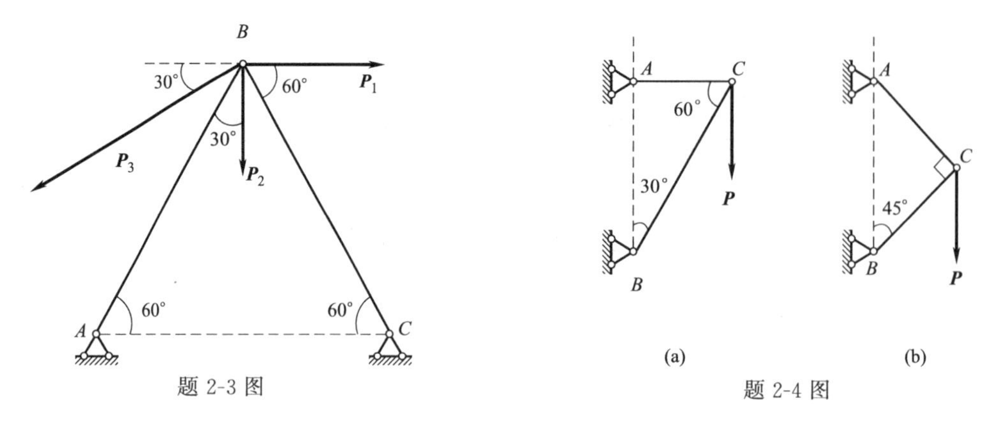

题 2-3 图　　　　题 2-4 图

2-4　如题 2-4 图所示，支架由杆 AC 和 BC 构成。两杆的一端分别用固定铰支座与竖直墙连接，另外一端在 C 处用铰连接在一起，并在此处承受竖直向下的荷载 $P=1\text{kN}$。不计杆自重，忽略所有铰的摩擦，求图中（a）、（b）两种情形，杆 AC 和 BC 所受的力。

2-5　题 2-5 图为工地上采用两点吊起预制梁的示意图。梁重 40t，钢绞线与水平线的夹角为 α。求梁匀速上升时，下面两种情形，钢绞线所承受的拉力：（1）$\alpha=30^\circ$；（2）$\alpha=45^\circ$。

2-6　某平面结构如题 2-6 图所示。所有的铰均光滑，杆件自重不计。在 C 点受到力 $\boldsymbol{P}$ 的作用，方向如图所示。求此时杆 BD 所承受的力。

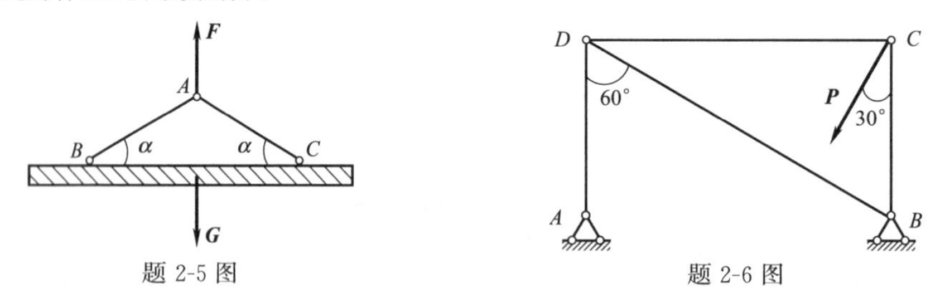

题 2-5 图　　　　题 2-6 图

2-7　门式刚架结构与三铰刚架结构分别如题 2-7 图（a）、（b）所示，它们均承受相同的水平力 $\boldsymbol{P}$ 的作用，分别求各结构的支座 A、B 的约束力。

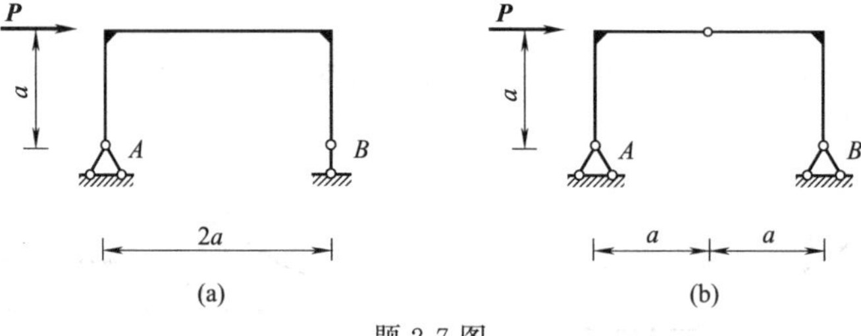

题 2-7 图

2-8　杆 AB 长为 l，自重不计。B 端悬挂重为 $\boldsymbol{P}$ 的物体，A 端与光滑铅垂墙面接触，C 点搁在光滑台阶上，如题 2-8 图所示。若杆与水平面间的夹角为 α，求杆平衡时 A、C 两处的约束力以及 A、C 两点间的距离。

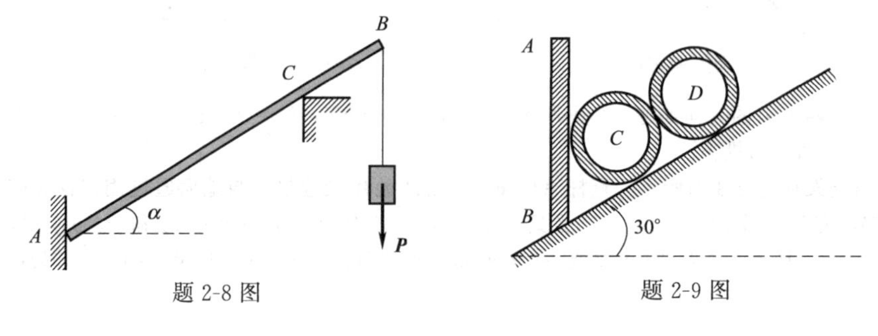

题 2-8 图　　　　题 2-9 图

2-9　两根相同的钢管 C 与 D，放置在斜坡上，并用一铅垂挡墙 AB 阻挡，如题 2-9 图所示。假定每根钢管重 5kN，求钢管 C 对挡墙 AB 的作用力。

2-10　如题 2-10 图所示，绳 $ABCD$ 一端悬挂在墙上 A 处，另一端跨过定滑轮 C，在末端 D 受铅垂力 $\boldsymbol{F}$ 作用，在 B 处悬挂一重物，在图示位置保持平衡。已知 $F=100\text{N}$，不计定滑轮摩擦，求重物重力 $\boldsymbol{P}$ 的大小以及绳 AB 段的拉力 $\boldsymbol{F}_{AB}$ 的大小。

2-11　混凝土管道搁置在倾角为 30°的斜坡上，用撑架 ABC 支撑，如题 2-11 图所示。设 A、B 和 C 三处均为铰接，且 AB 垂直于斜面，接触点 D 为 AB 的中点。忽略撑架的自重以及 D、E 两处的摩擦，管道重 $Q=5\text{kN}$，求杆 AC 以及铰链 B 的约束力。

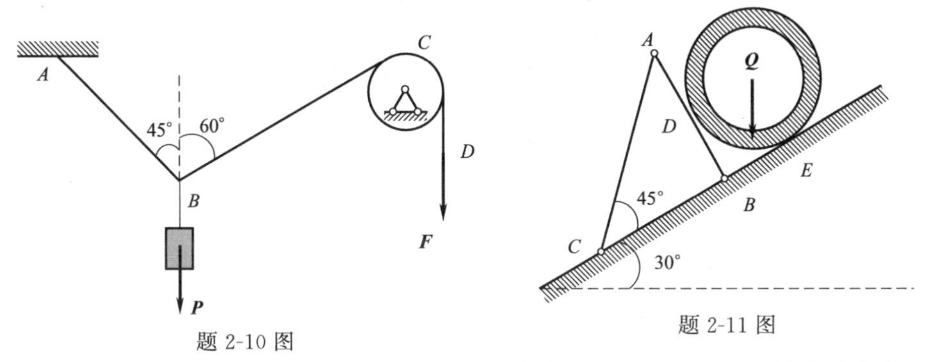

题 2-10 图　　　　题 2-11 图

2-12　圆盘边缘上的 A 点作用一大小为 1kN 的力 $\boldsymbol{F}$，方向如题 2-12 图所示。圆盘的半径为 1m，求此力对 O、B 、C 三点的力矩。

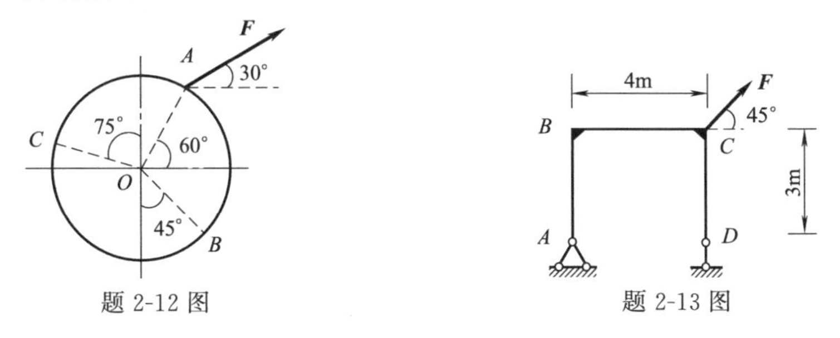

题 2-12 图　　　　题 2-13 图

2-13　刚架结构如题 2-13 图所示，在 C 点作用力 $\boldsymbol{F}$，求它对 A、D 两点的矩。

2-14　钢板上作用有力偶 ($\boldsymbol{F}_1$，$\boldsymbol{F}_1'$)、($\boldsymbol{F}_2$，$\boldsymbol{F}_2'$)、($\boldsymbol{F}_3$，$\boldsymbol{F}_3'$)，如题 2-14 图所示。已知 $F_1=60\text{N}$、$F_2=100\text{N}$、$F_3=200\text{N}$，图中长度单位为 cm，求合力偶矩。

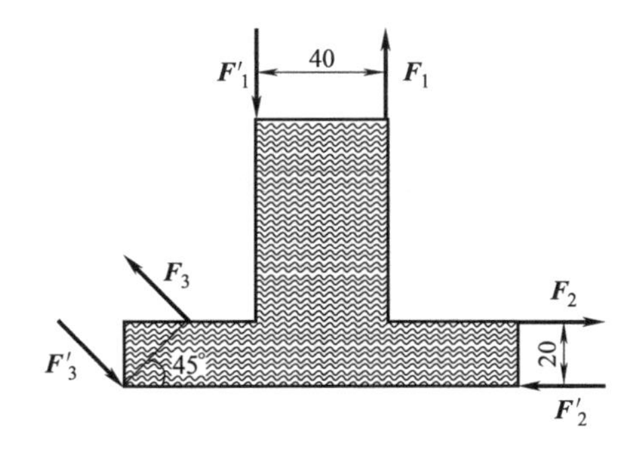

题 2-14 图

2-15　在题 2-15 图所示结构中，梁 AB 承受一力偶矩为 m 的力偶作用，分别求下面 (a)、(b) 两种情形，支座 A、B 的约束反力。已知梁长为 l，自重不计，所有铰光滑。

2-16　某结构如题 2-16 图所示，AB、BC 均为直角折杆，在 AB 折杆上施加一力偶矩为 m 的力偶，求支座 A、C 的约束反力。各构件的自重不计。

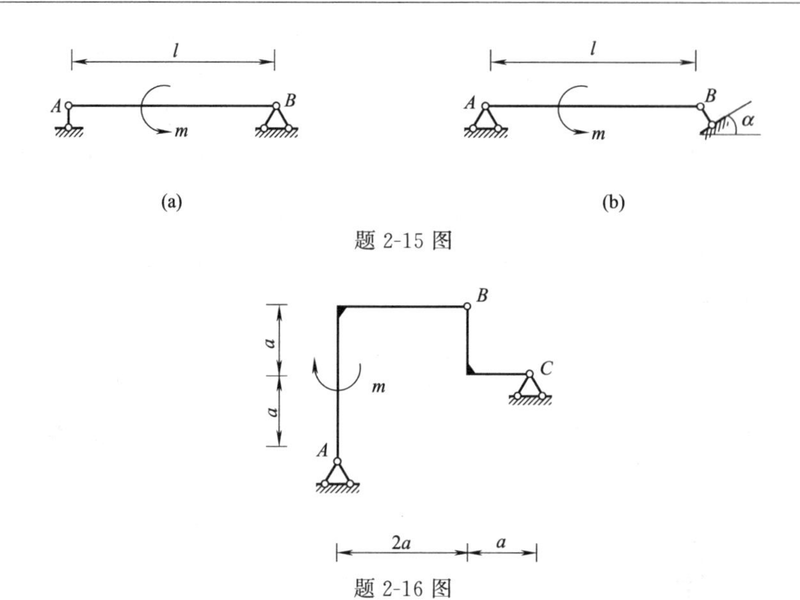

题 2-15 图

题 2-16 图

第三章　平面任意力系

前面两章介绍了平面汇交力系与平面力偶系。然而在工程实践中，出现的不仅仅是这两种简单的力系，更多的时候各力的作用线既不汇交于一点，彼此也不互相平行。如果力的作用线在同一平面内，称之为平面任意力系，这是一种最普遍的平面力系。例如，图 3-1 所示的刚架结构，受到水平向的分布荷载、竖直向的集中荷载以及支座的约束反力作用，这些力构成了一组平面任意力系。

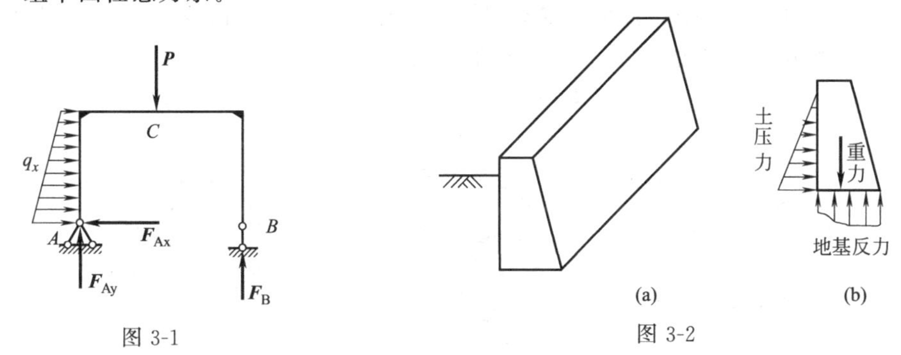

图 3-1　　图 3-2

当物体所受的力关于某一平面对称时，往往也可以简化为平面力系。例如，图 3-2（a）所示为一重力式挡土墙。相对于它的横截面尺寸，挡土墙在纵向的尺寸要大很多。当它受到的土压力沿纵向保持不变时，对挡土墙的受力分析可以采用单位长度上的一段来分析，土压力、地基反力以及自身重力关于这一段的横截面对称，这些力在这个对称面上构成了平面任意力系，如图 3-2（b）所示。

第一节　平面任意力系向作用面内一点简化

一、力的平移定理

力的平移定理是平面任意力系向其作用面内一点简化的理论基础。这个定理指出：可以把作用于刚体上某点 A 的力 $\boldsymbol{F}$ 等效地平行移动到同一刚体上任意点 B，但必须同时附加一个力偶，且其力偶矩等于原来作用于 A 的力 $\boldsymbol{F}$ 对新作用点 B 的力矩。

对这个定理的证明如下：

设力 $\boldsymbol{F}$ 作用于刚体上的 A 点，如图 3-3（a）所示。现在刚体上任取另一点 B，并在其上添加与力 $\boldsymbol{F}$ 平行的一对平衡力 $\boldsymbol{F}_1$ 和 $\boldsymbol{F}_1'$，其中 $F_1=F_1'=F$，如图 3-3（b）所示。根据静力学的公理 2，这三个力 $\boldsymbol{F}$、$\boldsymbol{F}_1$ 和 $\boldsymbol{F}_1'$ 与力 $\boldsymbol{F}$ 等效。不难发现，此时力 $\boldsymbol{F}$ 和 $\boldsymbol{F}_1'$ 构成了一个力偶（$\boldsymbol{F}$，$\boldsymbol{F}_1'$），这个力偶的矩为：

$$m=M_B(\boldsymbol{F})=F\times d \tag{3-1}$$

由于力 $\boldsymbol{F}_1$ 和 $\boldsymbol{F}$ 大小相等，方向一致，相互平行，因此上述过程相当于把原来作用于 A 点的力 $\boldsymbol{F}$ 平行移动到了 B 点，但同时附加了一个矩为 m 的力偶，如图 3-3（c）所示。

应用力的平移定理时，应注意力在平移过程中，大小和方向始终保持不变，但附加的力偶矩的大小和正负号随着选取点的不同而改变。

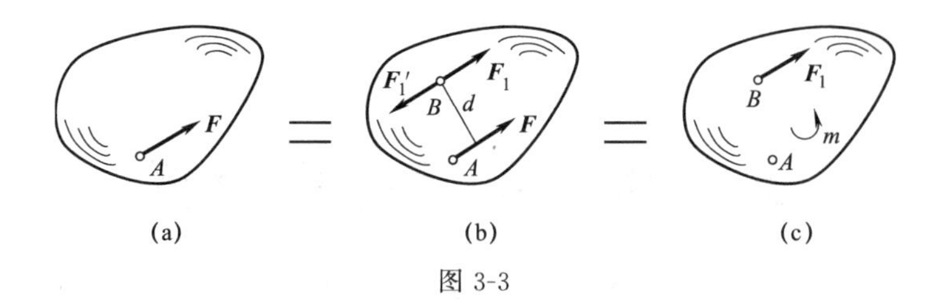

(a) (b) (c)

图 3-3

二、平面任意力系向作用面内一点简化

设平面任意力系 $\boldsymbol{F}_1$，$\boldsymbol{F}_2$，…，$\boldsymbol{F}_n$，分别作用于刚体上的点 A_1，A_2，…，A_n，如图 3-4（a）所示。在刚体上任意选取位于力系作用平面内的一点 O，称之为简化中心。利用力的平移定理，将力系中的每一个力都平行移动到简化中心。记 $\boldsymbol{F}_i'$($i=1$，2，…，n）为力 $\boldsymbol{F}_i$ 平移到简化中心后的力，m_i 为力 $\boldsymbol{F}_i$ 平移后附加的力偶矩，则：

$$\boldsymbol{F}_i'=\boldsymbol{F}_i\text{，}m_i=M_O(\boldsymbol{F}_i)$$

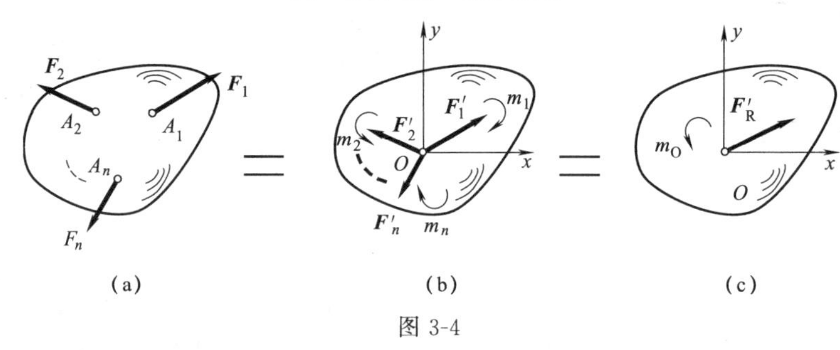

(a) (b) (c)

图 3-4

于是原平面任意力系等效为一个汇交于简化中心的平面汇交力系和一个附加的平面力偶系，如图 3-4（b）所示。

平面汇交力系 $\boldsymbol{F}_1'$，$\boldsymbol{F}_2'$，…，$\boldsymbol{F}_n'$ 可以合成为一个合力 $\boldsymbol{F}_R'$，

$$\boldsymbol{F}_R'=\sum_{i=1}^{n}\boldsymbol{F}_i'=\sum_{i=1}^{n}\boldsymbol{F}_i \tag{3-2}$$

平面力偶系也可合成为一个力偶，记这个力偶的矩为 m_O，

$$m_O=\sum_{i=1}^{n}m_i=\sum_{i=1}^{n}M_O(\boldsymbol{F}_i) \tag{3-3}$$

综上所述，一般情况下，平面任意力系向其作用面内一点简化，可以得到一个力和一个力偶，如图 3-4（c）所示。这个力 $\boldsymbol{F}_R'$ 称为该力系的主矢，它等于力系中所有力的矢量和，作用线通过简化中心；这个力偶的矩 m_O 称为该力系对简化中心 O 的主矩，它等于力系中所有力对简化中心的矩的代数和。

主矢 $\boldsymbol{F}_R'$ 的求解，一般采用解析法。以简化中心 O 点为原点建立直角坐标系，如图 3-4（b）所示。由于 $\boldsymbol{F}_i'=\boldsymbol{F}_i$，因此它们在同一坐标轴上的投影也相等。设力 $\boldsymbol{F}_i$ 和 $\boldsymbol{F}_i'$ 在 x 轴上的投影分别为 F_{ix} 和 F_{ix}'，它们在 y 轴上的投影分别为 F_{iy} 和 F_{iy}'，主矢 $\boldsymbol{F}_R'$ 在 x 轴和 y 轴上的投影分别为 F_{Rx}' 和 F_{Ry}'。由于 $\boldsymbol{F}_R'$ 是平面汇交力系 $\boldsymbol{F}_1'$，$\boldsymbol{F}_2'$，…，$\boldsymbol{F}_n'$ 的合力，根据合力投影定理，有：

$$F_{Rx}'=\sum_{i=1}^{n}F_{ix}'=\sum_{i=1}^{n}F_{ix}, F_{Ry}'=\sum_{i=1}^{n}F_{iy}'=\sum_{i=1}^{n}F_{iy} \tag{3-4}$$

从而可以确定主矢 $\boldsymbol{F}_R'$ 的大小和方向：

$$F'_{R}=\sqrt{(F'_{Rx})^{2}+(F'_{Ry})^{2}}=\sqrt{\left(\sum_{i=1}^{n}F_{ix}\right)^{2}+\left(\sum_{i=1}^{n}F_{iy}\right)^{2}}$$

$$\cos\alpha=\frac{F'_{Rx}}{F'_{R}}=\frac{\sum_{i=1}^{n}F_{ix}}{F'_{R}},\ \sin\alpha=\frac{F'_{Ry}}{F'_{R}}=\frac{\sum_{i=1}^{n}F_{iy}}{F'_{R}} \tag{3-5}$$

式中，α 为 x 轴正向到主矢 $\boldsymbol{F}'_{R}$的角度。

最后需要指出的是，平面任意力系向其作用面内一点简化，所得到的主矢的大小和方向与简化中心无关，而所得到的主矩一般与简化中心的位置相关。

三、平面任意力系的简化结果讨论

平面任意力系向其作用面内一点简化，可以得到一个力和一个力偶。根据主矢和主矩是否等于零，有四种情形，现分别进行讨论。

（1）主矢 $\boldsymbol{F}'_{R}\neq\boldsymbol{0}$，主矩 $m_{O}=0$。

此时力系与一个力等效，这个力称为平面任意力系的合力。

（2）主矢 $\boldsymbol{F}'_{R}=\boldsymbol{0}$，主矩 $m_{O}\neq 0$。

此时力系与一个合力偶等效，合力偶的矩等于主矩。由于力偶的矩对于作用面内任意一点都相同，因此力系向不同的简化中心简化时，得到的合力偶均等效。也即此时力系的简化结果与简化中心的位置无关。

（3）主矢 $\boldsymbol{F}'_{R}\neq\boldsymbol{0}$，主矩 $m_{O}\neq 0$。

此时力系还可以作进一步的简化。如图 3-5（a）所示，力系向简化中心 O 简化的结果是 $\boldsymbol{F}'_{R}$和 m_{O}。现将主矢 $\boldsymbol{F}'_{R}$平移至另一点 O'，使得平移所附加的力偶矩为$-m_{O}$，与主矩 m_{O} 刚好抵消。这样，力系就简化成为一个合力 $\boldsymbol{F}_{R}$，如图 3-5（b）所示。这个合力的作用线通过 O'点，到简化中心 O 的距离为：

$$d=\frac{m_{O}}{F_{R}} \tag{3-6}$$

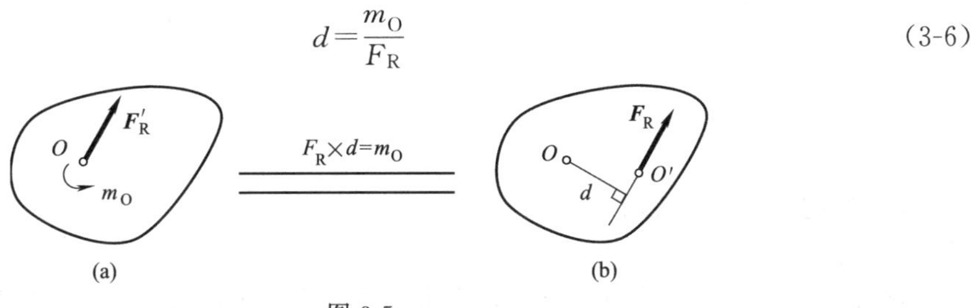

图 3-5

由式（3-6），平面任意力系的合力对简化中心 O 的矩为：

$$M_{O}(\boldsymbol{F}_{R})=F_{R}\times d=m_{O}$$

根据式（3-3）：

$$m_{O}=\sum_{i=1}^{n}M_{O}(\boldsymbol{F}_{i})$$

于是：

$$M_{O}(\boldsymbol{F}_{R})=\sum_{i=1}^{n}M_{O}(\boldsymbol{F}_{i}) \tag{3-7}$$

式（3-7）说明，平面任意力系的合力对简化中心 O 的矩等于平面任意力系中每个力对 O 点的矩。考虑到简化中心可以任意选取，于是得到如下的定理：平面任意力系的合力对作用面内任一点的矩等于力系中各力对同一点的矩的代数和。这个定理称之为平面任意力系的合力矩定理。

（4）主矢 $\boldsymbol{F}'_R=\mathbf{0}$，主矩 $m_O=0$。

此时力系互相平衡。对这种情形的详细讨论参见下节。

综合以上分析结果可以看出，平面任意力系向其作用面内一点简化时，如果得到的主矢 $\boldsymbol{F}'_R=\mathbf{0}$，则其简化结果与简化中心的位置无关。反之，如果得到的主矢 $\boldsymbol{F}'_R\neq\mathbf{0}$，则其简化结果与简化中心的位置有关，而此时的简化结果最终可以简化为力系的合力。需要说明的是：平面任意力系的合力作用线位置是确定的，它不会随着简化中心位置的改变而改变；而平面任意力系的主矢作用线位置是不定的，它随着简化中心位置的改变而改变。

【例 3-1】 图 3-6（a）为固定支座的示意图。试用平面任意力系向一点简化的原理，分析固定支座的约束反力。

【解】 受固定支座的约束，梁固定端既不能移动也不能转动。固定支座对梁端的约束力，是作用在接触面上的一群力。在平面问题中，这群力为一平面任意力系，如图 3-6（b）所示。将这群力向作用平面内一点 A 简化，一般意义上可以得到一个力 $\boldsymbol{F}$ 和一个矩为 m 的力偶，如图 3-6（c）所示。为了分析问题的方便，通常将力 $\boldsymbol{F}$ 用两个正交的未知分力 $\boldsymbol{F}_x$ 和 $\boldsymbol{F}_y$ 来代替。因此在平面问题中，固定支座的约束反力一般有三个，即两个正交力 $\boldsymbol{F}_x$、$\boldsymbol{F}_y$ 和一个矩为 m 的力偶，如图 3-6（d）所示。

比较固定支座与固定铰支座可以看出，由于固定铰支座只能约束住物体的移动，而固定支座除了能约束住物体的移动外，还能约束住物体的转动。因此固定支座比固定铰支座多一个约束反力：约束力偶。

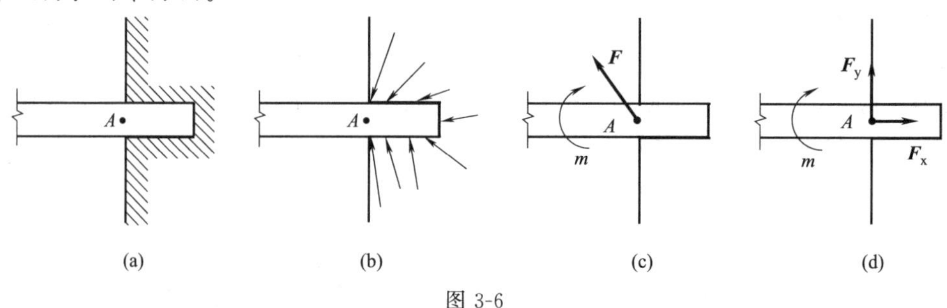

图 3-6

【例 3-2】 作用于某刚体上的平面任意力系如图 3-7（a）所示，求该力系的合力。图中网格一小格代表 1m。

【解】（1）取点 O 为简化中心，求出力系的主矢 $\boldsymbol{F}'_R$ 和力系对 O 点的主矩 m_O。

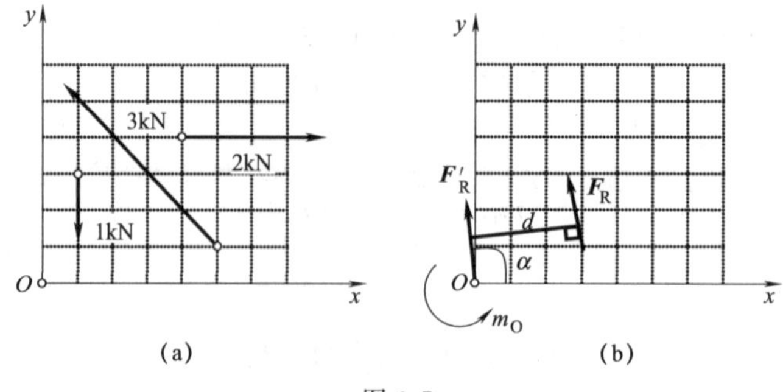

图 3-7

$$F'_{Rx}=\sum_{i=1}^{3}F_{ix}=0+\left(-\frac{3}{\sqrt{2}}\right)+2=-0.121\ (\mathrm{kN})$$

$$F'_{Ry}=\sum_{i=1}^{3}F_{iy}=-1+\frac{3}{\sqrt{2}}+0=1.121\ (kN)$$

所以主矢 $\boldsymbol{F}'_R$ 的大小和方向：

$$F'_R=\sqrt{(F'_{Rx})^2+(F'_{Ry})^2}=\sqrt{(-0.121)^2+(1.121)^2}=1.128\ (kN)$$

$$\cos\alpha=\frac{F'_{Rx}}{F'_R}=\frac{-0.121}{1.128}=-0.107,\ \sin\alpha=\frac{F'_{Ry}}{F'_R}=\frac{1.121}{1.128}=0.994$$

$$\alpha=96.14°$$

力系对 O 点的主矩：

$$m_O=\sum_{i=1}^{3}M_O(\boldsymbol{F}_i)=-1\times1+\frac{3}{\sqrt{2}}\times1+\frac{3}{\sqrt{2}}\times5-2\times4=3.728\ (kN\cdot m)$$

力系向 O 点简化的结果如图 3-7 (b) 所示。

(2) 求解力系的合力 $\boldsymbol{F}_R$。$\boldsymbol{F}_R$ 的大小和方向与主矢 $\boldsymbol{F}'_R$ 相同，合力作用线到简化中心 O 的距离：

$$d=\frac{m_O}{F_R}=\frac{3.728}{1.128}=3.305\ (m)$$

根据主矢 $\boldsymbol{F}'_R$ 的方向和主矩 m_O 的转向，可以确定出合力 $\boldsymbol{F}_R$ 的作用线位置，如图 3-7 (b) 所示。

【例 3-3】 图 3-8 (a) 为某重力式水坝所承受的荷载示意图。已知 $P_1=650$kN，$P_2=300$kN，$P_3=70$kN，$\beta=16.7°$。求该力系向点 O 简化的结果，力系合力的大小、方向以及合力作用线与 OA 的交点到点 O 的距离。

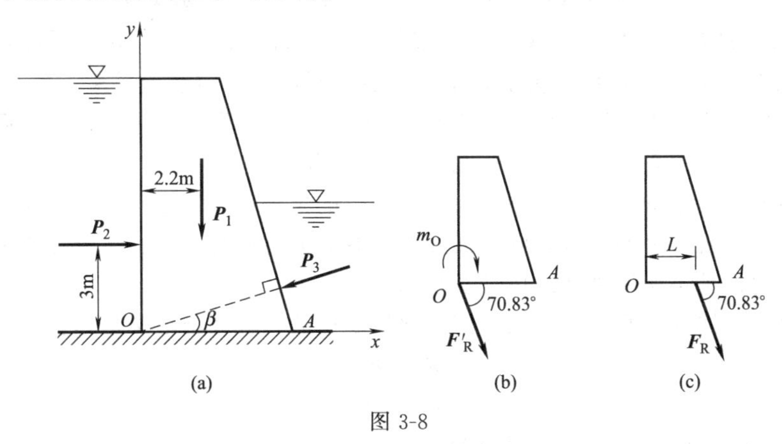

图 3-8

【解】 (1) 设力系向 O 点简化，得到一个主矢 $\boldsymbol{F}'_R$ 和力偶矩为 m_O 的主矩。将各力向坐标轴投影，根据式 (3-4)，有：

$$F'_{Rx}=\sum_{i=1}^{3}F_{ix}=P_2-P_3\cos\beta=300-70\cos16.7°=232.95\ (kN)$$

$$F'_{Ry}=\sum_{i=1}^{3}F_{iy}=-P_1-P_3\sin\beta=-650-70\sin16.7°=-670.12\ (kN)$$

所以主矢 $\boldsymbol{F}'_R$ 的大小和方向：

$$F'_R=\sqrt{(F'_{Rx})^2+(F'_{Ry})^2}=\sqrt{(232.95)^2+(-670.12)^2}=709.46\ (kN)$$

$$\cos\alpha=\frac{F'_{Rx}}{F'_R}=\frac{232.95}{709.46}=0.328,\sin\alpha=\frac{F'_{Ry}}{F'_R}=\frac{-670.12}{709.46}=-0.945$$

$$\alpha = 289.17°$$

力系对 O 点的主矩：

$$m_O = \sum_{i=1}^{3} M_O(\boldsymbol{F}_i) = -2.2 \times P_1 - 3 \times P_2 = -2330 \text{ (kN·m)}$$

力系向 O 点简化的结果如图 3-8（b）所示。

（2）求解力系的合力 $\boldsymbol{F}_R$。$\boldsymbol{F}_R$的大小和方向与主矢 $\boldsymbol{F}'_R$相同，合力作用线到简化中心 O 的距离：

$$d = \frac{m_O}{F_R} = \frac{2330}{709.46} = 3.284 \text{ (m)}$$

根据主矢和主矩，确定出合力 $\boldsymbol{F}_R$的作用线位置，如图 3-8（c）所示。$\boldsymbol{F}_R$作用线与 OA 的交点到点 O 的距离：

$$L = \frac{d}{\sin 70.83°} = 3.477 \text{ (m)}$$

第二节 平面任意力系的平衡

如前所述，平面任意力系是一种最广泛、最具有普遍意义的平面力系。对平面任意力系平衡的研究，既能直接指导工程实践，又为后续内容打下基础。

一、平面任意力系的平衡条件

从上一节的分析中可以知道，作用于刚体上的平面任意力系 $\boldsymbol{F}_1$，$\boldsymbol{F}_2$，…，$\boldsymbol{F}_n$与作用于简化中心 O 的平面汇交力系 $\boldsymbol{F}'_1$，$\boldsymbol{F}'_2$，…，$\boldsymbol{F}'_n$和矩为 m_1，m_2，…，m_n的附加力偶系等效。当力系的主矢 $\boldsymbol{F}'_R = \boldsymbol{0}$ 时，表明作用于简化中心 O 的平面汇交力系为平衡力系；当主矩 $m_O = 0$ 时，表明附加力偶系也为平衡力系。因此，若平面任意力系向简化中心简化后的主矢和主矩同时等于零，则原力系为平衡力系，刚体处于平衡状态。

反之，若刚体处于平衡状态，则平面任意力系的主矢和主矩必然同时为零。否则，如果主矢和主矩中至少有一个不为零，则平面任意力系的最终简化结果为一个非零的合力或者非零的合力偶，它们都不能使刚体维持平衡状态。

由此可见，刚体在平面任意力系作用下保持平衡的充分和必要条件是：

$$\left.\begin{aligned} \boldsymbol{F}'_R &= \boldsymbol{0} \\ m_O &= 0 \end{aligned}\right\} \tag{3-8}$$

根据式（3-3）和式（3-5），上式等价于：

$$\sum_{i=1}^{n} F_{ix} = 0, \sum_{i=1}^{n} F_{iy} = 0, \sum_{i=1}^{n} M_O(\boldsymbol{F}_i) = 0 \tag{3-9}$$

考虑到简化中心 O 可以任意选择，正交坐标系 Oxy 也可以任意建立，因此平面任意力系平衡的必要条件是：力系中所有各力在两个任选的正交坐标轴上的投影的代数和分别等于零，并且所有各力对任意一点的矩的代数和也等于零。但是，平面任意力系平衡的充分条件只需是：存在某个正交坐标系 Oxy，力系中所有各力在这两个坐标轴上的投影的代数和分别等于零，并且所有各力对坐标原点 O 的矩的代数和也等于零。

式（3-9）称为平面任意力系的平衡方程。这是三个独立的方程，最多只能求解三个未知量。实践中除了采用上述基本形式的平衡方程外，平面任意力系的平衡方程还可以采用下面两种形式（下标 i 略去）：

1. 二力矩式

$$\sum F_x=0,\sum M_A(\boldsymbol{F})=0,\sum M_B(\boldsymbol{F})=0 \tag{3-10}$$

该式要求简化中心 A 和 B 的连线不能与 x 轴垂直，如图 3-9 所示。

证明：

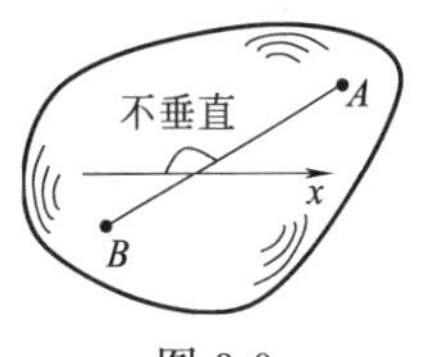

图 3-9

(1) 充分性。采用反证法。平面任意力系向 A 点简化，将得到一个主矢和主矩。因为$\sum M_A(\boldsymbol{F})=0$，因此该力系向 A 点简化的结果是通过 A 点的力系合力 $\boldsymbol{F}_R$。又因为$\sum M_B(\boldsymbol{F})=0$，也即合力 $\boldsymbol{F}_R$对 B 点的矩为零，因此 $\boldsymbol{F}_R$必定通过 B 点。由此可见，$\boldsymbol{F}_R$的作用线沿着 A 和 B 的连线方向。考虑到 A 和 B 的连线与 x 轴不垂直，因此 $\boldsymbol{F}_R$在 x 轴上的投影 $F_{Rx}\neq0$，这与已知条件$\sum F_x=0$ 矛盾，因为 $F_{Rx}=\sum F_x$。从而充分性得证。

(2) 必要性。当刚体处于平衡状态时，式 (3-8) 成立。因为简化中心 O 可以任意选择，因此式 (3-10) 必然成立。必要性也得证。

2. 三力矩式

$$\sum M_A(\boldsymbol{F})=0,\sum M_B(\boldsymbol{F})=0,\sum M_C(\boldsymbol{F})=0 \tag{3-11}$$

该式要求简化中心 A、B 和 C 三点不能共线，如图 3-10 所示。

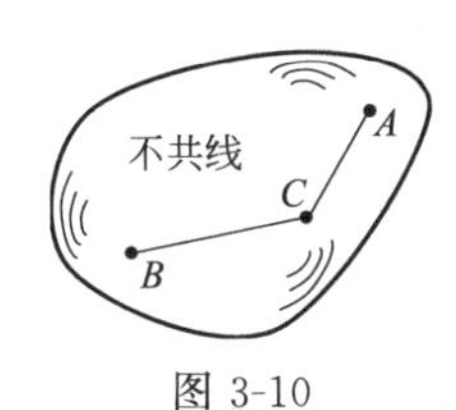

图 3-10

证明：根据上面的分析，此时要求力系的合力同时通过不共线 A、B 和 C 三点，而这显然是不可能的，因此充分性得证。必要性的证明完全与 1 类似，不再重复。

上面平面任意力系平衡方程的三种形式互相等价，根据解决问题的方便进行适当的选择。一般情况下，总是把平面任意力系的简化中心取在多个未知力的交点上，把坐标轴建在与尽可能多的未知力垂直的方向，以达到每个平衡方程中未知量尽可能少的目的。

【例 3-4】 悬臂梁结构如图 3-11 (a) 所示，梁的 A 端为固定支座，B 端自由。在梁的右半跨承受大小为 $q=5\text{kN/m}$ 的均布荷载作用，在跨中 C 处承受力偶矩为 $m=5\text{kN}\cdot\text{m}$ 的力偶作用。已知梁长 $l=5\text{m}$，自重不计。求固定端 A 处的约束反力。

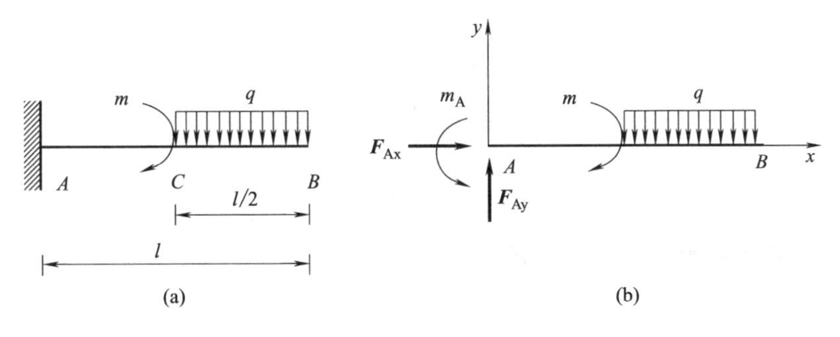

图 3-11

【解】 取梁 AB 为研究对象，根据固定支座的特点，画出它的受力图，如图 3-11 (b) 所示。均布荷载是大小不随长度变化的线荷载，在平衡方程中，它可以用一个集中力来代替，集中力的大小为均布荷载与它的作用长度的乘积，作用在中点，方向与均布荷载相同。

建立直角坐标系如图 3-11 (b) 所示，列平衡方程如下：

$$\sum F_x=0,\ F_{Ax}=0$$

$$\sum F_y=0,\ F_{Ay}-q\times\frac{l}{2}=0$$

$$\sum M_A(\boldsymbol{F})=0, m_A-m-q\times\frac{l}{2}\times\left(\frac{l}{2}+\frac{l}{4}\right)=0$$

从中可以解得：

$$F_{Ax}=0$$

$$F_{Ay}=\frac{ql}{2}=\frac{5\times5}{2}=12.5\ (\text{kN})$$

$$m_A=m+\frac{3ql^2}{8}=5+\frac{3\times5\times5^2}{8}=51.875\ (\text{kN}\cdot\text{m})$$

式中各所求值均为正值，说明图 3-11（b）中假定的方向与实际情况一致。

【例 3-5】 图 3-12（a）所示的梁 AB，A 端为固定铰支座，B 端为可动铰支座。梁在全跨内承受大小为 q 的均布荷载作用，在四分之一跨处承受集中力 $\boldsymbol{P}$ 作用。已知梁长为 l，自重不计。求 A 和 B 处的支座反力。

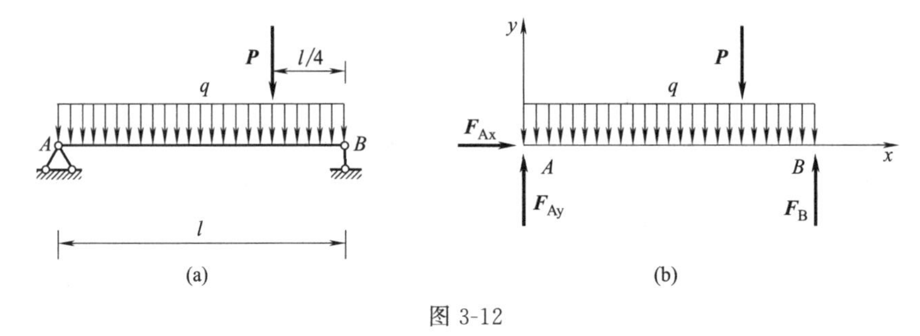

图 3-12

【解】 取梁 AB 为研究对象，根据每个支座的特点，画出它的受力图，并建立直角坐标系，如图 3-12（b）所示。列出平衡方程：

$$\sum F_x=0,\ F_{Ax}=0$$

$$\sum F_y=0,\ F_{Ay}+F_B-P-q\times l=0$$

$$\sum M_A(\boldsymbol{F})=0,\ F_B\times l-P\times\frac{3l}{4}-q\times l\times\frac{l}{2}=0$$

解得：

$$F_{Ax}=0$$

$$F_B=\frac{3P}{4}+\frac{ql}{2}$$

$$F_{Ay}=\frac{P}{4}+\frac{ql}{2}$$

也可以列出二力矩形式的平衡方程：

$$\sum F_x=0,\ F_{Ax}=0$$

$$\sum M_A(\boldsymbol{F})=0,\ F_B\times l-P\times\frac{3l}{4}-q\times l\times\frac{l}{2}=0$$

$$\sum M_B(\boldsymbol{F})=0,\ P\times\frac{l}{4}+q\times l\times\frac{l}{2}-F_{Ay}\times l=0$$

这里每个方程都只包含一个未知量，有利于问题的求解。根据这三个方程得到的结果与前面相同，不再重复。

【例 3-6】 图 3-13（a）所示为某外伸梁的荷载和支撑情况。已知 $P=3qa/4$，$m=qa^2$，不计梁自重，求 A 和 B 两处的支座反力。

【解】 取梁 AB 为研究对象，画出它的受力图，并建立直角坐标系，如图 3-13（b）所

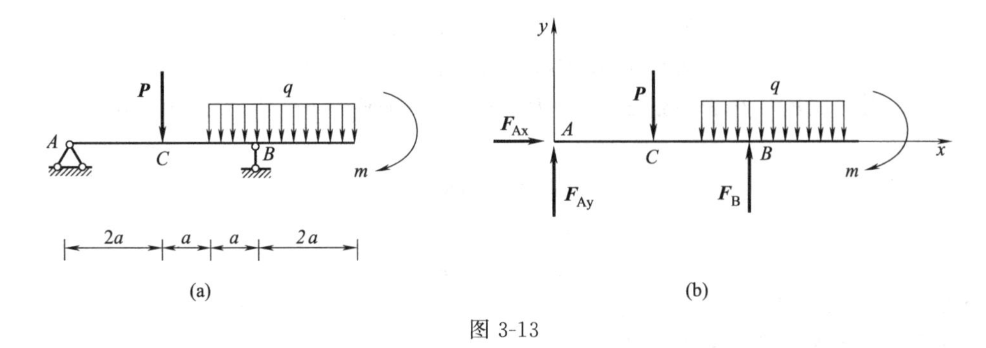

图 3-13

示。列出平衡方程：

$$\sum F_x=0,\ F_{Ax}=0$$

$$\sum F_y=0,\ F_{Ay}+F_B-P-q\times 3a=0$$

$$\sum M_A(\boldsymbol{F})=0, F_B\times 4a-P\times 2a-q\times 3a\times\left(3a+\frac{3a}{2}\right)-m=0$$

联立求解三个方程，可得：

$$F_{Ax}=0$$

$$F_B=4qa$$

$$F_{Ay}=-\frac{qa}{4}$$

求得的 F_{Ay} 为负，说明它的实际方向与图 3-13（b）中所假定的相反。

如果采用二力矩形式的平衡方程，则：

$$\sum F_x=0,\ F_{Ax}=0$$

$$\sum M_A(\boldsymbol{F})=0,\ F_B\times 4a-P\times 2a-q\times 3a\times\left(3a+\frac{3a}{2}\right)-m=0$$

$$\sum M_B(\boldsymbol{F})=0,\ P\times 2a-q\times 3a\times\left(\frac{3a}{2}-a\right)-m-F_{Ay}\times 4a=0$$

求解的结果与第一种方法一致。

【例 3-7】 刚架结构如图 3-14（a）所示，承受集中力 $\boldsymbol{P}_1$、$\boldsymbol{P}_2$ 和力偶矩为 m 的力偶作用。A 端为固定铰支座，B 端为可动铰支座。已知 $P_1=15\text{kN}\cdot\text{m}$，$P_2=30\text{kN}\cdot\text{m}$，$m=6\text{kN}\cdot\text{m}$，刚架自重不计。求 A 和 B 两处的支座反力。

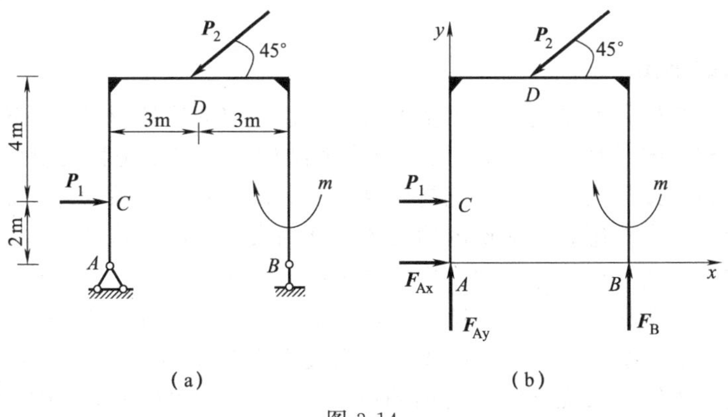

图 3-14

【解】 取整个刚架为研究对象，画出它的受力图，并建立直角坐标系，如图 3-14（b）所示。列出平衡方程：

$$\sum F_x=0，F_{Ax}+P_1-P_2\cos45°=0$$
$$\sum F_y=0，F_{Ay}+F_B-P_2\sin45°=0$$
$$\sum M_A(\boldsymbol{F})=0,P_2\cos45°\times6-P_2\sin45°\times3+F_B\times6-P_1\times2-m=0$$

从中可以解出：

$$F_{Ax}=6.21\text{kN}$$
$$F_B=-4.61\text{kN}$$
$$F_{Ay}=25.82\text{kN}$$

F_B为负值，说明它的实际方向朝下。

如果采用二力矩形式的平衡方程，则：

$$\sum F_x=0,F_{Ax}+P_1-P_2\cos45°=0$$
$$\sum M_A(\boldsymbol{F})=0，P_2\cos45°\times6-P_2\sin45°\times3+F_B\times6-P_1\times2-m=0$$
$$\sum M_B(\boldsymbol{F})=0，P_2\cos45°\times6+P_2\sin45°\times3-F_{Ay}\times6-P_1\times2-m=0$$

如果采用三力矩形式的平衡方程，则：

$$\sum M_A(\boldsymbol{F})=0，P_2\cos45°\times6-P_2\sin45°\times3+F_B\times6-P_1\times2-m=0$$
$$\sum M_B(\boldsymbol{F})=0，P_2\cos45°\times6+P_2\sin45°\times3-F_{Ay}\times6-P_1\times2-m=0$$
$$\sum M_C(\boldsymbol{F})=0，F_{Ax}\times2+F_B\times6+P_2\cos45°\times4-P_2\sin45°\times3-m=0$$

上面三组方程所求得的结果均相同。

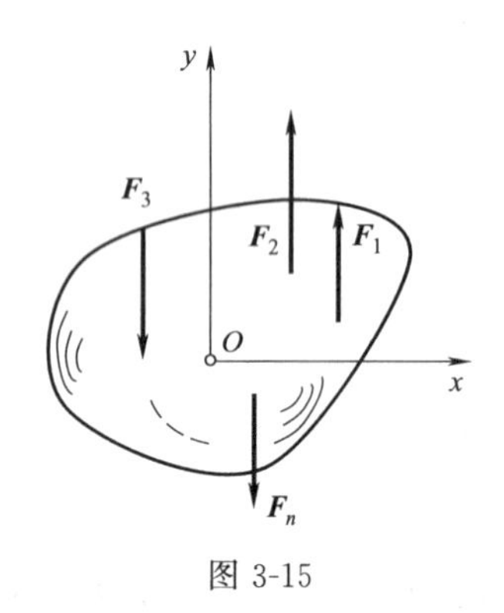

图 3-15

最后再介绍一下平面平行力系。力系中任意两个力的作用线都平行的平面力系称为平面平行力系，它可以看作是平面任意力系的特殊情形，因此它的平衡方程可以从平面任意力系的平衡方程得到。如图 3-15 所示，作用于刚体上的所有力 $\boldsymbol{F}_1$，$\boldsymbol{F}_2$，…，$\boldsymbol{F}_n$都相互平行，因此必然存在一个 x 轴，它与力系中各力的作用线均垂直，力系中所有力在 x 轴上的投影恒等于零。此时无论力系是否平衡，平衡方程中的$\sum F_x=0$ 恒成立。因此平面平行力系独立的平衡方程只有两个，即：

$$\sum F_y=0，\sum M_O(\boldsymbol{F})=0 \tag{3-12}$$

或者：

$$\sum M_A(\boldsymbol{F})=0，\sum M_B(\boldsymbol{F})=0 \tag{3-13}$$

其中式（3-12）要求 y 轴与各力作用线平行，式（3-13）要求 A 和 B 的连线与各力作用线不平行。

二、物体系的平衡

实际工程中的结构，不少是由几个基本构件通过一定的连接形成的系统，如图 3-16（a）所示的组合梁结构，图 3-16（b）所示的三铰刚架结构。这些系统称为物体系统，而称系统内部各构件之间的连接为内约束，系统与外界（如基础等）的联系为外约束。

当系统受到主动力作用时，无论内约束还是外约束，一般都将产生约束反力。内约束反力是系统内各构件之间的相互作用力，称为系统内力，简称内力；而主动力和外约束反力则是其他物体施加于系统的力，称为系统外力，简称外力。例如图 3-16（a）所示的组合梁结构，它由梁 AC 和 CB 通过铰 C 连接而成，再通过固定支座 A 和可动铰支座 B 支撑在基础上。对于整个组合梁结构来说，铰 C 为内约束，在 C 处发生的梁 AC 和梁 CB 之间的相互作用力为内力；固定支座 A 和可动铰支座 B 为外约束，它们的约束反力以及主动力 q、m 为外力。需要说明的是，上述内力和外力是一个相对的概念，是相对于所研究的对象来讲的。例如在图 3-16（a）中，如果取梁 AC 或者梁 CB 为研究对象，则此时铰 C 就成为它们的外约束了。

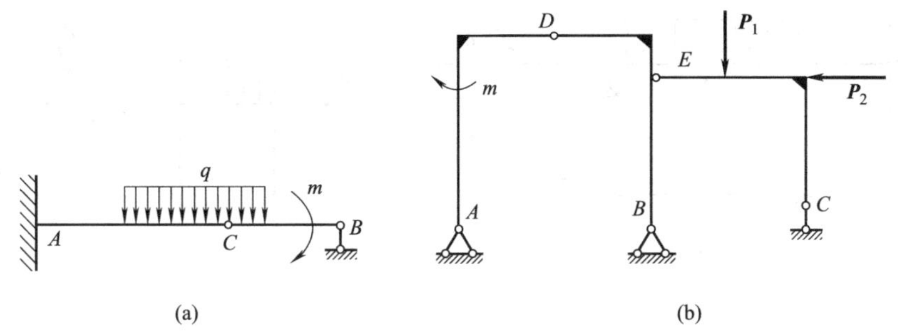

图 3-16

现在来分析平面物体系统的平衡问题。在主动力和约束力的共同作用下，若系统保持平衡，则组成该系统的每根构件都处于平衡状态。为了求出全部未知力，往往需要把一些构件隔离出来单独研究。由前面的分析可以知道，对于受平面任意力系作用的刚体，可以写出3个独立的平衡方程。如果平面物体系统由 n 根构件组成，则对该系统来说，可以列出 $3n$ 个独立的平衡方程，因而可以求解 $3n$ 个未知量。物体系统的未知量包括约束力、未知的主动力以及未知的几何量等，如果这些未知量的数目不超过 $3n$ 个，则它们全部可以用平衡方程求出，称这样的问题为静定问题，这样的物体系统为静定结构；反之，如果未知量的数目超过 $3n$ 个，则它们不能完全由平衡方程求出，称这样的问题为超静定问题或者静不定问题，这样的物体系统为超静定结构或者静不定结构。图 3-17 所示为建筑工程中两个常见的超静定结构；如果将图 3-16 中两个结构的可动铰支座换成固定铰支座，则它们也将成为超静定结构。超静定结构的未知量需要综合考虑构件的变形、增加一定的补充方程后才能求出。在静力学中，在此不研究超静定问题。

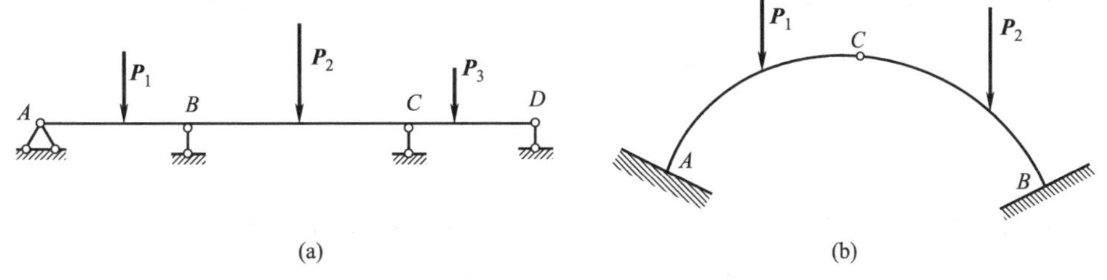

图 3-17

在求解静定平面物体系统的平衡问题时，可以依次选取单根构件为研究对象，建立整体系统的平衡方程；也可以先对整个系统列平衡方程，求出部分未知量，然后再从系统中选取某些构件作为研究对象，列出相应的平衡方程，最后求出全部未知量。选取研究对象时，以方便未知量的求解为原则，最好是一个方程只包含一个未知量，从而避免求解联立方程组。由于内力是内部构件之间的相互作用力，总是成对出现，因此在对系统进行整体分析时，内力可以不考虑，这样往往能使列出的整体平衡方程包含的未知量相对较少，有利于问题的解决。但不管怎样选取研究对象，平面物体系统能够列出的独立方程最多只有 $3n$ 个，如果系统中某些构件受平面平行力系或平面汇交力系作用，则系统平衡方程的数目还将相应减少。

【例 3-8】 图 3-18 (a) 所示的组合梁结构承受集中力和均布荷载作用。已知 $P=10\text{kN}$，$q=5\text{kN/m}$，$a=1\text{m}$，梁自重不计。求 A 和 C 两处的支座反力。

先作分析。A 为固定支座，有三个约束反力；C 为可动铰支座，有一个约束反力，需要求解的未知量总共有四个。如果取组合梁整体为研究对象，则只能列出三个平衡方程，还需

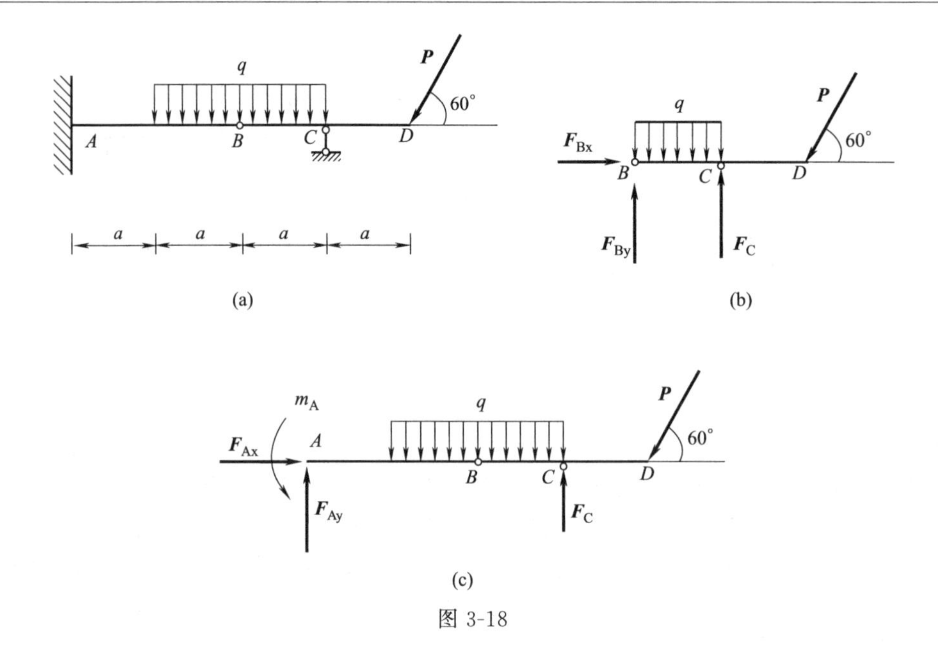

图 3-18

要补充一个方程才能求出全部未知量，这个方程只能通过分析单根构件得到。在本题中，组合梁由梁 AB 和 BD 组成，因此可以通过分析梁 AB 或 BD 来建立补充的平衡方程。考虑到梁 BD 受到的未知量只有三个：铰 B 处的两个力和支座 C 处的一个力，因此可以直接求出可动铰支座 C 的约束反力，解题时就利用它来建立补充的平衡方程（梁 AB 的未知量有五个，读者可以自行分析）。

【解】 (1) 先取梁 BD 为研究对象，画出受力图，如图 3-18（b）所示。因为铰 B 的约束力汇交于 B 点，因此对 B 点取矩可以使它们不出现在平衡方程中，求解方便。

$$\sum M_B(\boldsymbol{F})=0,\ F_C\times a-P\sin60^\circ\times2a-q\times a\times\frac{a}{2}=0$$

解得：

$$F_C=19.82\text{kN}$$

(2) 再取组合梁整体为研究对象，画出受力图，如图 3-18（c）所示（直角坐标系省略）。

$$\sum F_x=0,\ F_{Ax}-P\cos60^\circ=0$$

$$\sum F_y=0,\ F_{Ay}+F_C-P\sin60^\circ-q\times2a=0$$

$$\sum M_A(\boldsymbol{F})=0,\ m_A-q\times2a\times2a+F_C\times3a-P\sin60^\circ\times4a=0$$

解得：

$$F_{Ax}=5\text{kN}$$

$$F_{Ay}=-1.16\text{kN}$$

$$m_A=-4.82\text{kN}\cdot\text{m}$$

通过本例题可以看出，求解平面物体系统的支座反力时，系统内部每出现一个铰，即能在不增加未知力数量的前提下提供一个独立的平衡方程。一般情况下，选取包含该铰的局部杆件为研究对象（如本例中的 BD 杆），建立对该铰的力矩平衡方程。

【例 3-9】 三铰刚架结构如图 3-19（a）所示。已知 $h=3l/5$，$P=5ql/8$，不计结构自重，求支座 A、支座 C 以及铰 B 的约束反力。

【解】 (1) 先取刚架整体为研究对象，画出受力图，如图 3-19（b）所示。

$$\sum F_x=0,\ F_{Ax}+P-F_{Cx}=0$$

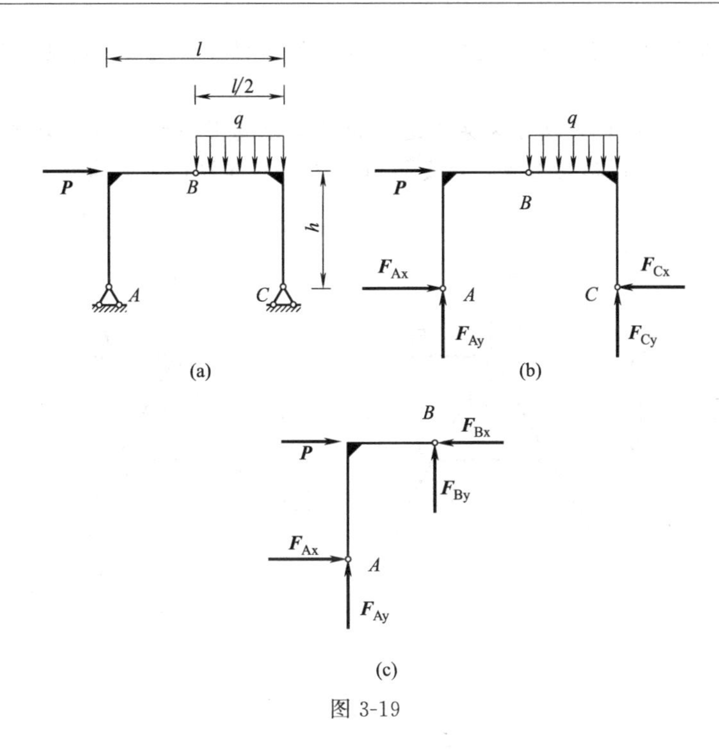

图 3-19

$$\sum M_A(\boldsymbol{F})=0, F_{Cy}\times l-P\times h-q\times\frac{l}{2}\times\frac{3l}{4}=0$$

$$\sum M_C(\boldsymbol{F})=0, q\times\frac{l}{2}\times\frac{l}{4}-F_{Ay}\times l-P\times h=0$$

解得：

$$F_{Cx}=F_{Ax}+\frac{5ql}{8}$$

$$F_{Cy}=\frac{3ql}{4}$$

$$F_{Ay}=-\frac{ql}{4}$$

(2) 然后取折杆 AB 为研究对象，画出受力图，如图 3-19 (c) 所示。

$$\sum M_B(\boldsymbol{F})=0,\ F_{Ax}\times h-F_{Ay}\times\frac{l}{2}=0$$

$$\sum F_x=0,\ F_{Ax}+P-F_{Bx}=0$$

$$\sum F_y=0,\ F_{Ay}+F_{By}=0$$

解得：

$$F_{Ax}=-\frac{5ql}{24}$$

$$F_{Bx}=\frac{5ql}{12}$$

$$F_{By}=\frac{ql}{4}$$

以及：

$$F_{Cx}=\frac{5ql}{12}$$

最后，可以选取折杆 BC 为研究对象，建立平衡方程，以校核上述结果的正确性。这里从略。

【例 3-10】 图 3-20（a）所示为某等边三角构架示意图。水平荷载 $\boldsymbol{P}_1$ 和竖直荷载 $\boldsymbol{P}_2$ 作用在 AC 杆的 C 点。不计构架自重，求支座 A、支座 B 和铰 C 的约束反力，以及水平杆 DE 所受的力。

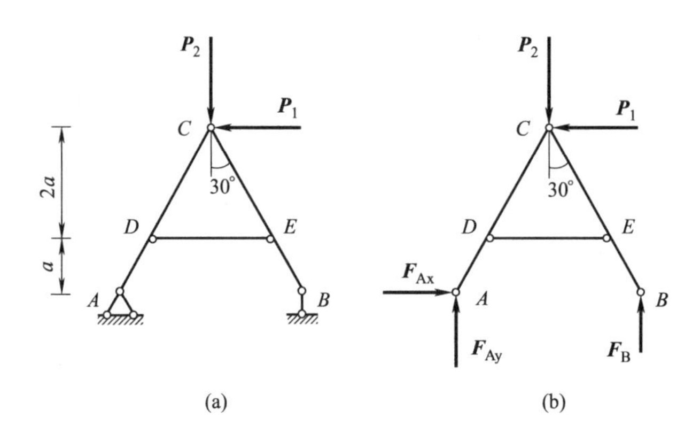

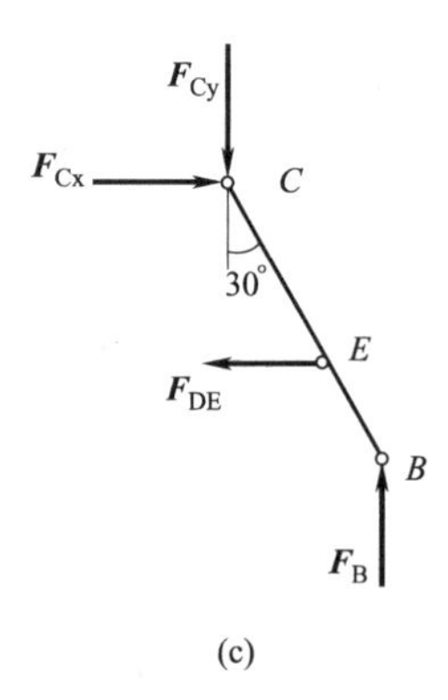

图 3-20

【解】（1）先取整体为研究对象，画出受力图，如图 3-20（b）所示。

$$\sum M_A(\boldsymbol{F})=0，F_B\times 2\sqrt{3}a+P_1\times 3a-P_2\times\sqrt{3}a=0$$
$$\sum F_x=0，F_{Ax}-P_1=0$$
$$\sum F_y=0，F_{Ay}+F_B-P_2=0$$

解得：

$$F_B=\frac{1}{2}P_2-\frac{\sqrt{3}}{2}P_1$$
$$F_{Ax}=P_1$$
$$F_{Ay}=\frac{1}{2}P_2+\frac{\sqrt{3}}{2}P_1$$

（2）取 BC 杆进行分析。DE 杆为二力杆，它所受的力沿着 D、E 连线方向，因此受力图如图 3-20（c）所示。

$$\sum M_C(\boldsymbol{F})=0，F_B\times\sqrt{3}a-F_{DE}\times 2a=0$$
$$\sum F_x=0，F_{Cx}-F_{DE}=0$$
$$\sum F_y=0，F_B-F_{Cy}=0$$

解得：

$$F_{DE}=\frac{\sqrt{3}}{4}P_2-\frac{3}{4}P_1$$

$$F_{Cx}=\frac{\sqrt{3}}{4}P_2-\frac{3}{4}P_1$$

$$F_{Cy}=\frac{1}{2}P_2-\frac{\sqrt{3}}{2}P_1$$

【例 3-11】 物体重 $W=16\text{kN}$，由三根杆件 AB、BC 和 CE 所组成的构架及滑轮 E 支撑，如图 3-21 (a) 所示。已知 AB 杆水平，CE 杆铅垂，$AB=4\text{m}$，$CE=3\text{m}$，D 为 AB、CE 的中点。滑轮光滑，滑轮及杆的自重不计，求支座 A 和 B 的约束力以及杆 BC 所受的力。

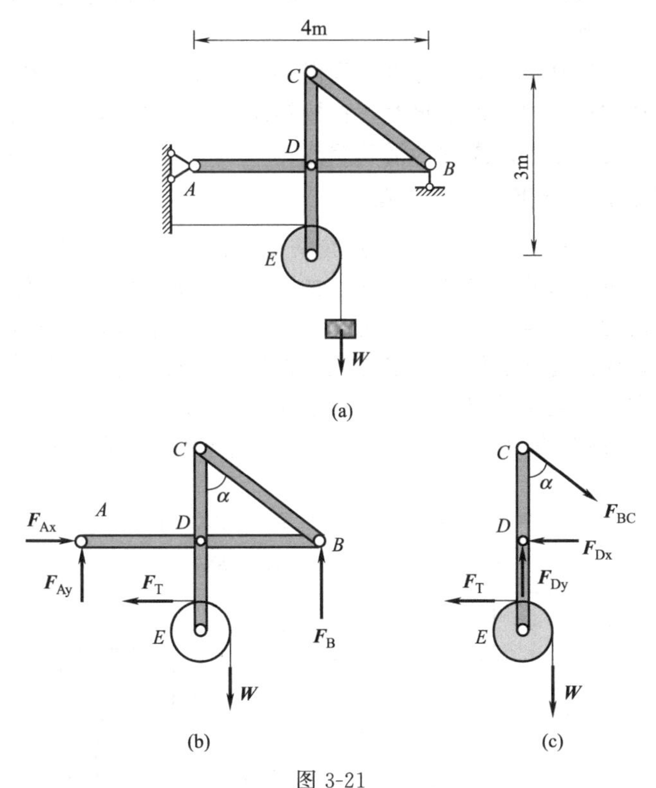

图 3-21

【解】 (1) 先取整体为研究对象。画出受力图，如图 3-21 (b) 所示。由于滑轮光滑，因此绳子的水平拉力 $F_T=W$。设滑轮的半径为 r，列平衡方程如下：

$$\sum M_A(\boldsymbol{F})=0,\ F_B\times 4-F_T\times(1.5-r)-W\times(2+r)=0$$

$$\sum F_x=0,\ F_{Ax}-F_T=0$$

$$\sum F_y=0,\ F_{Ay}+F_B-W=0$$

解得：

$$F_B=14\text{kN}$$

$$F_{Ax}=16\text{kN}$$

$$F_{Ay}=2\text{kN}$$

(2) 取 CE 杆进行分析。受力图如图 3-21 (c) 所示，其中 $\sin\alpha=0.8$。

$$\sum M_D(\boldsymbol{F})=0,\ -F_{BC}\sin\alpha\times 2-W\times r-F_T\times(2-r)=0$$

解得：

$$F_{BC}=-20\text{kN}$$

第三节　考虑摩擦时物体的平衡

前面在分析与解决问题时，把物体间的接触面看作是绝对光滑的，这是因为实际上有许多接触面确实比较光滑，摩擦的作用很小，或者摩擦不是主要因素，略去了摩擦之后，就使分析与解决问题的过程大为简化。但实际问题中根本不存在绝对光滑的表面，当两物体间有相对运动或有相对运动的趋势时，在接触面上总会产生一定的摩擦力。在某些问题中，摩擦力对物体的平衡或运动起着重要作用，不仅不能忽略，而且应该作为重要因素来考虑。例如重力水坝就是依靠摩擦来防止坝身的滑动，皮带轮利用摩擦力来传递运动，没有摩擦，人就不能走路，车就不能行驶。

按照接触物体间的运动情况，摩擦可分为滑动摩擦和滚动摩擦，本书只讨论滑动摩擦。当两物体有相对滑动或相对滑动的趋势时，在接触面内会受到一定的阻力，阻碍其运动，这种阻力称为滑动摩擦力。这种现象称为滑动摩擦。

一、静滑动摩擦力和静滑动摩擦定律

对滑动摩擦的讨论一般是建立在如下实验基础上的。重为 $\boldsymbol{W}$ 的物体放在水平桌面上，系在物体上的绳索绕过定滑轮，与砝码相连，如图 3-22（a）所示。物体平衡时绳子对物体的拉力应与砝码和盘的重量相等。实验表明，当砝码的重量较小时，即只要拉力 $\boldsymbol{F}_T$ 的值不超过某一限度，则物体虽有向右滑动的趋势但却仍处于平衡状态。这时支承面对于物体除作用有沿支承面法线方向的约束力 $\boldsymbol{F}_N$ 外，在接触面上还有一个阻止物体沿支承面滑动的力 $\boldsymbol{F}_S$ 存在，物体的受力图如图 3-22（b）所示，力 $\boldsymbol{F}_S$ 称为静滑动摩擦力（简称静摩擦力）。由平衡方程可得：

$$\sum F_x=0,\ F_T-F_S=0,\ F_T=F_S$$
$$\sum F_y=0,\ F_N-W=0,\ F_N=W$$

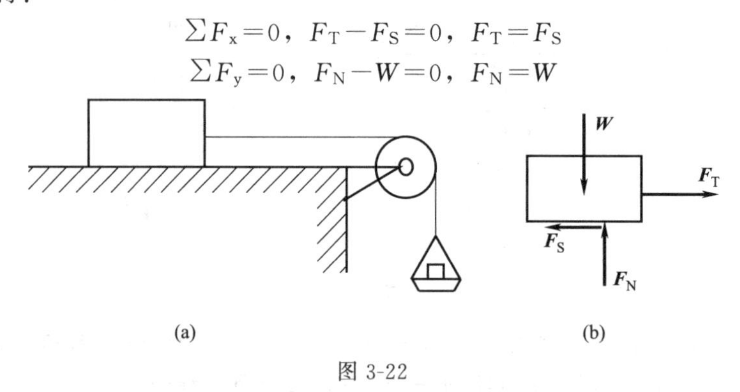

图 3-22

如果逐渐增加砝码的重量，但只要重量小于某一临界值，则物体始终处于静止状态；当重量超过这个临界值时，物体发生滑动；当重量是这一临界值时，物体处于由静到动的临界状态，此时作用在物体上的摩擦力称为最大静滑动摩擦力 $\boldsymbol{F}_{Smax}$。

根据以上的讨论可知，虽然摩擦力的大小是一个不固定的数值，但它有一个确定的范围，即在零与最大静摩擦力之间变化：

$$0\leqslant F_S\leqslant F_{Smax}$$

这就是静摩擦力的特征，也是与其他约束力的根本区别。

实验表明，最大静滑动摩擦力 $\boldsymbol{F}_{Smax}$ 的大小与作用在接触面上法线方向的约束力 $\boldsymbol{F}_N$ 成正比，即：

$$F_{\mathrm{Smax}}=f_{\mathrm{S}}F_{\mathrm{N}} \tag{3-14}$$

这就是静滑动摩擦定律，式（3-14）中的比例系数 f_{S} 称为静滑动摩擦因数，它与两接触物体的材料、接触面的粗糙程度、温度和湿度等因素有关，且一般与接触面积的大小无关。摩擦因数的值由实验测定。工程中常用材料的 f_{S} 值可从有关工程手册中查到。表 3-1 列出了某些材料的 f_{S} 值以供参考。

表 3-1　某些材料的静滑动摩擦因数值

材料	钢与钢	钢与铸铁	钢与青铜	木材与木材	砖与混凝土	砖与砖
f_{S} 值	0.15	0.3	0.15	0.4～0.6	0.76	0.5～0.73

二、动滑动摩擦力和动滑动摩擦定律

在上述实验中，当 $\boldsymbol{F}_{\mathrm{T}}$ 增大到某值时，物体开始运动。此时，接触处仍有阻碍相对滑动的阻力存在，这种阻力称为动滑动摩擦力，简称动摩擦力，以 $\boldsymbol{F}_{\mathrm{d}}$ 表示。动滑动摩擦力 $\boldsymbol{F}_{\mathrm{d}}$ 的大小与作用在接触面上法线方向的约束力 $\boldsymbol{F}_{\mathrm{N}}$ 成正比。即：

$$F_{\mathrm{d}}=fF_{\mathrm{N}} \tag{3-15}$$

这就是动滑动摩擦定律，式（3-15）中的比例系数 f 称为动滑动摩擦因数，它除了与两接触物体的材料、接触面的粗糙度、温度、湿度等有关外，还与物体的相对滑动速度有关。当速度很小时，可以认为 $f=f_{\mathrm{S}}$。但在一般情况下，动摩擦因数的值 f 略小于静摩擦因数 f_{S} 的值，即 $f<f_{\mathrm{S}}$。所以，使物体由静止到开始滑动比较费力，当物体开始滑动后，使它继续匀速滑动则较省力。动滑动摩擦力与静滑动摩擦力不同，它是一个定值。

由于摩擦起着阻碍物体相对运动的作用，因此摩擦力的方向总是与两物体相对运动的方向相反。

三、摩擦角与自锁现象

1. 摩擦角

当物体静止时，法向约束力 $\boldsymbol{F}_{\mathrm{N}}$ 与摩擦力 $\boldsymbol{F}_{\mathrm{S}}$ 的合力称为全约束力。它与法向约束力 $\boldsymbol{F}_{\mathrm{N}}$ 之间的夹角 φ［见图 3-23（a）］将随着摩擦力的增大而增大，当物体处于平衡的临界状态时，$\boldsymbol{F}_{\mathrm{S}}$ 达到最大值 $\boldsymbol{F}_{\mathrm{Smax}}$，夹角 φ 也达到最大值 φ_{m}，φ_{m} 称为摩擦角［见图 3-23（b）］。显然：

$$\tan\varphi_{\mathrm{m}}=\frac{F_{\mathrm{Smax}}}{F_{\mathrm{N}}}=\frac{f_{\mathrm{S}}F_{\mathrm{N}}}{F_{\mathrm{N}}}=f_{\mathrm{S}}$$

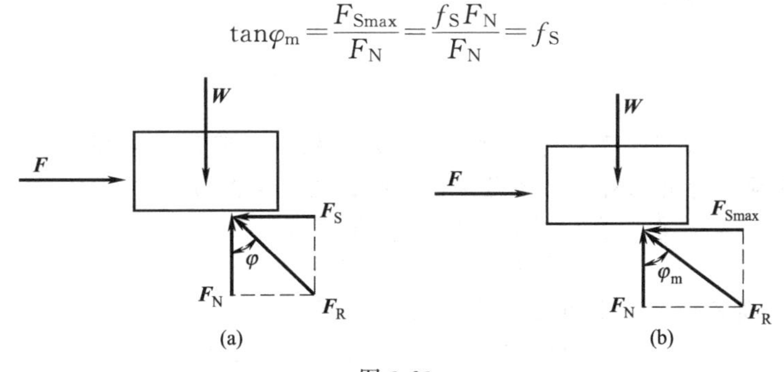

图 3-23

即：摩擦角的正切等于静摩擦因数。因此，摩擦角 φ_{m} 与摩擦因数 f_{S} 都是表示摩擦性质的量。

2. 自锁现象

由摩擦角的概念可知，当物体处于平衡时，静摩擦力 $\boldsymbol{F}_{\mathrm{S}}$ 的值不能超过它的最大值 $\boldsymbol{F}_{\mathrm{Smax}}$，所以全约束力与法向约束力间的夹角 φ 也不可能大于摩擦角 φ_{m}。因此，若作用在物体上的主动力的合力 $\boldsymbol{F}_{RA}$ 的作用线与支承面法线间的夹角 θ 大于摩擦角 φ_m [见图 3-24 (a)]，则全约束力 $\boldsymbol{F}_R$ 就不可能与 $\boldsymbol{F}_{RA}$ 共线，从而它们不可能平衡，于是物体将发生滑动。反之，若主动力的合力 $\boldsymbol{F}_{RA}$ 的作用线与支承面法线间的夹角 θ 小于摩擦角 φ_m，即 $\theta<\varphi_m$ [见图 3-24 (b)]，则无论主动力 $\boldsymbol{F}_{RA}$ 多大，它总可为全约束力所平衡，因而物体将静止不动。这种现象称为自锁现象。

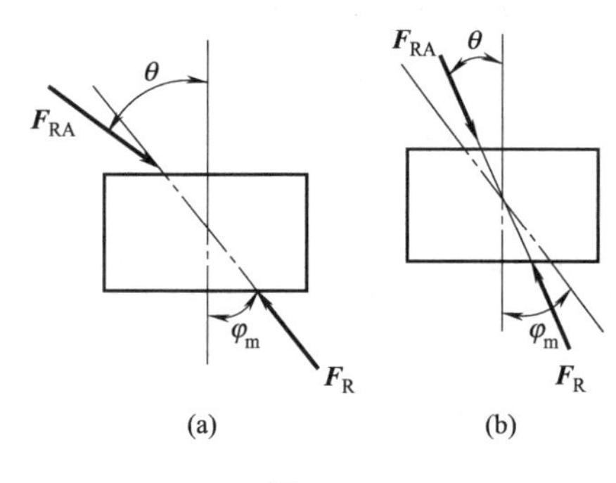

图 3-24

四、考虑摩擦时物体的平衡问题

与不考虑摩擦时物体的平衡问题相比，考虑摩擦时物体的平衡问题，其解题方法和步骤与前者基本相同，只是在受力分析时必须考虑摩擦力。摩擦力的方向与物体相对滑动趋势方向相反，若事先不能确定，可以假设。它的大小一般都是未知的，用平衡方程来确定。当物体处于临界平衡状态时，摩擦力达到最大值，其方向与相对运动趋势相反，不能任意假设。可列 $F_{Smax}=f_S F_N$ 作为补充方程。

由于摩擦力在 $0\leqslant F_S\leqslant F_{Smax}$ 之间变化，故这类平衡问题有一定的范围。下面举例说明。

【例 3-12】 图 3-25 (a) 所示为起重装置的制动器。已知重物重 $\boldsymbol{W}$，制动块与鼓轮间的静摩擦因数为 f_S，各部分尺寸如图 3-25 (a) 所示。问在手柄上作用的力 $\boldsymbol{F}$ 至少应为多大才能保持鼓轮静止？

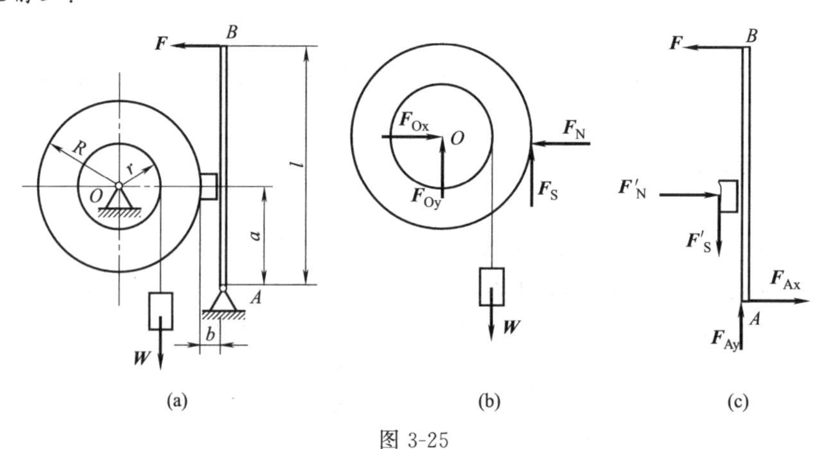

图 3-25

【解】 当以力 $\boldsymbol{F}$ 作用于手柄时，制动块紧压鼓轮。又因鼓轮受到主动力 $\boldsymbol{W}$ 的作用，在它与制动块接触处二者有相对滑动的趋势，因此出现了摩擦力 $\boldsymbol{F}_S$。

① 取鼓轮为研究对象，受力图如图 3-25 (b) 所示。

$$\sum M_O(\boldsymbol{F})=0,\ F_S R-Wr=0 \tag{a}$$

② 取手柄为研究对象，受力图如图 3-25 (c) 所示。

$$\sum M_A(\boldsymbol{F})=0,\ Fl+F'_S b-F'_N a=0 \tag{b}$$

当鼓轮处于临界平衡状态时，$F_S=F_{Smax}=f_S F_N$，且由式 (b) 知，这时为保持静止所需的 $F=F_{min}$。于是，式 (a) 与式 (b) 分别改写为：

$$F_N=\frac{Wr}{f_S R}$$

与

$$F'_N=\frac{F_{min}l}{a-f_S b}$$

考虑到 $F_N=F'_N$，即可求出所需的力 F 的最小值：

$$F_{min}=\frac{Wr}{Rl}\left(\frac{a}{f_S}-b\right)$$

【例 3-13】 梯子 AB 长为 $2a$，重为 $\boldsymbol{W}$，其一端放在水平地面上，另一端靠在铅垂墙面上[见图 3-26（a）]，接触面间的摩擦角均为 φ_m。求梯子平衡时，它与地面的夹角 α 的值。设梯子重量沿其长度均匀分布。

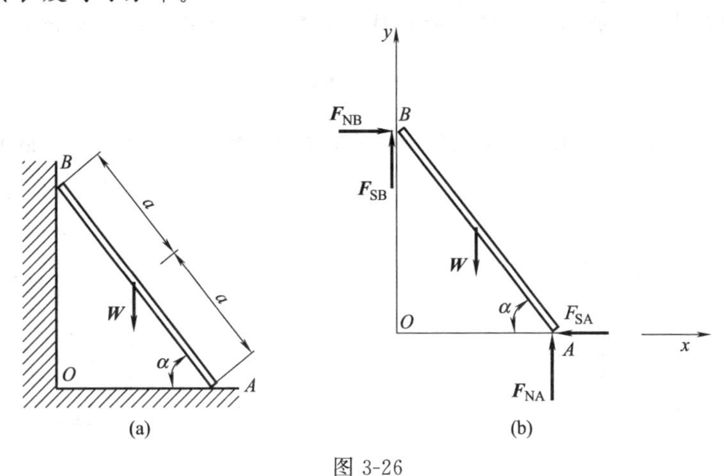

图 3-26

【解】 以梯子为研究对象。梯子虽然处于平衡，但在重力 $\boldsymbol{W}$ 作用下，其上端 B 有往下滑的趋势，从而下端 A 有往右滑动的趋势。故梯子在 A、B 两端所受摩擦力 $\boldsymbol{F}_{SA}$ 和 $\boldsymbol{F}_{SB}$ 的方向如受力图 3-26（b）所示。图中 $\boldsymbol{F}_{NA}$ 和 $\boldsymbol{F}_{NB}$ 分别为梯子在其 A、B 两端所受的法向约束力。建立图示坐标系，列平衡方程：

$$\sum F_x=0，F_{NB}-F_{SA}=0 \tag{a}$$

$$\sum F_y=0，F_{NA}+F_{SB}-W=0 \tag{b}$$

再由摩擦定律得：

$$F_{SA}\leqslant f_S F_{NA} \tag{c}$$

$$F_{SB}\leqslant f_S F_{NB} \tag{d}$$

式中 $f_S=\tan\varphi_m$。

由式（a）与式（c）得：

$$F_{NB}\leqslant f_S F_{NA} \tag{e}$$

由式（b）与式（d）得：

$$F_{NA}+f_S F_{NB}\geqslant W \tag{f}$$

由式（e）与式（f）得：

$$F_{NA}\geqslant\frac{W}{1+f_S^2} \tag{g}$$

根据题意需求 α 的值而不是求 F_{NA}，所以应再列出含 F_{NA} 和 α 的平衡方程，以便与式（g）联立解出 α，故取：

$$\sum M_B(\boldsymbol{F})=0，F_{NA}\times 2a\cos\alpha-F_{SA}\times 2a\sin\alpha-W\times a\cos\alpha=0 \tag{h}$$

由式（h）与式（c）得：

$$F_{NA}\leqslant\frac{W}{2(1-f_S\tan\alpha)} \tag{i}$$

联立式（g）和式（i）可求得：

$$1+f_S^2 \geqslant 2(1-f_S\tan\alpha) \tag{j}$$

将 $f_S=\tan\varphi_m$ 代入式（j）并化简，得：

$$2\tan\varphi_m\tan\alpha \geqslant 1-\tan\varphi_m^2=\frac{2\tan\varphi_m}{\tan(2\varphi_m)} \tag{k}$$

于是 $\alpha \geqslant \frac{\pi}{2}-2\varphi_m$。再考虑到梯子平衡时应有 $\alpha \leqslant \frac{\pi}{2}$，故得 $\frac{\pi}{2}-2\varphi_m \leqslant \alpha \leqslant \frac{\pi}{2}$，此即梯子平衡时，它与地面间的夹角 α 的值所应满足的条件。实际上这也是梯子的自锁条件。

习　题

3-1　刚体上的某平面任意力系如题 3-1 图所示，求该力系的合力。图中网格一小格代表 1m。

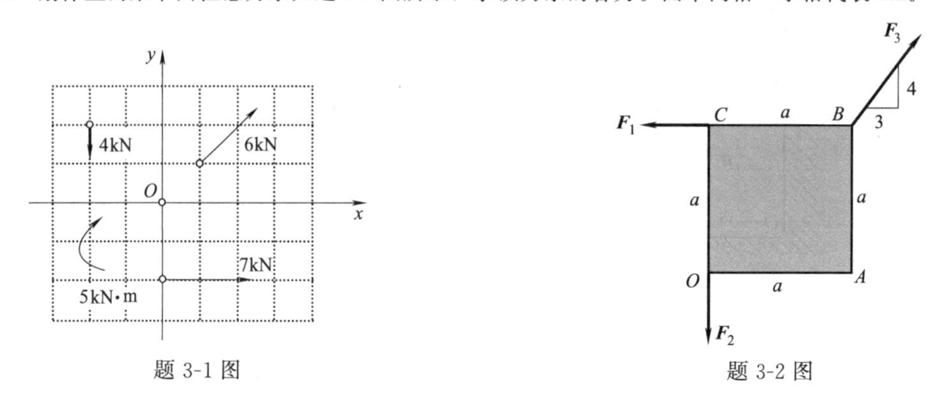

题 3-1 图　　　　题 3-2 图

3-2　正方形刚体 $OABC$ 的边长为 a，C、O、B 三点分别作用有力 $\boldsymbol{F}_1$、$\boldsymbol{F}_2$、$\boldsymbol{F}_3$，如题 3-2 图所示。已知 $F_1=2\text{kN}$，$F_2=4\text{kN}$，$F_3=10\text{kN}$，求该力系的合力。

3-3　求题 3-3 图示各梁的支座反力，不计梁自重。

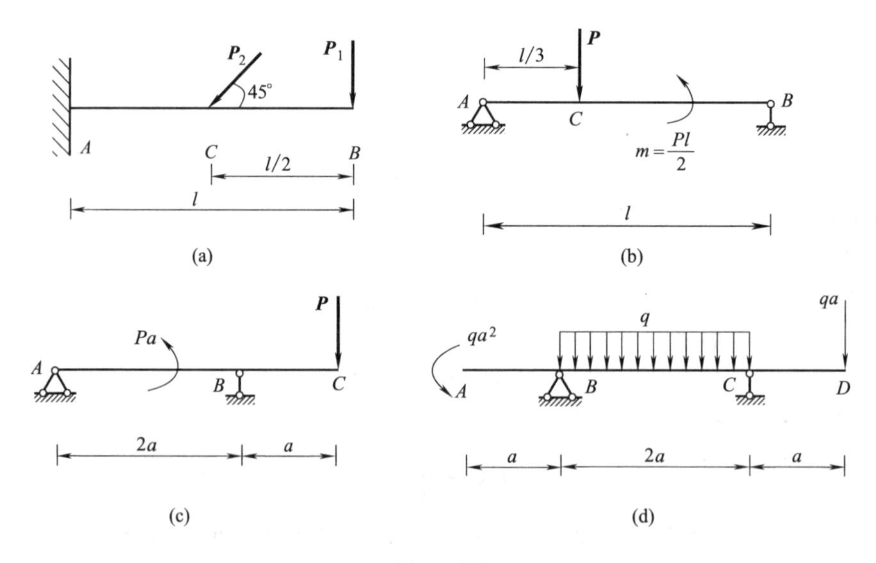

题 3-3 图

3-4　求题 3-4 图示各梁的支座反力，不计梁自重。

3-5　求题 3-5 图示各刚架的支座反力，不计刚架自重。

3-6　起重机水平梁 AB 的 A 端用铰链连接于铅垂墙上，B 端用拉杆 BC 连接，如题 3-6 图所示。已知梁 AB 自重 $P=400\text{kN}$，载荷 $Q=1000\text{kN}$，作用位置如图所示。求拉杆 BC 的拉力以及铰链 A 的约束力。

3-7　求题 3-7 图示各组合梁在 A、B、C 三处的约束反力，不计梁自重。

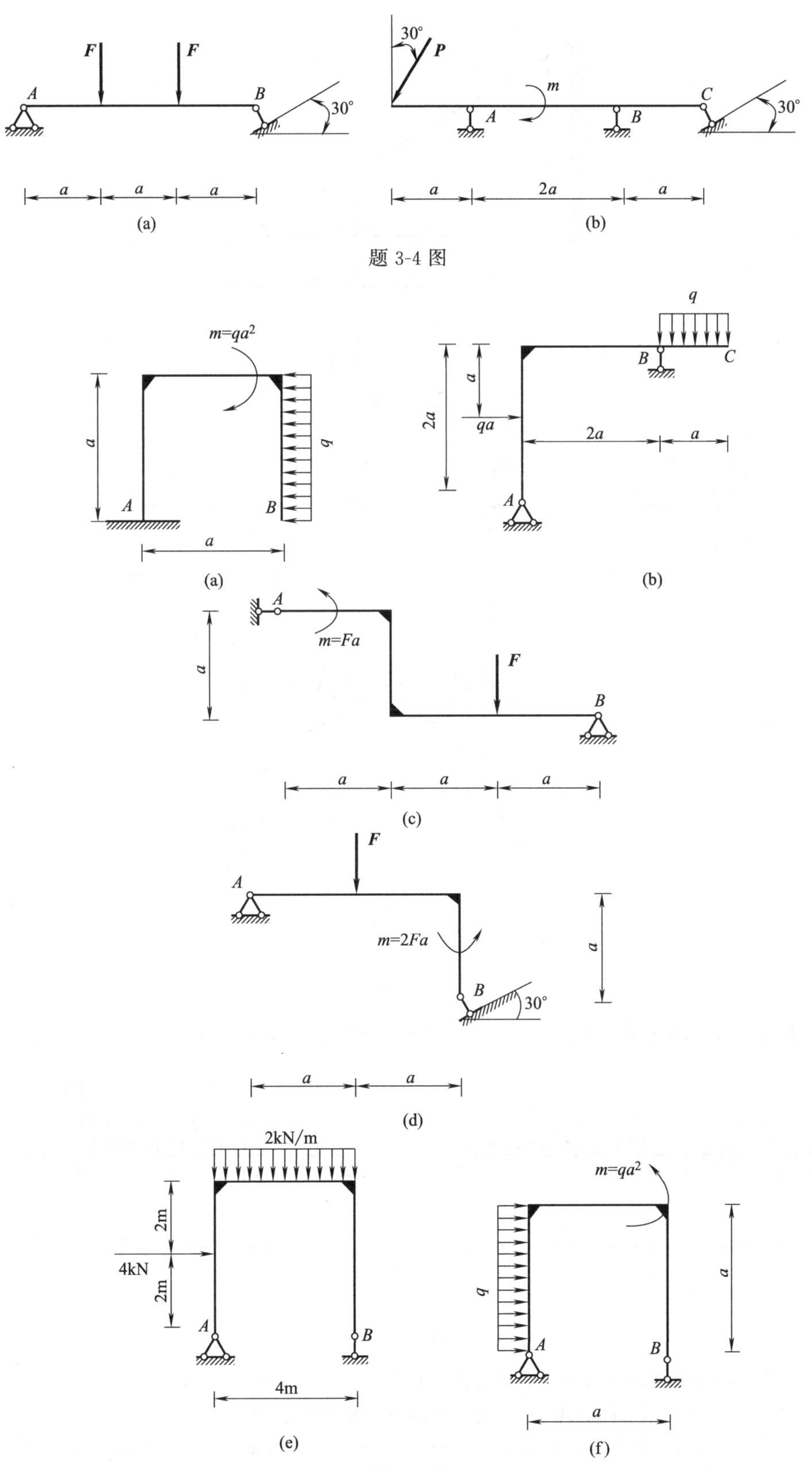
F
F
A
B
30°
a
a
a
(a)
30°
P
m
A
B
C
30°
a
2a
a
(b)
题 3-4 图
m=qa²
q
a
A
B
a
(a)
q
B
C
a
2a
qa
2a
a
A
(b)
A
m=Fa
a
F
B
a
a
a
(c)
F
A
m=2Fa
a
B
30°
a
a
(d)
2kN/m
2m
4kN
2m
A
B
4m
(e)
m=qa²
q
A
B
a
a
(f)

题 3-5 图

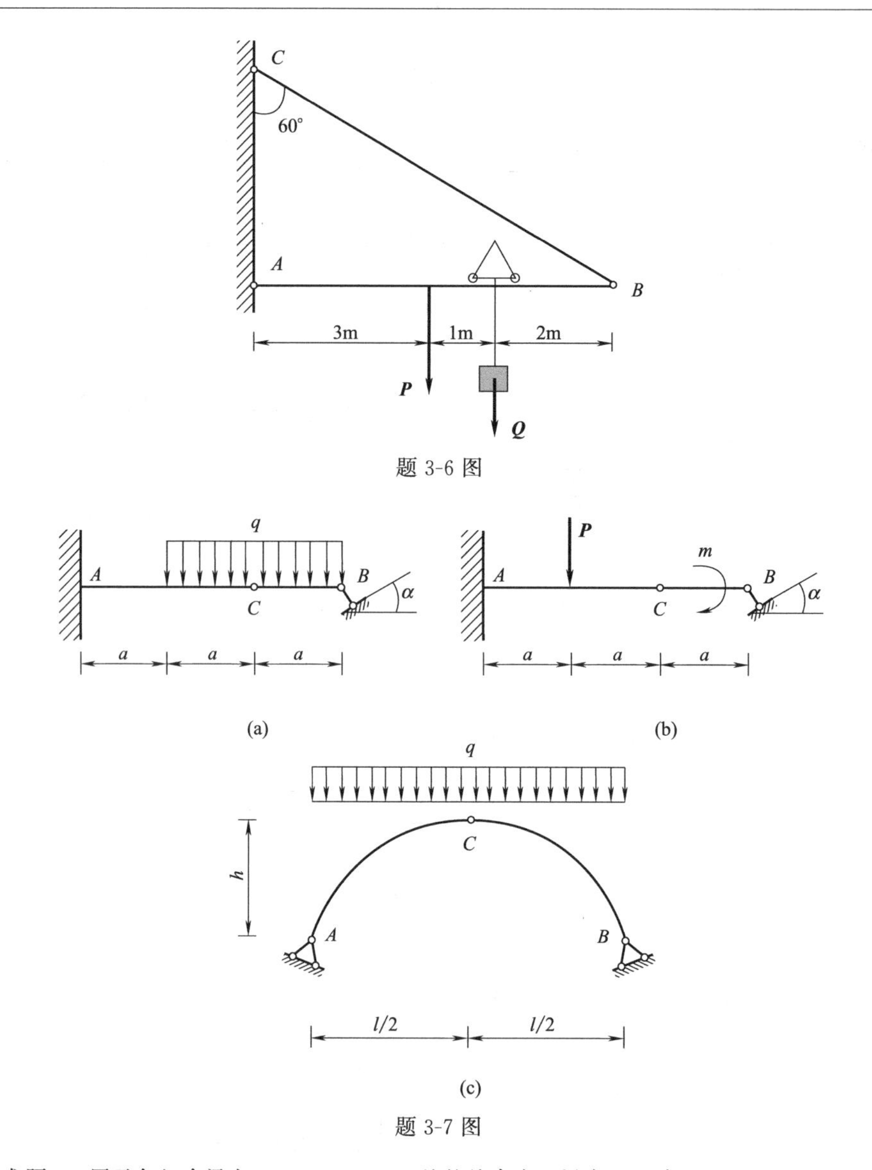

题 3-6 图

(a) (b)

(c)

题 3-7 图

3-8 求题 3-8 图示各组合梁在 A、B、C、D 四处的约束力，梁自重不计。

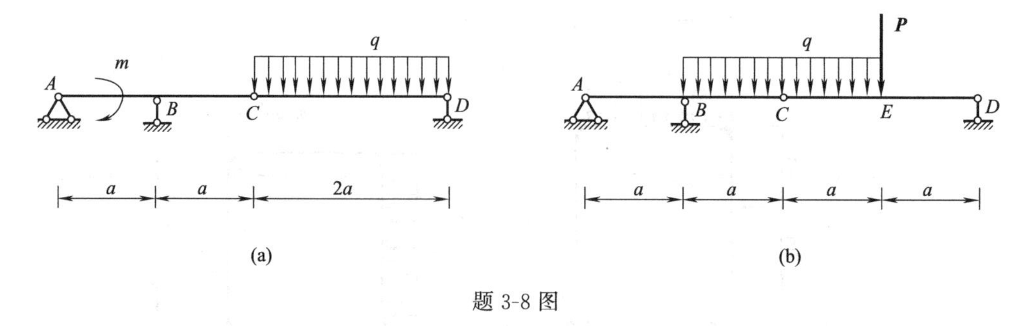

(a) (b)

题 3-8 图

3-9 求题 3-9 图示刚架的支座反力，刚架自重不计。

3-10 求题 3-10 图所示结构中 AC、BC 杆所受的力，各杆自重不计。

3-11 结构尺寸及受力如题 3-11 图所示。已知 $P=10\text{kN}$，$m=20\text{kN. m}$，$q=10\text{kN/m}$，不计构件自重，求 A、D 两处的支座反力。

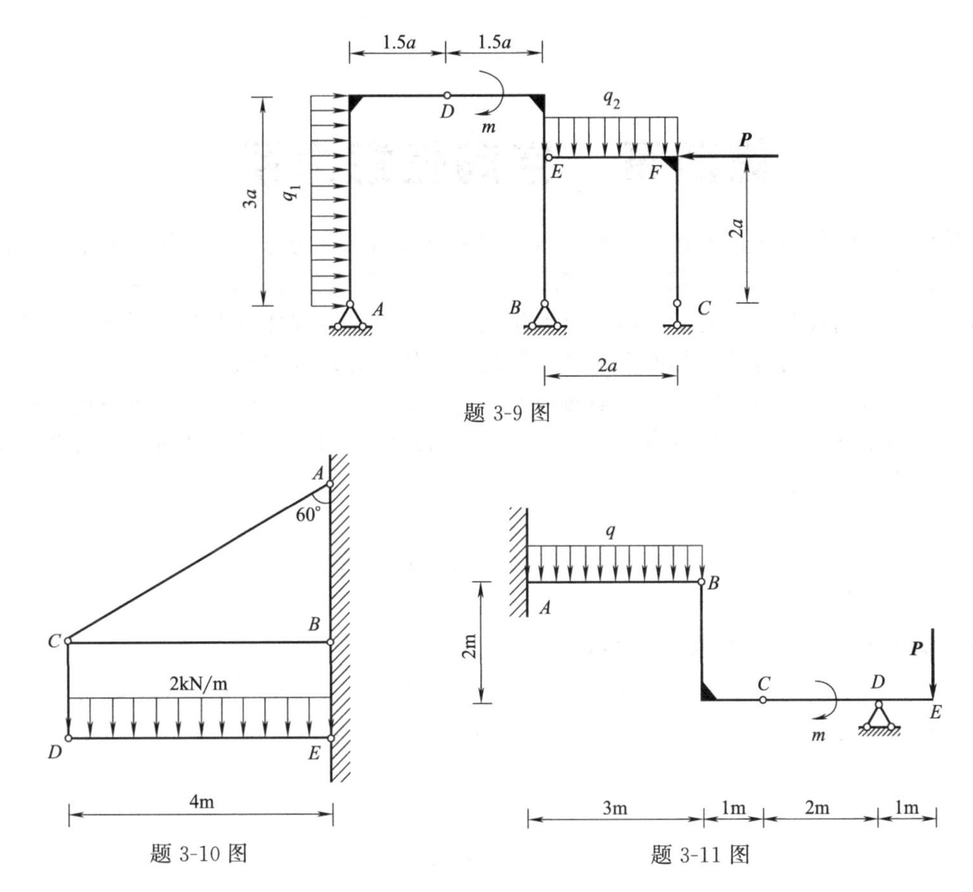

题 3-9 图

题 3-10 图

题 3-11 图

3-12　混凝土吊桶如题 3-12 图所示。混凝土与吊桶共重 $W=25\text{kN}$，吊桶与滑道间的摩擦因数 $f=0.3$，滑轮的摩擦不计。分别求吊桶匀速上升和下降时绳子 T 的拉力。

3-13　杆 AC、BC 铰接于 C，AC 杆中点 D 作用一铅垂力 $W=500\text{N}$，如题 3-13 图所示。A、B 两端放在粗糙的水平面上，静摩擦因数分别为 $f_A=0.2$，$f_B=0.6$。问系统是否平衡？

3-14　结构如题 3-14 图所示。杆 AB 铅垂，滑块 C 重 $W=1\text{kN}$，厚度不计，与铅垂墙面间的摩擦角 $\varphi_m=30°$，杆 AB、BC 自重不计，求系统平衡时作用于铰 B 上的水平力 $\boldsymbol{P}$ 的大小。

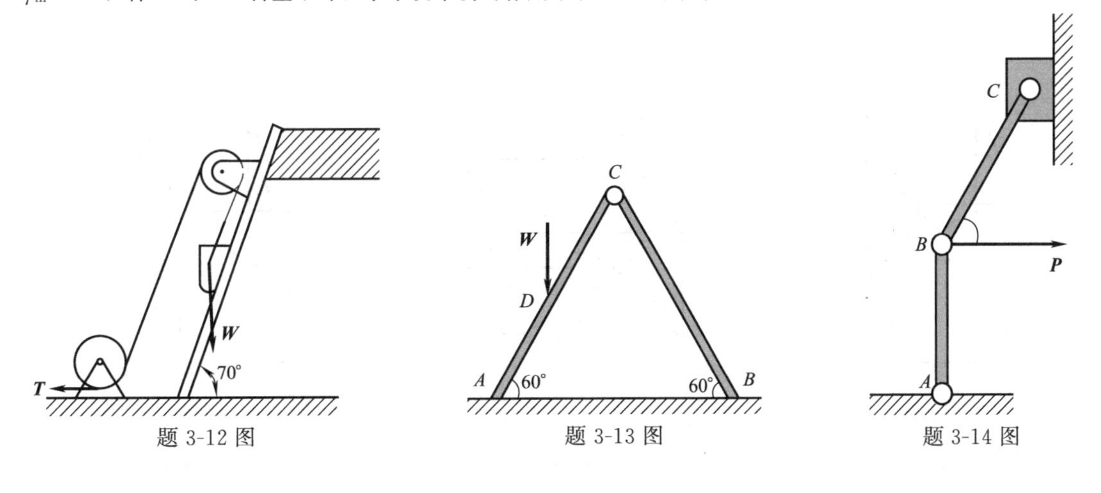

题 3-12 图　　题 3-13 图　　题 3-14 图

第四章　空间任意力系

力系中各力的作用线若不在同一平面内，这种力系称为空间力系。空间力系中，若各力的作用线汇交于一点，称为空间汇交力系；若各力的作用线相互平行，则称为空间平行力系；若各力的作用线既不汇交于一点，也不相互平行，就是空间任意力系。可见，空间任意力系是力系中最一般的情况，其他力系可看做是空间任意力系的特殊情况。

本章主要研究空间力系的简化和平衡问题。与平面力系一样，仍采用力向一点平移的方法，将空间力系分解为两个基本力系——空间汇交力系和空间力偶系，进而对这两个力系加以简化，导出平衡方程。

第一节　空间汇交力系

一、力在空间直角坐标轴上的投影

在解决空间力系的简化时，需要计算力在直角坐标轴上的投影。如图 4-1 所示，若已知力 $\boldsymbol{F}$ 与空间直角坐标轴 x、y、z 正向之间的夹角分别为 α、β、γ，则力 $\boldsymbol{F}$ 在三个坐标轴上的投影为

$$\left.\begin{aligned}F_{\mathrm{x}}&=F\cos\alpha\\F_{\mathrm{y}}&=F\cos\beta\\F_{\mathrm{z}}&=F\cos\gamma\end{aligned}\right\}\tag{4-1}$$

力在坐标轴上的投影也可采用二次投影法。如图 4-2 所示，先将力 $\boldsymbol{F}$ 投影到 Oxy 平面上，求得力在该平面上的分量 $\boldsymbol{F}_{\mathrm{xy}}$，然后再将力 $\boldsymbol{F}_{\mathrm{xy}}$ 投影到 x 轴和 y 轴上，即

$$\left.\begin{aligned}F_{\mathrm{x}}&=F\sin\gamma\cos\varphi\\F_{\mathrm{y}}&=F\sin\gamma\sin\varphi\\F_{\mathrm{z}}&=F\cos\gamma\end{aligned}\right\}\tag{4-2}$$

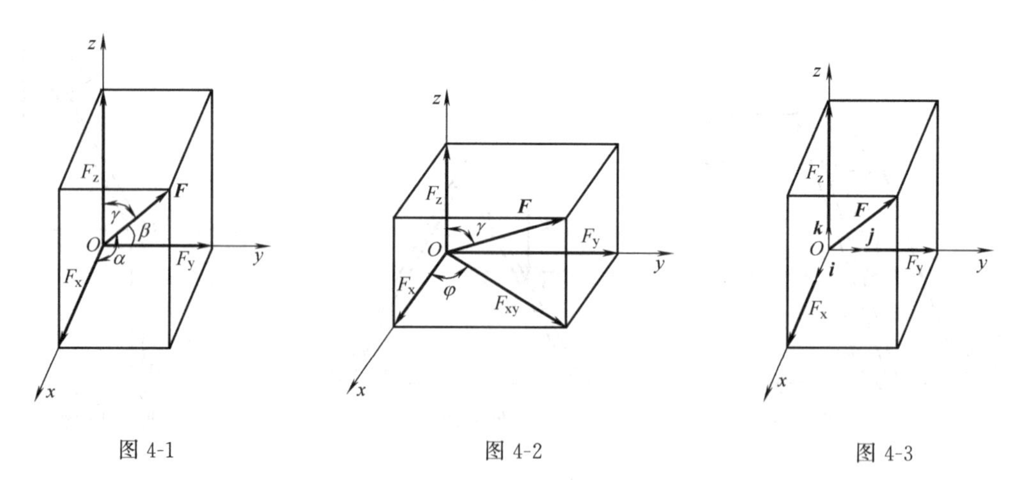

图 4-1　　图 4-2　　图 4-3

反之，如果已知力 $\boldsymbol{F}$ 在 x、y、z 轴上的投影 F_{x}、F_{y}、F_{z}，也可以求力 $\boldsymbol{F}$ 的大小和方向余弦，即

$$\left.\begin{aligned}&F=\sqrt{F_x^2+F_y^2+F_z^2}\\&\cos\alpha=\frac{F_x}{F},\ \cos\beta=\frac{F_y}{F},\ \cos\gamma=\frac{F_z}{F}\end{aligned}\right\}\tag{4-3}$$

如图 4-3 所示，力 $\boldsymbol{F}$ 在直角坐标轴的正交分量与其投影之间有如下关系。

$$\boldsymbol{F}=\boldsymbol{F}_x+\boldsymbol{F}_y+\boldsymbol{F}_z=F_x\boldsymbol{i}+F_y\boldsymbol{j}+F_z\boldsymbol{k}$$

式中，$\boldsymbol{i}$、$\boldsymbol{j}$、$\boldsymbol{k}$ 分别表示沿 x、y、z 坐标方向的单位矢量。

二、空间汇交力系的合成与平衡

1. 空间汇交力系的合成

空间汇交力系也可以用力多边形法求其合力，即汇交力系合成为通过汇交点的一个合力，合力矢

$$\boldsymbol{F}_R=\boldsymbol{F}_1+\boldsymbol{F}_2+\cdots+\boldsymbol{F}_n=\sum\boldsymbol{F}_i\tag{4-4}$$

根据合力投影定理，有

$$\left.\begin{aligned}&F_{Rx}=F_{1x}+F_{2x}+\cdots+F_{nx}=\sum F_x\\&F_{Ry}=F_{1y}+F_{2y}+\cdots+F_{ny}=\sum F_y\\&F_{Rz}=F_{1z}+F_{2z}+\cdots+F_{nz}=\sum F_z\end{aligned}\right\}$$

故空间汇交力系合力的大小和方向余弦分别为

$$F_R=\sqrt{(\sum F_x)^2+(\sum F_y)^2+(\sum F_z)^2}\tag{4-5}$$

$$\begin{aligned}&\cos(\boldsymbol{F}_R,\boldsymbol{i})=\frac{F_{Rx}}{F_R}=\frac{\sum F_x}{F_R}\\&\cos(\boldsymbol{F}_R,\boldsymbol{j})=\frac{F_{Ry}}{F_R}=\frac{\sum F_y}{F_R}\\&\cos(\boldsymbol{F}_R,\boldsymbol{k})=\frac{F_{Rz}}{F_R}=\frac{\sum F_z}{F_R}\end{aligned}\tag{4-6}$$

2. 空间汇交力系的平衡条件

空间汇交力系平衡的必要和充分条件是：力系的合力等于零，即

$$F_R=\sum F_i=0\tag{4-7}$$

由式（4-5）知，欲使合力 F_R 等于零，必须同时满足

$$\left.\begin{aligned}&\sum F_x=0\\&\sum F_y=0\\&\sum F_z=0\end{aligned}\right\}\tag{4-8}$$

因此，空间汇交力系平衡的必要和充分条件是：力系的各分力在三个坐标轴上的投影的代数和等于零。式（4-8）称为空间汇交力系的平衡方程。三个独立的方程，可求解三个未知量。

【例 4-1】 图 4-4（a）所示的三杆 AO、BO、CO 在点 O 用球形铰链连接，并且在 A、B、C 三处用球形铰链固定在竖直墙壁上。$\triangle AOB$、$\triangle COD$ 所在的平面及墙壁三者相互垂直，在点 O 悬挂一重物 P，求三杆所受的力。

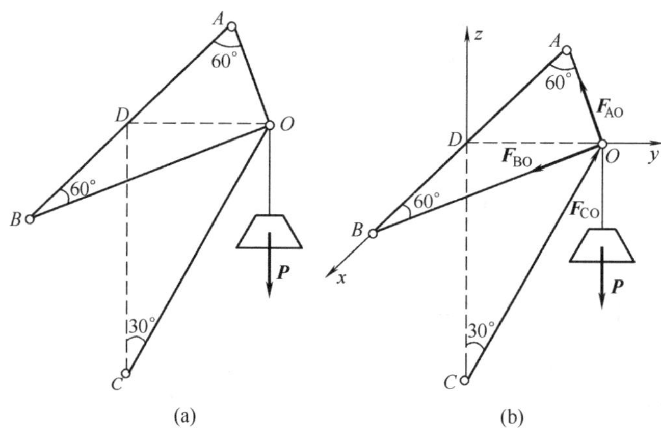

图 4-4

解 三杆都是二力杆，取 O 点为研究对象，其受力图如图 4-4（b）所示，其中，$\boldsymbol{F}_{AO}$、$\boldsymbol{F}_{BO}$、$\boldsymbol{F}_{CO}$分别是杆 AO、BO、CO 对点 O 的作用力，图中四力组成一空间汇交力系。建立坐标系，列平衡方程

$$\sum F_x=0，\ -F_{AO}\cos60°+F_{BO}\cos60°=0 \tag{a}$$

$$\sum F_y=0，\ -F_{AO}\sin60°-F_{BO}\sin60°+F_{CO}\sin30°=0 \tag{b}$$

$$\sum F_z=0，\ F_{CO}\cos30°-P=0 \tag{c}$$

联立（a)、(b)、(c）三式，可解得

$$F_{AO}=0.33P$$

$$F_{BO}=0.33P$$

$$F_{CO}=1.15P$$

第二节 力对点之矩和力对轴之矩

一、力对点之矩

在平面力系中，力对点之矩用代数量可以完全描述，但在空间问题中，力对点之矩要表示成矢量。因为除了力矩的大小和转向外，还要表示力和矩心所组成的平面的方位。如图 4-5 所示，力 $\boldsymbol{F}$ 对点 O 之矩可以表示为矢量 $\boldsymbol{M}_O(\boldsymbol{F})$，矢量的模等于力的大小与力臂 h 的乘积，即力对点 O 的矩的大小；其方位垂直于力和矩心组成的平面，指向由右手螺旋法则确定。力矩矢的大小可这样计算

$$|\boldsymbol{M}_O(\boldsymbol{F})|=Fh=2A_{\triangle OAB} \tag{4-9}$$

由于力矩矢的大小和方向与矩心的位置有关，显然它是定位矢量，始端必须在矩心上。若以 $\boldsymbol{r}$ 表示力作用点A 的矢径，则矢积 $\boldsymbol{r}\times\boldsymbol{F}$ 的模等于$\triangle OAB$ 面积的两倍，其方向与力矩矢 $\boldsymbol{M}_O(\boldsymbol{F})$ 一致，因此可以定义

$$\boldsymbol{M}_O(\boldsymbol{F})=\boldsymbol{r}\times\boldsymbol{F} \tag{4-10}$$

该式即力对点之矩的矢积表达式。

二、力对轴之矩

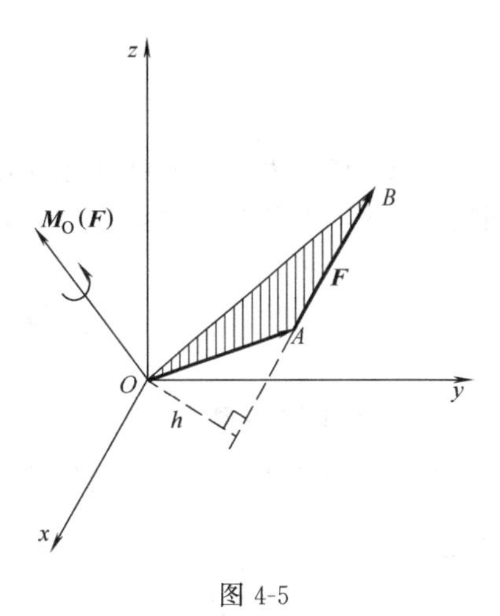

图 4-5

力对轴之矩是力使物体绕该轴转动效果的度量。以使门转动为例，设力 $\boldsymbol{F}$ 作用在门上的 A 点（图 4-6），为研究力 $\boldsymbol{F}$ 使门绕 z 轴的转动效果，将力 $\boldsymbol{F}$ 分解为与 z 轴平行的力 $\boldsymbol{F}_z$ 和与 z 轴垂直的力 $\boldsymbol{F}_{xy}$。显然，力 $\boldsymbol{F}_z$ 不能使门转动，而 $\boldsymbol{F}_{xy}$ 使门转动的效果等于力 $\boldsymbol{F}_{xy}$ 对 O 点的力矩 $M_O(\boldsymbol{F}_{xy})$。力 $\boldsymbol{F}$ 对 z 轴的矩以 $M_z(\boldsymbol{F})$ 来表示，则

$$M_z(\boldsymbol{F})=M_O(\boldsymbol{F}_{xy})=\pm F_{xy}d$$

式中　d——O 点到力 $\boldsymbol{F}_{xy}$ 作用线的垂直距离。

力对轴之矩是个代数量，其正负号用右手螺旋法则确定，即用右手 4 指绕轴转动，若拇指指向与 z 正向相同则为正，反之为负。显然，当力与轴相交或平行，即共面时，力对轴之矩等于零。

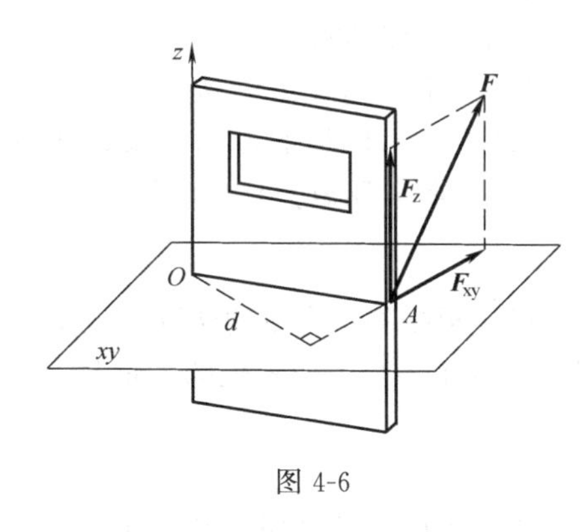

图 4-6

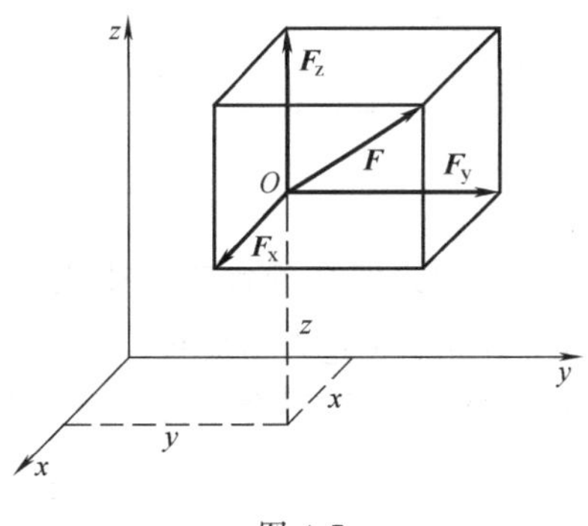

图 4-7

在计算力对某轴之矩时，经常应用合力矩定理，将力分解为三个方向的分力，然后分别计算各分力对这个轴之矩，求其代数和，即得力对该轴之矩。如图 4-7 所示，将力 $\boldsymbol{F}$ 沿坐标轴方向分解为 $\boldsymbol{F}_x$、$\boldsymbol{F}_y$、$\boldsymbol{F}_z$ 三个互相垂直的分力，以 F_x、F_y、F_z 分别表示力 $\boldsymbol{F}$ 在三个坐标轴上的投影。由合力矩定理得

$$M_x(\boldsymbol{F})=M_x(\boldsymbol{F}_x)+M_x(\boldsymbol{F}_y)+M_x(\boldsymbol{F}_z)=yF_z-zF_y$$

同理可求出 $M_y(\boldsymbol{F})$ 和 $M_z(\boldsymbol{F})$。因此有

$$\left.\begin{aligned}M_x(\boldsymbol{F})&=yF_z-zF_y\\M_y(\boldsymbol{F})&=zF_x-xF_z\\M_z(\boldsymbol{F})&=xF_y-yF_x\end{aligned}\right\}\qquad(4\text{-}11)$$

三、力对点之矩与力对轴之矩的关系

考查力对点之矩矢与力对通过该点的轴之矩的关系。根据式（4-10）有

$$\boldsymbol{M}_O(\boldsymbol{F})=\boldsymbol{r}\times\boldsymbol{F}=\begin{vmatrix}\boldsymbol{i}&\boldsymbol{j}&\boldsymbol{k}\\x&y&z\\F_x&F_y&F_z\end{vmatrix}=(yF_z-zF_y)\boldsymbol{i}+(zF_x-xF_z)\boldsymbol{j}+(xF_y-yF_x)\boldsymbol{k}$$

将上式向 x、y、z 轴投影，并根据式（4-11）得

$$\left.\begin{aligned}[\boldsymbol{M}_O(\boldsymbol{F})]_x=M_x(\boldsymbol{F})\\ [\boldsymbol{M}_O(\boldsymbol{F})]_y=M_y(\boldsymbol{F})\\ [\boldsymbol{M}_O(\boldsymbol{F})]_z=M_z(\boldsymbol{F})\end{aligned}\right\} \tag{4-12}$$

式（4-12）表明：力对点之矩矢在通过该点之轴上的投影，等于这个力对该轴之矩。应用这一关系，可以用力对坐标轴之矩计算力对坐标原点的力矩矢量。

第三节　空间力偶系

一、力偶矩矢量

在空间力系中，力偶对物体的转动效果，不仅与力偶矩的大小和转向有关，而且与力偶作用面在空间的方位有关。所以，与力对点之矩相似，力偶矩也应以矢量表示。如图 4-8 所示，力偶矩矢量 $\boldsymbol{M}$ 垂直于力偶作用面，转向按右手螺旋法则根据力偶使物体转动的方向确定，而此矢量的大小则为力偶中力的大小和力偶臂长度的乘积。

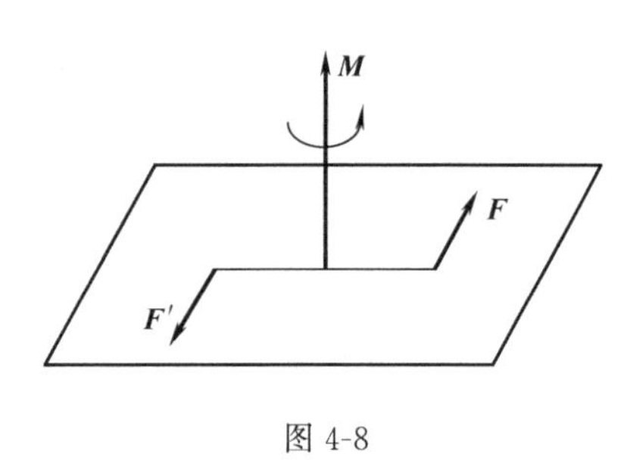

图 4-8

由于力偶可以在同平面内任意移转，并可搬移到平行平面内，而不改变它对刚体的作用效果，即力偶矩矢可以平行搬移，因此力偶矩矢是自由矢量。

二、空间力偶系的合成与平衡

由于力偶矩矢是自由矢量，可将力偶矩矢汇聚到一点，根据矢量合成的法则，汇交于一点的空间力偶矩矢可以合成为一个合力偶 $\boldsymbol{M}$，合力偶矩矢等于各分力偶矩矢的矢量和，即

$$\boldsymbol{M}=\boldsymbol{M}_1+\boldsymbol{M}_2+\cdots+\boldsymbol{M}_n=\sum\boldsymbol{M}_i \tag{4-13}$$

由于空间力偶系与一个合力偶等效，因此，空间力偶系平衡的必要和充分条件是：该力偶系的合力偶矩矢等于零，即

$$\boldsymbol{M}=\sum\boldsymbol{M}_i=0 \tag{4-14}$$

第四节　空间任意力系向一点简化

与平面力系相似，应用力向一点平移的方法，将作用在刚体上的空间力系 $\boldsymbol{F}_1$、$\boldsymbol{F}_2$、…、$\boldsymbol{F}_n$ [见图 4-9（a）] 分别向简化中心 O 平移，得到一空间汇交力系和一空间力偶系 [见图 4-9（b）]。这两个力系可以进一步合成为通过简化中心的一个力和一个力偶 [见图 4-9（c）]，此力的大小和方向为

$$\boldsymbol{F}'_R=\sum\boldsymbol{F}'_i=\sum\boldsymbol{F}_i=\sum F_{ix}\boldsymbol{i}+\sum F_{iy}\boldsymbol{j}+\sum F_{iz}\boldsymbol{k} \tag{4-15}$$

称为原力系的主矢。这个力偶矩矢的大小和方向为

$$\boldsymbol{M}_O=\sum\boldsymbol{M}_i=\sum\boldsymbol{M}_O(\boldsymbol{F}_i) \tag{4-16}$$

称为原力系的主矩。与平面力系相同，主矢与简化中心的位置无关，而主矩一般与简化中心的位置有关。

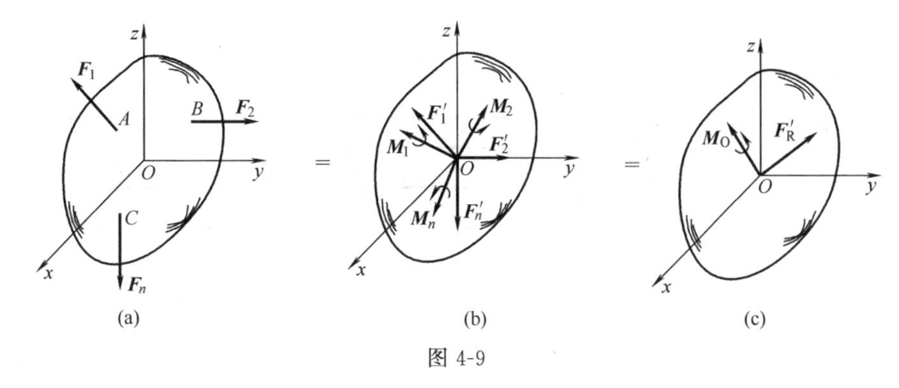

图 4-9

实际计算主矢和主矩时，常采用解析形式，以简化中心为原点，建立直角坐标 $Oxyz$，由式（4-15）可得主矢的大小和方向余弦为

$$\left.\begin{aligned}&F_R'=\sqrt{(\sum F_x)^2+(\sum F_y)^2+(\sum F_z)^2}\\&\cos(\boldsymbol{F}_R',\boldsymbol{i})=\frac{\sum F_x}{F_R'};\ \cos(\boldsymbol{F}_R',\boldsymbol{j})=\frac{\sum F_y}{F_R'};\ \cos(\boldsymbol{F}_R',\boldsymbol{k})=\frac{\sum F_z}{F_R'}\end{aligned}\right\}\tag{4-17}$$

由式（4-16）以 M_{Ox}、M_{Oy}、M_{Oz}表示主矩 $\boldsymbol{M}_O$ 在三个坐标轴上的投影，再由力对点之矩与力对轴之矩的关系有

$$\left.\begin{aligned}M_{Ox}&=[\sum \boldsymbol{M}_O(\boldsymbol{F}_i)]_x=\sum M_x(\boldsymbol{F})\\M_{Oy}&=[\sum \boldsymbol{M}_O(\boldsymbol{F}_i)]_y=\sum M_y(\boldsymbol{F})\\M_{Oz}&=[\sum \boldsymbol{M}_O(\boldsymbol{F}_i)]_z=\sum M_z(\boldsymbol{F})\end{aligned}\right\}$$

则该力系主矩的大小和方向余弦为

$$\left.\begin{aligned}&M_O=\sqrt{[\sum M_x(\boldsymbol{F})]^2+[\sum M_y(\boldsymbol{F})]^2+[\sum M_z(\boldsymbol{F})]^2}\\&\cos(\boldsymbol{M}_O,\boldsymbol{i})=\frac{\sum M_x(\boldsymbol{F})}{M_O};\ \cos(\boldsymbol{M}_O,\boldsymbol{j})=\frac{\sum M_y(\boldsymbol{F})}{M_O};\ \cos(\boldsymbol{M}_O,\boldsymbol{k})=\frac{\sum M_z(\boldsymbol{F})}{M_O}\end{aligned}\right\}\tag{4-18}$$

空间任意力系向一点简化可能出现下列四种情况。

（1）主矢不为零主矩为零的情形，即 $\boldsymbol{F}_R'\neq\boldsymbol{0}$，$\boldsymbol{M}_O=0$

力系可以简化为一个合力，合力的大小和方向等于力系的主矢，作用线通过简化中心。

（2）主矢为零而主矩不为零的情形，即 $\boldsymbol{F}_R'=\boldsymbol{0}$，$\boldsymbol{M}_O\neq0$

当 $\boldsymbol{F}_R'=\boldsymbol{0}$，$\boldsymbol{M}_O\neq0$ 时，简化结果为一力偶，即原力系与一个矩等于 $\boldsymbol{M}_O$ 的力偶等效。

（3）主矢和主矩均不为零的情形，即 $\boldsymbol{F}_R'\neq\boldsymbol{0}$，$\boldsymbol{M}_O\neq0$

① 主矢与主矩相互垂直的情形，即 $\boldsymbol{F}_R'\perp\boldsymbol{M}_O$。如图 4-10（a）所示，主矢与主矩相互垂直，此时可将力偶矩矢为 $\boldsymbol{M}_O$ 的力偶视为由力 $\boldsymbol{F}_R$ 和 $\boldsymbol{F}_R''$组成，且 $F_R=-F_R''=F_R'$，如图 4-10（b）所示。合成在同一平面的力 $\boldsymbol{F}_R'$和力偶（$\boldsymbol{F}_R$，$\boldsymbol{F}_R''$），便得到一个力 $\boldsymbol{F}_R$，这个力与原力系等效，故力系简化为一合力，如图 4-10（c）所示，且 $F_R=F_R'$，合力作用线离简化中心的距离为

$$d=\frac{|\boldsymbol{M}_O|}{F_R}\tag{4-19}$$

② 主矢与主矩平行的情形，即 $\boldsymbol{F}_R'/\!/\boldsymbol{M}_O$。如图 4-11 所示，主矢与主矩平行的情形，称

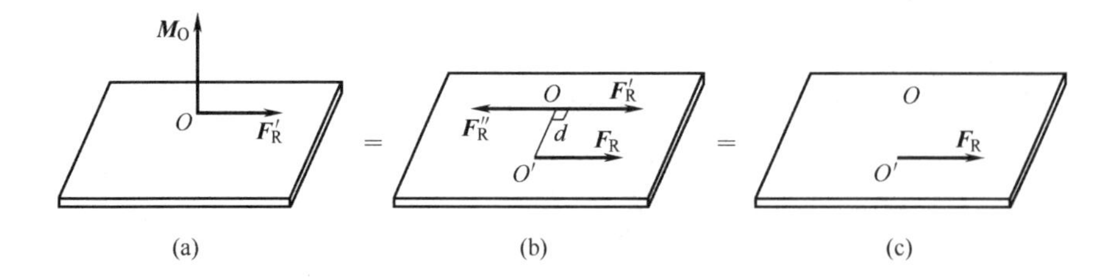

图 4-10

为**力螺旋**。力螺旋就是由一个力和一个力偶组成的力系，不能再进一步合成。用螺丝刀拧螺丝及钻床钻孔就是力螺旋的情形。

（4）主矢与主矩均为零的情形，即 $\boldsymbol{F}'_R=\boldsymbol{0}$，$\boldsymbol{M}_O=0$

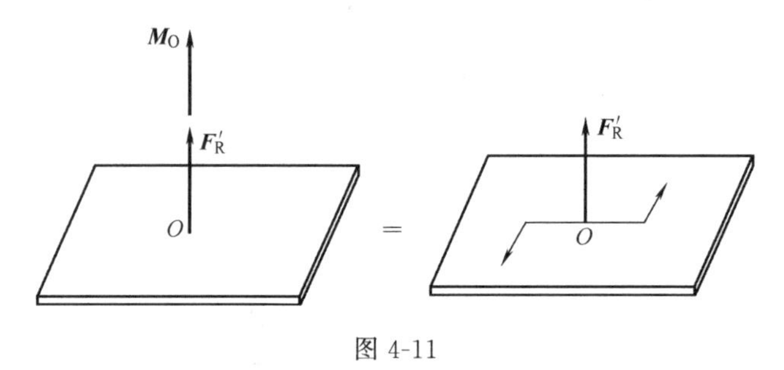

图 4-11

说明空间力系与零力系等效，空间力系是个平衡力系。将在下节讨论。

第五节　空间任意力系的平衡方程及应用

根据空间力系的简化结果，得到空间任意力系平衡的必要和充分条件是：力系的主矢和力系对任意一点的主矩都等于零，即

$$\left.\begin{aligned}\boldsymbol{F}'_R&=\boldsymbol{0}\\ \boldsymbol{M}_O&=0\end{aligned}\right\}\tag{4-20}$$

由式（4-17）和式（4-18）可知，上述条件可写成平衡方程

$$\left.\begin{aligned}&\sum F_x=0;\ \sum F_y=0\ ;\sum F_z=0\\ &\sum M_x(\boldsymbol{F})=0;\ \sum M_y(\boldsymbol{F})=0;\ \sum M_z(\boldsymbol{F})=0\end{aligned}\right\}\tag{4-21}$$

式（4-21）就是空间任意力系的静力平衡方程式，它表明空间任意力系平衡的必要和充分条件是：力系中各力在直角坐标系各坐标轴上投影的代数和以及对各轴力矩的代数和分别等于零。

空间力系平衡问题的解题方法和步骤与平面力系问题完全相同，且空间力系的平衡方程也有其他的形式。

若空间任意力系中所有各力的作用线相互平行，则称为空间平行力系。图 4-12 所示为一任意的空间平行力系，如选 z 轴与各力平行，则因各力在 x 轴和 y 轴上的投影必为零，且各力对 z 轴之矩也必为零，因此，空间平行力系只有三个平衡方程，即

$$\left.\begin{aligned}\sum F_z&=0\\ \sum M_x(\boldsymbol{F})&=0\\ \sum M_y(\boldsymbol{F})&=0\end{aligned}\right\} \tag{4-22}$$

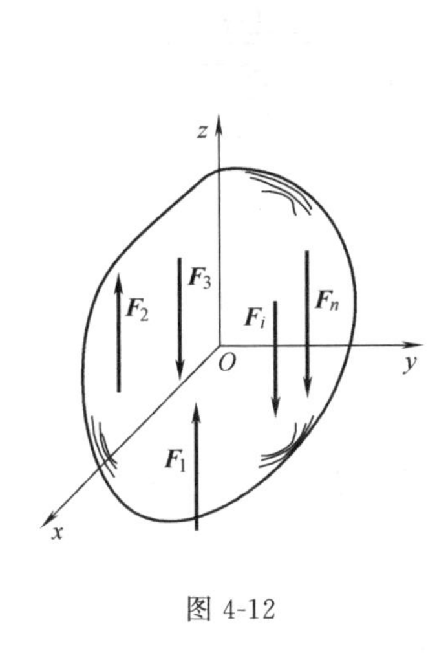

图 4-12

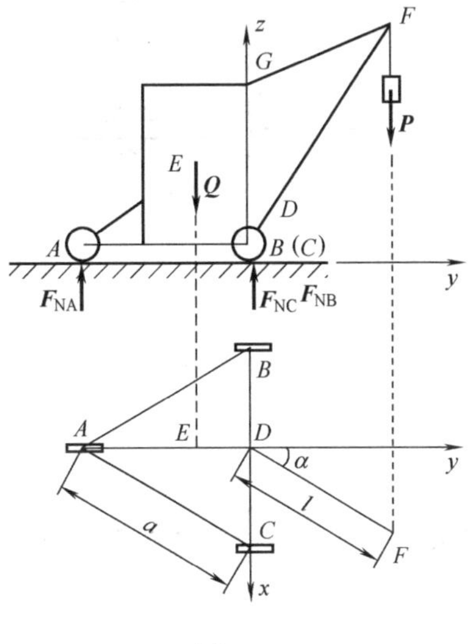

图 4-13

【例 4-2】 图 4-13 所示为一起重机，机身重 $Q=100\text{kN}$，重力通过 E 点；三个轮子 A、B、C 与地面接触点成一等边三角形；$CD=BD$，$DE=\frac{1}{3}AD$；起重臂 FGD 可绕铅垂轴 GD 转动。已知 $a=5\text{m}$，$l=3.5\text{m}$。当载重 $P=30\text{kN}$ 且过起重臂的铅垂平面与起重机的中心铅垂面（即图中的 yz 平面）成角 $\alpha=30°$时，求三个轮子 A、B、C 对地面的压力。

【解】 以起重机为研究对象，受主动力 $\boldsymbol{Q}$ 和 $\boldsymbol{P}$，约束力 $\boldsymbol{F}_{NA}$、$\boldsymbol{F}_{NB}$、$\boldsymbol{F}_{NC}$，为一空间平行力系，选坐标 $Dxyz$ 如图 4-13 所示。应用空间平行力系的平衡方程为

$$\begin{gathered}\sum M_x(\boldsymbol{F})=0\\ -F_{NA}\times AD+Q\times ED-P\times l\times\cos\alpha=0\end{gathered} \tag{a}$$

得

$$F_{NA}=12.3\text{kN}$$

$$\begin{gathered}\sum M_y(\boldsymbol{F})=0\\ F_{NB}\times BD-F_{NC}\times CD+P\times l\times\sin\alpha=0\end{gathered} \tag{b}$$

$$\begin{gathered}\sum F_z=0\\ F_{NA}+F_{NB}+F_{NC}-Q-P=0\end{gathered} \tag{c}$$

由（b）、（c）两式联立解得

$$F_{NB}=48.3\text{kN}\quad F_{NC}=69.4\text{kN}$$

轮子对地面的压力与地面对轮子的约束力是作用与反作用力的关系。

如不要解联立方程，本题也可用三力矩式平衡方程求解，例如可将 AB、BC 和 AC 作为力矩轴。读者可自己练习。

【例 4-3】 电动机通过联轴器传递驱动力矩 $M=20\text{N}\cdot\text{m}$ 来带动带轴，如图 4-14 所示。已知带轮直径 $d=160\text{mm}$，距离 $a=200\text{mm}$，带斜角 $\alpha=30°$，带轮两边拉力 $F_{T2}=2F_{T1}$。试

求 A、B 两轴承的约束力。

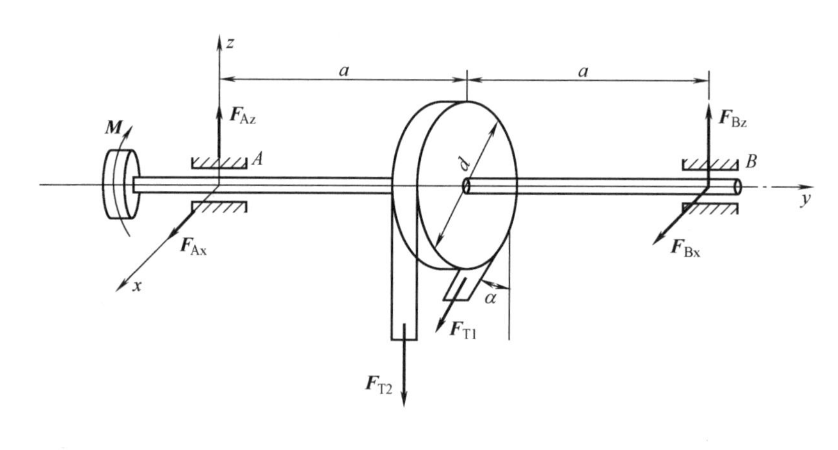

图 4-14

【解】 以轮轴为研究对象，受力图如图 4-14 所示，建立坐标系，列平衡方程

$$\sum M_y = 0$$

$$(F_{T2} - F_{T1})\frac{d}{2} - M = 0$$

因 $F_{T2} = 2F_{T1}$

得
$$F_{T1} = 250\text{N} \quad F_{T2} = 500\text{N}$$

$$\sum M_z = 0 \quad -F_{Bx} \times 2a - F_{T1}\sin\alpha \times a = 0$$

得
$$F_{Bx} = -62.5\text{N}$$

$$\sum M_x = 0 \quad F_{Bz} \times 2a - F_{T2} \times a - F_{T1}\cos\alpha \times a = 0$$

得
$$F_{Bz} = 358.3\text{N}$$

$$\sum F_x = 0 \quad F_{Ax} + F_{Bx} + F_{T1}\sin\alpha = 0$$

得
$$F_{Ax} = -483.3\text{N}$$

$$\sum F_z = 0 \quad F_{Az} + F_{Bz} - F_{T2} - F_{T1}\cos\alpha = 0$$

得
$$F_{Az} = 358.2\text{N}$$

第六节　物体的重心

一、重心的概念

在地球附近的物体，它的每一微小部分都受到重力的作用，这些微小部分所受的重力，可看做空间同向平行力系，此平行力系的合力称为物体的重力，方向铅垂向下，其作用点即为物体的重心。无论物体怎样放置，重心相对于物体的位置是固定不变的。若物体是均质

的，其重心的位置完全取决于物体的几何形状和尺寸，而与物体的重量无关。因此，均质体的重心与其几何中心（简称形心）相重合。

二、确定物体重心的方法

1．重心坐标计算公式

用重心坐标公式计算重心位置是确定物体重心的基本方法，现推导如下。

设组成物体的各微小部分的重量分别为 p_1、p_2、…、p_n，建立直角坐标系 $Oxyz$（见图 4-15），则可用（x_1，y_1，z_1）、（x_2，y_2，z_2）、…、（x_n，y_n，z_n）等分别表示各微小部分的坐标。P 为物体的合力（即物体的重量），作用点 C（图中不可见）（x_C，y_C，z_C）即为物体的重心。根据合力矩定理可知，物体的合力 P 对 y 轴之矩等于各微小部分的重力对 y 轴之矩的代数和，即

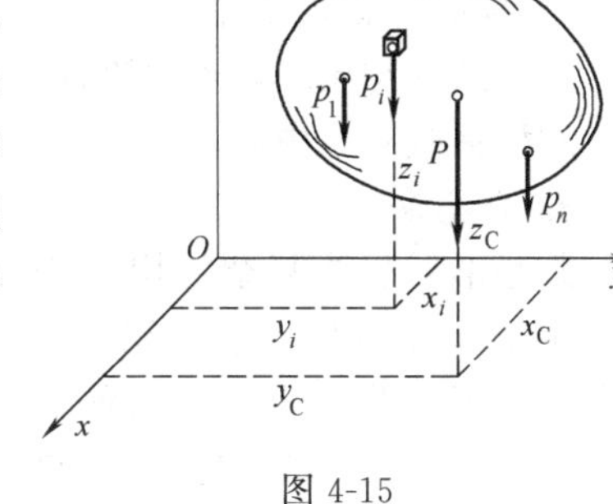

图 4-15

$$Px_C = p_1x_1 + p_2x_2 + \cdots + p_nx_n = \sum p_ix_i$$

所以

$$x_C = \frac{\sum p_ix_i}{P}$$

利用坐标轮换的方法，由此可得

$$y_C = \frac{\sum p_iy_i}{P}$$

$$z_C = \frac{\sum p_iz_i}{P}$$

归纳以上三式，得

$$x_C = \frac{\sum p_ix_i}{P}$$
$$y_C = \frac{\sum p_iy_i}{P} \qquad (4\text{-}23)$$
$$z_C = \frac{\sum p_iz_i}{P}$$

此即重心坐标的一般公式。

如果物体是均质的，单位体积的重量为 γ，任一微小部分的体积为 ΔV_i，整个物体的体积为 V，则有 $p_i=\gamma\Delta V_i$，$P=\gamma V$，故式（4-23）变为

$$x_C = \frac{\sum \Delta V_ix_i}{V}$$
$$y_C = \frac{\sum \Delta V_iy_i}{V} \qquad (4\text{-}24)$$
$$z_C = \frac{\sum \Delta V_iz_i}{V}$$

如果物体为均质等厚度板或薄壳，则有 $\Delta V_i=\Delta A_ih$，$V=Ah$，式中 h 为板或壳的厚度，ΔA_i 是元面积，A 是物体的面积，则其重心坐标公式为

$$x_C=\frac{\sum \Delta A_i x_i}{A}$$
$$y_C=\frac{\sum \Delta A_i y_i}{A} \tag{4-25}$$
$$z_C=\frac{\sum \Delta A_i z_i}{A}$$

2. 利用对称性求重心

对于某些均质体，若此物体具有几何对称面、对称轴或对称中心，则重心必定在此对称面、对称轴或对称中心上。

3. 分割法

某些形状较为复杂的均质物体常可看成几个简单形体的组合，且其中任何一简单形体的重量（或体积、或面积、或长度）及它的重心位置均为已知，这时，可利用重心坐标公式求得该物体重心的位置。如果物体内切去一部分，整个物体的重心仍可按分割法计算，只是切去部分的重量（或体积、或面积、或长度）取为负值。这种求重心的方法也称为负面积法。

【例 4-4】 求图 4-16 所示均质 L 形板的重心位置。

【解】 取直角坐标系如图 4-16 所示。将板分为两个矩形，它们的面积和相应的重心坐标如下。

$$A_1=1\times6=6\text{cm}^2,\ x_1=0.5\text{cm},\ y_1=3\text{cm}$$
$$A_2=8\times1=8\text{cm}^2,\ x_2=5\text{cm},\ y_2=0.5\text{cm}$$

利用重心坐标公式（4-25）得

$$x_C=\frac{x_1A_1+x_2A_2}{A_1+A_2}=3.07\ (\text{cm})$$
$$y_C=\frac{y_1A_1+y_2A_2}{A_1+A_2}=1.57\ (\text{cm})$$

【例 4-5】 一偏心块为等厚度的均质形体（见图 4-17），其上有半径为 r_2 的圆孔。图中尺寸 $R=10\text{cm}$，$r_1=3\text{cm}$，$r_2=1.3\text{cm}$。试计算偏心块重心的位置。

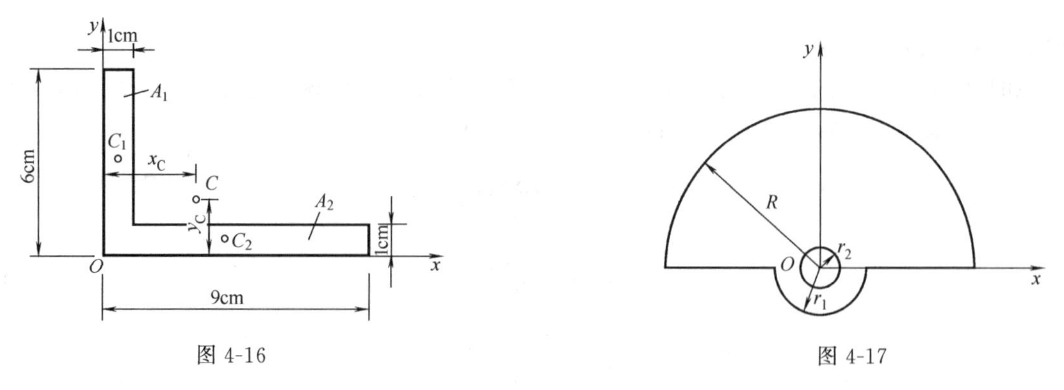

图 4-16　　图 4-17

【解】 偏心块有挖去的圆孔，在计算形心时，该圆孔可看做是负面积。整个偏心块的面积可看成是由半径为 R 的大半圆、半径为 r_1 的小半圆和半径为 r_2 的小圆（负面积）三部分组成。取图示坐标系，显然重心在对称轴 Oy 上，故 $x_C=0$。小圆的重心在 O 点。即 $y_3=0$，大半圆和小半圆的重心坐标可查表 4-1，三部分的面积及重心坐标如下。

$$A_1=\frac{1}{2}\pi R^2=50\pi\ (\text{cm})^2,\quad y_1=\frac{4R}{3\pi}=\frac{40}{3\pi}\ (\text{cm})$$

$$A_2=\frac{1}{2}\pi r_1^2=\frac{9}{2}\pi\ (\text{cm})^2,\quad y_2=-\frac{4r_1}{3\pi}=-\frac{4}{\pi}\ (\text{cm})$$

$$A_3=-\pi r_2^2=-1.69\pi\ (\text{cm})^2,\quad y_3=0$$

利用重心坐标公式（4-25）得

$$y_C=\frac{A_1y_1+A_2y_2+A_3y_3}{A_1+A_2+A_3}=3.91\ (\text{cm})^2$$

此外，在工程中还会遇到形状复杂的物体，要通过计算来确定它们的重心位置是比较困难的，这时可采用实测的方法以确定其重心的位置。实测法基本上也是利用力矩来确定重力的合力作用线的位置。读者可参阅有关书籍，这里不予介绍。

表 4-1　简单形体重心表

图　形	重心位置	图　形	重心位置
三角形 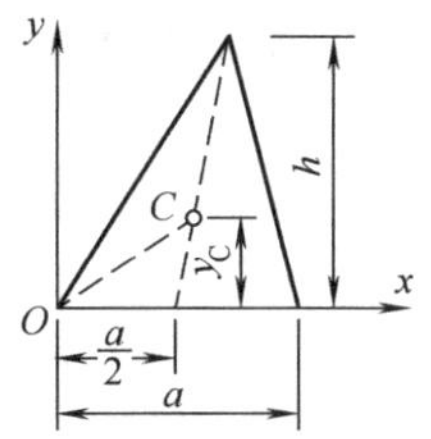	在中线的交点 $y_C=\frac{1}{3}h$	半圆形 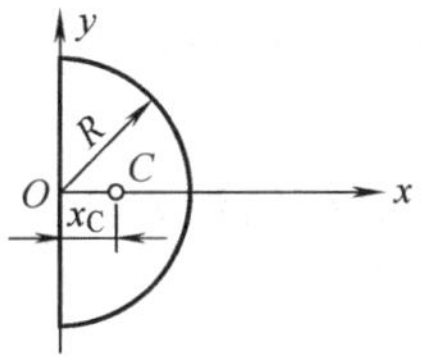	$x_C=\frac{4R}{3\pi}$ $y_C=0$
圆弧 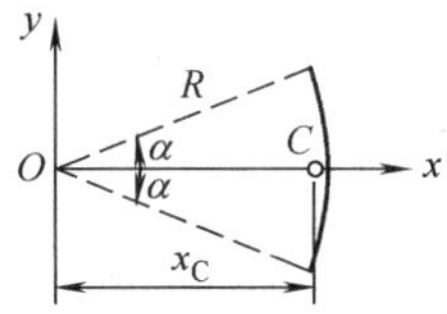	$x_C=\frac{R\sin\alpha}{\alpha}$ $y_C=0$	梯形 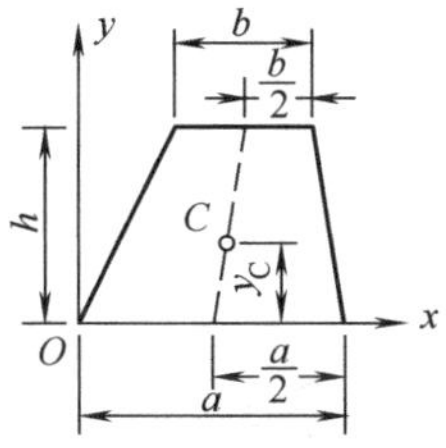	$y_C=\frac{h(a+2b)}{3(a+b)}$
扇形 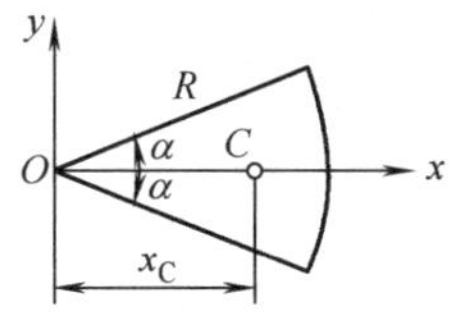	$x_C=\frac{2R\sin\alpha}{3\alpha}$ $y_C=0$ 当 $2\alpha=90°$ 时 $x_C=\frac{4\sqrt{2}R}{3\pi}$	抛物线面 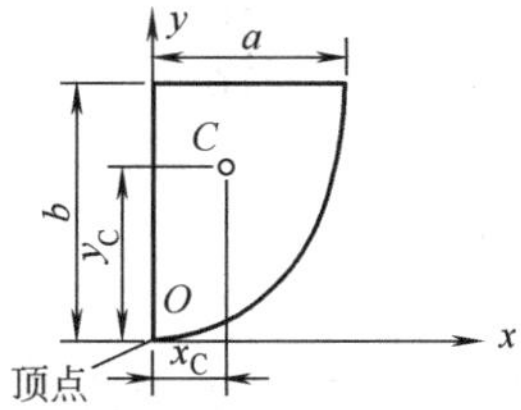	$x_C=\frac{3}{8}a$ $y_C=\frac{3}{5}b$
圆环的一部分 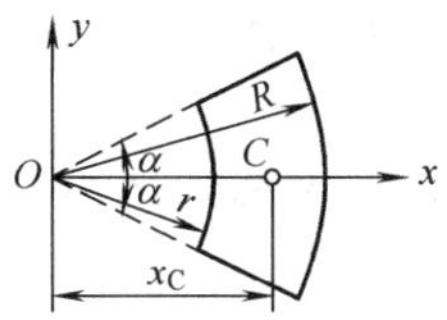	$x_C=\frac{2(R^3-r^3)\sin\alpha}{3(R^2-r^2)\alpha}$ $y_C=0$	正圆锥 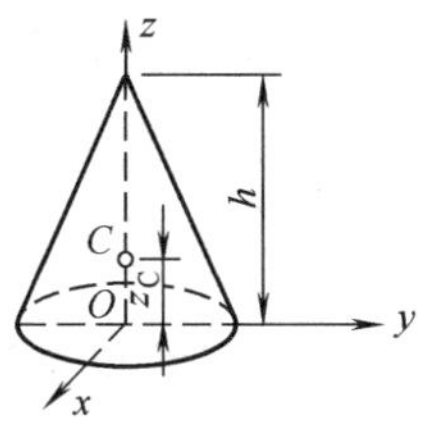	$x_C=0$ $y_C=0$ $z_C=\frac{h}{4}$

习　题

4-1　长方体的顶角 A 和 B 处分别有 $\boldsymbol{P}$ 和 $\boldsymbol{Q}$ 作用，如题 4-1 图所示，$P=500\text{N}$，$Q=700\text{N}$，求二力在 x、y、z 轴上的投影。

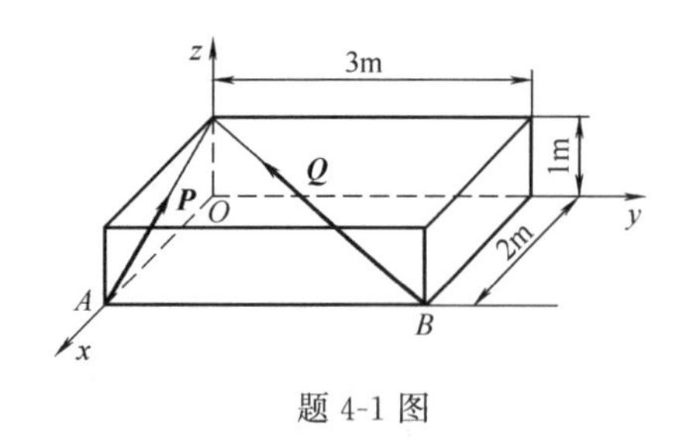

题 4-1 图

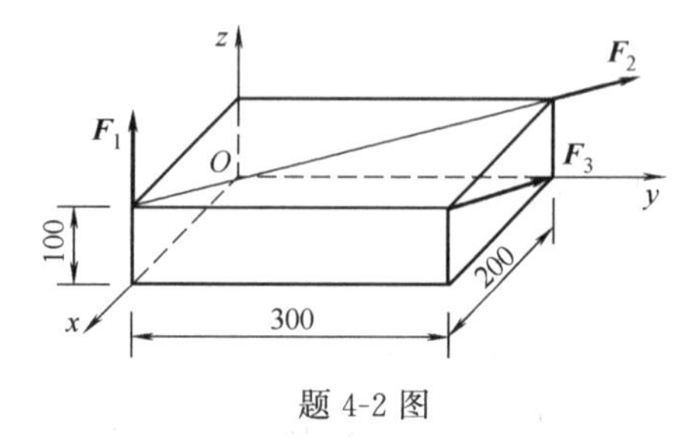

题 4-2 图

4-2　力系中 $F_1=100\text{N}$，$F_2=300\text{N}$，$F_3=200\text{N}$，各力作用线的位置如题 4-2 图所示。求力系向 O 点的简化结果。

4-3　重为 $\boldsymbol{G}$ 的重物由杆 AO、BO 和 CO 所支撑。如题 4-3 图所示，杆 BO 和 CO 在水平面内，CO 和 AO 在铅垂平面内。已知 $OC=a$，$AC=b$，$OB=c$，且△OAC 和△OBC 在点 C 为直角。求三杆受的力。

4-4　起重车的三个轮子 A、B、C 在水平面上形成边长为 a 的等边三角形，如题 4-4 图所示。车重 $\boldsymbol{Q}$，其作用线通过△ABC 的形心 E，摆杆吊起重物的重量为 $\boldsymbol{G}$。尺寸 a 及 l 已知。欲使起重机不致绕 AC 轴翻倒，求：

（1）在图示位置时起重量 $\boldsymbol{G}$ 的最大值。

（2）当 α 为何值时最易翻倒？

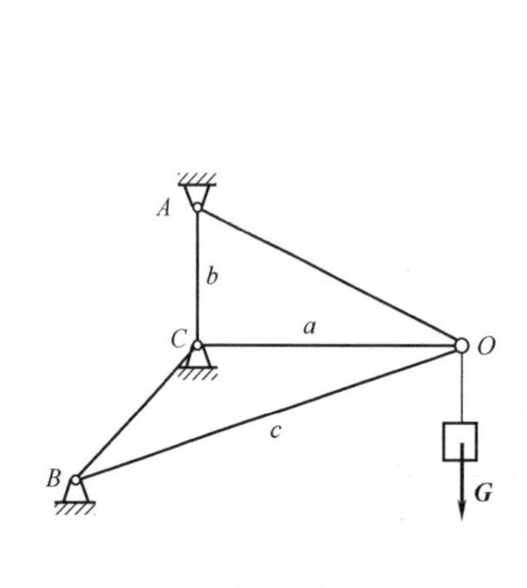

题 4-3 图

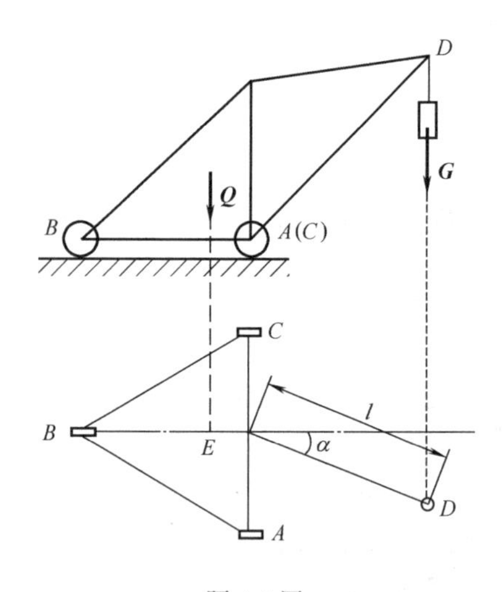

题 4-4 图

4-5　如题 4-5 图所示，均质长方形薄板重 $P=200\text{N}$，用球铰链 A 和蝶铰链 B 固定在墙上，并用绳子 CE 维持在水平位置，绳子 CE 缚在薄板上的点 C，并挂在钉子 E 上，钉子钉入墙内，并和点 A 在同一铅直线上。$\angle ECA=\angle BAC=30°$。求绳子的拉力 $\boldsymbol{F}_{\text{T}}$ 和支座约束力。

4-6　如题 4-6 图所示六杆支撑一水平板，在板角处受铅垂力 $\boldsymbol{F}$ 作用。求各杆的内力，设板和杆自重不计。

4-7　工字形截面如题 4-7 图。尺寸单位为 mm，求该截面形心的坐标。

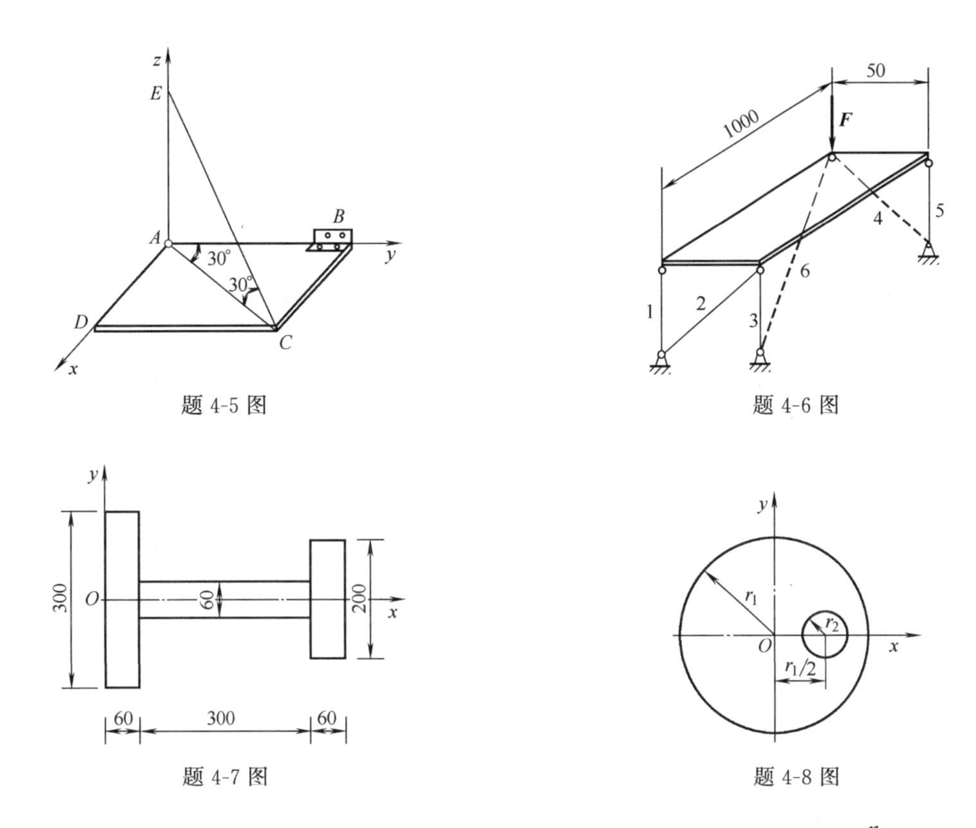

题 4-5 图

题 4-6 图

题 4-7 图

题 4-8 图

4-8　在半径为 r_1 的均质圆盘内有一半径为 r_2 的圆孔，两圆的中心相距$\frac{r_1}{2}$，如题 4-8 图所示。求此圆盘重心的位置。

第二篇　杆件的强度、刚度及稳定性分析

一、本篇的任务

生产实际中的工程和机械结构物都是由构件组成的。当它们承受外力（也称外力为荷载）或传递运动时，每一个构件都必须能够正常在工作，这样才能保证整个结构物的正常工作。从前言中知，要使构件正常工作，必须保证构件具有足够的承载能力，也就是具有足够的强度、刚度及稳定性。

强度是指构件承受外力时抵抗破坏的能力。结构能安全承受荷载而不被破坏，就认为满足强度要求。

刚度是构件承受外力时抵抗变形的能力。任何构件在外力作用下都会产生变形，对于构件来说，只满足强度要求是不够的，如果变形过大，也会影响其正常使用。例如：机床的主轴若在工作中受荷载发生过大的变形，将影响工件的加工精度；楼板梁在荷载作用下产生的变形太大，下面的抹灰层就会开裂、脱落。因此，要求构件在荷载作用下所产生的变形应在工程上允许范围以内，也就是要满足刚度要求。

稳定性是指构件保持原有平衡状态的能力。受压的细长直杆，在压力不大时，可以保持原有的直线平衡状态；当压力增大到一定数值时，便会突然变弯而丧失工作能力。这种现象被称为压杆失去稳定，简称失稳。构件失稳会产生严重后果，例如房屋的承重柱过细、过高，就容易失稳而导致整个房屋倒塌。因此，必须保证构件有足够的稳定性。

对于一个构件来说，满足了强度、刚度和稳定性的要求才可能安全可靠地工作。如果仅从安全的角度考虑，可选用优质材料或加大构件尺寸，但这样会造成浪费，并使构件笨重。由此可知，安全与经济是一对矛盾。所以，如何合理地选用材料以及恰当地确定构件的截面形状和尺寸，便成为构件设计中的十分重要的问题。因此，本篇的主要任务是：研究构件在外力作用下的变形、受力和破坏的规律，为合理设计构件提供有关强度、刚度和稳定性计算的基本理论和方法。

二、可变形固体及其基本假设

第一篇静力学所研究的是力对物体的外效应，也就是运动效应。因此把物体抽象为不可变形的刚体，使问题得到简化。而在本篇中，将深入到物体的内部，研究力对物体的内效应，也就是变形效应。显然，变形是一个不可忽略的主要因素。因此，本篇中将把一切物体（构件）视为可变形固体。

可变形固体在外力作用下产生的变形（包括尺寸和形状的改变），就其变形性质来说，可分为弹性变形与塑性变形。

当外力不超过一定范围时，固体在卸去外力后能恢复原有的形状和尺寸，固体的这一性质称为弹性。这种能完全消失的变形称为弹性变形。当外力过大时，虽卸去外力，固体也只能部分地恢复原状，还残留一部分不能消失的变形，这一性质称为塑性，不能消失而残留的变形称为塑性变形或残余变形。工程上，一般要求构件在正常工作条件下只发生弹性变形。因此将可变形固体看成是弹性体。

可变形固体的性质是很复杂的。但由于是从宏观的角度来研究构件的强度、刚度、稳定

性问题的。因此，为了使问题得到简化，可对材料的性质进行概括、抽象，假定固体内部是各向同性并且是均匀连续的。即假定固体内任一部分、任一方向的力学性质都完全相同的，并且在整个固体内部都毫无空隙地充满了物质。采用这个假设，就可从受力构件中任意取出一微小部分来研究它的受力和变形，然后推广到整个构件，从而使所研究的问题大为简化。

此外，本篇中所研究的构件在荷载作用下所产生的变形，与构件的原来尺寸相比较，通常都很微小，所以在研究构件的平衡、运动以及其内部受力和变形问题时，由于微小变形引起的构件尺寸的变化可忽略不计，而按构件变形前的原始尺寸进行计算，以后所讨论的问题都是这种小变形问题。

三、杆件变形的基本形式

本篇中所研究的主要构件是杆件。所谓杆件是指横向尺寸远小于纵向尺寸的构件。传动轴、梁和柱等均属于杆件。

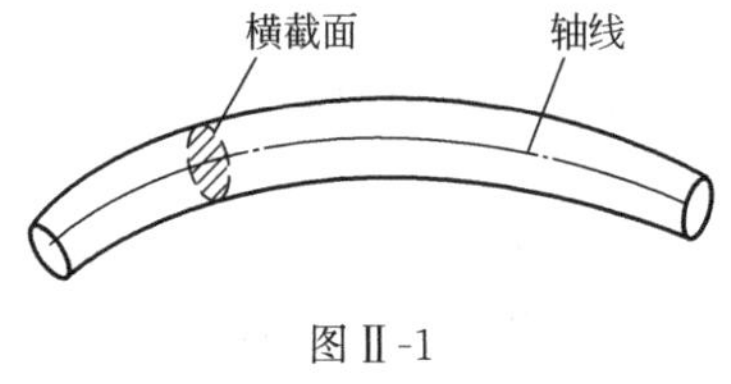

图Ⅱ-1

杆件有两个主要的几何因素，即横截面和轴线，而且轴线过各横截面的形心（见图Ⅱ-1）。杆件的类型可根据上述两个几何因素来区分。若杆件的轴线为直线，则称之为直杆；若杆件的轴线为曲线或折线则称为曲杆或折杆。各横截面不变的杆件称为等截面杆；横截面变化的杆件称为变截面杆。本篇将着重讨论等截面的直杆。

在工程结构中，外力常以不同的方式作用在杆件上，因此杆件的变形也是多种多样的。但分析后发现，它们或为下述基本变形形式之一，或为它们的组合。杆件的基本变形形式有四种：轴向拉伸或压缩［见图Ⅱ-2(a)］、剪切［见图Ⅱ-2(b)］、弯曲［见图Ⅱ-2(c)］和扭转［见图Ⅱ-2(d)］。

本篇将首先研究变形的基本形式，然后研究变形的组合形式。

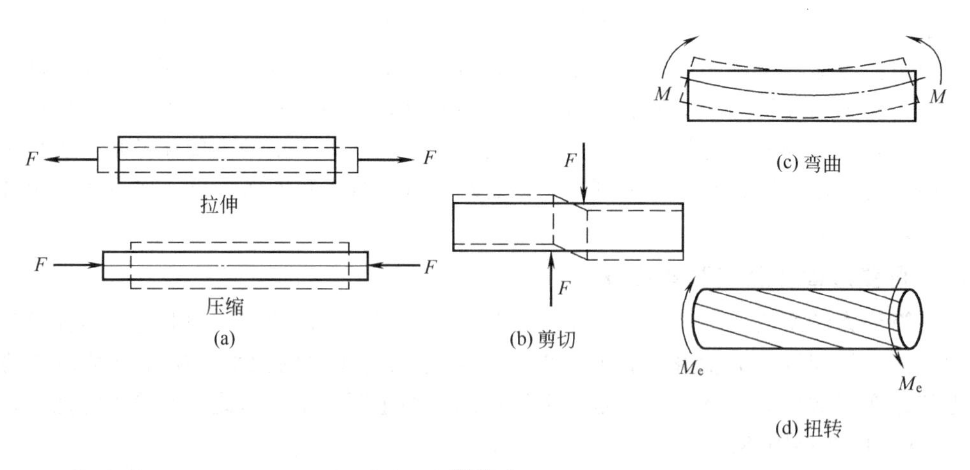

图Ⅱ-2

第五章　截面的几何性质

构件的横截面都是具有一定几何形状的平面图形。构件的强度、刚度及稳定性都与构件截面的形状和尺寸有关。反映构件截面形状和尺寸的某些性质的几何量统称为截面的几何性质。要解决构件的强度、刚度及稳定性的计算问题，就必须掌握截面的几何性质及其计算方法。本章将介绍截面的几种常用几何性质的定义及计算方法。

第一节　静矩和形心

一、静矩

图 5-1 所示的平面图形代表任意一横截面，其面积为 A，在图形平面内选取坐标系 Oyz。在坐标（y，z）处取微面积 dA，则 ydA 为微面积 dA 对 z 轴的静矩，zdA 为微面积 dA 对 y 轴的静矩。整个图形上微面积 dA 与它到 z 轴（或 y 轴）距离的乘积的积分，称为图形对 z 轴（或 y 轴）的静矩。如果用 S_y 和 S_z 分别代表图形对 y 轴和 z 轴的静矩，则有

$$\left.\begin{aligned} S_y &= \int_A z\mathrm{d}A \\ S_z &= \int_A y\mathrm{d}A \end{aligned}\right\} \tag{5-1}$$

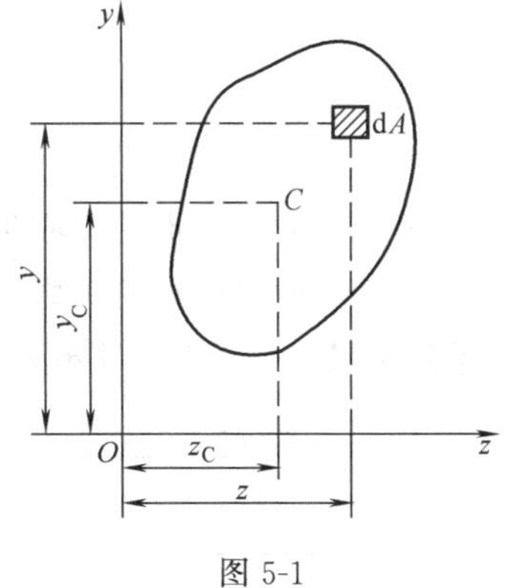

图 5-1

静矩是对一定的轴而言，同一截面对不同轴的静矩值不同。静矩的数值可能为正，也可能为负或零。静矩的常用单位是 m^3、cm^3 或 mm^3。

二、形心

若用 C 表示平面图形的形心，y_C 和 z_C 表示形心的坐标（见图 5-1），则有

$$\left.\begin{aligned} y_C &= \frac{\int_A y\mathrm{d}A}{A} \\ z_C &= \frac{\int_A z\mathrm{d}A}{A} \end{aligned}\right\} \tag{5-2}$$

三、形心和静矩的关系

比较式（5-1）及式（5-2）可知

$$\left.\begin{aligned} S_y &= Az_C \\ S_z &= Ay_C \end{aligned}\right\} \tag{5-3}$$

如果 z 轴和 y 轴通过平面图形心，则 $y_C = z_C = 0$。由式（5-3）可知，此时有 $S_y = S_z = 0$，即截面对通过其形心轴的静矩等于零。由于平面图形的对称轴一定通过形心，所以，平

面图形对于对称轴的静矩总是等于零。

对于由 n 个简单图形组成的组合截面，式（5-2）及式（5-3）可改写为

$$\left.\begin{aligned} y_C=\frac{\sum\limits_{i=1}^{n}A_iy_i}{\sum\limits_{i=1}^{n}A_i} \\ z_C=\frac{\sum\limits_{i=1}^{n}A_iz_i}{\sum\limits_{i=1}^{n}A_i} \end{aligned}\right\} \tag{5-4}$$

及

$$\left.\begin{aligned} S_y=\sum_{i=1}^{n}A_iy_i \\ S_z=\sum_{i=1}^{n}A_iz_i \end{aligned}\right\} \tag{5-5}$$

式中 A_i——简单图形的面积；

y_i，z_i——简单图形的形心坐标；

n——简单图形的个数。

【例 5-1】 如图 5-2 所示为对称的 T 形截面，其尺寸如图所示（单位为 cm）。求形心 C 的位置，并求阴影部分对形心轴 z_O 轴的静矩。

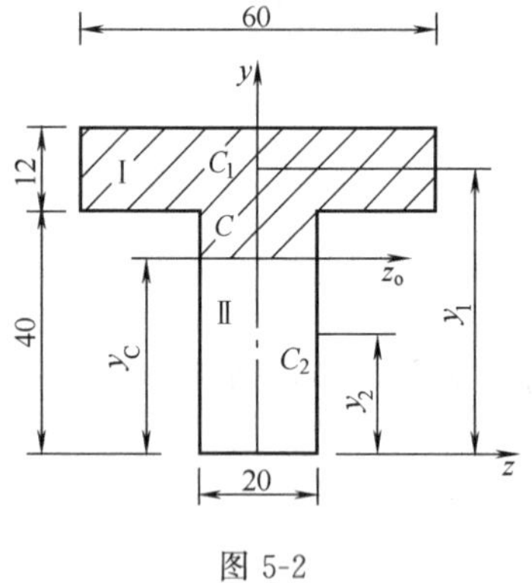

图 5-2

【解】 ① 求形心的位置

由于图形对称，其形心在对称轴（y 轴）上，即 $z_C=0$。故只需计算 y_C 值。将截面分成Ⅰ、Ⅱ两个矩形，取一参考坐标轴 z，则

$$A_{\mathrm{I}}=60\times12=720\ (\mathrm{cm}^2)$$

$$y_{\mathrm{I}}=46\mathrm{cm}$$

$$A_{\mathrm{II}}=40\times20=800\ (\mathrm{cm}^2)$$

$$y_{\mathrm{II}}=20\mathrm{cm}$$

于是

$$y_C=\frac{A_{\mathrm{I}}y_{\mathrm{I}}+A_{\mathrm{II}}y_{\mathrm{II}}}{A_{\mathrm{I}}+A_{\mathrm{II}}}=\frac{720\times46+800\times20}{720+800}=32.3\ (\mathrm{cm})$$

② 求阴影部分对 z_O 轴的静矩

阴影部分面积可分为两个矩形，由式（5-5）得

$$S_{zO}=\sum_{i=1}^{2}A_iy_i=60\times12\times(46-32.3)+20\times(40-32.3)\times\frac{1}{2}\times(40-32.3)$$

$$=9864+592.9=10456.9\ (\mathrm{cm}^3)$$

第二节　惯性矩和极惯性矩

一、惯性矩

从任意截面中坐标为（z，y）处取一微面积 dA（见图 5-3），乘积 y^2dA 称为该微面积 dA 对 z 轴的惯性矩，而 y^2dA 在整个截面面积内的积分 $\int_A y^2 dA$ 称为此截面对 z 轴的惯性矩，用 I_z 表示，则有

$$I_z = \int_A y^2 dA \tag{5-6}$$

同理，可得截面对于 y 轴的惯性矩为

$$I_y = \int_A z^2 dA \tag{5-7}$$

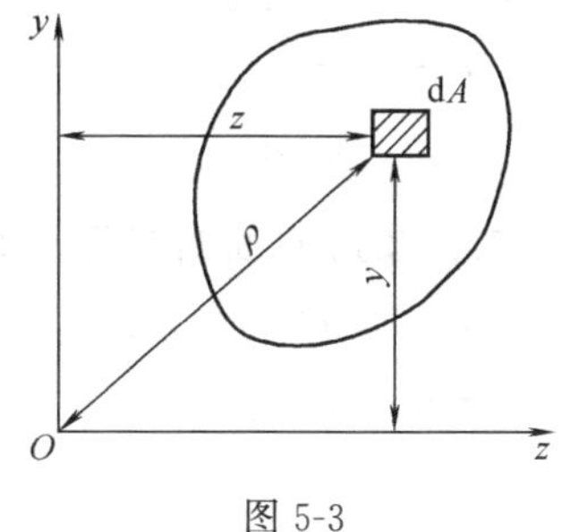

图 5-3

二、极惯性矩

任意截面中，微面积 dA 与其到坐标原点 O 的距离 ρ 的平方的乘积 $\rho^2 dA$ 在整个截面面积内的积分 $\int_A \rho^2 dA$ 称为此截面对坐标原点 O 的极惯性矩。用 I_ρ 表示，则有

$$I_\rho = \int_A \rho^2 dA \tag{5-8}$$

由图 5-3 可见 $\rho^2 = y^2 + z^2$，因此有

$$I_\rho = \int_A \rho^2 dA = \int_A (y^2 + z^2)\ dA = \int_A y^2 dA + \int_A z^2 dA$$

即

$$I_\rho = I_z + I_y \tag{5-9}$$

式（5-9）表明：截面对其平面内任一点的极惯性矩 I_ρ，等于此截面对过该点的任意一对相互垂直轴的惯性矩 I_y 与 I_z 之和。

从以上定义可知，y^2、z^2 和 ρ^2 恒为正值，故惯性矩和极惯性矩的数值恒为正值。它们的单位是 m^4、cm^4 或 mm^4。

需要指出的是，惯性矩是截面对其平面内的某一轴而言的，同一截面对于不同的轴，惯性矩不同；而极惯性矩是截面对其平面内的某一点而言的，同一截面对于不同的点，极惯性矩不同。

第三节　简单截面的惯性矩

一、矩形截面对其形心轴的惯性矩

如图 5-4 所示 z 轴及 y 轴为截面的形心轴，在距 z 轴为 y 处取一与 z 轴平行的微面积 $dA = b dy$，则由式（5-6）可得

$$I_z = \int_A y^2 dA = \int_{-\frac{h}{2}}^{\frac{h}{2}} y^2 b dy = \frac{bh^3}{12}$$

同理，由式（5-7）可得

$$I_y = \int_A z^2 dA = \int_{-\frac{b}{2}}^{\frac{b}{2}} z^2 h dz = \frac{hb^3}{12}$$

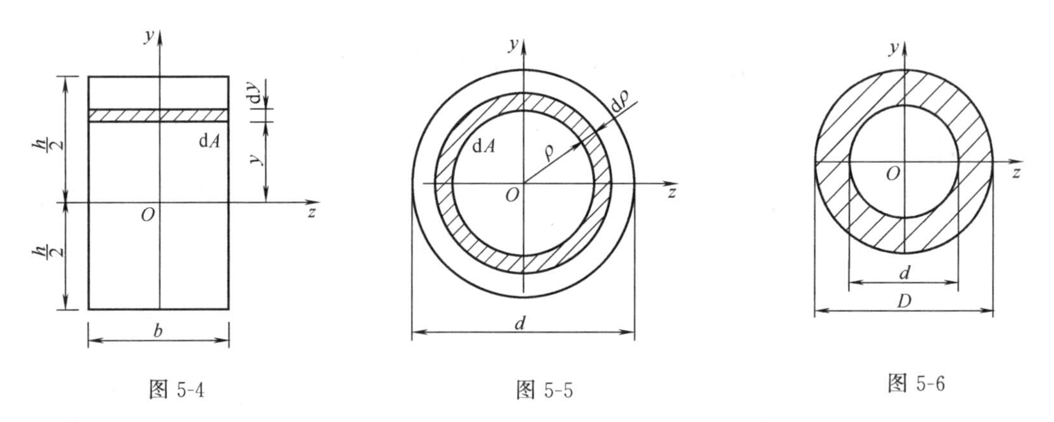

图 5-4　　图 5-5　　图 5-6

二、圆形截面对其形心轴的惯性矩

如图 5-5 所示为直径为 d 的圆形截面。在半径为 ρ 处取一宽为 $d\rho$ 的圆环，此面积微元 $dA=2\pi\rho d\rho$。由式（5-8）可知，此截面对其圆心 O 的极惯性矩为

$$I_\rho=\int_A \rho^2 dA=\int_0^{\frac{d}{2}} \rho^2 2\pi\rho d\rho=2\pi\left|\frac{\rho^2}{4}\right|_0^{\frac{d}{2}}=\frac{\pi d^4}{32}$$

由于圆的对称性，所以圆形截面对任意直径轴的惯性矩均相等，即 $I_z=I_y$，再由式（5-9）可得

$$I_z=I_y=\frac{I_\rho}{2}=\frac{1}{2}\times\frac{\pi d^4}{32}=\frac{\pi d^4}{64}$$

三、圆环截面对其形心轴的惯性矩

图 5-6 所示圆环外径为 D，内径为 d，其内外径之比 $\alpha=\frac{d}{D}$。此圆环可看成是在直径为 D 的圆截面内挖去直径为 d 的圆形截面而形成的。故其极惯性矩为

$$I_\rho=\frac{\pi D^4}{32}-\frac{\pi d^4}{32}=\frac{\pi}{32}(D^4-d^4)=\frac{\pi}{32}D^4(1-\alpha^4)$$

同理可得惯性矩为

$$I_z=I_y=\frac{I_\rho}{2}=\frac{1}{2}\times\frac{\pi D^4}{32}(1-\alpha^4)=\frac{\pi D^4}{64}(1-\alpha^4)$$

第四节　组合截面的惯性矩

一、惯性矩的平行移轴定理

同一截面对于其平面内不同的坐标轴的惯性矩各不相同，但它们之间却存在一定的关系。

任意截面的形心为 C，面积为 A。z、y 为形心轴，并分别与任意坐标轴 z_1、y_1 平行，两平行轴间的距离分别为 a 和 b，如图 5-7 所示。根据惯性矩的定义，截面对 z_1 的惯性矩为

$$I_{z1}=\int_A y_1^2 dA=\int_A (y+a)^2 dA$$

$$= \int_A y^2 dA + 2a \int_A y dA + a^2 \int_A dA$$

$$= \int_A y^2 dA + 2aAy_C + a^2 A$$

因为截面对形心轴 z 的惯性矩 $I_z = \int_A y^2 dA$，且因 $y_C = 0$，所以可得

$$I_{z_1} = I_z + a^2 A \quad (5\text{-}10)$$

同理可得

$$I_{y_1} = I_y + b^2 A \quad (5\text{-}11)$$

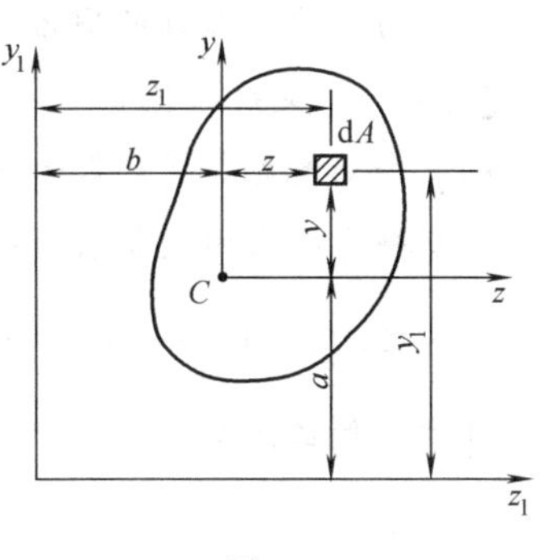

图 5-7

式（5-10）和式（5-11）就是惯性矩的平行移轴定理的计算公式。它表明：截面对任意轴的惯性矩，等于截面对平行该轴的形心轴的惯性矩加上截面面积与两轴间距离平方的乘积。在该两式中，a^2A、b^2A 均为正值，因此截面对通过形心轴的惯性矩是所有对平行该轴的惯性矩中的最小者。

二、组合截面的惯性矩

由于组合截面对某轴的惯性矩就等于组成它的各简单图形对同一轴的惯性矩之和。因此，在求组合截面对某轴的惯性矩时，只需利用平行移轴公式先求出各简单图形对某轴的惯性矩，然后代数相加即可。

【例 5-2】 求例 5-1 中截面对形心轴的惯性矩 I_{z_O} 及 I_{y_O}。

【解】 由例 5-1 知，截面的形心位置为 $z_C = 0$；$y_C = 32.3\text{cm}$。

形心轴 z_O，y_O 如图 5-8 所示，将截面分为Ⅰ、Ⅱ两个矩形，则两个矩形的形心 C_1、C_2 到 z_O 轴的距离分别为 $a_1 = 13.7\text{cm}$ 及 $a_2 = 12.3\text{cm}$。

截面对 z_O 轴的惯性矩为

$$I_{z_O} = I_{z_{C_1}}^{\mathrm{I}} + A_{\mathrm{I}} a_1^2 + I_{z_{C_2}}^{\mathrm{II}} + A_{\mathrm{II}} a_2^2$$

$$= \frac{1}{12} \times 60 \times 12^3 + 60 \times 12 \times 13.7^2 + \frac{1}{12} \times 20 \times 40^3 + 20 \times 40 \times 12.3^2$$

$$= 37 \times 10^4 \ (\text{cm}^4)$$

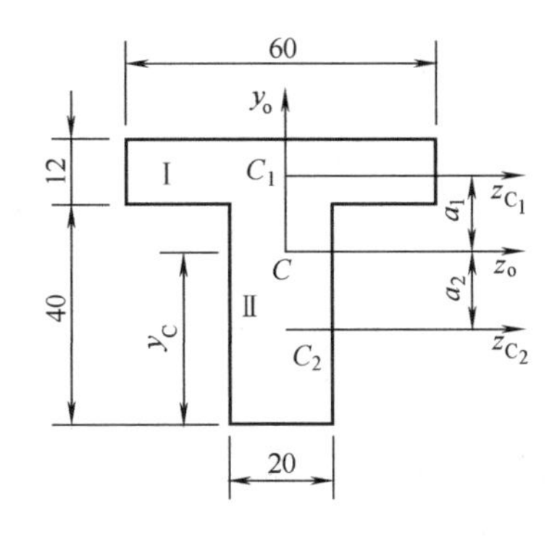

图 5-8

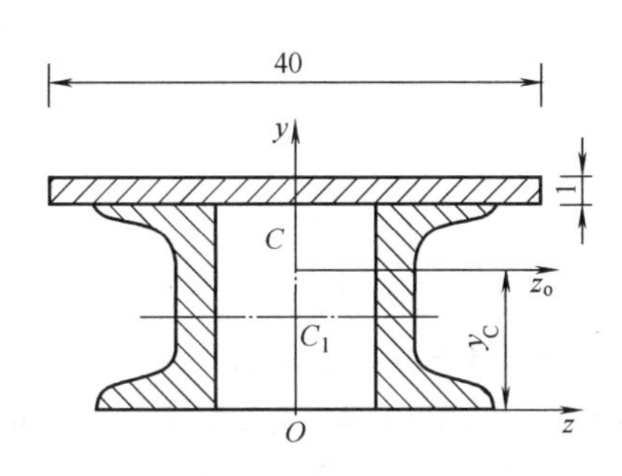

图 5-9

截面对 y_O 轴的惯性矩为

$$I_{y_O}=I_{y_O}^{\mathrm{I}}+I_{y_O}^{\mathrm{II}}=\frac{1}{12}\times12\times60^3+\frac{1}{12}\times40\times20^3=24.27\times10^4\ (\mathrm{cm}^4)$$

【例 5-3】 某专用机床的床身由矩形板与两根 10 号槽钢组成，其截面图形如图 5-9 所示。求截面对其形心轴的惯性矩 I_{z_O}。

【解】 ① 求形心位置

取 y 为对称轴，z 为参考轴。则需计算形心 C 的坐标 y_C。

对于槽形截面由型钢表查得

$$A_1=2\times12.74(\mathrm{cm}^2)=25.48(\mathrm{cm}^2),\ y_{C_1}=\frac{10}{2}=5(\mathrm{cm}),\ I_{z_{C_1}}=2\times198.3(\mathrm{cm}^4)=396.6(\mathrm{cm}^4)$$

对于矩形截面有

$$A_2=40\times1=40\ (\mathrm{cm}^2),\ y_{C_2}=10+0.5=10.5\ (\mathrm{cm}),\ I_{z_{C_2}}=\frac{1}{2}\times40\times1^3=3.33\ (\mathrm{cm}^4)$$

于是，形心 C 的坐标为

$$y_C=\frac{A_1y_{C_1}+A_2y_{C_2}}{A_1+A_2}=\frac{25.48\times5+40\times10.5}{25.48+40}=8.36\ (\mathrm{cm})$$

② 求惯性矩 I_{z_O}

$$\begin{aligned}I_{z_O}&=I_{z_{C_1}}+A_1(y_C-y_{C_1})^2+I_{z_{C_2}}+A_2(y_{C_2}-y_C)^2\\&=396.6+25.48\times(8.36-5)^2+3.33+40\times(10.5-8.36)^2=870.8(\mathrm{cm}^4)\end{aligned}$$

习　题

5-1　在如题 5-1 图所示对称图形中，$b_1=30\mathrm{cm}$，$b_2=60\mathrm{cm}$，$h_1=50\mathrm{cm}$，$h_2=14\mathrm{cm}$。

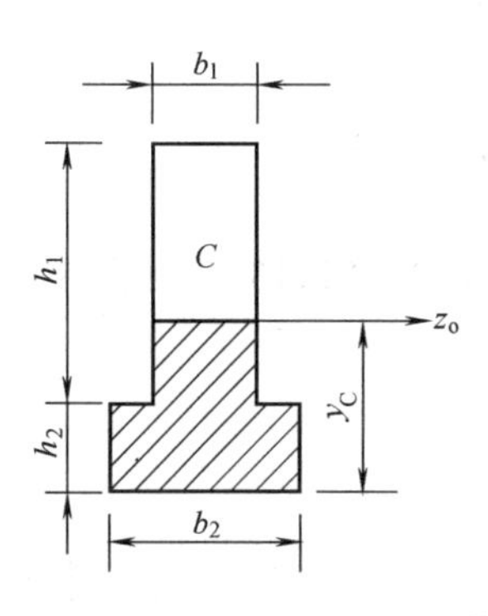

题 5-1 图

（1）求形心 C 的位置。

（2）求阴影部分对 z_O 轴的静矩。

（3）问 z_O 轴以上部分的面积对 z_O 轴的静矩与阴影部分对 z_O 轴的静矩有何关系？

（4）求图形对 z_O 轴的惯性矩。

5-2　试求题 5-2 图所示各组合图形对形心轴 z_O 和 y_O 的惯性矩。

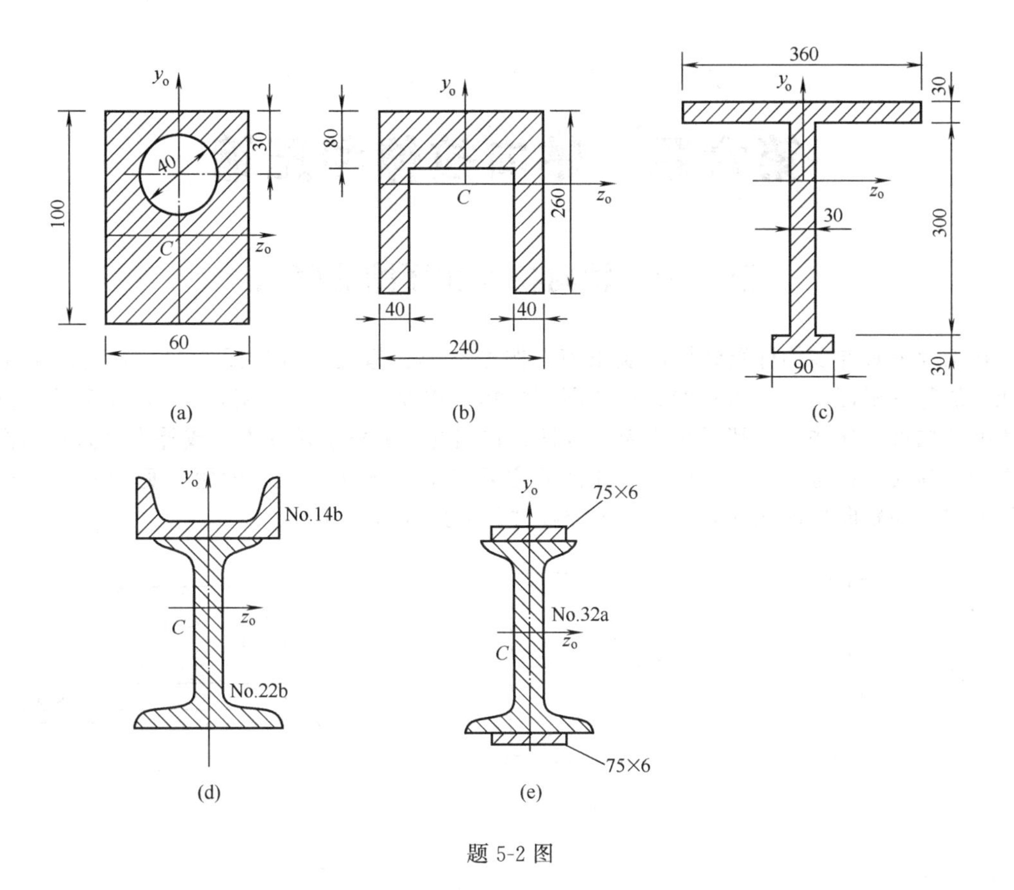

y_0
z_0
C
100
30
40
60
(a)
80
260
40
40
240
(b)
360
30
30
300
30
90
(c)
No.14b
No.22b
(d)
75×6
No.32a
75×6
(e)

题 5-2 图

第六章　轴向拉伸和压缩

第一节　轴向拉伸和压缩的概念

在工程上有许多构件受到拉伸或压缩。例如空中管道支柱（见图 6-1），货物运输中的托架中的每一根杆件（见图 6-2），以及固定货物的铁线、钢丝绳（见图 6-3）等都是受拉伸或压缩的构件。这些构件都可简化为等直杆，它们的受力特点是外力（或外力合力）的作用线沿杆件轴线。在这种外力作用下，杆件的主要变形为轴向伸长或缩短（见图 6-4）。这种变形形式称为轴向拉伸或轴向压缩，这类杆件称为拉（压）杆。

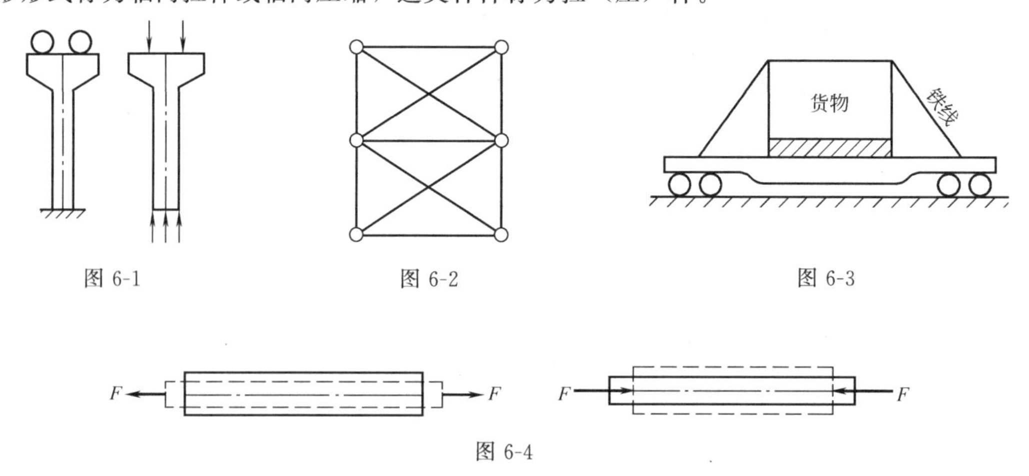

图 6-1　　图 6-2　　图 6-3

图 6-4

本章主要研究拉（压）杆的强度和刚度计算，并结合拉压杆的受力和变形分析，介绍材料力学的基本概念和分析方法。同时对压杆的稳定性问题也予以简单介绍。

第二节　内力与截面法

一、内力的概念

构件在外力作用下将发生变形，引起构件内部相连部分间产生相互作用力。这种由外力所引起的构件内部相连两部分间的相互作用力称为内力。内力的大小及其在构件内的分布方式与构件的强度、刚度和稳定性密切相关。为了揭示物体变形和破坏的规律，就必须研究内力。

二、截面法和轴力

如图 6-5（a）所示为一两端各作用一轴向拉力 F 的拉杆，现要求其内力。可用一假想的截面 m-m 将其截为两部分Ⅰ段和Ⅱ段，由于材料是连续的，Ⅰ、Ⅱ两部分的相互作用力必然是连续分布力，其合力大小为 F_N，这就是拉杆 m-m 截面上的力［见图 6-5（b）］。由于截开前拉杆是平衡的，截开后Ⅰ、Ⅱ两部分必然也是平衡的，由二力平衡条件知内力 F_N 的大小必然等于 F，且作用线沿杆件轴线。这里必须注意的是，内力 F_N 是分布在横截面上内

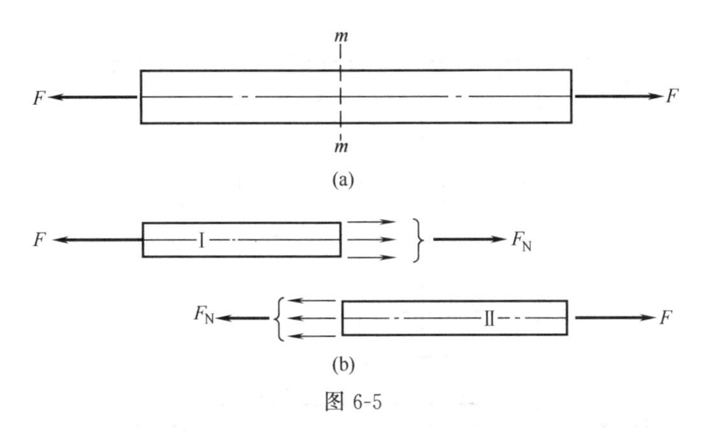

图 6-5

力的合力。对于两端各作用一压力 F 的压杆也可得出上述结论，只不过内力 F_N 变成压力，其方向指向截面（见图 6-6）。

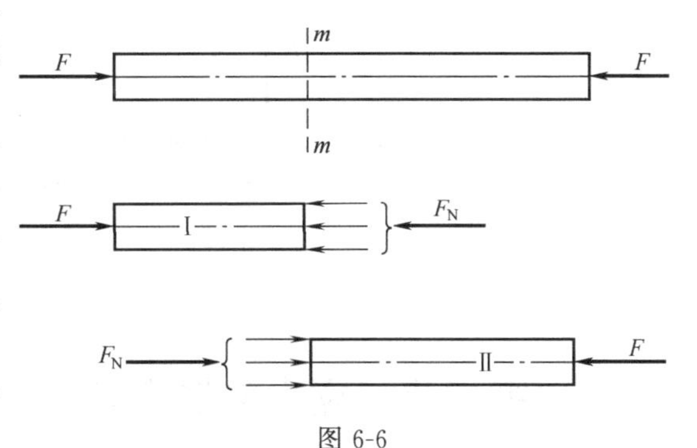

图 6-6

综上所述，杆在轴向外力作用下，任一截面上的内力仍沿轴线，因此可称为轴力。轴力的符号是这样规定的：当轴力为拉力时（其箭头背向截面）为正，反之为负。

上述求内力的方法称为截面法。现将用截面法求内力的过程简述如下。

(1) 在需求内力的截面处，假想用一截面将构件切成两部分。

(2) 选取其中任一部分作为分析对象。

(3) 画出所选部分的受力图，这时截面两部分之间的相互作用用内力代替，可先假设为拉力。

(4) 对所选部分列出平衡方程式即可求出内力的大小和方向。

在一般的工程问题中杆件各部分间的轴力往往不一样，需要分段取截面求解。现以图 6-7 所示多力杆为例说明这个问题。

由于外力将杆分为Ⅰ、Ⅱ、Ⅲ三部分［见图 6-7（a)］，故需分别对这三部分取截面求内力。现在分别对 1—1 截面左部［见图 6-7（b)］，2—2 截面左部［见图 6-7（c)］及 3—3 截面左部［见图 6-7（d)］列平衡方程$\sum F_x=0$，可得

$$F_{N\mathrm{I}}-4=0 \quad F_{N\mathrm{II}}+6-4=0 \quad F_{N\mathrm{III}}+6-4-5=0$$

解得

$$F_{N\mathrm{I}}=4\mathrm{kN} \quad F_{N\mathrm{II}}=-2\mathrm{kN} \quad F_{N\mathrm{III}}=3\mathrm{kN}$$

在上述计算结果中，$F_{N\mathrm{II}}$ 为负值，说明 $F_{N\mathrm{II}}$ 为压力，即第Ⅱ段杆的变形是压缩变形。

为了形象地表示轴力沿杆轴线变化的情况，可取杆的轴线为 x 轴，垂直于轴线的轴为 F_N 轴，建立直角坐标系。这样，对于每一个横截面都有一个特定的 x 坐标以及一个内力值 F_N。选用一定的比例尺把它们逐一描绘出来，这就形成了轴力图。上面例子中的轴力图如图 6-7（e）所示。从这个轴力图中可见轴力的最大值为 4kN，它发生在杆件的第Ⅰ段中。

对图 6-7 所示例子的计算也可采用对右分离体进行分析，所得结果不变，但此时需先计算约束力。此外，可以看出在计算内力时，力不能沿其作用线滑移，否则将得出错误结论。

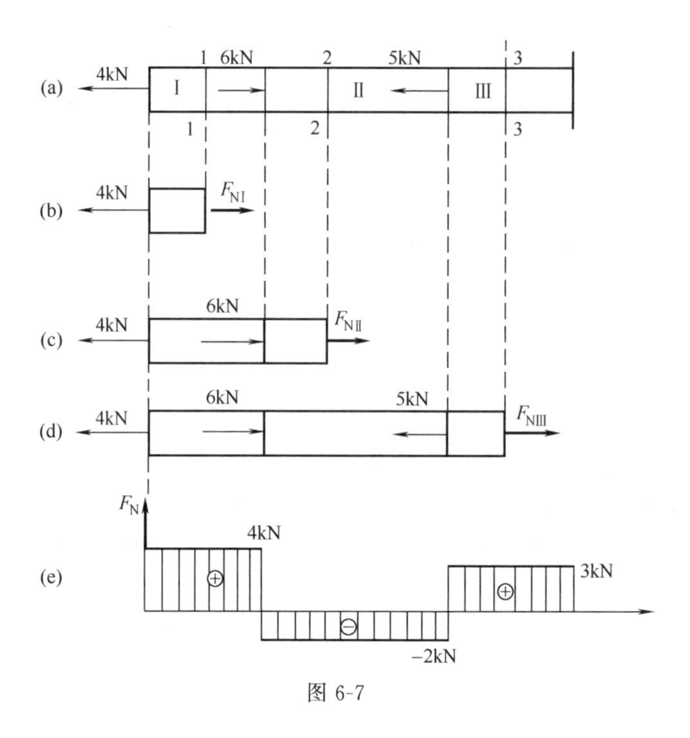

图 6-7

第三节 应力的概念及拉（压）杆横截面上的应力

一、应力的概念

在工程设计中，知道了杆件的内力，还不能判断杆件是否会破坏。若有材料相同而粗细不同的两根杆件，承受相同的轴向拉力，随着拉力的增加，细杆将首先被拉断。这说明杆件的强度（杆件抵抗破坏的能力）还与内力在横截面上分布的密集程度（简称集度）有关，因此要研究杆件的强度，就首先要分析内力在横截面上的分布规律及分布集度。通常把内力在截面上分布的集度称为应力。

为了确定任意截面 m-m 上的应力，可在截面上任一点 K 的周围取一微小面积 ΔA，并设 ΔA 上所分布内力的合力为 ΔP [见图 6-8（a）]，则比值 $\Delta P/\Delta A$ 称为微面积 ΔA 上的平均应力，并用 p_m 表示，即

$$p_m=\frac{\Delta P}{\Delta A}$$

可以看出，求平均应力 p_m 时，相当于认为内力在微面积 ΔA 上均匀分布。但实际上很多情况下并非如此。这时，平均应力 p_m 就是一个近似值。ΔA 取得越小，它越精确。当$\Delta A\rightarrow 0$ 时 p_m 的极限值就代表了 K 点上的真实应力，用 p 表示它可得

$$p=\lim_{\Delta A\rightarrow 0}p_m=\lim_{\Delta A\rightarrow 0}\frac{\Delta P}{\Delta A}=\frac{\mathrm{d}P}{\mathrm{d}A}$$

显然应力 p 是一个矢量，可把它分解为垂直于截面的分量 σ 和平行于截面的分量 τ[见图 6-8（b）]，σ 称为正应力，τ 称为切应力，今后在研究截面上的应力时，总是对正应力和切应力进行分别研究。

应力的量纲是［力］÷［长度］^{2}，其国际单位制的单位为“帕斯卡”简称“帕”，符

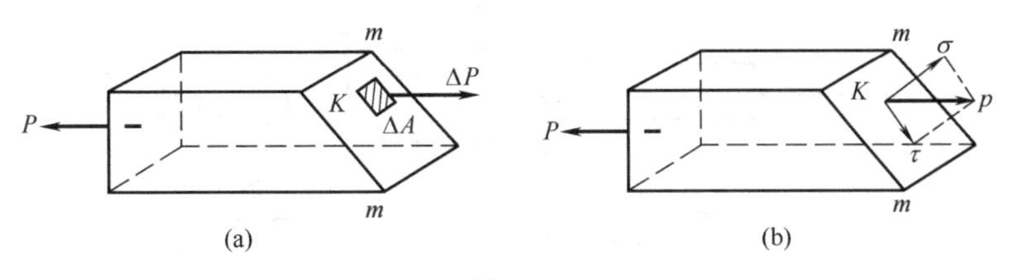

图 6-8

号为“Pa”。常用的单位还有 kPa（千帕），MPa（兆帕），GPa（吉帕）。它们之间的换算关系为：

$$1\text{Pa}=1\text{N/m}^2$$
$$1\text{kPa}=1\times10^3\text{Pa}$$
$$1\text{MPa}=1\text{N/mm}^2=1\times10^6\text{Pa}$$
$$1\text{GPa}=1\times10^9\text{Pa}$$

二、拉（压）杆横截面上的应力

由于拉（压）杆上的内力是轴力，它与横截面垂直，而应力是内力的集度，它的方向与内力方向一致。所以，拉（压）杆横截面上的应力必然垂直于横截面。即拉压杆横截面上只有正应力而没有切应力。为了研究拉（压）杆横截面上的正应力，首先必须研究横截面上的变形规律。依据变形规律，就可以推出正应力的分布规律。为此，可先通过一个杆件的受拉试验来观察横截面的变形情况。

取一用弹性材料做的圆截面杆（见图 6-9），拉伸前在相距为 l 的两横截面的外表皮上画 A 和 B 两个圆圈，作为两横截面的周线。然后沿杆的轴线施加拉力 F。这时，可以观察到两周线分别平移到 A' 和 B' 且仍为圆周线，其所在截面仍然垂直于杆的轴线。

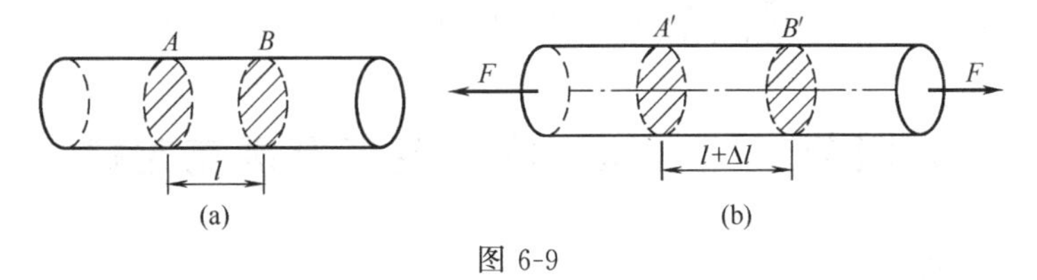

图 6-9

根据上述观察，可对杆件内部变形作出一个重要假设：即杆件的横截面在变形后仍保持为垂直于杆轴的平面。这个假设称为“平面假设”。AB 间一切平行于轴线的纤维（长都是 l）受力后都伸长同样的 Δl［见图 6-9（b）］。则作用于横截面上各点内力相同。所以，应力在横截面上是均匀分布的。若设横截面面积为 A，截面上的轴力为 F_N。则横截面上的正应力为

$$\sigma=\frac{F_N}{A} \tag{6-1}$$

【例 6-1】 图 6-10 所示变截面正方形杆件的尺寸为 $a_1=24\text{cm}$，$a_2=37\text{cm}$。且已知 $F_1=50\text{kN}$，$F_2=90\text{kN}$。试求各段轴力，绘出轴力图，并计算各段的正应力。

【解】 ① 分段计算轴力

分别以 1—1 截面和 2—2 截面的左分离体为研究对象。设 AB 和 BC 段的轴力均为拉力，分别为 F_{N1} 和 F_{N2}，并画出受力图［见图 6-10（b）、（c）］，列平衡方程。

$$AB\text{段}\quad \sum F_x=0 \qquad F_1+F_{N1}=0$$

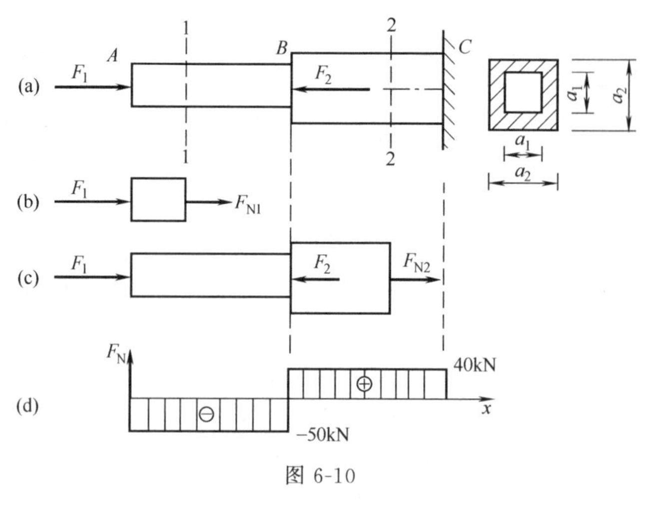

图 6-10

$$F_{N1}=-F_1=-50\text{kN}$$

BC 段 $\sum F_x=0$ $\qquad F_1-F_2+F_{N2}=0$

$$F_{N2}=F_2-F_1=90-50=40\ (\text{kN})$$

② 绘轴力图如图 6-10（d）所示

③ 计算正应力

AB 段横截面面积 $\qquad A_1=24\times24=576\ (\text{cm}^2)$

$$\sigma_1=\frac{F_{N1}}{A_1}=\frac{50\times10^3}{576\times10^{-4}}=0.87\times10^6\ (\text{N/m}^2)=0.87\text{MPa}\ (-)$$

BC 段横截面面积 $\qquad A_2=37\times37=1369\ (\text{cm}^2)$

$$\sigma_2=\frac{F_{N2}}{A_2}=\frac{40\times10^3}{1369\times10^{-4}}=0.29\times10^6\ (\text{N/m}^2)=0.29\text{MPa}$$

第四节 拉（压）杆的变形及虎克定律

一、变形和应变

试验表明，杆件在受到拉（压）时，其纵向和横向尺寸都要发生改变。杆件沿轴线方向的变形称为纵向线变形；垂直于轴线方向的变形称为横向线变形。设杆件原长为 l，横向尺寸为 b，轴向受力后，杆长变为 l_1，横向尺寸变为 b_1（见图 6-11)，则

纵向线变形 $\qquad \Delta l=l_1-l$

横向线变形 $\qquad \Delta b=b_1-b$

杆件受拉时，Δl 为正，Δb 为负；杆件受压时，Δl 为负，Δb 为正。常用单位是毫米(mm)。

因为线变形的大小与杆原来的尺寸有关，它并不能确切地说明杆件的变形程度。为

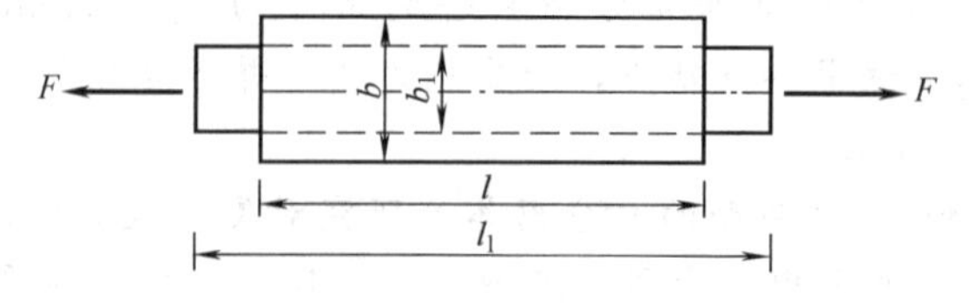

图 6-11

了描述杆件的变形程度，用线变形与原长的比值表示单位长度上的变形，称为线应变，以符号 ε 表示，则

纵向线应变 $$\varepsilon=\frac{\Delta l}{l}$$

横向线应变 $$\varepsilon'=\frac{\Delta b}{b} \tag{6-2}$$

应变是无量纲的量，其符号与线变形相同。

二、泊松比

实验表明：当杆件的变形在线弹性范围内，同一材料的横向线应变 ε' 与纵向线应变 ε 的比值的绝对值为一常数，称为横向变形系数或泊松比，用 μ 表示，即

$$\mu=\left|\frac{\varepsilon'}{\varepsilon}\right| \tag{6-3}$$

因为 ε 与 ε' 的符号总是相反，故式（6-3）可写为

$$\varepsilon'=-\mu\varepsilon$$

μ 值由试验测定，表 6-1 中列出了几种常用材料的 μ 值。

表 6-1　几种常用材料的泊松比

材料名称	钢	铝合金	铜	铸铁	木材(顺纹)	橡胶
E/GPa	200～220	70～72	100～120	80～160	8～12	0.008
μ	0.24～0.30	0.26～0.33	0.33～0.35	0.23～0.27	—	0.47

三、虎克定律

实验表明，受到拉（压）的杆件，在线弹性范围内杆件的线变形 Δl 与轴力 F_N 及杆件的原长 l 成正比，而与杆件的原横截面面积 A 成反比，即

$$\Delta l \propto \frac{F_N l}{A}$$

引入比例系数 E，上式可改写为

$$\Delta l=\frac{F_N l}{EA} \tag{6-4}$$

上述关系式称为虎克定律。比例系数 E 称为材料的拉压弹性模量，其值随材料而异（见表 6-1），并通过试验测定，它的单位与应力单位相同。由式（6-4）可知，对于长度相同，轴力相同的杆件，分母 EA 越大，杆件的变形 Δl 就越小。EA 反映了杆件抵抗拉压变形的能力，所以称 EA 为杆件的抗拉压刚度。

若将 $\sigma=\frac{F_N}{A}$，$\varepsilon=\frac{\Delta l}{l}$代入式（6-3），则可得到虎克定律的另一种表达式

$$\sigma=E\varepsilon \tag{6-5}$$

即在线弹性范围内应力与应变成正比。

【例 6-2】 木架受力如图 6-12 所示，已知 1、2 两杆均为截面 20cm×20cm 的正方形。求 1、2 两杆的上段及下段的内力、应力、应变及变形，并求 1、2 两杆的总变形。设木材的顺纹受压的弹性模量为 $E=10\times10^6$kPa（各连接处均为销钉，且水平约束力忽略不计）。

【解】 由于荷载对称，结构对称，所以 1、2 两杆的内力相同，当忽略水平约束力时

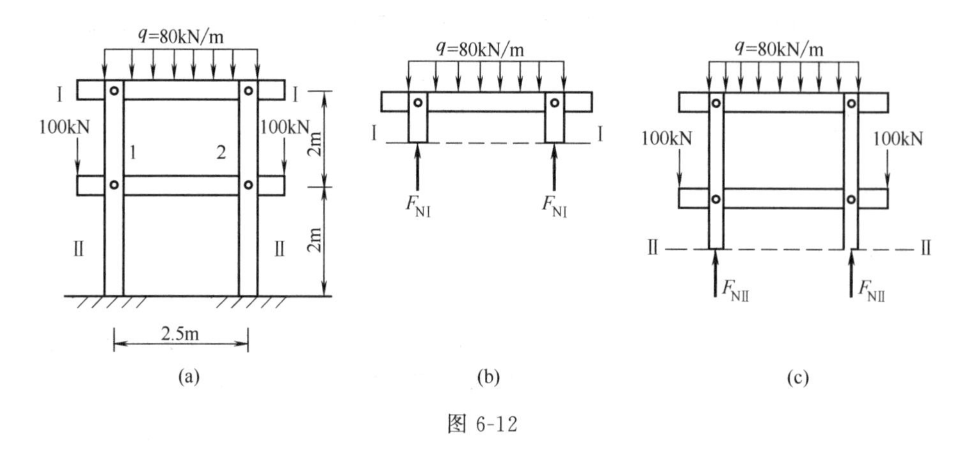

图 6-12

它们均在轴向受力状态下工作。分别取截面Ⅰ—Ⅰ及Ⅱ—Ⅱ可得计算上段轴力 $F_{NⅠ}$ 和计算下段轴力 $F_{NⅡ}$ 的计算简图［见图 6-12（b）、（c）］。分别对其建立平衡方程 $\sum F_y=0$ 可得

$2F_{NⅠ}-2.5\times 80=0$ $\qquad F_{NⅠ}=100\text{kN}$（—）

$2F_{NⅡ}-2.5\times 80-2\times 100=0$ $\qquad F_{NⅡ}=200\text{kN}$（—）

于是，对于上段有

$$\sigma_{Ⅰ}=\frac{F_{NⅠ}}{A}=\frac{100}{(20\times 10^{-2})^2}=2.5\times 10^3(\text{kPa})(-)$$

$$\varepsilon_{Ⅰ}=\frac{\sigma_{Ⅰ}}{E}=\frac{2.5\times 10^3}{10\times 10^6}=0.025\%(-)$$

$$\Delta l_{Ⅰ}=\varepsilon_{Ⅰ}l_{Ⅰ}=0.025\%\times 2=0.0005(\text{m})(-)$$

或 $$\Delta l_{Ⅰ}=\frac{F_{NⅠ}l_{Ⅰ}}{EA}=\frac{100\times 2}{10\times 10^6\times(20\times 10^{-2})^2}=0.0005(\text{m})=0.5\text{mm}(-)$$

对于下段有

$$\sigma_{Ⅱ}=\frac{F_{NⅡ}}{A}=\frac{200}{(20\times 10^{-2})^2}=5.0\times 10^3(\text{kPa})(-)$$

$$\varepsilon_{Ⅱ}=\frac{\sigma_{Ⅱ}}{E}=\frac{5.0\times 10^3}{10\times 10^6}=0.050\%(-)$$

$$\Delta l_{Ⅱ}=\varepsilon_{Ⅱ}l_{Ⅱ}=0.050\%\times 2=0.001(\text{m})=1\text{mm}(-)$$

或 $$\Delta l_{Ⅱ}=\frac{F_{NⅡ}l_{Ⅱ}}{EA}=\frac{200\times 2}{10\times 10^6\times(20\times 10^{-2})^2}=0.001(\text{m})=1\text{mm}(-)$$

对于全柱有

$$\Delta l=\Delta l_{Ⅰ}+\Delta l_{Ⅱ}=0.5+1=1.5(\text{mm})(-)$$

【例 6-3】 有一矩形截面的钢杆，其宽度 $a=80\text{mm}$，厚度 $b=30\text{mm}$，经拉伸试验测得：在纵向 100mm 的长度内伸长了 0.05mm，在横向 60mm 的宽度内缩小了 0.0093mm，设钢材的弹性模量 $E=2.0\times 10^5\text{MPa}$。试求此材料的泊松比和杆件所受的轴向外力。

【解】 ① 计算泊松比 μ

杆的纵向线应变为

$$\varepsilon=\frac{\Delta l}{l}=\frac{0.05}{100}=50\times 10^{-5}$$

杆的横向线应变为

$$\varepsilon'=\frac{\Delta b}{b}=\frac{-0.0093}{60}=-15.5\times10^{-5}$$

泊松比

$$\mu=\left|\frac{\varepsilon'}{\varepsilon}\right|=\frac{15.5\times10^{-5}}{50\times10^{-5}}=0.31$$

② 计算轴向外力 F_{p}

因正应力为

$$\sigma=\varepsilon E=50\times10^{-5}\times2.0\times10^{5}=100\ (\mathrm{MPa})$$

故轴向外力为

$$F=F_{\mathrm{N}}=\sigma A=100\times10^{6}\times80\times3\times10^{-6}=24000\ (\mathrm{N})\ =24\ (\mathrm{kN})$$

第五节　材料在拉伸和压缩时的力学性能

材料的力学性能是指材料从开始受力到最后破坏时所表现的变形规律及抵抗破坏的能力，也称之为材料的机械性能。这些性能将作为强度计算和选择材料的依据。

一、低碳钢在拉伸时的力学性能

在常温（即室温），静载（即从零开始缓慢平稳地加载）下的拉伸试验是最基本的一个试验，通过这个试验可以确定材料的许多重要力学性质。低碳钢在拉伸试验中所表现的力学现象比较典型，它又在工程中得到了广泛的应用，因此将着重研究低碳钢的拉伸试验。

（一）拉伸图及应力应变图

进行拉伸试验时，应将材料按国家标准做成标准试件，常用的标准试件如图 6-13 所示。标记 m、n 之间的杆段称为试验段，其长度 l 称为标距。标距要在试验前明确标在试件上。为了比较不同粗细的试件在拉断后的变形程度，将圆形截面试件的标距 l 与直径 d 的比例规定为

$$l=10d$$

或

$$l=5d$$

对于矩形截面的试件规定标距 l 与截面面积 A 的比例为

$$l=11.3A$$

或

$$l=5.65A$$

试验时，先将试件安装在材料试验机的夹头内，然后开动机器缓慢加载。随着轴向荷载 F 的增加，试件逐渐被拉长，试验段的伸长量用 Δl 表示，试验进行到试件断裂为止。一般试验机上附有绘图装置，能自动绘出荷载 F 与伸长 Δl 间的关系曲线。该曲线反映了试件所受拉力与相应伸长间的关系，称为试件的拉伸图。低碳钢的拉伸图如图 6-14 所示。

拉伸图中 F 与 Δl 的对应关系受到试件尺寸的影响，在同样大小拉力的作用下，试件标距越长，截面面积越小，则所得伸长也越大。为了撇开这些因素的影响，突出材料本身的力学性能，以 $\varepsilon=\dfrac{\Delta l}{l}$ 为横坐标，$\sigma=\dfrac{F}{A}$ 为纵坐标，可以绘出“应力-应变图”（σ-ε 图）。图 6-15 所示为低碳钢拉伸时的 σ-ε 图。

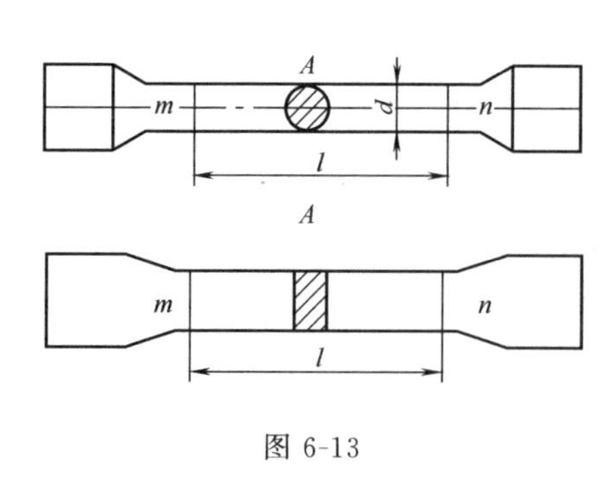

图 6-13

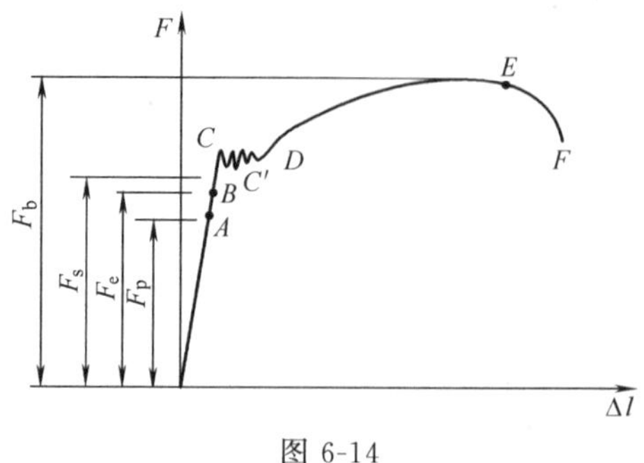

图 6-14

F_p—比例极限荷载；F_e—弹性极限荷载；

F_s—屈服荷载；F_b—最大荷载

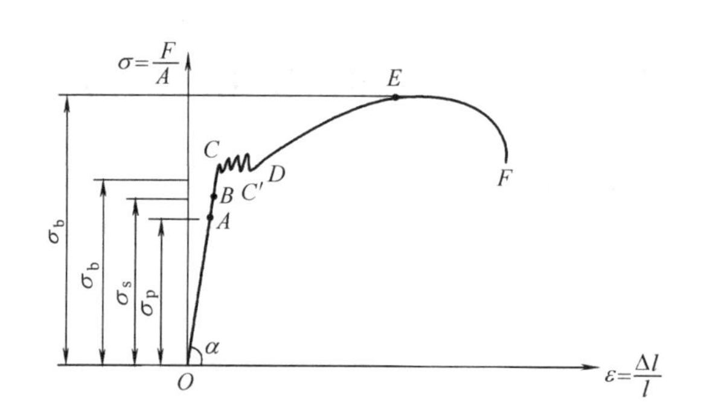

图 6-15

OB—弹性阶段　$\sigma_p=\frac{F_p}{A}$，$\sigma_e=\frac{F_e}{A}$；CD—屈服阶段　$\sigma_s=\frac{F_s}{A}$；

DE—强化阶段　$\sigma_b=\frac{F_b}{A}$；EF—颈缩阶段

（二）变形发展的四个阶段

从图 6-15 中可以看出，低碳钢的全部变形发展过程可分为四个阶段，各阶段各有其特点。

1．弹性阶段

OB 段为弹性阶段，在此阶段内如果把荷载逐渐卸除至零，则试件在加载时所产生的变形也完全消失，试件恢复到原始长度。可见，在这一阶段内，变形是完全弹性的，因此，称为弹性阶段。

图中 *OA* 是一段直线，说明应力与应变呈线性关系（正比关系），即材料服从虎克定律。通常把直线的最高点 *A* 所对应的应力称为比例极限：它是应力与应变成正比的最大应力，用 σ_p 表示。低碳钢的比例极限约为 200MPa。由于在 *OA* 段内，材料所表现出来的力学性质即是弹性的，又是线性的。所以将 *OA* 这一直线部分称为线弹性阶段。

过 *A* 点后，线段 *AB* 微弯而偏离 *OA* 线，说明由 *A* 至 *B* 之间的应力与应变已不再成正比，但变形仍然是完全弹性的，*B* 点所对应的应力称为弹性极限，它是只产生弹性变形的最大应力，用 σ_e 表示。

弹性极限 σ_e 与比例极限 σ_p 两者的意义不同，但数值非常接近。因此，在实际应用中常认为比例极限就是弹性极限。直线 *OA* 斜率 $\tan\alpha=\frac{\sigma}{\varepsilon}=E$ 是一个常数，也就是材料的拉压弹性模量。

2. 屈服阶段

即接近水平的锯齿形段 CD。可以看出在这一阶段材料的应力在小范围内波动，但应变显著增加，出现了较大的塑性变形，好像材料暂时失去了抵抗变形的能力。这种现象称为材料的屈服。将屈服阶段最低点所对应的应力称为屈服极限，用 σ_s 表示。低碳钢的屈服极限 $\sigma_s \approx 240\text{MPa}$。在屈服阶段，虎克定律不再适用，试件的光滑表面上出现与杆轴约成 45°方向滑移线（见图 6-16），这是由于材料内部晶格间发生相对滑移造成的，晶格间的滑移引起塑性变形。在工程中的构件，一般不允许发生很大的塑性变形，所以设计中常取 σ_s 为材料的强度指标。

3. 强化阶段

即曲线的 DE 段。过屈服阶段后材料内部结构经过调整，抵抗变形能力提高，曲线上升，这种现象称为材料的强化。强化阶段最高点 E 所对应的应力，代表材料在拉断前所能承受的最大应力，称为材料的强度极限，用 σ_b 表示。低碳钢的强度极限 $\sigma_b \approx 400\text{MPa}$。

4. 颈缩阶段

从 E 点开始，试件的某一局部范围内的横截面就要显著地收缩，产生所谓颈缩现象（见图 6-17）。颈缩出现后，使试件继续变形所需拉力反而迅速下降，直至 F 点试件被拉断为止，EF 段称为颈缩阶段。

图 6-16　　　　图 6-17

综上所述，材料在拉伸过程中经历了弹性、屈服、强化和颈缩四个阶段，每一阶段都对应着材料特定的力学性能。试验表明，材料在卸载和再加载时还有一种称之为“冷作硬化”的特殊性能，在拉伸过程中，如果在强化阶段中的某一点 G 停止加载并缓慢卸载，则可以看出，在卸载时的 σ-ε 曲线沿直线 GO_1 下降（见图 6-18），直线 GO_1 与弹性阶段内的直线 OA 近似平行。对 G 点来说，$\overline{OO_1}$代表试件的塑性应变，而$\overline{O_1O_2}$所代表的塑性应变在卸载后消失了，$\overline{OO_2}$则代表 G 点的总应变。若卸载后立即重新加载，则 σ-ε 曲线仍沿 O_1G 上升，过 G 点后，仍沿曲线 GEF 变化，并至 F 点断裂。这样，经过一次拉伸，并已有塑性变形的试件，在第二次拉伸时，比例极限将得到提高（$\sigma'_p > \sigma_p$），而断裂时的塑性变形将减少，这就是“冷作硬化”现象。工程中常利用冷作硬化来提高构件和钢丝可能承受的弹性极限荷载。

（三）塑性指标

试件断裂后，弹性变形消失，残留下塑性变形。工程中常用塑性变形的程度来表示材料的塑性性质。常用的塑性指标是延伸率 δ 和截面收缩率 ψ，即

$$\left.\begin{aligned}\delta&=\frac{l_1-l}{l}\times100\%\\ \psi&=\frac{A-A_1}{A}\times100\%\end{aligned}\right\}\tag{6-6}$$

式中　l——试件标距原长；

l_1——断裂后标距长度；

A——试件原来的横截面面积；

A_1——试件断裂后断口处最小横截面面积。

显然δ和ψ值越大，材料的塑性越好。工程中常把$\delta>5\%$的材料称为塑性材料；$\delta<5\%$的材料称为脆性材料。例如钢材的δ为20%～30%，为塑性材料，铸铁的$\delta=0.5\%$，为脆性材料。其他常见的脆性材料还有砖、混凝土等。

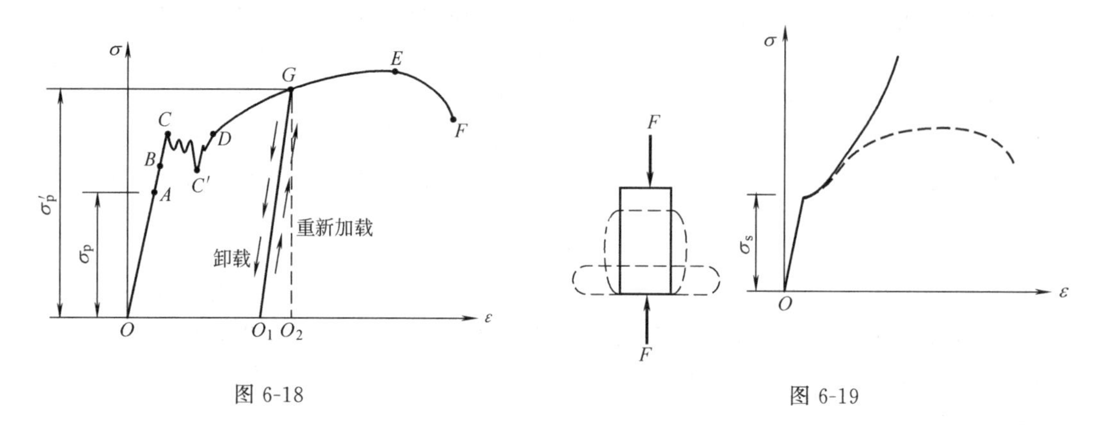

图 6-18　　图 6-19

二、低碳钢在压缩时的力学性能

金属材料的压缩试件常做成短圆柱体。圆柱体高度是直径的1.5～3倍。图6-19中实线代表低碳钢压缩时的σ-ε曲线，虚线代表拉伸时的σ-ε曲线，比较这两条曲线看出，在屈服阶段以前，两曲线基本重合。可见低碳钢拉压时的弹性模量E，比例极限σ_p及屈服极限σ_s大致相同，屈服后试件逐渐被压成鼓形，越压越扁，无法测定其强度极限σ_b。

三、其他材料在拉伸及压缩时的力学性能

其他材料的拉伸和压缩试验与低碳钢的试验方法相同，对于塑性材料来说，低碳钢具有代表性。而对于脆性材料来说，铸铁则具有很典型的代表意义，图6-20所示为灰口铸铁的σ-ε曲线，其中图6-20（a）所示为拉伸曲线，图6-20（b）所示为压缩曲线。

从图6-20中可见，铸铁的拉伸和压缩试验的整个发展过程都只有一个曲线阶段，无屈服和颈缩现象；都只有一个强度特征，即断裂时的应力即强度极限σ_b。当拉伸时σ_b为120～180MPa，当压缩时σ_b为600～900MPa，可见铸铁的抗压强度极限是抗拉强度极限的4～5倍，其他脆性材料也具有相似的特性。所以脆性材料适合受压，不宜受拉。在工程中常用砖、石、混凝土作柱子、墙、拱、桥墩等；用铸铁制造机器的底座等，就是利用了脆性材料抗压强度高的特性。铸铁在断裂时变形很小，且断裂是突然的，延伸率δ为0.4%～0.6%，远小于5%，是典型的脆性材料。拉伸试件的断口是一个与杆轴垂直的横向平面［见图6-20（a）］。

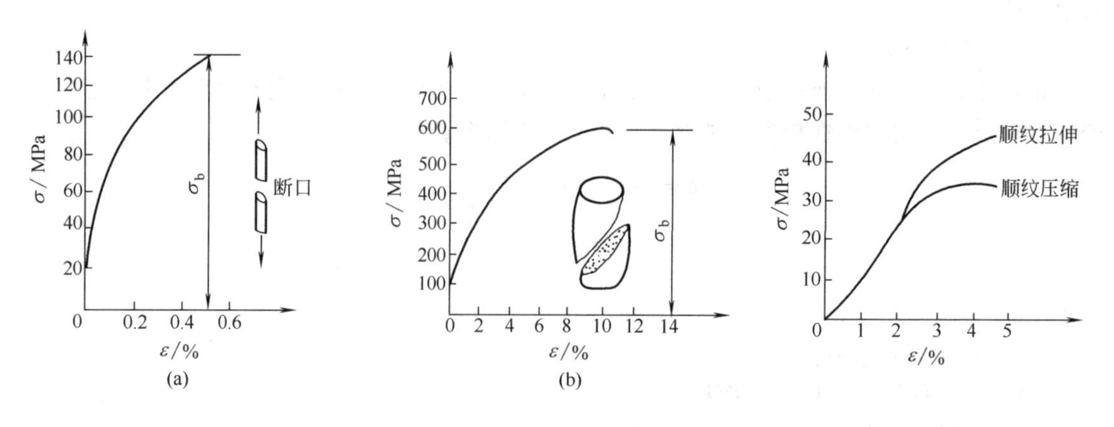

图 6-20　　图 6-21

而压缩试件的断口是一个与杆轴线约成45°的斜面［见图6-20（b）］。

木材是一种具有方向性的材料，其力学性能视受力状态而异，可表现为脆性的。也可表现为塑性的。图6-21所示为木材顺纹拉压时的σ-ε图。从图中可见，拉、压都有直线段，弹性模量E约为8～12GPa。受拉时，只有接近破坏的一小段，应力与应变才不成正比，且在较小的变形下便发生突然破坏，呈现脆性破坏的特征。抗拉极限强度为30～60MPa，受压时，当应力约达抗压极限强度的60%时，应力与应变即不成正比。破坏时，塑性变形较大，呈现塑性破坏的特征。抗压极限强度约为20～40MPa。

第六节　拉（压）杆的强度计算

一、许用应力的确定

为了保证构件安全正常地工作，即不断裂，也不发生较大塑性变形，并具有必要的安全储备，必须控制构件的实际工作应力σ不大于材料的许用应力$[\sigma]$。许用应力$[\sigma]$是由材料破坏时的应力σ^0除以一个大于1的安全系数n得到的。对于塑性材料来说，当应力达到屈服极限σ_s时，就会产生较大塑性变形，材料就不能正常工作了，所以，$\sigma^0=\sigma_s$。而对于脆性材料来说，它基本上没有屈服阶段，材料在变形很小的情况下就发生断裂破坏，所以$\sigma^0=\sigma_b$，于是有

对于塑性材料

$$[\sigma]=\frac{\sigma_s}{n_s}$$

对于脆性材料

$$[\sigma]=\frac{\sigma_b}{n_b}$$

式中　n_s，n_b——塑性材料和脆性材料的安全系数。

安全系数的确定是一项很重要而又复杂的工作。它取决于许多因素。如：材料的均匀程度，荷载、应力计算的准确程度，构件的工作条件等。其数值取的偏高则不经济，偏低又不安全。所以，安全系数一般都由国家有关部门研究制定，可从有关规范或设计手册中查到。在一般强度计算中，可取n_s为1.5～2.0，n_b为2.5～3.0。表6-2列出了几种常用材料的许用应力约值可供参考。

表6-2　常用材料的许用应力约值/MPa

材料名称	拉伸$[\sigma^+]$	压缩$[\sigma^-]$	材料名称	拉伸$[\sigma^+]$	压缩$[\sigma^-]$
A2钢	140		铜	30～120	
A3钢	160		铝	30～80	
45钢	220		松木顺纹	7～10	10～12
16锰钢	230		混凝土	0.1～0.7	1～9
灰口铸铁	28～80	120～150			

二、拉（压）杆的强度条件

从前面的分析可知，为使构件安全正常的工作必须使其最大工作应力σ_{max}不大于其许用应力$[\sigma]$，即

$$\sigma_{max}=\left(\frac{F_N}{A}\right)_{max}\leqslant[\sigma] \tag{6-7}$$

式（6-7）称为拉压杆的强度条件，根据以上条件可解决有关强度计算的三类问题。

1. 强度校核

当已知杆件尺寸、许用应力和所受外力时，可用式（6-7）检验其强度。若满足，则强度是够的。否则，杆件有损坏的可能。

2. 选择截面尺寸

当已知载荷与材料的许用应力时，可由下式确定截面尺寸。

$$A\geqslant\frac{F_{Nmax}}{[\sigma]}$$

3. 确定许用载荷

已知构件截面尺寸和材料的许用应力时，可由下式确定许用载荷。

$$F_N\leqslant A[\sigma]$$

或

$$[F_N]=A[\sigma]$$

这里顺便说明，如果 $\sigma_{max}>[\sigma]$，但只要满足 $\frac{\sigma_{max}-[\sigma]}{[\sigma]}\times100\%\leqslant5\%$，在工程计算中仍然是允许的。

【例 6-4】 图 6-22 所示屋架中，$l=10$m，$h=1.5$m，A、B、C 处均为铰接。屋架拉杆 AB 直径 $d=17$mm，屋架上均布荷载 $q=4$kN/m，许用应力 $[\sigma]=170$MPa。试校核此拉杆的强度。

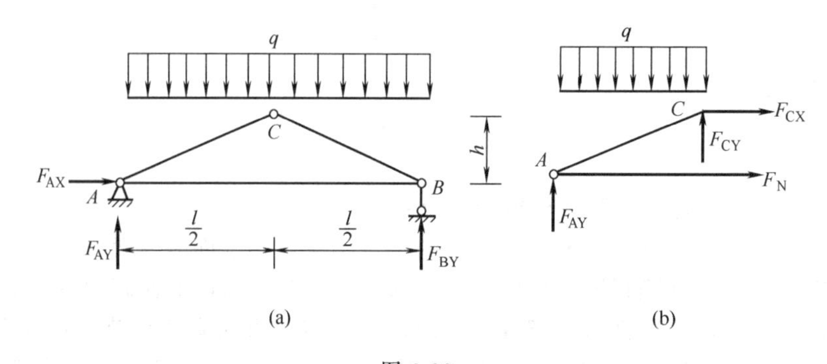

图 6-22

【解】 ① 计算 AB 杆的内力

由整体受力图［见图 6-22（a）］根据平衡条件

$$\sum F_X=0 \quad 得 \quad F_{AX}=0$$

$$\sum M_B(F)=0 \qquad \frac{1}{2}ql^2-F_{AY}l=0 \qquad 得 \qquad F_{AY}=\frac{ql}{2}=\frac{4\times10}{2}=20\ (\text{kN})$$

然后，用截面法将屋架切成两半，取左边为研究对象，画出受力图［见图 6-22（b）］。由平衡条件 $\sum M_C(F)=0$ 可得

$$F_Nh+q\times\frac{l}{2}\times\frac{l}{4}-F_{AY}\times\frac{l}{2}=0$$

$$1.5F_N+\frac{4\times10^2}{8}-20\times\frac{10}{2}=0 \quad F_N=33.3\ (\text{kN})$$

② 计算 AB 杆应力

$$\sigma=\frac{F_N}{A}=\frac{33.3\times10^3}{\frac{\pi}{4}\times17^2}=146.9\ (\text{N/mm}^2)\ =146.9\ (\text{MPa})$$

③ 强度校核

$$\sigma=146.9\text{MPa}<[\sigma]$$

所以，杆 AB 满足强度条件。

【例 6-5】 图 6-23 (a) 所示的吊环由斜杆 AB、AC 与横梁 BC 组成，$\alpha=20°$。已知吊环的最大吊重 $F=600\text{kN}$，斜杆用锻钢制成，其许用应力$[\sigma]=120\text{MPa}$，试确定斜杆的直径 d。

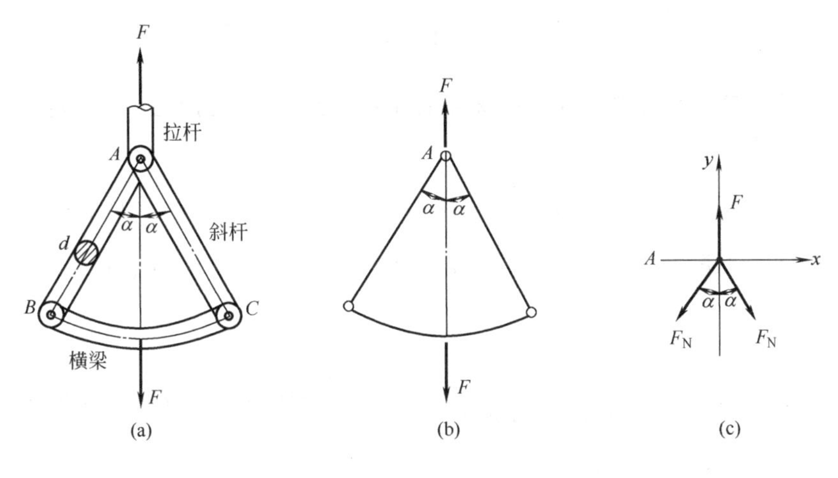

图 6-23

【解】 ① 计算斜杆内力

吊环计算简图如图 6-23 (b) 所示，取节点 A [见图 6-23 (c)] 则由

$$\sum F_y=0$$

得

$$F-2F_N\cos\alpha=0$$

$$F_N=\frac{F}{2\cos\alpha}=\frac{600}{2\cos20°}=319.3\ (\text{kN})$$

② 确定斜杆直径 d

由 $A\geqslant\frac{F_N}{[\sigma]}$ 得

$$\frac{1}{4}\pi d^2\geqslant\frac{F_N}{[\sigma]}$$

$$d\geqslant\sqrt{\frac{4F_N}{\pi[\sigma]}}=\sqrt{\frac{4\times319.3\times10^3}{3.14\times120}}=58.2\ (\text{mm})$$

取 $d=58\text{mm}$

【例 6-6】 图 6-24 (a) 所示支架，在节点 B 处受垂直载荷 F 作用。已知 1、2 杆的横截面为圆形，其面积均为 $A=100\text{mm}^2$，许用拉应力为 $[\sigma^+]=150\text{MPa}$，许用压应力为 $[\sigma^-]=400\text{MPa}$。

① 设 $F=10\text{kN}$，试校核各杆强度。

② 求许用荷载 $[F]$。

③ 设 F 等于许用荷载，重新确定杆件的截面。

【解】 ① 当 $F=10\text{kN}$ 时，校核强度

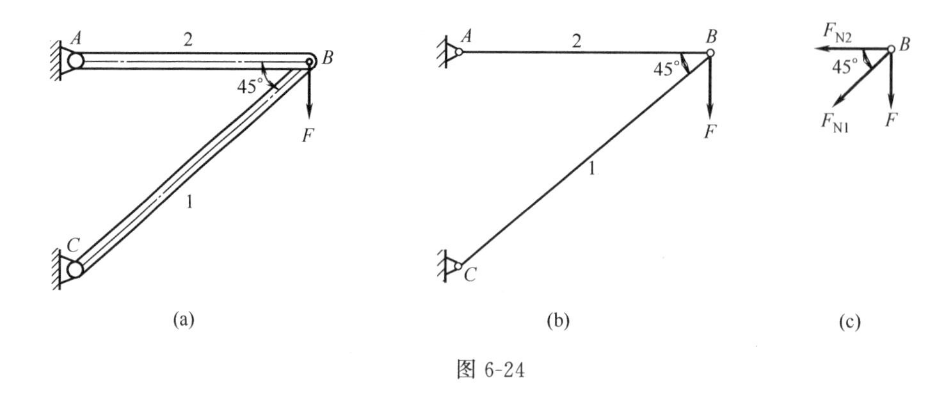

图 6-24

支架的计算简图和节点 B 的受力情况分别如图 6-24（b)、图 6-24（c）所示。由图 6-24（c）得

$$\sum F_y=0 \quad -F_{N1}\sin45°-F=0 \quad F_{N1}=-\sqrt{2}F \text{ 或 } F_{N1}=\sqrt{2}F\ (-)$$

$$\sum F_x=0 \quad F_{N2}+F_{N1}\cos45°=0 \quad F_{N2}=-F_{N1}\cos45°=F$$

当 $F=10\text{kN}$ 时

$$F_{N1}=10\sqrt{2}\text{kN},\ \sigma_1=\frac{F_{N1}}{A}=\frac{10\sqrt{2}\times10^3}{100}=141.4\ (\text{MPa})<[\sigma^-]=400\ (\text{MPa})$$

$$F_{N2}=10\text{kN},\ \sigma_2=\frac{F_{N2}}{A}=\frac{10\times10^3}{100}=100\ (\text{MPa})<[\sigma^+]=150\ (\text{MPa})$$

可见两杆强度均大有富余，荷载 F 还可增加。

② 求许用荷载 $[F]$

首先由 1 杆的强度条件确定许用荷载 $[F_1]$，当 1 杆尽量发挥作用时

$$F_{N1}=[F_{N1}]=A[\sigma^-]$$

而

$$F_{N1}=\sqrt{2}F$$

$$[F_{N1}]=\sqrt{2}[F_1]$$

故

$$\sqrt{2}[F_1]=A[\sigma^-]$$

$$[F_1]=\frac{A[\sigma^-]}{\sqrt{2}}=\frac{100\times400}{\sqrt{2}}=28.3\ (\text{kN})$$

再由 2 杆的强度条件确定许用荷载 $[F_2]$，当 2 杆尽量发挥作用时

$$F_{N2}=[F_{N2}]=A[\sigma^+]$$

而

$$F_{N2}=F \qquad [F_{N2}]=[F_2]$$

故

$$[F_2]=A[\sigma^+]=100\times150=15\ (\text{kN})$$

显然，$[F_1]>[F_2]$，要使 1、2 杆均满足强度条件，只有取

$$[F]=[F_2]=15\text{kN}$$

③ 当 $F=[F]=[F_2]=15\text{kN}$，2 杆的强度充分发挥，而 1 杆的强度还有富余，其截面还

可缩小，现重新确定其截面。

由 $$A_1 \geqslant \frac{F_{N1}}{[\sigma^-]} \qquad F_{N1}=\sqrt{2}\,[F]$$

得 $$\frac{1}{4}\pi d_1^2 \geqslant \frac{\sqrt{2}\,[F]}{[\sigma^-]}$$

于是 $$d_1 \geqslant \sqrt{\frac{4\sqrt{2}\,[F]}{[\sigma^-]\,\pi}}=\sqrt{\frac{4\sqrt{2}\times 15\times 10^3}{400\times 3.14}}=8.21\ (\text{mm})$$

取 $d_1=8.3\text{mm}$，其截面面积 $A_1=54\text{mm}^2$ 为原先截面面积的 54%。

第七节　拉伸和压缩的超静定问题

在前面所讨论的问题中，结构的约束力和内力总未知数的数目总是等于可能列出的平衡方程式的数目。由第三章第四节知，这类结构称为静定结构，它所涉及的问题称为静定问题。在工程中所遇到的结构常常是约束力和内力总未知数的数目多于所能列出平衡方程式的数目。这类结构称为超静定结构，这类问题称为超静定问题。在超静定问题中，未知数的数目与平衡方程式的数目之差称为超静定次数。图 6-25、图 6-26 所示都是一次超静定问题，图 6-27 所示为两次超静定问题。在求解超静定问题时，除了列出平衡方程外，还要根据超静定次数建立足够的补充方程。补充方程是根据构件和结构各部分变形之间存在着的互相协调的几何关系建立的。这种几何关系称为变形协调条件。变形间的几何关系建立后，再将力与变形之间的物理关系（虎克定律）引入，与平衡方程联立求解，即可求出所有未知数。

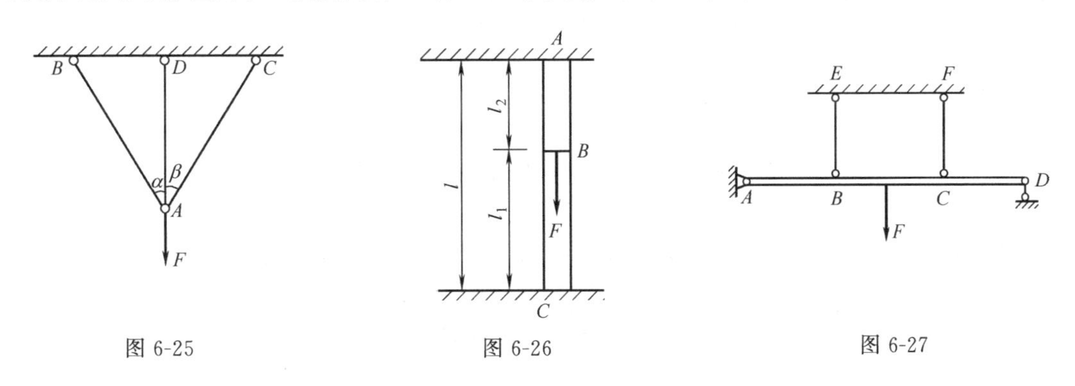

图 6-25　　图 6-26　　图 6-27

【例 6-7】 试画出图 6-26 所示两端固定柱的轴力图。已知 $l_1=100\text{mm}$，$l_2=150\text{mm}$，轴向力 $F=50\text{kN}$。

【解】 画出柱子的受力图。如图 6-28 (a) 所示，支座约束力 F_{NA} 和 F_{NC} 沿杆的轴线，它们也分别是 AB 段和 BC 段的轴力。由共线力系的平衡条件，只能列出一个有效平衡方程式

$$\sum F_y=0 \quad F_{NA}+F_{NC}-F=0 \tag{a}$$

未知数有两个，所以，这是个一次超静定问题还需补充一个方程。由图 6-28 (a) 知，变形协调条件是 C 截面在 F_{NA}、F_{NC} 及 F 的作用下的总竖向位移（变形）为零，即 $\Delta_C=0$。

为了形象说明变形协调条件，可先假想将截面 C 的约束去掉。

这时在 F 作用下，AB 段将伸长 Δl_{AB}，B 截面移至 B'。BC 段没有变形，但 C 截面将平

移至C'，如图6-28（b）中虚线所示。然后，在F_{NC}的作用下AC全杆将缩短Δl_{AC}。根据变形协调条件$\Delta_C=0$，必然有$\Delta l_{AB}=\Delta l_{AC}$。即伸长量要等于缩短量，这时，$C'$将归至$C$，$B'$将归至$B$，全柱变形协调，如图6-28（b）实线所示。

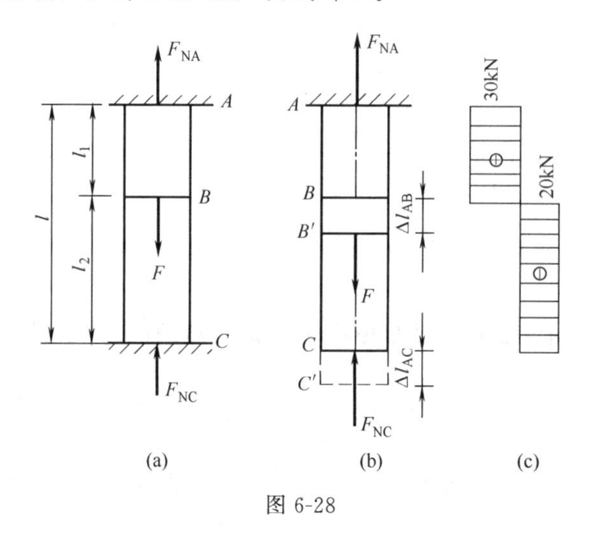

图6-28

由于$\Delta l_{AB}=\dfrac{Fl_1}{EA}$，$\Delta l_{AC}=\dfrac{F_{NC}l}{EA}$所以，补充方程可写为

$$\frac{Fl_1}{EA}=\frac{F_{NC}l}{EA}$$

故

$$F_{NC}=\frac{Fl_1}{l} \tag{b}$$

将式（b）代入式（a）可得

$$F_{NA}=F-F_{NC}=F\left(1-\frac{l_1}{l}\right)=F\,\frac{l_2}{l} \tag{c}$$

将$l_1=100\text{mm}$，$l=l_1+l_2=100+150=250$（mm），$F=50\text{kN}$代入（b）、（c）两式可得

$$F_{NC}=\frac{50\times100}{250}=20\ (\text{kN})\ (-)$$

$$F_{NA}=\frac{50\times150}{250}=30\ (\text{kN})$$

根据上述结果可画出轴力图，如图6-28（c）所示。

第八节　压杆的稳定计算

一、压杆稳定性的概念

在前面研究受压直杆时，认为它的破坏主要取决于强度，只要横截面的工作应力σ小于许用压应力$[\sigma^-]$，杆件就不会被压坏，是安全的。实际上，以上结论只是对短粗的杆件才是正确的，对于细长杆件就不合适了。例如，对于一根一端固定一端自由的细长杆件，在其自由端加上轴向压力 F（见图 6-29），且其截面为 8mm×20mm。当材料为三号钢，$E=210\text{GPa}$，$\sigma_s=240\text{MPa}$，杆长为 1m 时，从强度破坏的观点来看，当 $F=38.4\text{kN}$ 时杆件才会屈服破坏。而实际上，当 F 大于 0.444kN 时，杆件就可能被压弯折断。这时的破坏荷载仅为屈服破坏时荷载的 1/86.5。可见，对于细长压杆来说，其破坏形式除了强度破坏以外还存在着另外一种破坏形式，由于这种破坏形式的特征是压杆丧失了保持它原有直线平衡状态的能力，称之为丧失了平衡的稳定性，简称失稳。因此，把压杆保持它原有直线平衡状态的能力称为压杆的稳定性。

工程中，结构物因其压杆失稳而破坏的实例是不少的。例如，1907 年北美魁北克圣劳伦斯河上一座长 548m 的钢桥在施工中突然倒塌，就是由于其桁架的压杆失稳所致。所以，在工程实际中，压杆除了要有足够的强度外还必须有足够的稳定性才能保持正常工作。

为了判定压杆的稳定性，可取一根两端用铰链支承的细长等直杆来分析，如图 6-30（a）所示。若杆件是理想直杆，且压力准确地沿杆件的轴线分布，则杆受力后将保持直线平衡状态。然而，如果再给杆一横向干扰力使其变弯［见图 6-30（b）］，则在撤去横向干扰力后，可以看到如下三种不同的现象。

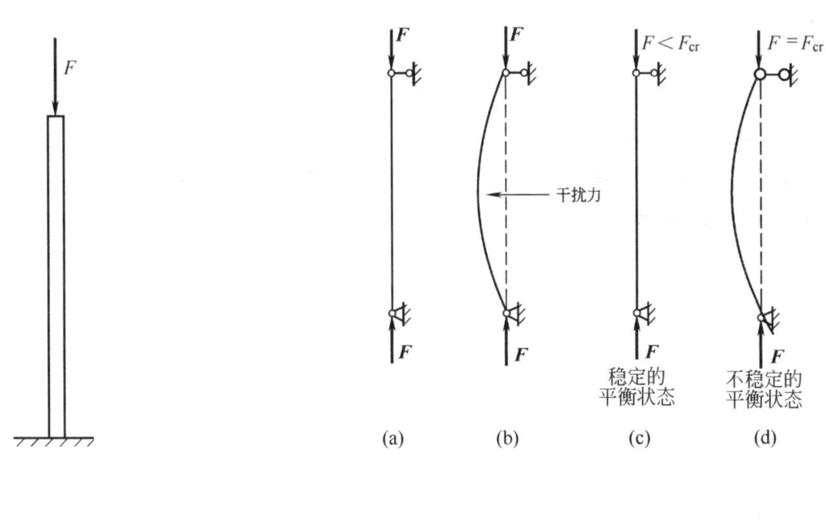

图 6-29　　图 6-30

（1）当轴向压力 F 较小时，受压杆最终将恢复其原有的直线平衡状态［见图 6-30（c）］，平衡是稳定的。

（2）当轴向力 F 逐渐增加至某一数值 F_{cr} 时，受压杆再也不能恢复到原有的直线平衡状态，但仍然保持着微弯状态的不稳定平衡状态［见图 6-30（d）］。

（3）当 F 力比 F_{cr} 稍微增大，则杆件将不再保持平衡，弯曲变形增大，从而导致压杆失稳。

上述现象表明，轴向压力 F_{cr} 是使压杆由稳定的平衡状态转变为不稳定平衡状态的临界值，故称为临界载荷。F_{cr} 是使压杆保持稳定平衡状态的极限载荷。因此，对于压杆稳定性的研究，关键在于确定临界载荷 F_{cr}。若将压杆的工作应力控制在由 F_{cr} 所确定的范围内，则压杆就不至于失稳。

二、压杆的实用计算

在工程设计中，为了使用方便可将在临界力 F_{cr} 作用下，压杆横截面上的平均应力称为临界应力 σ_{cr}，即

$$\sigma_{cr}=\frac{F_{cr}}{A} \tag{6-8}$$

显然，对于压杆来说，σ_{cr} 就是危险应力。当压杆中工作应力达到临界应力时，它便处于不稳定的平衡状态。因此，为了保证压杆的稳定性，必须使它的工作应力小于临界应力，再考虑一定的安全储备，故压杆的稳定条件为

$$\sigma=\frac{F}{A}\leqslant[\sigma_{cr}]=\frac{\sigma_{cr}}{n_w} \tag{6-9}$$

式中 $[\sigma_{cr}]$——稳定的许用应力；

n_w——稳定安全系数。

n_w 的制定比较复杂，它除了包括前面所讨论过的基本安全系数 n（对塑性材料 $n=n_s$，对脆性材料 $n=n_b$）外，还要考虑由于难免存在的杆件初弯曲，材质欠匀，荷载偏心等综合缺陷对压杆稳定性的影响，这些影响用一个特殊安全系数 n_T 来加以考虑。按我国现行规范 $n_w=nn_T$，再由前面论述知

$$n=\frac{\sigma^o}{[\sigma]}$$

式中 $[\sigma]$——强度计算时的容许应力；

σ^o——极限应力（对于塑性材料 $\sigma^o=\sigma_s$，对于脆性材料 $\sigma^o=\sigma_b$）。

于是稳定的许用应力可写为

$$[\sigma_{cr}]=\frac{\sigma_{cr}}{n_w}=\frac{\sigma_{cr}}{nn_T}=\frac{\sigma_{cr}}{\sigma^o n_T}[\sigma]$$

令

$$\varphi=\frac{\sigma_{cr}}{\sigma^o n_T} \tag{6-10}$$

就得到

$$[\sigma_{cr}]=\varphi[\sigma] \tag{6-11}$$

于是压杆的稳定条件又可写为

$$\sigma=\frac{F}{A}\leqslant\varphi[\sigma] \tag{6-12}$$

系数 $\varphi\leqslant1$，称为“折减系数”。式（6-12）表明，压杆的失稳总是发生在强度破坏之前。一个压杆究竟是属于稳定问题还是属于强度问题，完全取决于 φ 值的大小。当 $\varphi=1$ 时就完全属于强度问题，因此 φ 值的引入使压杆的强度计算和稳定性计算达到了和谐的统一。

从式（6-10）知 φ 与临界应力 σ_{cr} 成正比，而 σ_{cr} 与杆件的细长程度有关。可以用符号 λ 来表示这种细长程度，并称之为“长细比”。由于长细比是一个表示压杆柔软程度的量，又称之为“柔度”。柔度是一个无量纲的量。

计算柔度的公式为

$$\lambda=\frac{\mu l}{i} \tag{6-13}$$

$$i=\sqrt{\frac{I}{A}}$$

式中　l——压杆长度，它反映了长度对临界应力的影响，与柔度 λ 成正比；

μ——长度系数，它反映了压杆的支承方式对临界应力的影响，与 λ 成正比。表 6-3 列出了几种常见支承方式所对应的 μ 值，显然，支承方式越牢固则 μ 值越小；

i——惯性半径，i 反映了横截面形状和尺寸对临界应力的影响，它与 λ 成反比；

I——惯性矩；

A——压杆横截面面积。

综上所述，柔度 λ 反映了杆长、杆端支承情况以及杆的横截面的形状和大小等因素对临界应力的综合影响。理论分析和经验表明柔度越大，临界应力越小，φ 值也越小，压杆就越容易失稳。

工程中为了实用方便，根据理论分析、试验和经验将不同材料的 φ 与 λ 的关系绘制成 φ-λ 曲线以供查用，如图 6-31 所示。

表 6-3

杆端支承方式	两端铰支	一端固定一端自由	两端固定	一端铰支一端固定
压杆在不稳定平衡状态下挠曲轴形状	F_{cr} l	F_{cr} l	F_{cr} l	F_{cr} l
长度系数 μ	1.0	2.0	0.5	0.7

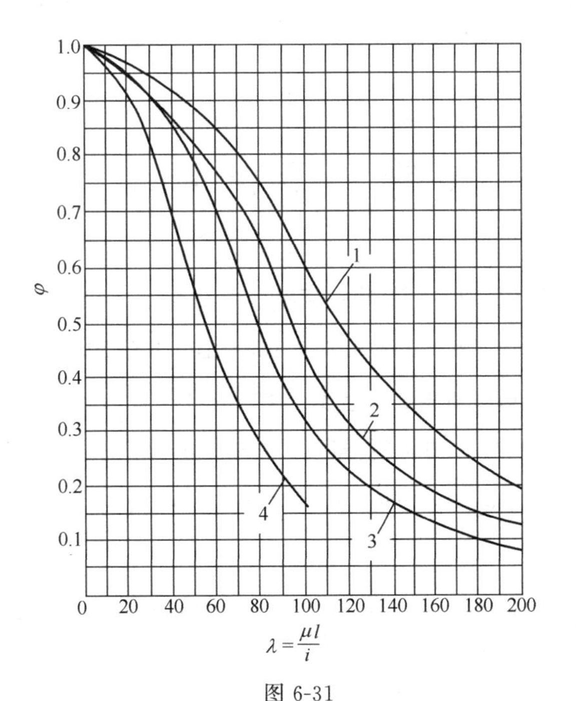

图 6-31

1—低碳钢；2—低合金钢；3—木材；4—铸铁

现在，重新写出式（6-12）

$$\sigma=\frac{F}{A}\leqslant\varphi\ [\sigma]$$

可以看出，只要先算出压杆的柔度λ，再由图 6-31 中的曲线查得相应的φ值，就可利用式（6-12）进行稳定性校核，选择截面，确定许用压力等。

【例 6-8】 图 6-32（a）所示结构中，荷载$F=12\text{kN}$，斜撑杆BC用 A3 钢管制成，其外径$D=45\text{mm}$，内径$d=36\text{mm}$，许用应力$[\sigma]=160\text{MPa}$，试校核斜撑杆的稳定性。

【解】 ① 柔度计算

由图 6-32（a）知，斜撑杆BC长$l_{BC}=1000\sqrt{2}$，且为两端铰支，故其长度系数$\mu=1$（见表 6-3）。

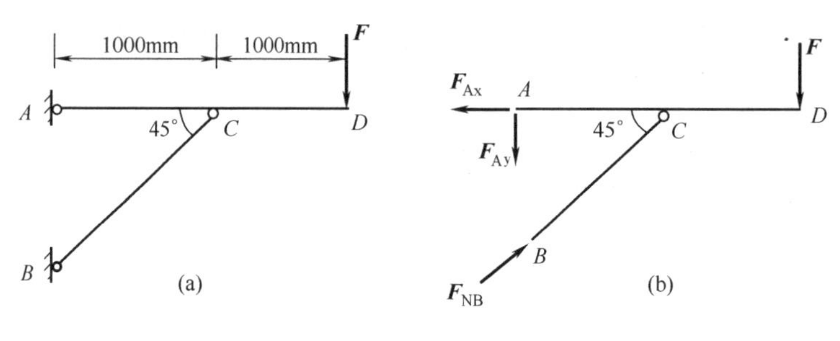

图 6-32

由第五章知圆环形截面的惯性矩$I=\frac{\pi}{64}(D^4-d^4)$，于是惯性半径为

$$i=\sqrt{\frac{I}{A}}=\sqrt{\frac{\frac{\pi}{64}(D^4-d^4)}{\frac{\pi}{4}(D^2-d^2)}}=\sqrt{\frac{D^2+d^2}{16}}=\sqrt{\frac{45^2+36^2}{16}}=14.4\ (\text{mm})$$

斜撑杆的柔度为

$$\lambda=\frac{\mu l_{BC}}{i}=\frac{1\times1000\sqrt{2}}{14.4}=98.1$$

② 稳定性校核

从图 6-31 查得低碳钢 A3 的$\varphi=0.63$，于是

$$[\sigma_{cr}]=\varphi[\sigma]=0.63\times160=100.8\ (\text{MPa})$$

图 6-32（b）所示为结构受力图，由$\sum M_A(F)=0$得

$$1000F_{NB}\sin45°-2000F=0$$

$$F_{NB}=2\sqrt{2}F=2\sqrt{2}\times12=33.94\ (\text{kN})$$

斜撑杆的工作应力为

$$\sigma=\frac{F_{NB}}{A}=\frac{F_{NB}}{\frac{\pi}{4}(D^2-d^2)}=\frac{4F_{NB}}{\pi(D^2-d^2)}=\frac{4\times33.94\times10^3}{3.14\times(45^2-36^2)}=59.3\ (\text{MPa})$$

显然，$\sigma<[\sigma_{cr}]$

斜撑杆满足稳定性条件。

【例 6-9】 试确定图 6-33（a）所示连杆的许用压力 $[F_{cr}]$。连杆长 $l=900\text{mm}$，截面为工字形，$A=720\text{mm}^2$，$I_y=3.8\times10^4\text{mm}^4$，$I_z=6.5\times10^4\text{mm}^4$，材料为低合金钢，$[\sigma^-]=100\text{MPa}$。

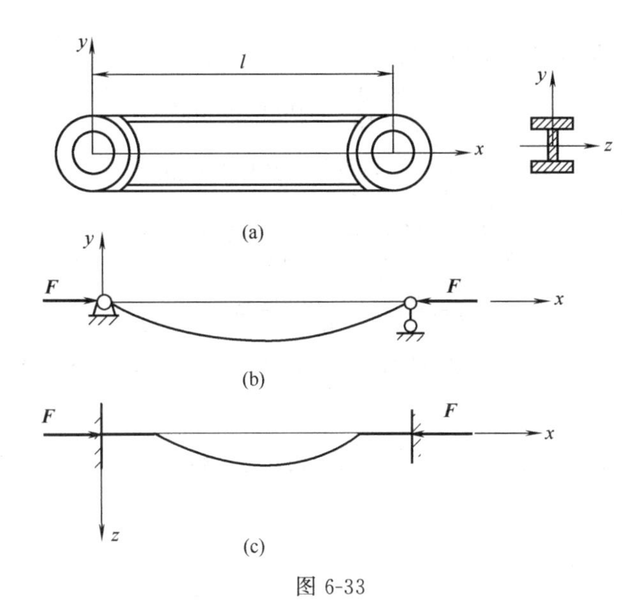

图 6-33

【解】　① 失稳形式判断

在轴向压力作用下，连杆究竟是在 x-y 平面内失稳（即横截面绕 z 轴转动），如图 6-33（b）所示；还是在 x-z 平面内失稳（即横截面绕 y 轴转动），如图 6-33（c）所示，必须进行判断。

如果连杆在 x-y 平面内失稳，则连杆两端可视为铰支，长度系数 $\mu=1$，连杆的柔度为

$$\lambda_z=\frac{(\mu l)_z}{i_z}=\frac{(\mu l)_z}{\sqrt{\dfrac{I_z}{A}}}=\frac{1\times900}{\sqrt{\dfrac{6.5\times10^4}{720}}}=94.7$$

如果连杆在 x-z 平面内失稳，则连杆两端接近于固端，长度系数取 $\mu=0.5$，连杆的柔度为

$$\lambda_y=\frac{(\mu l)_y}{\sqrt{\dfrac{I_y}{A}}}=\frac{0.5\times900}{\sqrt{\dfrac{3.8\times10^4}{720}}}=61.94$$

显然，$\lambda_y<\lambda_z$。连杆将首先在 x-y 平面内失稳，计算连杆许用压力值应根据 λ_z 确定。

② 许用压力的确定

由图 6-31 知，当 $\lambda=\lambda_z=94.7$ 时，低合金钢的 $\varphi=0.48$，于是由

$$\frac{[F_{cr}]}{A}=[\sigma_{cr}]=\varphi[\sigma]$$

得

$$[F_{cr}]=\varphi[\sigma]A=0.48\times100\times720$$
$$=34560\ (\text{N})=34.56\ (\text{kN})$$

【例 6-10】 正方形截面的木压杆，长 $l=5\text{m}$，受到轴向压力 $F=350\text{kN}$，杆的两端为铰接，$[\sigma^-]=10\text{MPa}$。试求此压杆截面的边长 a。

【解】　由式（6-12）知，压杆的横截面面积应为

$$A \geqslant \frac{F}{\varphi[\sigma]} \tag{6-14}$$

然而，由于 φ 也与 A 有关，因而也是未知的。所以在设计截面时，需用逐次渐近法。

① 第一次试算

先假定 $\varphi_1=0.5$，则由式（6-14）得

$$A \geqslant \frac{350\times10^3}{0.5\times10}=70000\ (\mathrm{mm}^2)$$

$$a=\sqrt{A}=\sqrt{70000}=264.6\ (\mathrm{mm})$$

$$i=\sqrt{\frac{I}{A}}=\sqrt{\frac{a^4/12}{a^2}}=\frac{a}{\sqrt{12}}=76.4\ (\mathrm{mm})$$

$$\lambda=\frac{\mu l}{i}=\frac{1\times5000}{76.4}=65.5$$

由图 6-31 查得 $\varphi'_1=0.65$。因为 φ'_1 与 φ_1 相差较大，需作第二次试算。

② 第二次试算

设取 $\varphi_2=\frac{1}{2}(\varphi_1+\varphi'_1)=\frac{1}{2}\times(0.5+0.65)=0.575$，则

$$A \geqslant \frac{350\times10^3}{0.575\times10}=60869.6\ (\mathrm{mm}^2)$$

$$a=\sqrt{60869.6}=246.7\ (\mathrm{mm})$$

$$i=\frac{246.7}{\sqrt{12}}=71.2\ (\mathrm{mm})$$

$$\lambda=\frac{1\times5000}{71.2}=70.2$$

由图 6-31 查得 $\varphi'_2=0.6$。因 φ'_2 与 φ_2 已接近，故取 $a=250\mathrm{mm}$，进行稳定验算。

$$\sigma=\frac{F}{a}=\frac{350\times10^3}{250^2}=5.6\ (\mathrm{MPa}) < \varphi[\sigma^-]=0.6\times10=6\ (\mathrm{MPa})$$

所以选用 $a=250\mathrm{mm}$ 能满足稳定性要求。

习　题

6-1　试求题 6-1 图示各杆段横截面上的内力，并作轴力图。

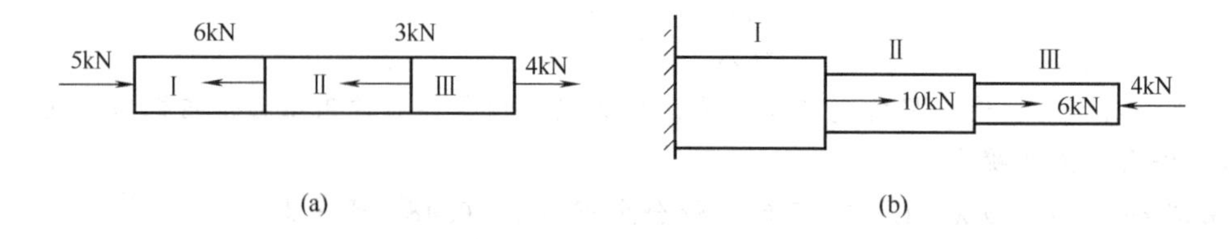

题 6-1 图

6-2　直杆横截面形状如题 6-2 图所示，杆的两端受到平行于轴线的拉力 F 的作用，试问当 F 力通过截面上哪一点时才能使横截面上正应力为均匀分布？又若 $F=10\mathrm{kN}$，试求此时各截面上正应力的大小。

6-3　求题 6-1（b）图所示阶梯状直杆内的最大拉应力和最大压应力，已知横截面面积 $A_{\mathrm{I}}=400\mathrm{mm}^2$，$A_{\mathrm{II}}=300\mathrm{mm}^2$，$A_{\mathrm{III}}=200\mathrm{mm}^2$。

6-4　横截面面积为 $1000\mathrm{mm}^2$ 的钢杆如题 6-4 图所示，已知 $F_1=F_2=20\mathrm{kN}$，$E=200\mathrm{GPa}$。试作轴力图，并求杆的总变形及杆下端截面上的正应力。

6-5　题 6-5 图示由两种材料组成的圆杆，直径 $d=40$mm，杆的总伸长 $\Delta L=0.126$mm。试求载荷 F 及在 F 力作用下杆内的最大正应力。已知 $E_{钢}=210$GPa，$E_{铜}=100$GPa。

6-6　木架受力如题 6-6 图所示，已知 1、2 两杆截面均为 10cm×10cm 的正方形。试作 1、2 两杆的轴力图，并求 1 杆各段横截面上的正应力（各连接均为销钉，且水平反力忽略不计。图中尺寸单位为 m）。

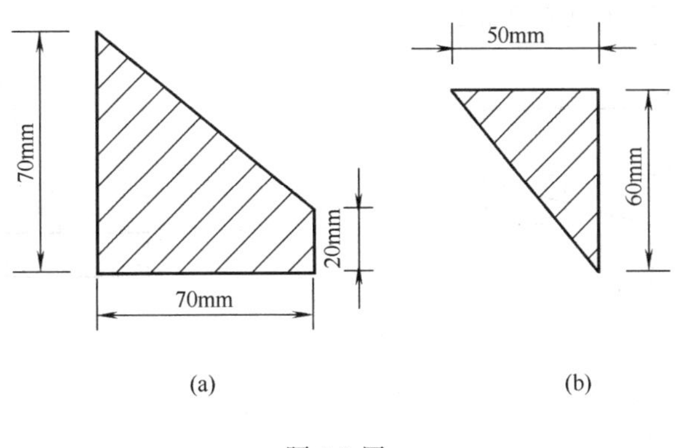

题 6-2 图

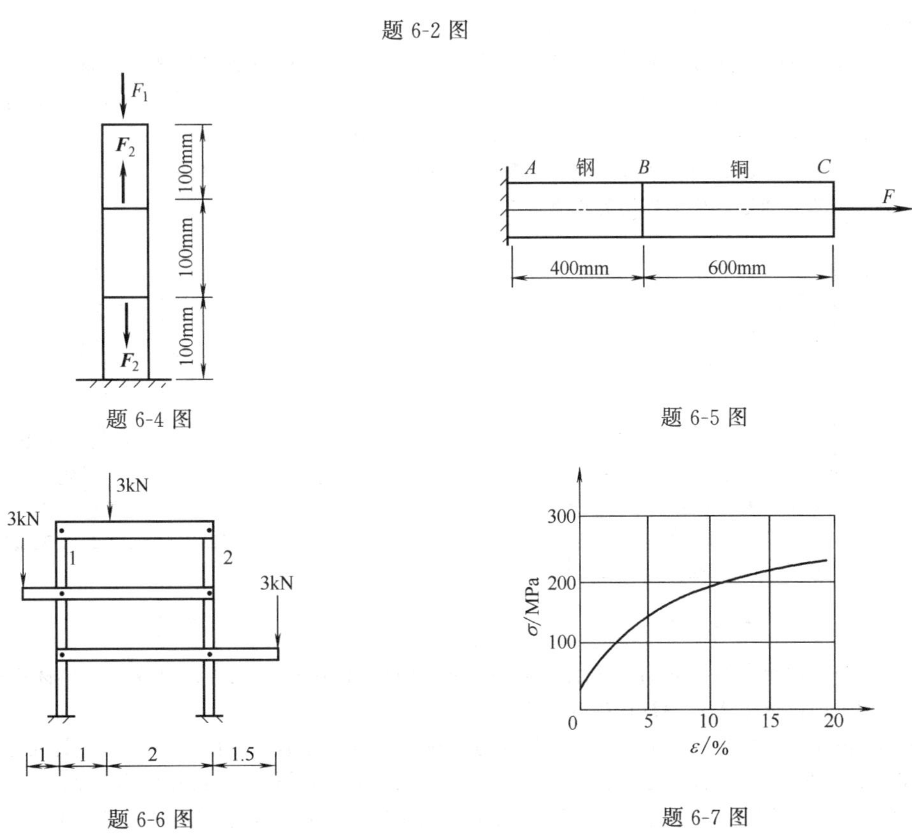

题 6-4 图

题 6-5 图

题 6-6 图

题 6-7 图

6-7　铜丝直径 $d=2$mm，杆长 $L=500$mm。材料的拉伸曲线如题 6-7 图所示，弹性模量 $E=100$GPa。如欲使杆的伸长为 30mm，则力 F 大约需加多大。

6-8　一根直径为 $d=10$mm 的圆截面杆，在轴向拉力 F 作用下，直径减小 0.0025mm，如材料的弹性模量 $E=210$GPa，横向变形系数 $\mu=0.3$，试求轴向拉力 F。

6-9　在题 6-9 图所示 A、B 两点之间原来水平地拉着一根直径 $d=1$mm 的钢丝。现在钢丝的中点 C 加一竖向垂直荷载 F。已知钢丝由此产生的线应变为 $\varepsilon=0.0035$，其弹性模量 $E=210$GPa，设钢丝自重不计，且在断裂前认为符合虎克定律。求：

（1）钢丝横截面上的应力。

（2）钢丝在 C 点下降的距离 Δ。

（3）此时荷载 F 的值。

6-10 用绳索起吊钢筋混凝土管子如题 6-10 图所示。如管子的重量 $W=10\text{kN}$，绳索的直径 $d=40\text{mm}$，容许应力 $[\sigma]=10\text{MPa}$，试校核绳索的强度。

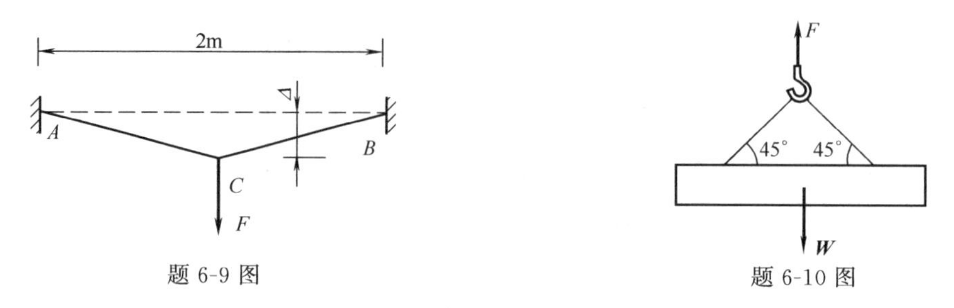

题 6-9 图　　题 6-10 图

6-11 横截面为圆形的钢杆受轴向拉力 $F=100\text{kN}$，若杆的相对伸长不能超过 1/2000，应力不得超过 120MPa，已知 $E=210\text{GPa}$。试求圆杆的直径。

6-12 在题 6-12 图所示结构中，钢索 BC 由一组直径 $d=2\text{mm}$ 的钢丝组成。若钢丝许用应力 $[\sigma]=160\text{MPa}$，AC 梁受有均布荷载 30kN/m。试求所需钢丝的根数。又若将 BC 杆改为由两个等边角钢焊成的组合截面，试确定所需等边角钢的号数。角钢的 $[\sigma]=160\text{MPa}$。

6-13 起重机如题 6-13 图所示，绳索 AB 的横截面面积为 500mm^2，许用应力 $[\sigma]=40\text{MPa}$。试根据绳索的强度条件，求起重机的许用起重重量 F。

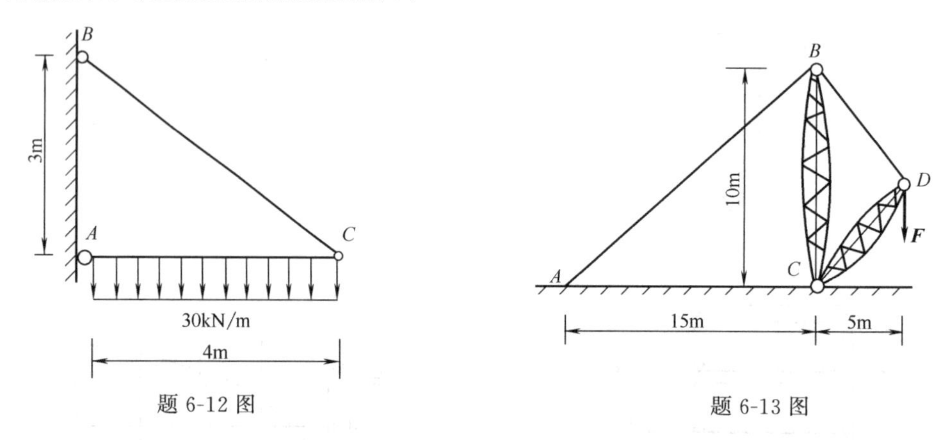

题 6-12 图　　题 6-13 图

6-14 一结构受力如题 6-14 图所示，杆件 AB、AD 均由两根等边角钢组成，已知材料的容许应力 $[\sigma]=170\text{MPa}$，试选择 AB、AD 杆的截面型号。

6-15 滑轮结构如题 6-15 图所示，AB 杆为钢材，截面为圆形，直径 $d=20\text{mm}$，许用应力 $[\sigma]_{钢}=160\text{MPa}$；$BC$ 杆为木材，截面为方形，边长 $a=60\text{mm}$，许用应力 $[\sigma]_{木}=12\text{MPa}$。试求此结构的荷载 F。

6-16 题 6-16 图所示刚性梁 BC，用铅直不等长的 BE、CD 两杆支承在水平位置。如果要使梁保持水平，试问 F 应作用在何处？已知 BE 为钢杆，横截面积为 200mm^2，$E=210\text{GPa}$；CD 为铝杆，横截面积为 400mm^2，$E=70\text{GPa}$（不考虑梁的自重）。

6-17 题 6-17 图所示结构，BD 为刚性梁，杆 1、杆 2 用同一种材料制成，横截面面积均为 $A=30\text{mm}^2$，许用应力为 $[\sigma]=160\text{MPa}$，载荷 $F=50\text{kN}$，试校核杆 1、杆 2 的强度。

6-18 横截面面积为 $A=10\text{cm}^2$ 的钢杆，其两端固定，荷载情形如题 6-18 图所示，试求钢杆所有三段内的应力，并作轴力图。

6-19 一阶梯形杆如题 6-19 图所示，下端与刚性底面之间留有空隙 $\delta=0.05\text{mm}$，上段是铜的，$A_1=50\text{cm}^2$，$E_1=100\text{GPa}$；下段是钢的，$A_2=30\text{cm}^2$，$E_2=200\text{GPa}$，在两段交界处受一向下的轴向力 F 作用。

试问：

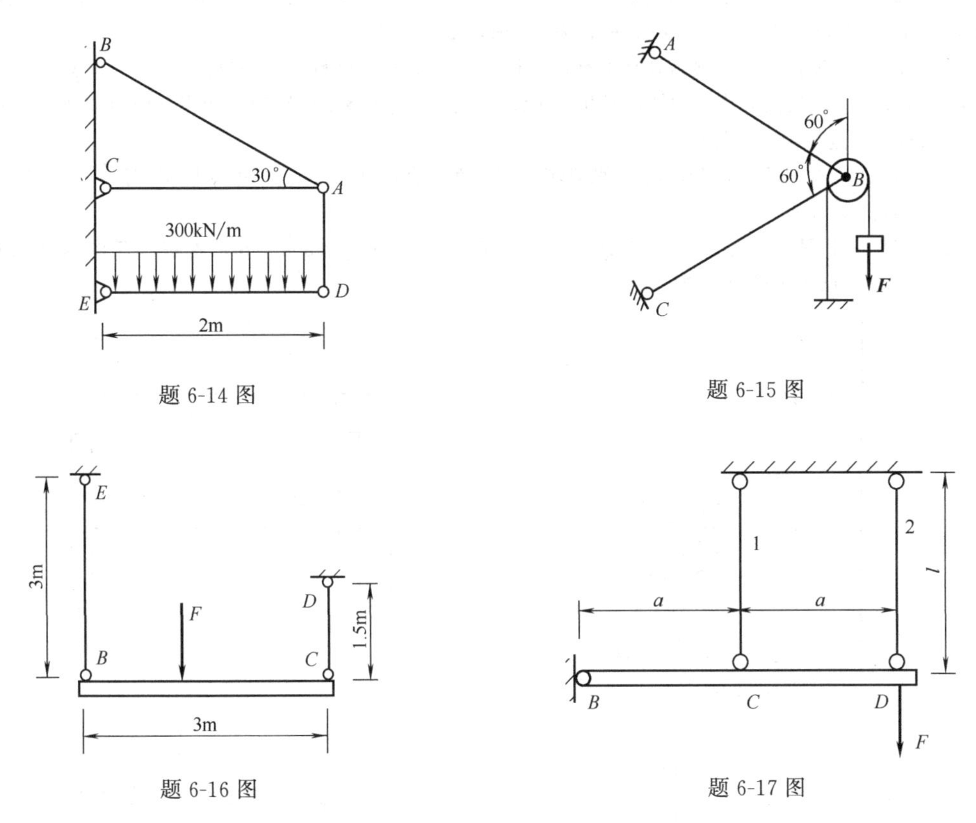

题 6-14 图　　题 6-15 图

题 6-16 图　　题 6-17 图

(1) F 等于多少时，下端空隙恰好消失？

(2) 当 $F=30$kN 时，各段的应力值是多少？

6-20　题 6-20 图所示四根压杆，其材料、截面形状和尺寸均相同，试判断哪一根稳定性最好？哪一根稳定性最差？

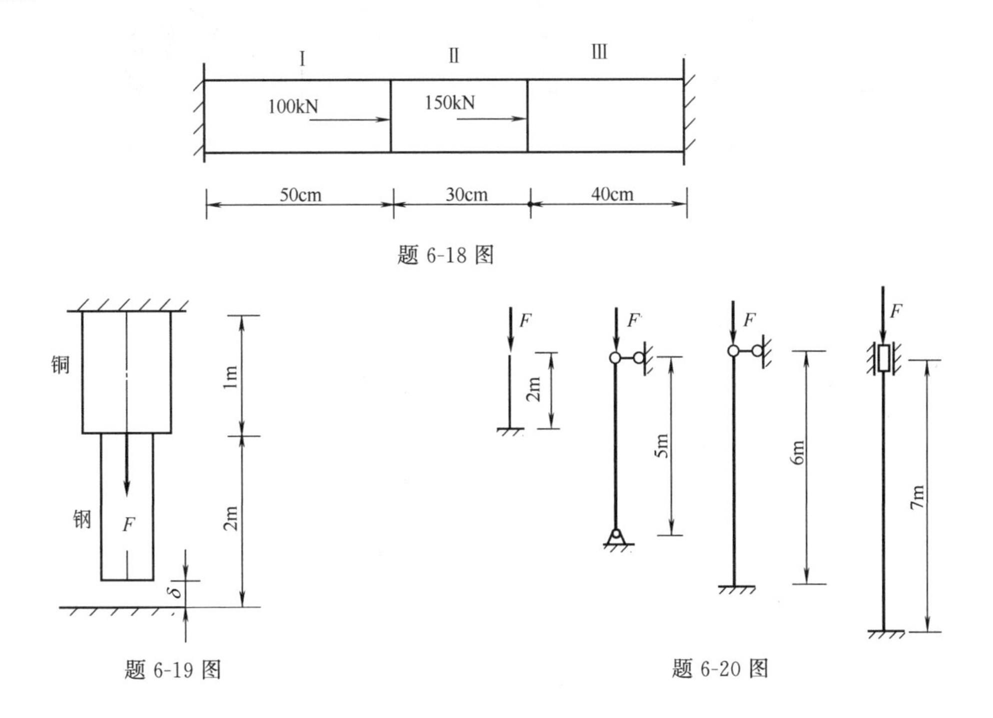

题 6-18 图

题 6-19 图　　题 6-20 图

6-21 试求题 6-21 图中心受压柱的许用荷载 F。已知柱的上端为铰支，下端为固定，柱的外径 $D=20\text{cm}$，内径 $d=10\text{cm}$，柱长为 $l=9\text{m}$，材料为 A3 钢，$[\sigma]=160\text{MPa}$。

6-22 题 6-22 图所示一焊接组合柱的截面，柱长 $L=7.2\text{m}$，材料为三号钢。$[\sigma]=160\text{MPa}$。柱的上端可视为铰支，下端当截面绕 y 轴转动时相当于铰支，而当截面绕 z 轴转动时相当于固定。轴向压力 $F=25\text{kN}$。试对该柱进行稳定性校核。

6-23 如题 6-23 图所示，AB 及 AC 两杆皆为圆截面，直径 $d=80\text{mm}$，材料为 A3 钢，$[\sigma]=160\text{MPa}$，求此结构的许用载荷 F。

6-24 题 6-24 图所示结构之 CD 梁上，作用着均布载荷 $q=50\text{kN/m}$，木桩 AB 的两端为铰支，$[\sigma^-]=11\text{MPa}$，试求木柱 AB 的直径。

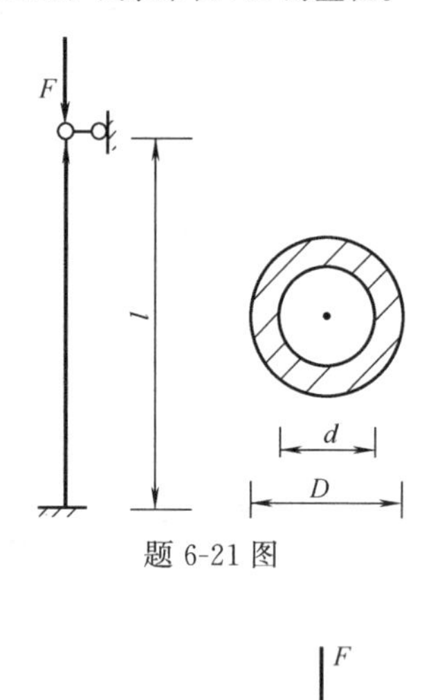

题 6-21 图

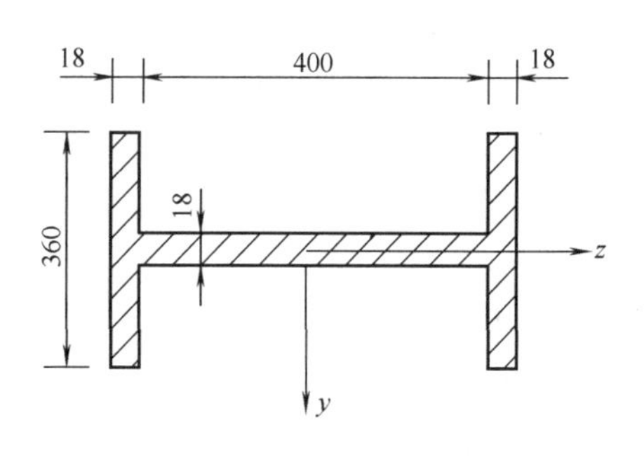

题 6-22 图

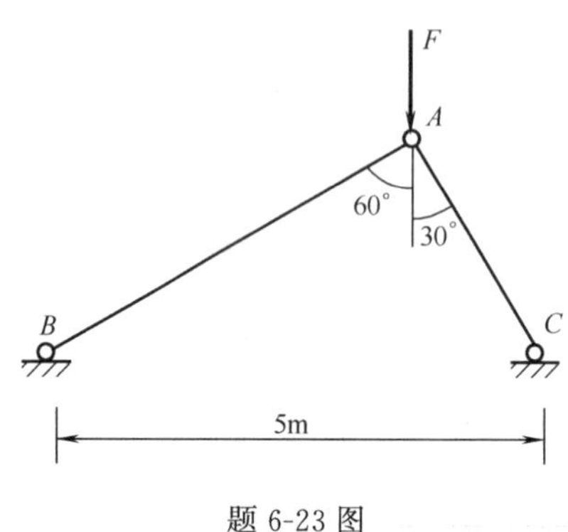

题 6-23 图

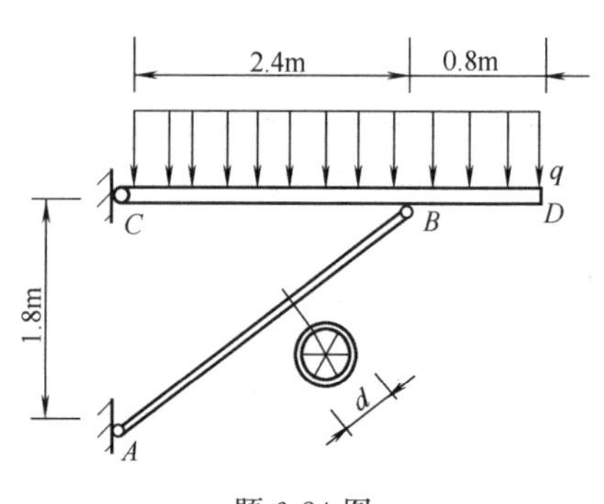

题 6-24 图

第七章　剪　　切

第一节　剪切的概念

剪切变形是构件的基本变形形式之一。现用剪断钢筋为例来说明剪切的概念。如图 7-1 所示：刀刃作用在钢筋上下两侧面上的外力 F 大小相等，方向相反，作用线相距很近，并将各自推动所作用的部分沿着与力 F 作用线平行的 $m—m$ 受剪面（$m—m$ 截面）发生错动，这种变形就是剪切变形。受剪面称为剪切面，它位于两横向外力之间，且平行于外力作用线。当外力 F 增大至某一极限值时，钢筋将沿剪切面被剪断。

在工程中，受剪切变形的构件很多，特别是在构件的连接部分。例如，连接两块钢板的铆钉接头［见图 7-2（a）］，焊接头（见图 7-3），连接飞轮和转轴的键连接（见图 7-4）以及木结构中的榫连接等。构件的连接部分通常称为“接头”或“连接件”。

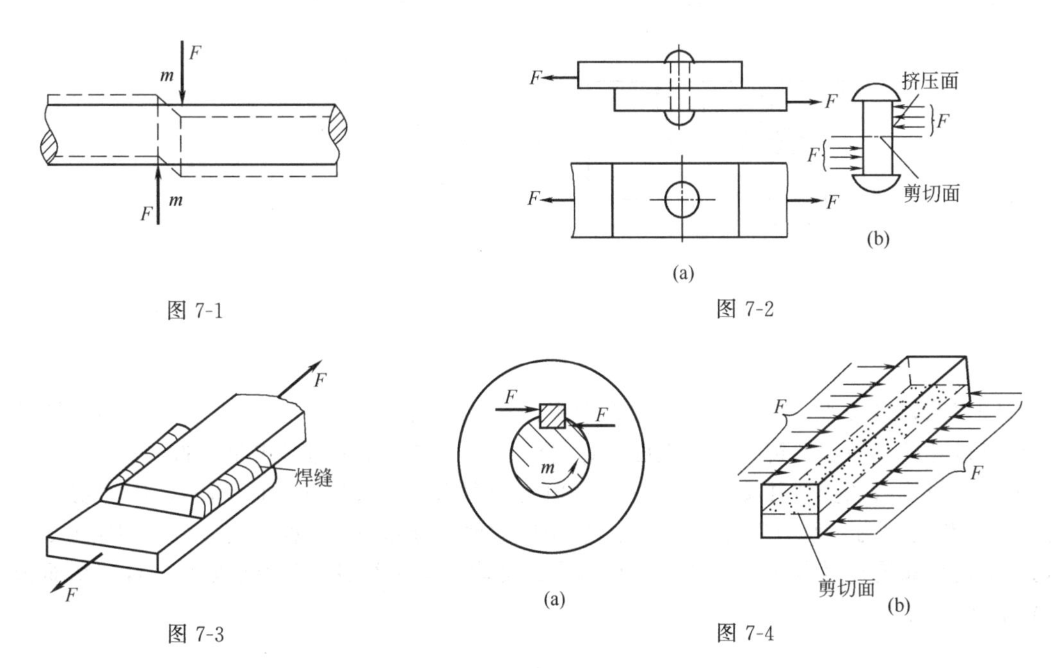

图 7-1　　图 7-2　　图 7-3　　图 7-4

连接部件在发生剪切变形时，通常还伴随着局部挤压现象［见图 7-2（b）］。本章主要研究连接部件的剪切和挤压的实用计算。

第二节　剪切和挤压强度的实用计算

理论分析和实验表明，连接件的受力和变形一般都比较复杂，要精确地进行分析是很困难的。因此在工程实际中，为了计算方便，往往对连接件的受力和应力分布进行某些简化，提出简化的计算方法（实用计算方法）。下面以铆接头为例，介绍实用计算方法。

图 7-5（a）所示为两块钢板由一个铆钉连接的情况。接头受力 F 的作用。忽略铆钉所受的轴向力，则接头中铆钉的受力及两块钢板的受力分别如图 7-5（b）、（c）所示。由图中可见此铆接头的破坏形式可能有如下四种。

（1）铆钉沿截面 1—1 被剪断［见图 7-5（b）］。

（2）铆钉与孔壁互相挤压，使铆钉和孔壁产生显著的塑性变形。

（3）板沿截面 2—2 被拉断［见图 7-5（c）］。

（4）板沿截面 3—3 被剪“豁”［见图 7-5（c）］。

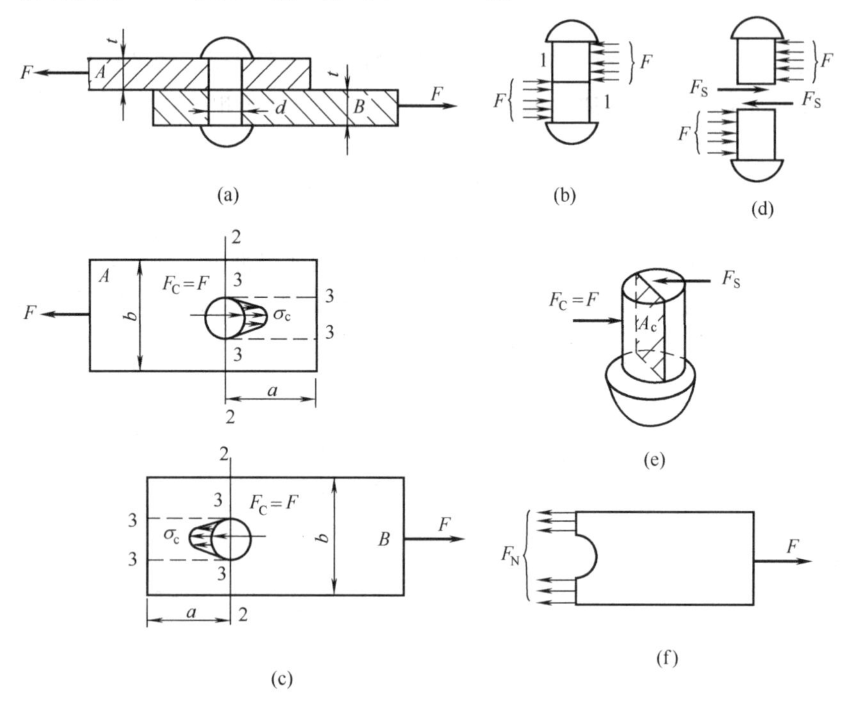

图 7-5

实践表明，当边距 a 足够大，例如大于铆钉直径 d 的两倍时，第（4）种形式的破坏通常是可以避免的，所以，铆接头的强度计算主要是针对前三种破坏形式而言的。

为了分析铆钉的剪切强度，可将铆钉沿剪切面截开，如图 7-5（d）所示。则剪切面上的内力 F_S 称为剪力，而剪切面上与剪力 F_S 相应的剪力分布集度 τ 称为切应力。切应力 τ 在剪切面上的分布是比较复杂的，在实用计算中通常假定 τ 在剪切面上均布分布。若剪切面积用 A_s 表示，则

$$\tau=\frac{F_S}{A_s} \tag{7-1}$$

挤压面上的压力称为挤压力，用 F_C 表示。显然，在挤压面上挤压力 F_C 的分布集度称为挤压应力，用 σ_c 表示。挤压应力 σ_c 在挤压面上的分布也是很复杂的［见图 7-5（c）］，在实用计算中，可用式（7-2）来进行计算。

$$\sigma_c=\frac{F_C}{A_c} \tag{7-2}$$

式中　A_c——受挤压面的面积，当挤压面为平面时，A_c 就是挤压接触面面积，当挤压面为

圆柱面时（铆钉、螺栓等），则 A_c 为过直径的平面面积，也就是挤压接触面的投影面积［见图 7-5（e）］。

可以看出，在此例中 $A_c=dt$。

拉应力 σ 的计算在第六章已论述过，即 σ 在横截面上均匀分布，于是

$$\sigma=\frac{F_N}{A_{净}} \tag{7-3}$$

式中　$A_{净}$——横截面的净面积，在图 7-5（c）3—3 截面中，$A_{净}=t(b-d)$，$F_N=F$，如图 7-5（f）所示。

根据以上讨论可知，接头计算的强度条件为

$$\tau=\frac{F_S}{A_s}\leqslant[\tau] \tag{7-4}$$

$$\sigma_c=\frac{F_C}{A_c}\leqslant[\sigma_c] \tag{7-5}$$

$$\sigma=\frac{F_N}{A_{净}}\leqslant[\sigma^+] \tag{7-6}$$

式中　$[\tau]$，$[\sigma_c]$，$[\sigma^+]$——连接件材料的剪切、挤压、拉伸许用应力。

它们的值由试验确定，可从有关手册中查到，也可按以下经验公式确定。

塑性材料：　$[\tau]=(0.6\sim0.8)[\sigma^+]$

$[\sigma_c]=(1.5\sim2.5)[\sigma^+]$

脆性材料：　$[\tau]=(0.8\sim1.0)[\sigma^+]$

$[\sigma_c]=(0.9\sim1.5)[\sigma^+]$

式（7-4）～式（7-6）可用来解决强度校核、截面设计、确定许用荷载三类基本问题。

【例 7-1】 试对图 7-4 所示键的强度进行校核。键的尺寸如图 7-6（a）所示。键的材料为 45 钢，许用切应力和许用挤压应力分别为$[\tau]=100\text{MPa}$，$[\sigma_c]=150\text{MPa}$，转矩所引起的力 $F=5\text{kN}$。

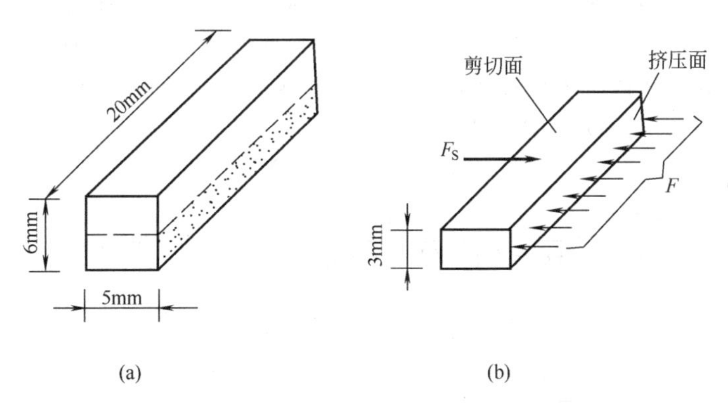

图 7-6

【解】 取键的剪切面以下部分为研究对象，则键的剪切面和挤压面如图 7-6（b）所示。显然，剪切面积 A_s 和挤压面积 A_c 分别为 $A_s=5\times20=100\text{mm}^2$，$A_c=3\times20=60\text{mm}^2$。

① 剪切强度校核

$$\tau=\frac{F_S}{A_s}=\frac{5000}{100}=50\ (\text{MPa})<[\tau]$$

② 挤压强度校核

$$\sigma_c=\frac{F_C}{A_c}=\frac{5000}{60}=83.3\ (\text{MPa})<[\sigma_c]$$

故此键满足强度条件。

【例 7-2】 图 7-7（a）所示拉杆，用四个直径相同的铆钉固定在格板上，拉杆和铆钉的材料相同，试校核铆钉和拉杆的强度。已知：拉力 $F=100\text{kN}$，钢板厚 $t=8\text{mm}$，宽 $b=100\text{mm}$，铆钉直径 $d=16\text{mm}$，容许应力 $[\tau]=145\text{MPa}$，$[\sigma_c]=340\text{MPa}$，$[\sigma]=170\text{MPa}$。

【解】 ① 铆钉的剪切强度校核

首先计算每个铆钉受剪面上的剪力，由于每个铆钉的用料和直径相同，且外力作用线通过铆钉群受剪面的形心，所以假定每个铆钉受剪面上的剪力相同。于是，对于图 7-7（a）所示铆钉群，各铆钉受剪面上的剪力均为

$$F_S=\frac{F}{4}=\frac{100}{4}=25\ (\text{kN})$$

而相应的切应力则为

$$\tau=\frac{F_S}{A_s}=\frac{F_S}{\frac{1}{4}\pi d^2}=\frac{4F_S}{\pi d^2}=\frac{4\times 25\times 10^3}{3.14\times 16^2}=124.4\ (\text{MPa})<[\tau]$$

② 铆钉与板之间的挤压强度校核

挤压力 $$F_C=F_S=\frac{F}{4}=25\ (\text{kN})$$

挤压应力 $$\sigma_c=\frac{F_C}{A_c}=\frac{F_C}{dt}=\frac{25\times 10^3}{16\times 8}=195.3\ (\text{MPa})<[\sigma_c]$$

③ 拉杆的拉伸强度校核

钢板的受力图和轴力图如图 7-7（b）所示，截面 1—1 有一个钉孔，截面 2—2 有两个钉孔。从受力图［见图 7-7（c）］可以看出，这两个截面的轴力和受拉面的面积均不相同，因此，需要分别对这两个截面进行抗拉强度校核。在这里，截面 3—3 的轴力较小，其受拉面面积与 1—1 截面相同，因此，不必验算。

1—1 截面 $$F_{N1}=F=100\text{kN}$$

$$\sigma_1=\frac{F_{N1}}{A_{1净}}=\frac{F}{(b-d)t}=\frac{100\times 10^3}{(100-16)\times 8}=148.8\ (\text{MPa})<[\sigma]$$

2—2 截面 $$F_{N2}=F-\frac{F}{4}=\frac{3F}{4}=\frac{3}{4}\times 100=75\ (\text{kN})$$

$$\sigma_2=\frac{F_{N2}}{A_{2净}}=\frac{F_{N2}}{(b-2d)t}=\frac{75\times 10^3}{(100-2\times 16)\times 8}=137.9\ (\text{MPa})<[\sigma]$$

可见，铆钉和拉杆均满足强度要求。

第三节 焊接实用计算

焊接是工程中金属结构的主要连接方式。它具有不需对构件打孔的优点，因而接头尺寸

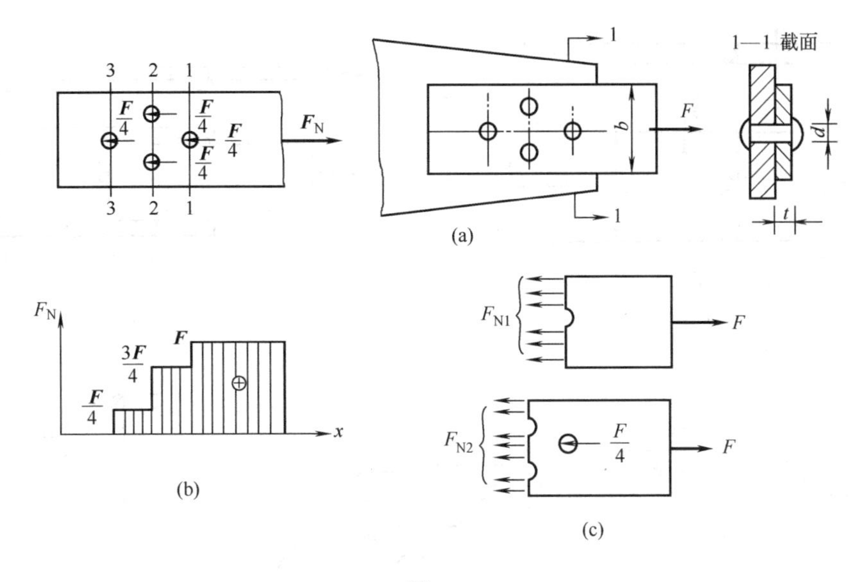

图 7-7

小，节省材料，施工方便，在工程中得到了广泛的应用。常用的焊接形式有如下两种。

一、对接

对接焊缝用来连接同一平面内的构件，如图 7-8 所示。当钢板受拉（压）时，焊缝主要承受拉（压）。假定焊缝内正应力均匀分布，则强度条件为

$$\sigma=\frac{F_N}{l_f \times t}\leqslant[\sigma_h^+]\text{或}[\sigma_h^-] \tag{7-7}$$

式中　　σ——焊缝应力；

t——钢板厚度（认为焊缝厚度与钢板厚度相同）；

l_f——焊缝的计算长度，取实际长度减去 10mm，因为每条焊缝的两端不能保证质量；

$[\sigma_h^+]$，$[\sigma_h^-]$——对接焊缝的许用拉、压应力。

二、搭接

搭接是一个构件放在另一个构件上，在边缘焊成三角形焊缝（见图 7-9），这种焊缝称为贴角焊缝，贴角焊缝的应力情况比较复杂，实验表明，焊缝主要是沿最小纵截面被剪坏（见图 7-10）。图 7-10（c）所示为贴角焊缝的横截面，可近似按三角形进行计算。图中 m—m 截面即为最小纵截面，若假定它与焊缝底成 45°角，则受剪面面积为

$$A_f=h_f\cos45^\circ\times l_f\approx0.7h_f\times l_f$$

式中　h_f——焊缝两直角边中较小者；

l_f——贴缝计算长度之和。

假定切应力 τ 是平均分布的，则搭接焊缝的剪切强度条件为

$$\tau=\frac{F_S}{A_s}=\frac{F}{0.7h_f l_f}\leqslant[\tau_h] \tag{7-8}$$

式中　　$[\tau_h]$——贴角焊缝的许用切应力。

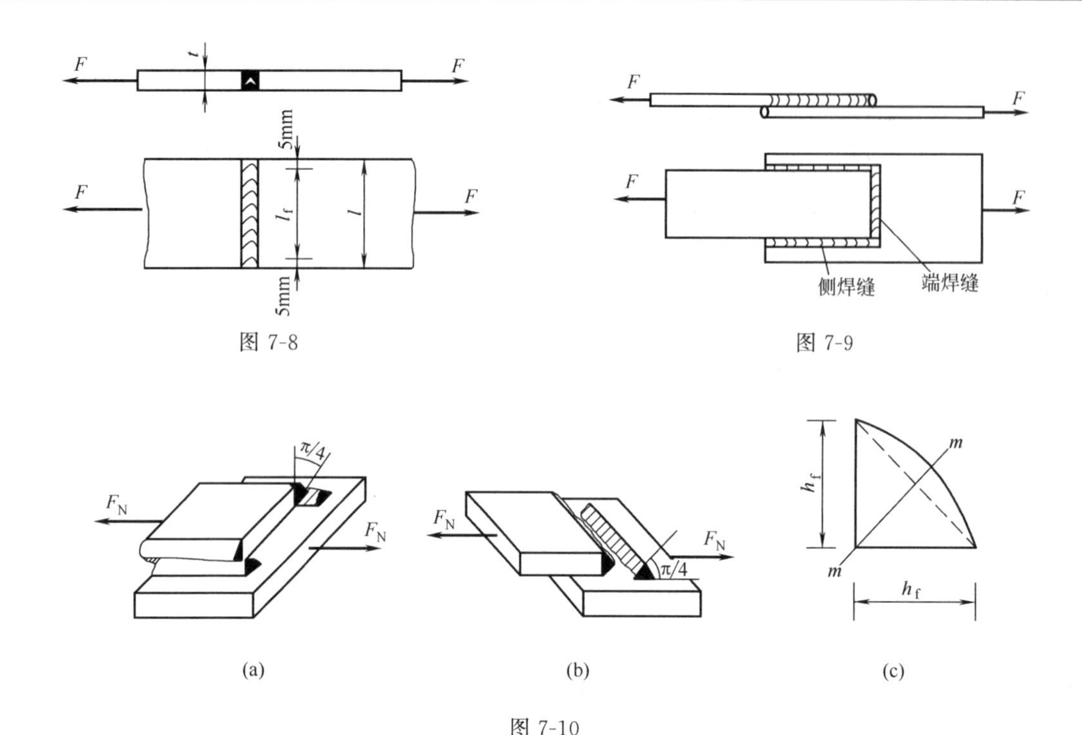

图 7-8　图 7-9

图 7-10

图 7-11

【例 7-3】 在图 7-11 所示接头中，已知拉力 $F=240\text{kN}$，焊缝的许用切应力 $[\tau_h]=100\text{MPa}$，钢板的许用拉应力 $[\sigma]=160\text{MPa}$。三块钢板的厚度均为 $t=10\text{mm}$，钢板的宽度 $b_1=100\text{mm}$，$b_2=150\text{mm}$。试校核此接头是否安全？

【解】 由图可见，此接头可能的破坏形式有如下两种。

① 焊缝被破坏。

② 钢板被拉断。

因此，要从这两个方面进行强度校核。

① 焊缝抗剪强度校核

此接头上下钢板焊缝的剪力均匀 $F_S=\dfrac{F}{2}=\dfrac{240}{2}=120\text{kN}$，在取焊缝的计算长度 l_f 时，每条侧焊缝要减去 10mm，但端焊缝可不减，因它的两端位在转角处，实际的长度已增加了。于是

$$l_f=100+2\times(120-10)=320\ (\text{mm})$$

$$\tau=\frac{F_S}{0.7h_f l_f}=\frac{120\times10^3}{0.7\times10\times320}=53.6\ (\text{MPa})<[\tau_h]$$

所以，焊缝满足抗剪强度要求。

② 钢板抗拉强度校核

由图中可见，三块钢板均受拉伸作用，需分别进行校核，截面 1—1 是上下两块钢板的危险截面，其轴力 $F_{N1}=\dfrac{F}{2}=120\text{kN}$，截面面积 $A_1=b_1 t=100\times10=1000\text{mm}^2$。于是，正应

力 σ_1 为

$$\sigma_1=\frac{F_{N1}}{A_1}=\frac{120\times10^3}{1000}=120\ (\text{MPa})<[\sigma]$$

截面 2—2 是中间钢板的危险截面，其轴力 $F_{N2}=F=240\text{kN}$，截面面积 $A_2=b_2t=150\times10=1500\text{mm}^2$。于是，正应力 σ_2 为

$$\sigma_2=\frac{F_{N2}}{A_2}=\frac{240\times10^3}{1500}=160\ (\text{MPa})=[\sigma]$$

钢板均满足抗拉强度要求，整个接头安全。

第四节　切应变及剪切虎克定律，切应力互等定理

一、切应变及剪切虎克定律

在前面已分析过剪力及切应力的计算，现在分析剪切变形。为此，在构件剪切的部位，围绕某点 K 取出一个微小的正六面体［见图 7-12（a）］，并称之为单元体。将此单元体放大，如图 7-12（b）所示。当剪切变形发生时，截面产生相对错动，使正六面体变成平行六面体，互垂侧边所夹直角发生微小改变。直角的改变量 γ 称为切应变，其单位为弧度（rad）。

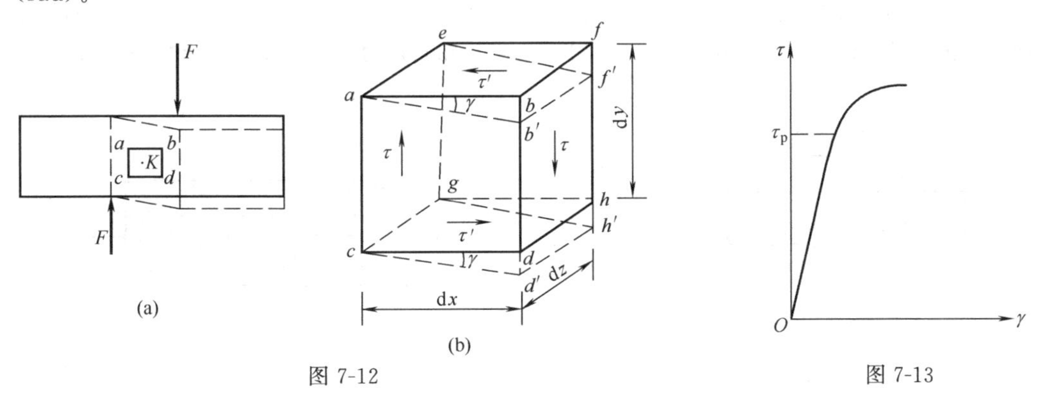

图 7-12　　图 7-13

试验表明（见图 7-13）：当切应力不超过材料的剪切比例极限 τ_p 时，切应力与切应变成正比，即

$$\tau=G\gamma \tag{7-9}$$

此关系式称为剪切虎克定律。比例系数 G 称为剪切弹性模量，其值随材料而异，并由试验测定。G 的单位与拉压弹性模量 E 相同，常用单位为 GPa 或 MPa。如钢材和木材的剪切弹性模量分别为 80～84GPa 及 0.55GPa。

理论研究和实验表明，对于各向同性材料，其剪切弹性模量 G、拉（压）弹性模量 E 和泊松比 μ 之间存在如下关系

$$G=\frac{E}{2(1+\mu)} \tag{7-10}$$

所以，只要知道其中任意两个弹性常数后，由式（7-10）就可以确定第三个弹性常数。

二、切应力互等定理

现在进一步研究图 7-12（b）所示的单元体的受力情况。由上面分析可知，在单元体的

左、右侧面上，作用有由切应力 τ 构成的剪力 $\tau \mathrm{d}y\mathrm{d}z$。这对大小相等、方向相反的剪力构成一力偶矩为 $\tau \mathrm{d}x\mathrm{d}y\mathrm{d}z$ 的力偶。然而，由于单元体处于平衡状态，故此，单元体的顶面和底面上，也必然存在切应力 τ'，并构成一个力偶矩为 $\tau' \mathrm{d}x\mathrm{d}y\mathrm{d}z$ 的反向力偶。这两个力偶相互平衡，即

$$\tau \mathrm{d}x\mathrm{d}y\mathrm{d}z=\tau' \mathrm{d}x\mathrm{d}y\mathrm{d}z$$

所以

$$\tau=\tau' \tag{7-11}$$

式（7-11）表明，在单元体相互垂直的两个面上，沿垂直于两面交线作用的切应力大小相等，其方向则均指向或均背离该交线。此关系称为切应力互等定理。此定理具有普遍性，不仅对只有切应力作用的单元体正确，对同时有正应力作用的单元体也正确。

上述单元体各侧面上只有切应力，没有正应力，这种应力状态称为纯切应力状态。

习　题

7-1　试校核题 7-1 图所示拉杆头部的剪切强度和挤压强度。已知图中尺寸 $D=32\text{mm}$，$d=20\text{mm}$ 和 $h=12\text{mm}$，杆的容许切应力 $[\tau]=100\text{MPa}$，容许挤压应力 $[\sigma_c]=240\text{MPa}$。

7-2　矩形截面的木拉杆采用题 7-2 图所示榫头相连。已知轴向拉力 $F=40\text{kN}$，截面尺寸 $b=200\text{mm}$，$a=70\text{mm}$。木材的顺纹许用挤压应力 $[\sigma_c]=10\text{MPa}$，顺纹许用切应力 $[\tau]=1\text{MPa}$，求接头所需尺寸 l 和 h。

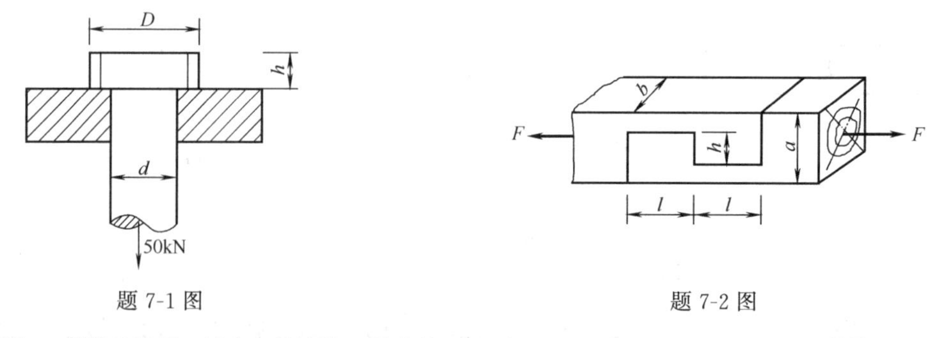

题 7-1 图　　题 7-2 图

7-3　题 7-3 图所示摇臂，试确定其轴销 B 的直径 d。已知：$F_1=50\text{kN}$，$F_2=35.4\text{kN}$，$[\tau]=100\text{MPa}$，$[\sigma_c]=240\text{MPa}$。

7-4　一个直径为 20mm 的心轴上安装着一个手摇柄，如题图 7-4 所示。柄与轴之间有一平键 K，键长 35mm，截面为正方形，边长为 6mm，键的 $[\tau]=100\text{MPa}$，$[\sigma_c]=220\text{MPa}$。求距轴心 600mm 处可加多大的力 F？

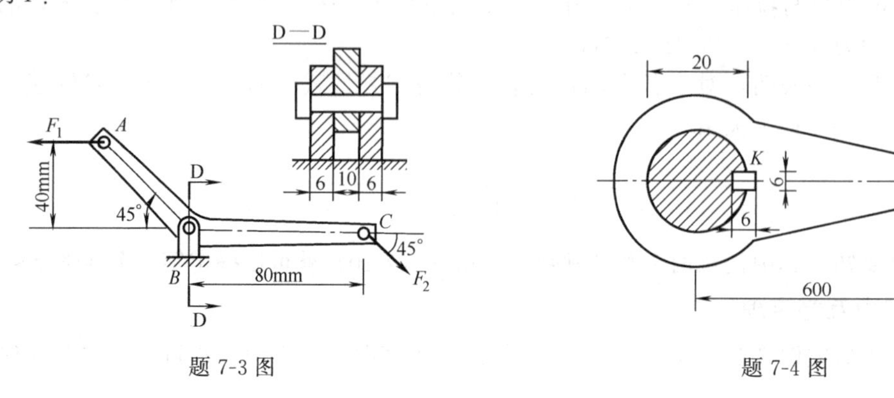

题 7-3 图　　题 7-4 图

7-5　一铆接头如题 7-5 图所示。已知钢板的许用应力 $[\sigma]=100\text{MPa}$，$[\sigma_c]=200\text{MPa}$，钢板厚度 $t=10\text{mm}$，宽度 $b=100\text{mm}$；设铆钉直径 $d=12\text{mm}$，铆钉的许用应力 $[\tau]=140\text{MPa}$，轴向荷载 $F=24\text{kN}$。试校核此接头的强度。

7-6　题 7-6 图所示铆接头。已知钢板宽度 $b=200\text{mm}$，板厚 $t=6\text{mm}$，铆钉直径 $d=18\text{mm}$，钢板容许拉应力 $[\sigma]=160\text{MPa}$，挤压应力 $[\sigma_c]=240\text{MPa}$，铆钉容许切应力 $[\tau]=100\text{MPa}$。试求最大许可拉力 $[F]$。

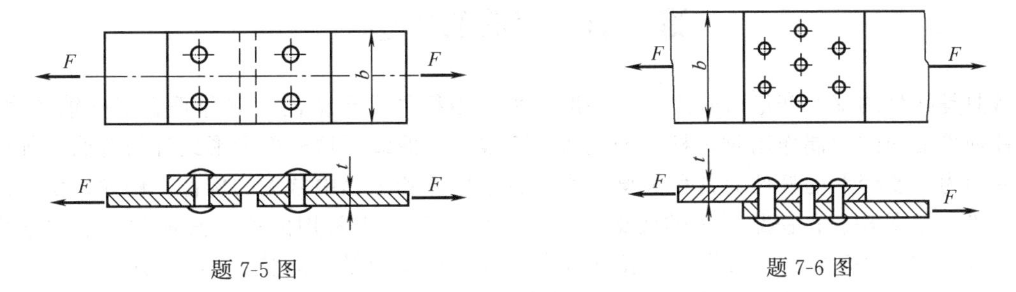

题 7-5 图　　　　题 7-6 图

7-7　题 7-7 图所示一搭接焊缝的接头。已知板 1 的厚度 $t_1=10\text{mm}$，宽度 $b_1=100\text{mm}$；板 2 的厚度 $t_2=8\text{mm}$；拉力 $F=300\text{kN}$，焊缝的许用应力 $[\tau_h]=110\text{MPa}$。试计算板的搭接长度 l。

7-8　题 7-8 图所示连接两块钢板的对接焊缝。已知焊接许用应力 $[\sigma_h^+]=145\text{MPa}$，钢板宽 $b=20\text{cm}$，厚度 $t=1\text{cm}$。求此接头的许可拉力 $[F]$ 值。

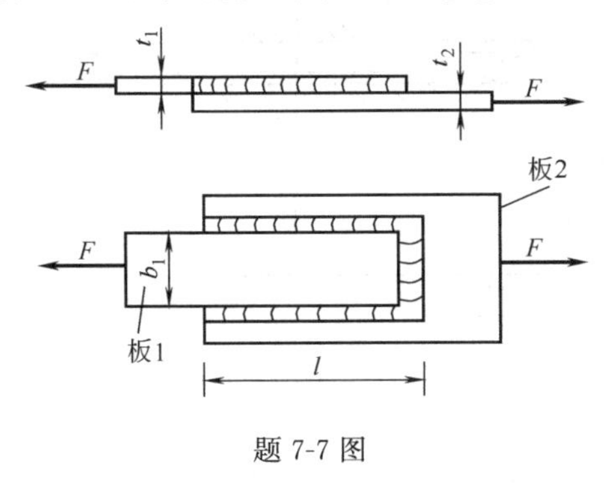

题 7-7 图

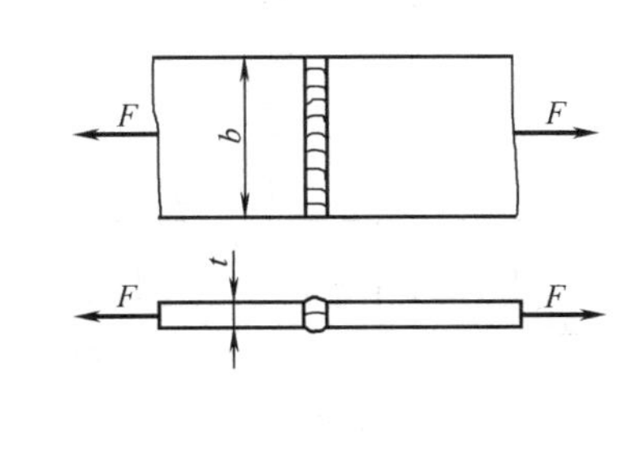

题 7-8 图

第八章　梁的内力

第一节　弯曲的概念

弯曲是构件的基本变形形式之一。一般说来，当杆件受到横向力（即垂直于杆轴的力）或在杆轴平面内的力偶作用时，杆的轴线将由直线变为曲线。这种变形形式称为弯曲。凡以弯曲变形为主要变形的杆件通常称为梁。梁是日常生活和工程中常见的构件。例如，桥式吊车的横梁（见图 8-1）；铁路货车的底架（见图 8-2）；工程中常用的梁，其横截面通常采用对称形状，如图 8-3 所示。而荷载一般可简化为作用在梁的纵向对称面内［见图 8-4（a）］。当梁变形时，它的轴线将弯曲成在此对称面内的一条平面曲线［见图 8-4（b）］。这种弯曲称为平面弯曲。平面弯曲是弯曲变形中最简单和最常见的情况。本章将只研究这种弯曲。

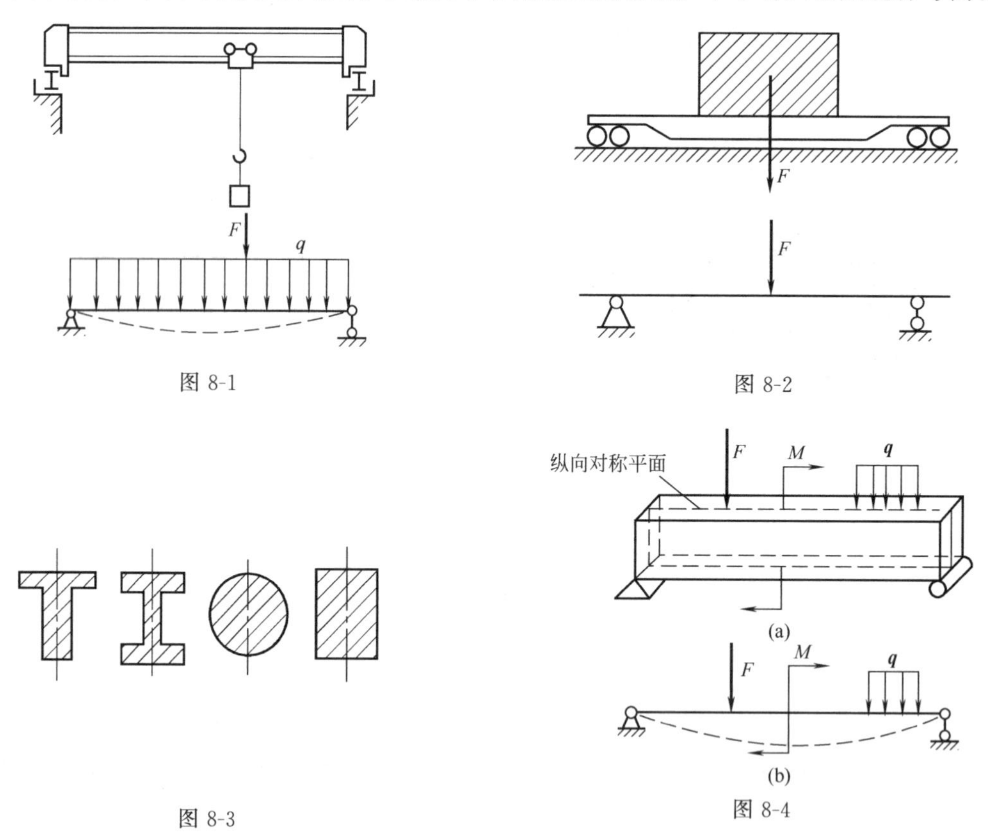

图 8-1　图 8-2　图 8-3　图 8-4

第二节　用截面法求梁的内力

为了对梁进行变形的应力分析，首先必须用截面法分析梁的内力。

考虑任一简支梁 AB［见图 8-5（a）］，其上作用有荷载 F 及支座约束力 F_A、F_B。梁 AB 在所有外力作用下处于平衡状态，现在研究距左端为 x 的横截面 $m—m$ 上的内力。首先，利用截面法，在截面 $m—m$ 处将梁切成左、右两段，并任选一段，例如以左段作为研究对象。在左段梁上［见图 8-5（b）］，作用有向上的力 F_A。由平衡条件 $\sum F_Y=0$ 可知：在 $m—m$ 截面上，应该有向下的力 F_S 与 F_A 相平衡。即 $F_S=F_A$。显然，F_A 与 F_S 构成了一顺时针转动的力偶，其力偶矩为 F_Ax。若令 O 为 $m—m$ 截面的形心，则由平衡条件 $\sum M_O=0$ 知：在 $m—m$ 截面上，必然有一反时针转动的力偶 M 与 F_Ax 相平衡，即 $M=F_Ax$。力 F_S 和力偶 M 是梁横截面上的两种不同形式的内力，分别称为剪力和弯矩。

同样，如果以右段梁为研究对象［见图 8-5（c）］，由平衡条件也可求得 $m—m$ 截面上的剪力和弯矩，其值与通过左段梁所求得的结果完全相同。但右段梁上内力的方向与左段梁上的相反。因为，左、右两段上的内力是作用力与反作用力的关系。

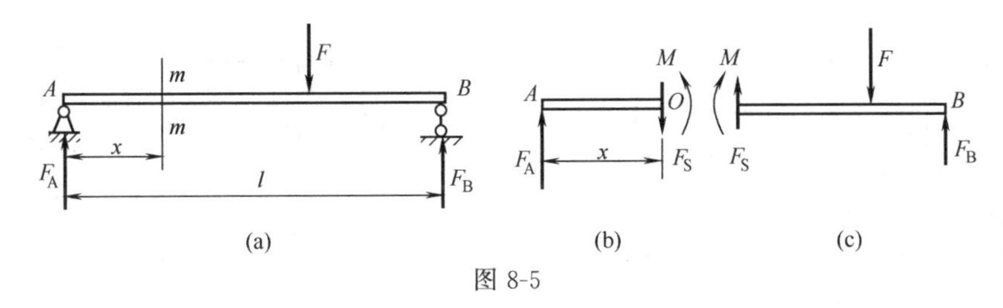

图 8-5

为了使以上两种算法所得同一截面上的内力具有相同的符号，特对剪力和弯矩符号做如下规定。

（1）当截面上的剪力使所考虑的分离体沿顺时针方向旋转时为正，反之为负［见图8-6（a）］。

（2）当截面上的弯矩使所考虑的分离体弯曲变形凹向上（即上部受压，下部受拉）时为正，反之为负［见图 8-6（b）］。在具体计算内力时，先将 F_S、M 按正向假设，然后由平衡方程计算，若计算结果为正，说明内力的实际方向与假设的相同，反之则相反。例如图 8-5 所示的 $m—m$ 截面上的剪力和弯矩均为正值。

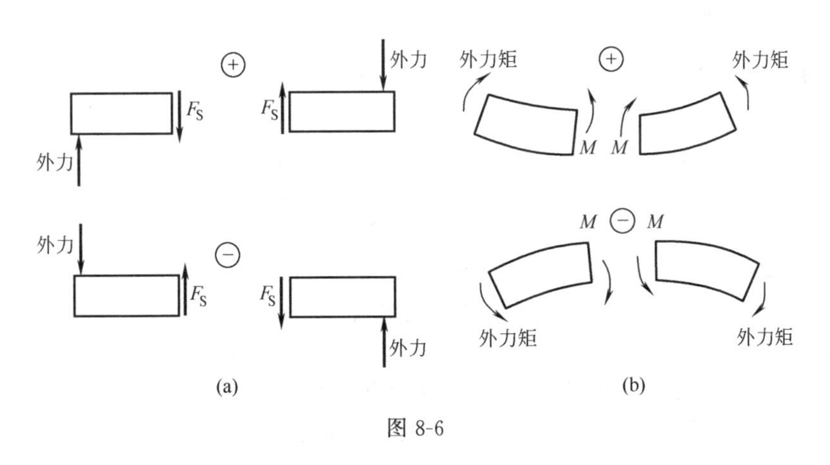

图 8-6

【例 8-1】 求图 8-7 所示悬臂梁 1—1、2—2 截面上的内力。

【解】 ① 计算 1—1 截面上的内力

取截面 1—1 左侧梁段［见图 8-7（b）］分析，以正向标明未知力 F_{S1} 和 M_1，由平衡方程得

$$\sum F_Y=0 \quad F_{S1}=0$$

$$\sum M_{O1}=0 \quad M_1=-2\text{kN}\cdot\text{m}$$

M_1 为负值，说明 1—1 截面上的弯矩 M_1 的实际方向与假设方向相反。

② 计算 2—2 截面上的内力

取截面 2—2 左侧梁段［见图 8-7（c）］为分析对象，以正向标明 F_{S2} 和 M_2。考虑平衡条件

由 $$\sum F_Y=0，-F_{S2}-5=0$$

得 $$F_{S2}=-5\text{kN}$$

由 $$\sum M_{O_2}=0，M_2+2+5\times2=0$$

得 $$M_2=-12\text{kN}\cdot\text{m}$$

即 F_{S2} 和 M_2 的方向均与假设方向相反。

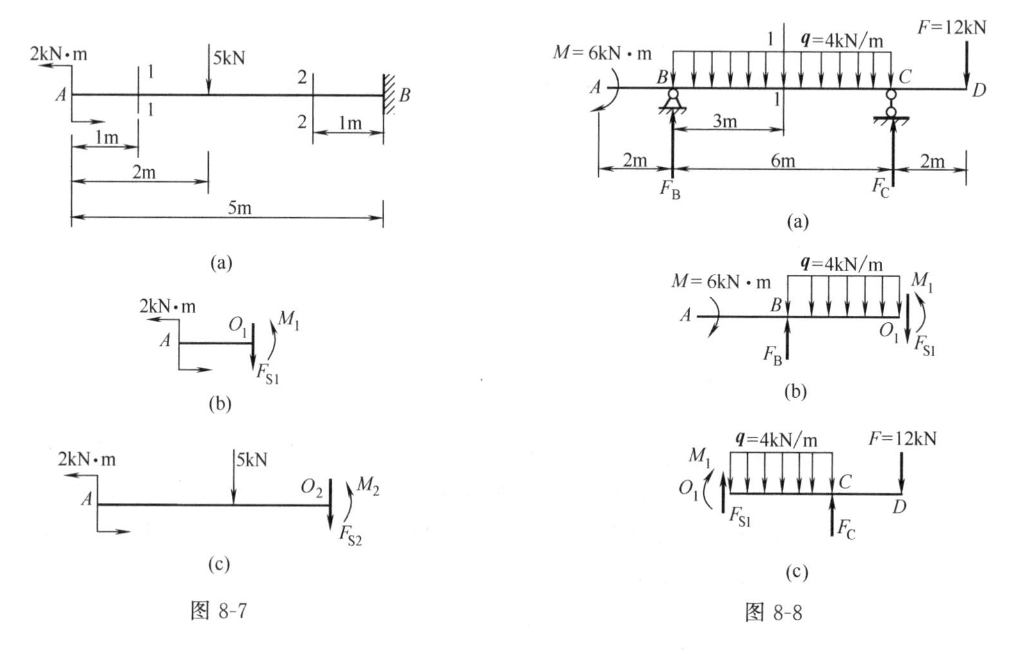

图 8-7　　图 8-8

【例 8-2】 试求图 8-8（a）所示外伸梁 1—1 截面上的内力。

【解】 ① 求梁的支座约束力

由平衡方程 $$\sum M_C=0\quad -F_B\times6-6-12\times2+\frac{1}{2}\times4\times6^2=0$$

得 $$F_B=7\text{kN}$$

由平衡方程 $$\sum F_Y=0\quad F_C+7-4\times6-12=0$$

得 $$F_C=29\text{kN}$$

② 求截面 1—1 的内力

取截面 1—1 左侧梁段［见图 8-8（b）］为分析对象。

由 $$\sum F_Y=0\quad F_B-4\times3-F_{S1}=0 \text{ 或 } F_{S1}=F_B-4\times3$$

得 $$F_{S1}=-5\text{kN}\quad（与假设方向相反）$$

由 $$\sum M_{O_1}=0\quad M_1+\frac{1}{2}\times4\times3^2-F_B\times3-6=0$$

或 $$M_1=F_B\times3+6-\frac{1}{2}\times4\times3^2$$

得 $$M_1=9\text{kN}\cdot\text{m}$$

若取截面 1—1 右侧梁段［见图 8-8（c）］为分析对象

则由 $\sum F_Y=0$

得 $F_{S1}=4\times3+12-F_C=4\times3+12-29=-5$ (kN)

由 $\sum M_{O_1}=0$

得 $M_1=F_C\times3-12\times5-\frac{1}{2}\times4\times3^2=9$ (kN·m)

可见，不论选取梁截面的哪一侧来研究，求得的同一截面上的内力总是相同的。

从以上由截面法求内力的过程中可以总结出以下结论。

(1) 横截面的剪力在数值上等于此截面左边或右边梁上外力的代数和。在左侧梁段中方向向上的外力，或在右侧梁段中方向向下的外力引起正剪力，反之则引起负剪力。

(2) 横截面上的弯矩在数值上等于此截面的左侧或右侧梁上所有外力（包括外力偶）对该截面形心的力矩之和。方向向上的外力不论在截面的左边或右边均引起正弯矩。反之，向下的外力引起负弯矩。

以上结论如能熟练掌握，在求指定截面内力时，只需要知道作用在梁上的所有外力，就可容易的写出内力值。

第三节 内力方程及内力图

由上节例题知，梁的剪力和弯矩一般在各个截面都是不相同的。如果以梁的轴线为 x 轴，当选取合适的坐标原点后，每一个特定的 x 坐标就代表一个特定的横截面。这样就可以把内力值表达为 x 坐标的函数，即

$$F_S=F_S(x)$$

$$M=M(x)$$

上述关系式就是梁的内力方程，分别称为剪力方程和弯矩方程。

如果以 x 轴为横坐标，F_S或 M 为纵坐标，就可将上述关系式用图像的形式表达出来，分别称为剪力图和弯矩图。有了剪力图和弯矩图，就可以清楚的了解剪力和弯矩沿全梁的变化情况，从而确定出危险截面，以进行强度计算。下面将通过具体例题来说明建立剪力、弯矩方程以及绘制剪力图和弯矩图的方法。

【例 8-3】 试绘制图 8-9 (a) 所示悬臂梁的剪力图和弯矩图。

【解】 ① 建立剪力方程及弯矩方程

以梁的左端为坐标原点，取距原点 x 处的截面，根据截面左侧梁上的外力，由上节所得出结论，可得剪力方程和弯矩方程分别为

$$F_S(x)=-F \quad (0\leqslant x\leqslant l) \tag{a}$$

$$M(x)=-Fx \quad (0\leqslant x\leqslant l) \tag{b}$$

② 绘制剪力图

式 (a) 表明，各横截面的剪力均等于 F，所以，F_S 图是一条位于 x 轴下方，并与之相距为 F 的平行线［见图 8-9 (b)］。

③ 绘制弯矩图

式 (b) 表明，弯矩是 x 的一次函数，所以 M 图是一斜直线。当 $x=0$ 时，$M_A=0$；当 $x=l$ 时，$M_B=-Fl$。根据此两点的坐标值即可绘出 M 图［见图 8-9 (c)］。固定端截面弯矩

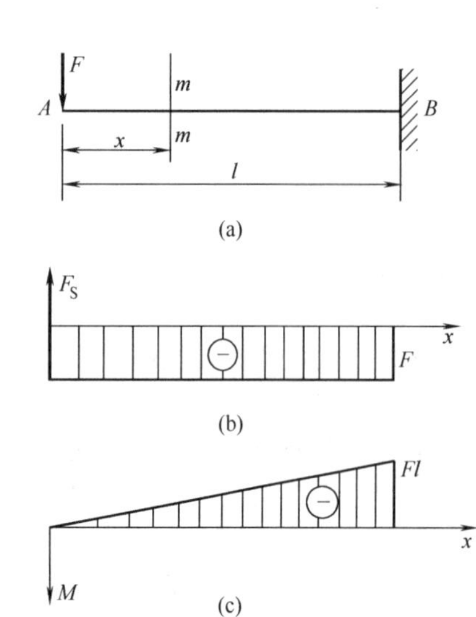

图 8-9

的绝对值最大，即 $|M|_{max}=Fl$。在工程中，通常是把弯矩图画在梁的受拉一侧。所以，正弯矩画在横坐标轴的下边，负弯矩画在上边。

【例 8-4】 图 8-10（a）所示为一简支梁，在全长内承受均布荷载 q。试绘出梁的内力图。

【解】 ① 计算支座反力

由于梁的结构和荷载均对称，所以两支座反力相等，即

$$F_A=F_B=\frac{ql}{2}$$

② 列剪力方程和弯矩方程

以梁的左端为坐标原点，取距原点为 x 的任一横截面 $m—m$，根据截面左侧梁上的外力，得剪力方程和弯矩方程分别为

$$F_S(x)=F_A-qx=\frac{ql}{2}-qx \qquad (0\leqslant x\leqslant l) \qquad \text{(a)}$$

$$M(x)=F_Ax-qx\times\frac{x}{2}=\frac{ql}{2}x-\frac{qx^2}{2} \qquad (0\leqslant x\leqslant l) \qquad \text{(b)}$$

③ 绘剪力图

式（a）表明，剪力是 x 的一次函数，所以 F_S 图为一斜直线。当 $x=0$ 时，$F_{SA}=\frac{ql}{2}$；当 $x=l$ 时，$F_{SB}=-\frac{ql}{2}$。根据此两点的坐标值可绘出 F_S 图［见图 8-10（b）］。

④ 绘弯矩图

式（b）表明，弯矩是 x 的二次函数，所以 M 图为一抛物线。确定此抛物线，至少需要算出抛物线上三点的弯矩值，一般可取两个端点和弯矩最大值所在的点。对于两个端点有：$x=0$ 时，$M_A=0$；$x=l$ 时，$M_B=0$。欲求 M 的最大值可由

$$\frac{dM(x)}{dx}=\frac{ql}{2}-qx \qquad \text{(c)}$$

再令

$$\frac{dM(x)}{dx}=0$$

从而求得 $x=\frac{l}{2}$ 处弯矩有极值，其极值为

$$M_{max}=\frac{ql}{2}\times\frac{l}{2}-\frac{q}{2}\left(\frac{l}{2}\right)^2=\frac{ql^2}{8}$$

最后，根据曲线的特性及以上三点坐标值即可绘出 M 图［图 8-10（c）］。

由图可见，在两个端点 $F_S=|F_S|_{max}$，$M=0$；而在跨中 $M=|M|_{max}$，$F_S=0$。

【例 8-5】 图 8-11（a）所示简支梁，在截面 C 处受集中力 F 作用，试绘梁的剪力图和弯矩图。

【解】 ① 计算支座反力

由 $\sum M_B=0$ 和 $\sum M_A=0$ 分别求得

$$F_A=\frac{Fb}{l} \quad F_B=\frac{Fa}{l}$$

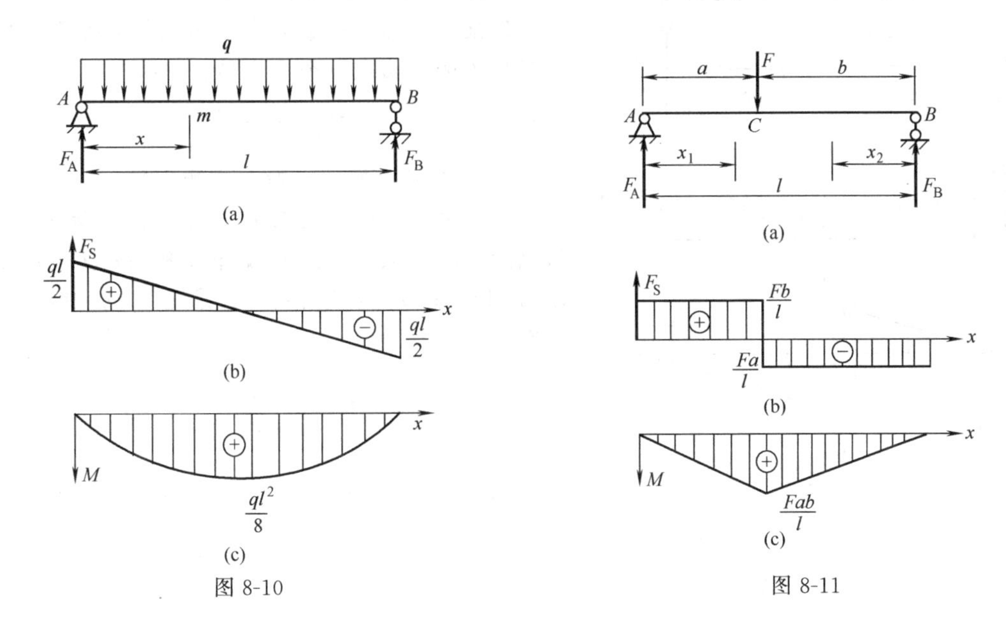

图 8-10　　图 8-11

② 列剪力方程和弯矩方程

由于作用在梁上 C 点的外力 F 将梁分为 AC 和 CB 两段，故应分段建立剪力、弯矩方程。对于 AC 段，以 A 端为坐标原点，并用坐标 x_1 表示横截面的位置。根据截面左侧梁上外力，得剪力方程和弯矩方程分别为

$$F_S(x_1)=F_A=\frac{Fb}{l} \quad (0\leqslant x_1\leqslant a) \tag{a}$$

$$M(x_1)=F_A x_1=\frac{Fb}{l}x_1 \quad (0\leqslant x_1\leqslant a) \tag{b}$$

对于 CB 段，为了计算方便，选 B 端为坐标原点，并用 x_2 表示横截面的位置。根据截面右侧梁上外力，得剪力方程及弯矩方程分别为

$$F_S(x_2)=-F_B=-\frac{Fa}{l} \quad (0\leqslant x_2\leqslant b) \tag{c}$$

$$M(x_2)=F_B x_2=\frac{Fa}{l}x_2 \quad (0\leqslant x_2\leqslant b) \tag{d}$$

③ 画剪力图和弯矩图

根据式 (a)、式 (c) 作剪力图如图 8-11 (b) 所示；根据式 (b)、式 (d) 作弯矩图如图 8-11 (c) 所示。

可见横截面 C 的弯矩最大，其值为 $M_C=M_{max}=\frac{Fab}{l}$。若 $a=b=\frac{l}{2}$，则 $M_{max}=\frac{Fl}{4}$。若 $a>b$，则 BC 段的剪力绝对值最大，其值为 $|F_S|_{max}=\frac{aF}{l}$。若 $a=b=\frac{l}{2}$，则 $|F_S|=\frac{F}{2}$。

在剪力图和弯矩图中可以得出结论：在集中力作用下，其左、右两侧横截面上的弯矩相同，而剪力则发生突变，突变值等于该集中力之值。

【例 8-6】 图 8-12 (a) 所示简支梁，在 C 处受集中力偶 m 作用。试绘出梁的剪力图和

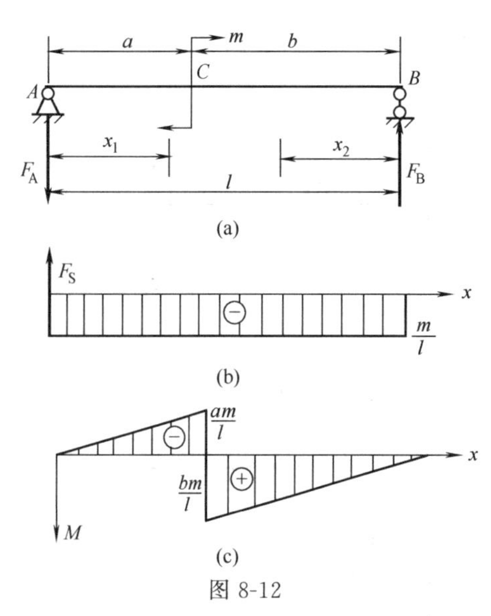

图 8-12

弯矩图。

【解】 ① 计算支座反力

因梁上仅作用一个集中力偶，由平衡条件知：支座反力必定构成一个反力偶。所以

$$F_A=F_B=\frac{m}{l}$$

② 分段建立剪力方程和弯矩方程

以集中力偶的作用面 C 为分界面，仿照例 8-5，将梁分为 AC、CB 两段并分别用 $F_S(x_1)$，$M(x_1)$ 和 $F_S(x_2)$，$M(x_2)$ 代表它们的内力，于是有

$$F_S(x_1)=-F_A=-\frac{m}{l} \qquad (0\leqslant x_1\leqslant a) \qquad (a)$$

$$F_S(x_2)=-F_B=-\frac{m}{l} \qquad (0\leqslant x_2\leqslant b) \qquad (b)$$

$$M(x_1)=-F_Ax_1=-\frac{m}{l}x_1 \qquad (0\leqslant x_1\leqslant a) \qquad (c)$$

$$M(x_2)=F_Bx_2=\frac{m}{l}x_2 \qquad (0\leqslant x_2\leqslant b) \qquad (d)$$

③ 画剪力图和弯矩图

根据式（a)、式（b）作剪力图，如图 8-12（b）所示；根据式（c)、式（d）作弯矩图，如图 8-12（c）所示。由剪力图和弯矩图可以得出结论：在集中力偶作用下，其左、右两侧横截面上的剪力相同，但弯矩则发生突变，突变值等于该集中力偶之值。

第四节 弯矩、剪力及荷载集度间的微分关系

比较例 8-4 中（a)、(b)、(c）三式的关系可知

$$\frac{dF_S(x)}{dx}=-q$$

$$\frac{dM(x)}{dx}=\frac{ql}{2}-qx=F_S(x)$$

以上两式表明，剪力 $F_S(x)$ 对 x 的一阶导数等于荷载集度 $q(x)$（负号表示 q 的方向向下)，弯矩 $M(x)$ 对 x 的一阶导数等于剪力 $F_S(x)$。

实际上，上述关系不是偶然现象，而是普遍存在的规律，现论证如下：设在图 8-13（a）所示梁上作用有任意分布荷载 $q(x)$，并假定 $q(x)$ 的方向向上。现从梁上取出一段长度为 dx 的单元体［见图 8-13（b)]。作用在单元体上的分布荷载可以认为是均匀的。设单元体左侧面上的内力为 $F_S(x)$、$M(x)$，则右侧面上的内力为 $F_S(x)+dF_S(x)$、$M(x)+dM(x)$。考虑单元体的平衡，有

$$\sum F_Y=0$$

$$F_S(x)+q(x)dx-[F_S(x)+dF_S(x)]=0$$

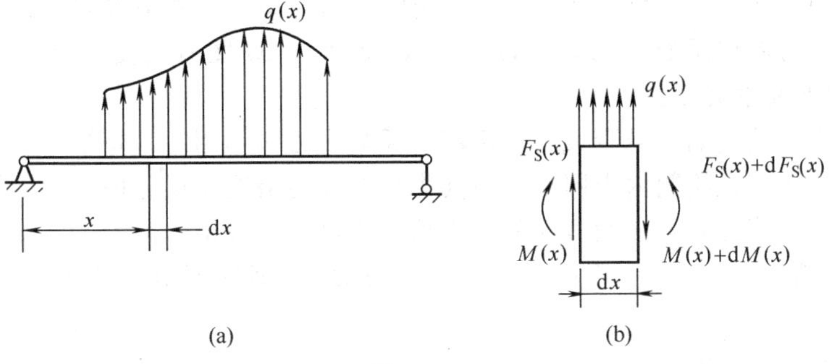

图 8-13

得
$$\frac{dF_S(x)}{dx}=q(x) \tag{8-1}$$

$$\sum M_O=0$$

$$[M(x)+dM(x)]-M(x)-F_S(x)dx-q(x)dx\frac{dx}{2}=0$$

略去二阶微量，得

$$\frac{dM(x)}{dx}=F_S(x) \tag{8-2}$$

将式（8-2）代入式（8-1），还可得

$$\frac{d^2M(x)}{dx^2}=q(x)$$

以上三式即弯矩、剪力和荷载集度间的微分关系式。

由上述微分关系式知，F_S 图上任一点的切线斜率等于梁上相应点处的荷载集度 q，M 图上任一点的切线斜率等于梁上相应截面上的剪力 F_S。

由上述微分关系以及上节例题和所得出的结论可以看出，梁的荷载和 F_S 图、M 图之间存在如下规律。

（1）当 $q(x)=0$时，对应着梁上没有分布荷载作用的区段（见图 8-9、图 8-11、图 8-12）。由于$\frac{dF_S(x)}{dx}=q(x)=0$，$F_S(x)=$常数。所以 F_S 图的切线斜率为零，F_S 图为水平线。同时，因$\frac{dM(x)}{dx}=F_S(x)=$常数，所以，M 图的切线斜率为常数，M 图为斜直线。

（2）当 $q(x)=$常数时，对应着梁上有均布荷载作用的区段（见图 8-10）。由于$\frac{dF_S(x)}{dx}=q(x)=$常数，所以 F_S 图的切线斜率为常数。当均布荷载向上时，$q(x)>0$，斜率为正。当均布荷载向下时，$q(x)<0$，斜率为负，F_S 图为斜直线。由于$\frac{dM(x)}{dx}=F_S(x)$，而 F_S 图为斜直线，所以，M 图为二次抛物线。当$\frac{d^2M(x)}{dx^2}=q(x)>0$，曲线凸向上（因 M 坐标的正方向取向下）。当$\frac{d^2M(x)}{dx^2}=q(x)<0$，曲线凸向下。在$\frac{dM(x)}{dx}=F_S(x)=0$处 $M(x)$具有极大值或极小值。

（3）在集中力作用处（见图 8-11 中的 C 截面），F_S 图有突变，突变量等于此集中力之值。将 F_S 图由左至右看：向上的集中力引起正向的突变，向下的集中力引起负向的突变。

而在集中力作用处 M 图有尖角（转折），尖角的方向与集中力箭头方向一致。

（4）在集中力偶作用处（见图 8-12 中的 C 截面），M 图有突变，突变量等于此集中力偶之值。F_S 图不发生突变。

（5）简支梁的铰支端和悬臂梁的自由端若无集中力偶作用时，弯矩为零。

有了上述规律，在绘制内力图时，只要先根据外力情况将梁分段，然后根据规律确定出内力图的形状，再算出有关控制截面的内力值，就可逐段画出内力图。

【例 8-7】 图 8-14（a）所示简支梁，在截面 B、C 处各作用一集中力 F，画此梁的内力图。

【解】 ① 计算支座反力

由于两个集中力 F 组成一对力偶，支座反力 F_A、F_B 必然组一对方向相反的力偶与之平衡。于是有

$$\sum M=0$$

$$aF-3aF_A=0$$

$$F_A=F_B=\frac{F}{3}$$

② 画剪力图

将梁分为 AB、BC 和 CD 三段。由于每段梁上均无分布荷载作用，因此各段梁的剪力图均为水平线。这样，当求出各段梁内任一横截面处的剪力后，即可绘出剪力图。

由截面法可得

$$F_{SA右}=\frac{F}{3},\ F_{SB左}=-\frac{2}{3}F,F_{SC右}=\frac{F}{3}$$

由上述数值可画出 F_S 图，如图 8-14（b）所示。

③ 画弯矩图

由 F_S 图知，AB、BC 和 CD 三段的 F_S 图均为水平线，故此三段的 M 图均为斜直线。其中，AB 和 CD 段斜率为正，BC 段斜率为负。梁上无集中力偶，M 图上无突变，控制点为 A、B、C、D 四点。由截面法可得

$$M_A=0\quad M_B=\frac{F}{3}a\quad M_C=-\frac{F}{3}a\quad M_D=0$$

由上述数值可画出 M 图，如图 8-14（c）所示。

从 F_S 图及 M 图可见，在 B 截面，集中力 F 向下，引起 F_S 图上负的突变，突变量为 F。同时，引起 M 图上有向下的尖角。在 C 截面，集中力 F 向上，引起 F_S 图上正的突变，突变量为 F。同时，引起 M 图上有向上的尖角。

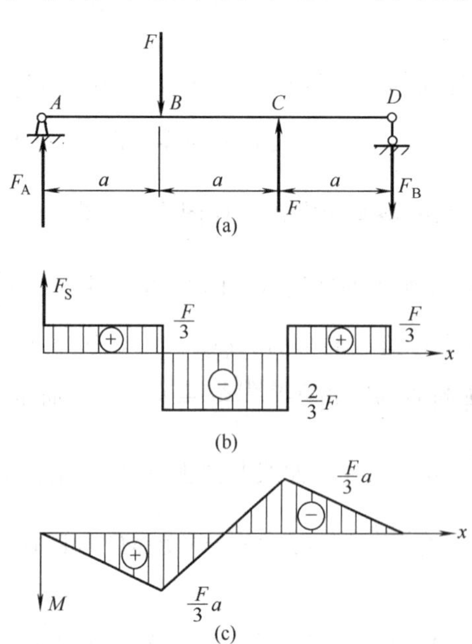

图 8-14

【例 8-8】 试作图 8-15（a）所示外伸梁的内力图。

【解】 ① 求支座反力

由　$\sum M_C=0$

得　$F_B=7kN$

由　$\sum F_Y=0$

得　$F_C=29kN$

根据梁上的荷载情况，需要把梁分为 AB、BC、CD 三段，逐段画出内力图。

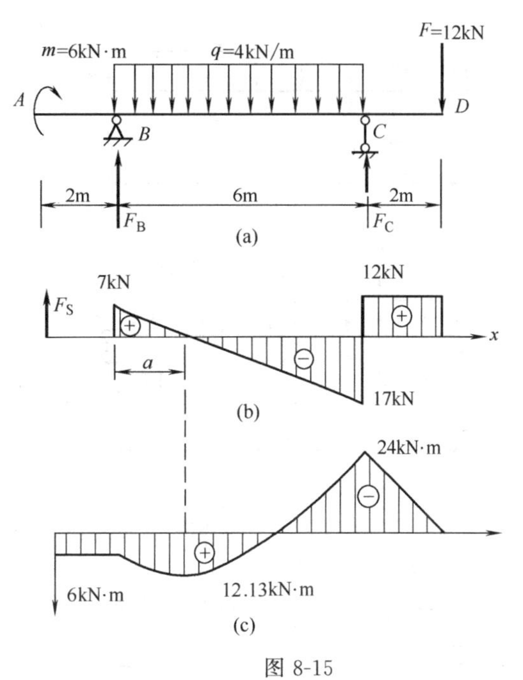

图 8-15

② 画剪力图

AB 段：只有集中力偶作用，剪力图为零。

BC 段：为均布荷载段，剪力图为负斜率的斜直线，通过

$F_{SB右}=F_B=7kN$　$F_{SC左}=12-F_C=-17kN$

画出此直线。

CD 段：为无外力段，剪力图为水平线，通过 $F_{SC右}=12kN$

画出此直线。剪力图如图 8-15（b）所示。

③ 画弯矩图

AB 段：F_S 图为零，M 图为水平线，通过

$$M_{A右}=6kN\cdot m$$

画出此直线。

BC 段：F_S 图为斜直线，且 $q<0$（方向朝下），M 图为凸向下的抛物线，通过

$$M_B=6kN\cdot m\qquad M_C=-2\times12=-24kN\cdot m$$

画出此曲线的大致图形。此段 M 图上的极值点可由相应 F_S 图上剪力为零的点定出。设弯矩具有极值的截面距 B 截面的距离为 a，由 F_S 图上的几何关系可得

$$\frac{a}{6-a}=\frac{7}{17}\qquad a=1.75m$$

于是

$$M_{max}=F_Ba+m-\frac{q}{2}a^2=7\times1.75+6-\frac{1}{2}\times4\times1.75^2=12.13\ (kN\cdot m)$$

CD 段：F_S 图为水平线，M 图为斜直线，通过

$$M_C=-24\ (kN\cdot m)\qquad M_D=0$$

画出此直线。最后弯矩图如图 8-15（c）所示。

习　题

8-1　求题 8-1 图所示各梁中指定截面上的剪力和弯矩（尺寸单位为 m）。

8-2　试建立题 8-2 图各梁的剪力、弯矩方程，并作剪力图、弯矩图。

8-3　用简易的方法作题 8-3 图各梁的剪力图和弯矩图。

8-4　作题 8-1 图中各梁的剪力图和弯矩图。

8-5　如题 8-5 图所示，起吊一根自重为 qkN/m 的等截面混凝土柱。起吊时，把吊点 A、B 放在哪里最合理（即 $a=$?，提示：应使 $|M|_{max}$ 最小）。

8-6　题 8-6 图所示桥式吊车大梁，梁上小车可沿梁移动，两轮对梁之压力为 F，试问当小车位于何位

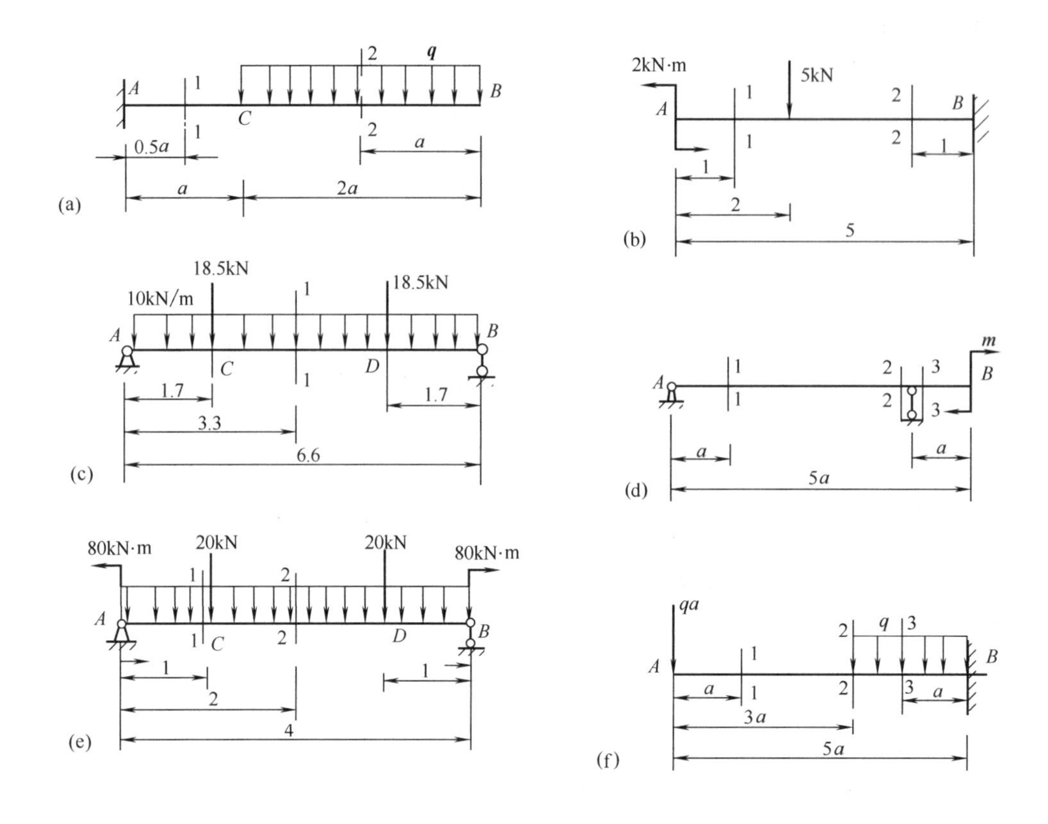

题 8-1 图

置时梁的弯矩最大？并确定该弯矩值。

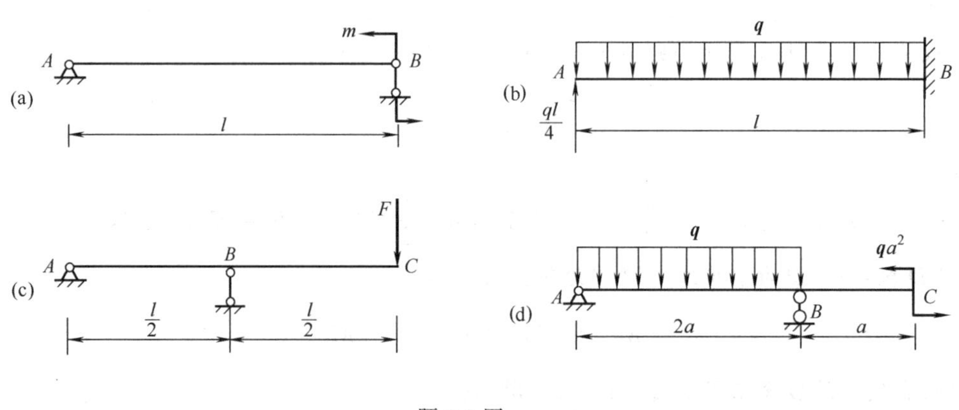

题 8-2 图

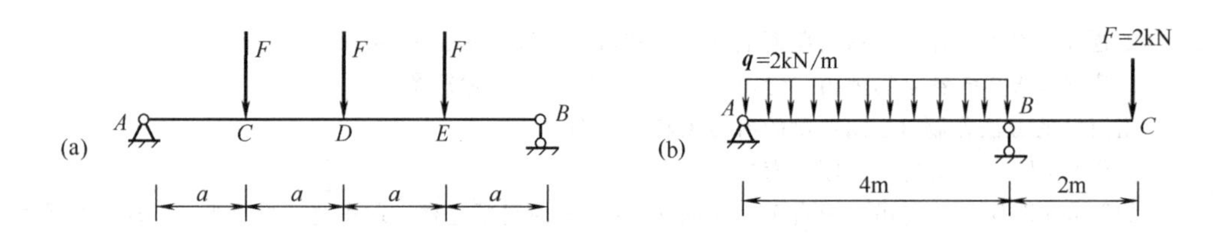

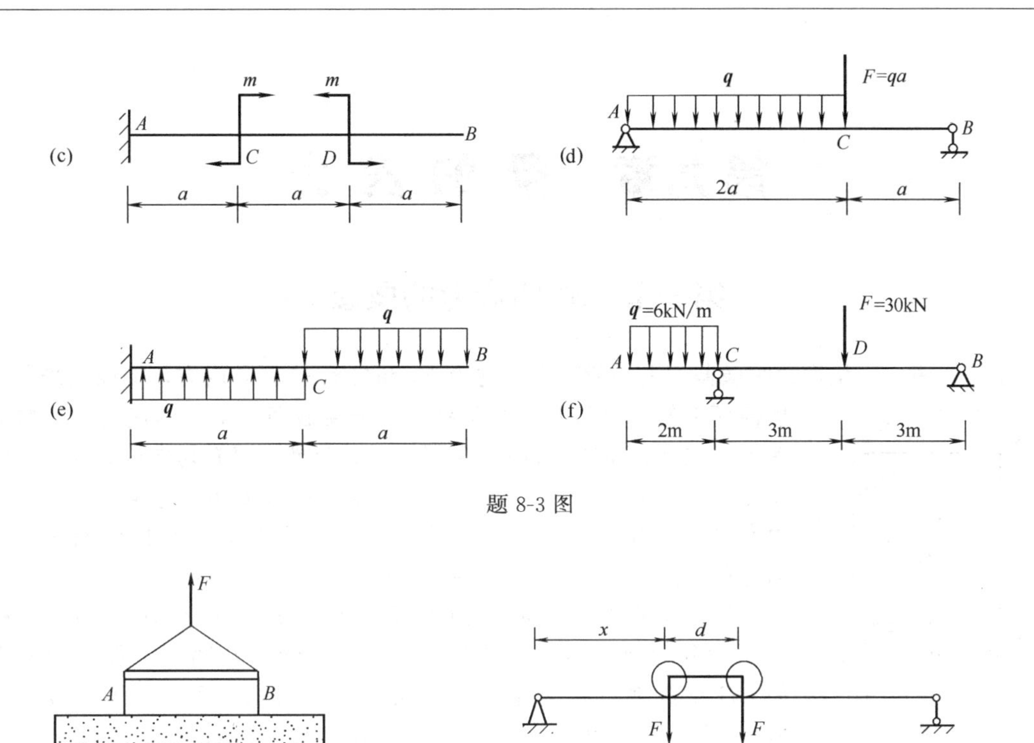

题 8-3 图

题 8-5 图

题 8-6 图

第九章 梁的应力

第一节 弯曲应力的概念

由第八章知，梁弯曲时横截面上一般存在着剪力 F_S 和弯矩 M 两种内力，下面先来分析横截面上的应力和内力的关系。由于横截面上某点的应力，通常分解为正应力 σ 和切应力 τ（见图 9-1）。显然，只有切向内力元素 $\tau\mathrm{d}A$ 才能构成剪力 F_S；只有法向内力元素 $\sigma\mathrm{d}A$ 才能构成弯矩 M。也就是说弯曲切应力 τ 与剪力 F_S 有关，弯曲正应力 σ 与弯矩 M 有关。根据这种特点可以分别研究这两种应力，逐个解决。

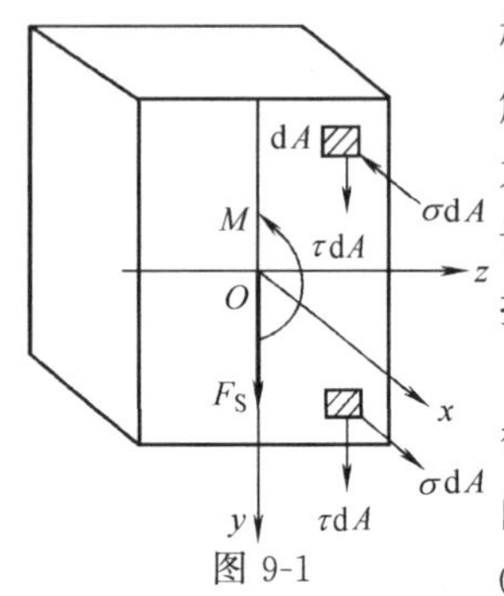

图 9-1

如果梁在弯曲时横截面上没有剪力 F_S，只有弯矩 M，这种弯曲就称为纯弯曲。图 9-2 所示的 AB 梁以及图 9-3 所示的梁中的 CD 梁段都只产生纯弯曲。在纯弯曲时横截面上的切应力 $\tau=0$，只存在正应力 σ。研究起来比较方便。因此可以先研究纯弯曲时的正应力，然后再讨论其他问题。

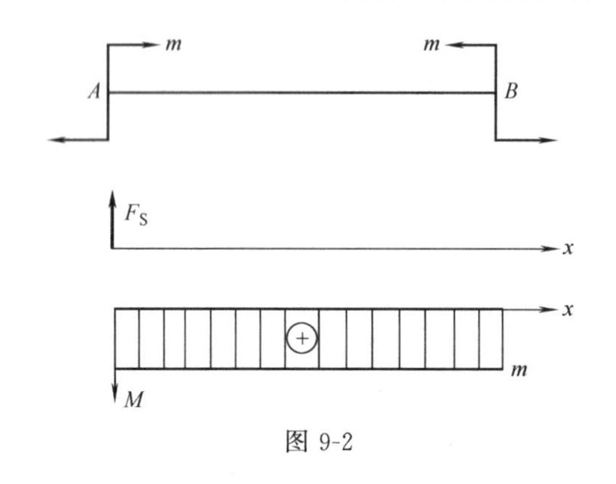

图 9-2

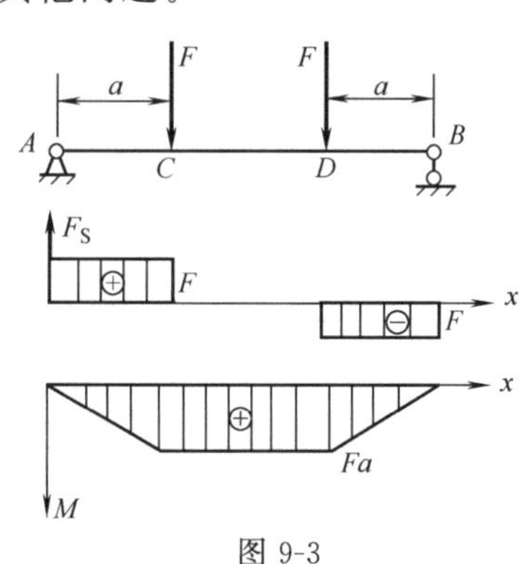

图 9-3

第二节 纯弯曲时梁的正应力

为了研究纯弯曲时梁内的弯曲正应力，可先通过实验观察变形规律。然后从几何、物理和静力学三方面进行综合分析，找出应力分布规律，推导出应力计算公式。

一、实验观察与平面假设

取一矩形截面梁，在其表面上画上纵线和横线［见图 9-4（a)］，其中横线表示横截面，纵线表示纵向纤维。然后，在梁的两端的纵向对称面内，加上一对大小相等、方向相反的力偶，使梁处于纯弯曲状态［见图 9-4（b)］。这时可观察到如下现象：

（1）各横线仍为与纵线正交的直线，只是相对旋转了一个角度。

（2）各纵线被弯曲成弧线，但仍相互平行且上部纵线缩短，下部纵线伸长。

（3）横截面上部宽度增加，下部宽度减少。

根据上述变形现象可得出如下推断：

（1）梁在受力纯弯曲后，横截面仍保持为平面，且仍与弯曲后的轴线保持正交，它只是绕自身某一轴旋转了一个角度。这就是纯弯曲的平面假设。

（2）根据平面假设，横截面上没有切应变，所以纯弯曲时横截面上无切应力，而且，各纵向纤维之间无牵挂或挤压作用，只受单向拉伸或压缩作用，称为单向受力假设。

（3）由于弯曲后上部各层纵向纤维缩短，下部各层纵向纤维伸长，中间必有一层既不伸长，也不缩短。此层称为“中性层”，中性层与横截面的交线称为“中性轴”（见图 9-5）。

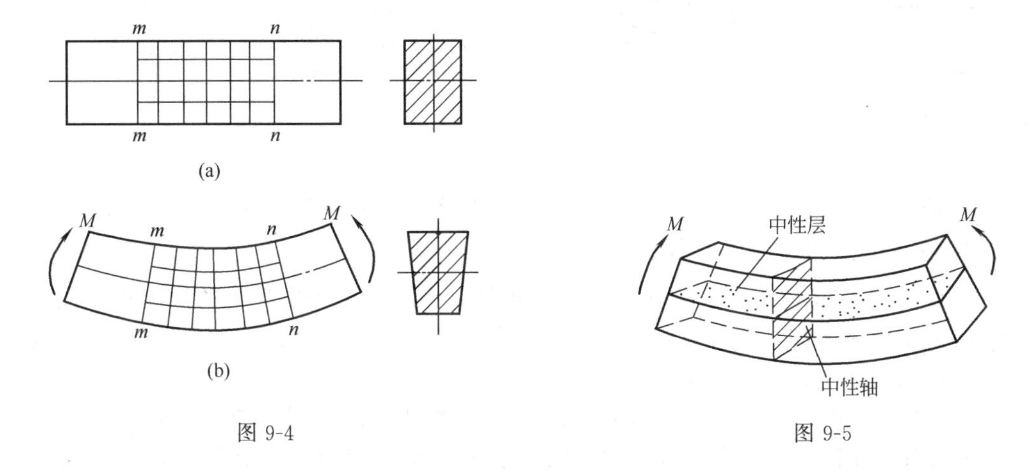

图 9-4　　图 9-5

二、变形规律

为了研究与正应力有关的纵向纤维的变形规律，可以从梁中截取长为 $\mathrm{d}x$ 的一个微段，并以梁轴为 x 轴，截面中性轴为 z 轴，横截面的对称轴为 y 轴，建立坐标系，如图 9-6 所示。梁弯曲后，距中性层 y 处的任一纵线$\overline{K_1K_2}$变为弧线 $K_1'K_2'$。设截面 1—1 和 2—2 间的相对转角为 $\mathrm{d}\theta$，中性层 O_1O_2 的曲率半径为 ρ，则纵线$\overline{K_1K_2}$的变形为

$$\Delta l = y\mathrm{d}\theta$$

而其线应变为

$$\varepsilon=\frac{\Delta l}{\mathrm{d}x}=\frac{y\mathrm{d}\theta}{\rho\mathrm{d}\theta}=\frac{y}{\rho} \tag{9-1}$$

式（9-1）表明：沿梁的宽度方向，距中性轴等远点的线应变相等。沿梁的高度方向，线应变按直线规律变化，在中性轴处为零，离中性轴越远则越大。同时线应变还与梁变形后的弯曲程度有关，曲率$\dfrac{1}{\rho}$越大，则线应变也越大。线应变 ε 沿梁高的分布规律如图 9-6（c）所示。

三、正应力分布规律

根据虎克定律，当弯曲最大正应力未超过材料的比例极限时，应力与应变的关系由 $\sigma=E\varepsilon$ 确定。将式（9-1）代入，得

$$\sigma=\frac{Ey}{\rho} \tag{9-2}$$

可以看出，梁横截面上，弯曲正应力 σ 与其相应的线应变 ε 的分布规律是类似的，即：横截

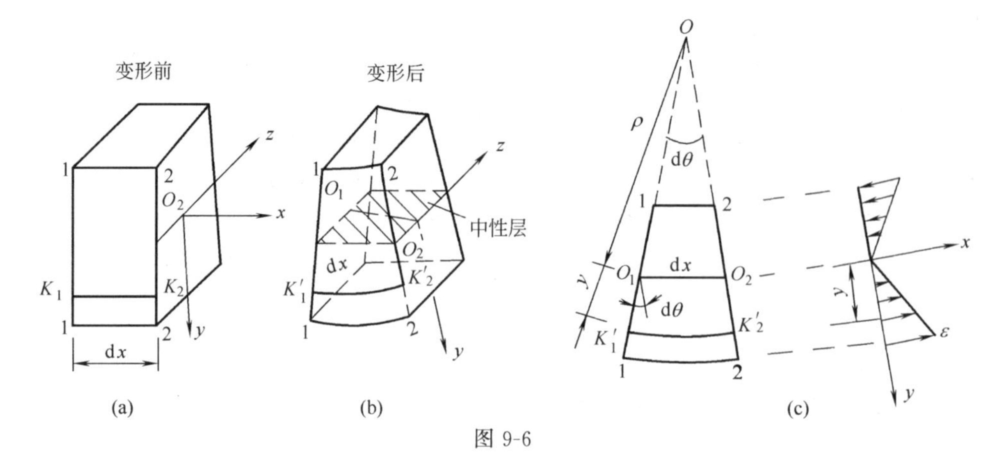

图 9-6

面上离中性轴越远的位置，正应力越大；梁弯曲程度越大，正应力也越大。

四、中性轴位置和正应力计算公式

式（9-2）给出了正应力在横截面上的分布规律，但是，由于中性轴的位置和中性层曲率半径 ρ 的大小均为未知，所以，式（9-2）还不能确定正应力的大小。这些问题必须利用应力和内力间的静力学关系才能解决。

图 9-7 所示为梁的一个截面，在截面上任一个微面积为 $\mathrm{d}A$，作用在这微面积上的力为 $\sigma\mathrm{d}A$。因为截面上没有轴向力 F_N，各微面积上的力沿 x 轴的合力应等于零，即

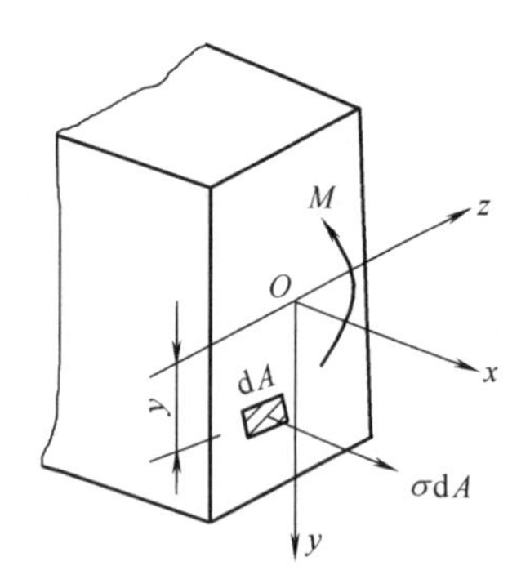

图 9-7

$$\int_A \sigma\mathrm{d}A=0$$

将式（9-2）代入上式得

$$\frac{E}{\rho}\int_A y\mathrm{d}A=0$$

由于 E/ρ 不等于零，所以必须有

$$\int_A y\mathrm{d}A=y_c A=0 \quad 或 \quad y_c=0$$

上式中 y_c 为截面形心的纵坐标。$y_c=0$，这说明中性轴 z 必通过截面的形心。这样，便确定了中性轴的位置。y 轴是截面的对称轴，显然也通过截面的形心。所以，截面上所选坐标原点 O 就是截面形心所在的位置。

其次，各微面积上的力应合成一个力偶，其力偶矩就是弯矩 M，因此各微面积上的力对 z 轴的力矩之和为

$$\int_A y\sigma\mathrm{d}A=M$$

将式（9-2）代入上式得

$$\frac{E}{\rho}\int_A y^2\mathrm{d}A=M$$

由第五章知 $\int_A y^2\mathrm{d}A=I_Z$，$I_Z$ 为截面对 z 轴的惯性矩。于是上式可改写为

$$\frac{1}{\rho}=\frac{M}{EI_Z} \tag{9-3}$$

式（9-3）表明，中性层的曲率 $1/\rho$ 与 M 成正比，与 EI_Z 成反比。乘积 EI_Z 反映了材料性质和截面形状尺寸对弯曲变形的影响，称为梁的抗弯刚度。

将式（9-2）代入式（9-3）可得

$$\sigma=\frac{My}{I_Z} \tag{9-4}$$

式（9-4）是纯弯曲时计算梁横截面正应力的基本公式，它表明：正应力 σ 与所在截面的弯矩 M 成正比，与截面对中性轴的惯性矩 I_Z 成反比；正应力沿截面高度成直线规律分布（见图 9-8）。

由式（9-4）及图 9-8 还可见，在中性轴上，$y=0$，故正应力 $\sigma=0$；在中性轴 z 的一边为拉应力，另一边为压应力。在离中性轴最远各点处，$y=y_{\max}$，故 $\sigma=\sigma_{\max}$，这种点为危险点，其正应力为

$$\sigma_{\max}=\frac{My_{\max}}{I_Z}=\frac{M}{I_Z/y_{\max}} \tag{9-5}$$

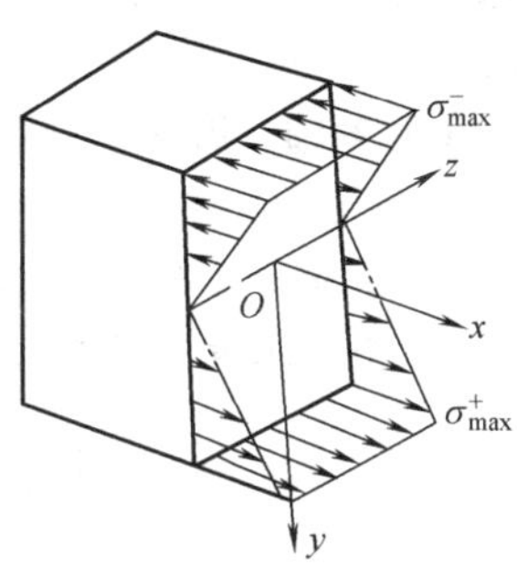

图 9-8

若令 $I_Z/y_{\max}=W_Z$，W_Z 是仅与截面的形状和尺寸有关的几何量，它可衡量截面的抗弯能力，通常称之为抗弯截面模量。这样式（9-5）又可改写为

$$\sigma_{\max}=\frac{M}{W_Z} \tag{9-6}$$

即，最大弯曲正应力与弯矩 M 成正比，与抗弯截面模量成反比。

抗弯截面模量 W_Z 的单位为 m^3、cm^3 或 mm^3，它的计算也比较简单。对于高为 h，宽为 b 的矩形截面

$$W_Z=\frac{I_Z}{y_{\max}}=\left(\frac{bh^3}{12}\right)\Big/\left(\frac{h}{2}\right)=\frac{bh^2}{6}$$

对于直径为 d 的圆形截面

$$W_Z=\left(\frac{\pi d^4}{64}\right)\Big/\left(\frac{d}{2}\right)=\frac{\pi\alpha^3}{32}$$

对于大径为 D，小径为 d 的圆环截面

$$W_Z=\frac{\pi}{64}(D^4-d^4)\Big/\left(\frac{D}{2}\right)=\frac{\pi}{32D}(D^4-d^4)=\frac{\pi D^3}{32}(1-\alpha^4)$$

各种型钢的 W_Z 值可从型钢表中查到（见附录）。

以上推导出了纯弯曲时梁横截面上的正应力公式［式（9-4）］和最大正应力公式［式（9-5）、式（9-6）］。在一般情况下，梁的横截面上同时存在弯矩 M 和剪力 F_S，这种弯曲称为剪切弯曲，这是弯曲问题中最普遍的情况，但实验和精确分析表明，对跨长与截面高度之比 $l/h>5$ 的梁，其剪力影响不大，可忽略不计。式（9-4）～式（9-6）仍可适用。但在式（9-5）和式（9-6）中的弯矩 M 应用梁上的最大弯矩 $M_{\max}$ 代替。于是式（9-5）和式（9-6）

可改写为

$$\sigma_{max}=\frac{M_{max}y_{max}}{I_Z} \tag{9-5'}$$

$$\sigma_{max}=\frac{M_{max}}{W_Z} \tag{9-6'}$$

用式（9-5′）和式（9-6′）算出的最大应力 σ_{max} 即为梁的最大弯矩 M_{max} 所在横截面最外边缘（离中性轴最远）处的点上的应力，即危险截面上危险点的应力。

还应指出，在用以上公式计算正应力时，可不考虑式中 M 与 y 的正负号，均以绝对值代入，最后由梁的变形来确定是拉应力还是压应力。当截面上弯矩为正时，梁上部受压，下部受拉，所以，中性轴以上为压应力，中性轴以下为拉应力。当截面上弯矩为负时，则相反。

【例 9-1】 图 9-9（a）所示的悬臂梁，其截面为矩形，在自由端作用一集中力 F。已知：$b=120\text{mm}$，$h=180\text{mm}$，$y=60\text{mm}$，$l=4\text{m}$，$a=2\text{m}$，$F=1.5\text{kN}$。求：

① C 截面上 K 点的正应力 σ_k。

② 全梁上最大正应力 σ_{max}。

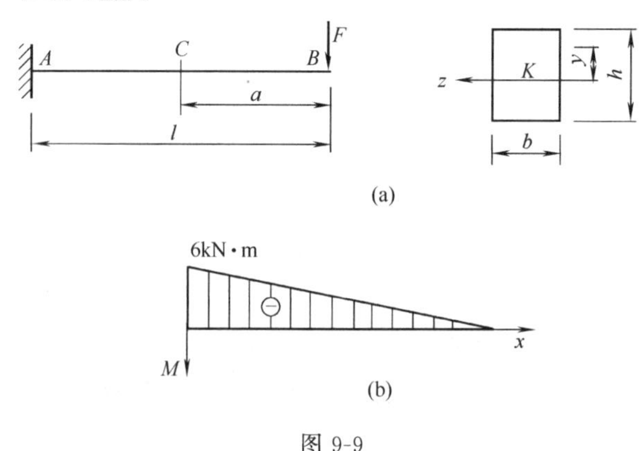

图 9-9

【解】 首先画出全梁的弯矩图如图 9-9（b）所示。由 M 图可见，全梁最大弯矩在 A 截面，其值为

$$M_{max}=M_A=-Fl=-1.5\times4=-6\ (\text{kN}\cdot\text{m})$$

C 截面的弯矩值为

$$M_C=-Fa=-1.5\times2=-3\ (\text{kN}\cdot\text{m})$$

截面对中性轴的惯性矩 I_Z 和抗弯截面模量 W_Z 分别为

$$I_Z=\frac{bh^3}{12}=\frac{120\times180^3}{12}=5.83\times10^7\ (\text{mm}^4)$$

$$W_Z=\frac{bh^2}{6}=\frac{120\times180^2}{6}=6.48\times10^5\ (\text{mm}^3)$$

于是，C 截面上 K 点的正应力为

$$\sigma_K=\frac{|M_C|\,y_K}{I_Z}=\frac{3\times10^6\times60}{5.83\times10^7}=3.09\ (\text{MPa})$$

由于全梁上部受拉，所以 σ_K 为拉应力。全梁最大正应力发生在 A 截面，其值为

$$\sigma_{max}=\frac{|M_{max}|}{W_Z}=\frac{6\times10^6}{6.48\times10^5}=9.26\ (\text{MPa})$$

该最大正应力位于矩形截面两边缘，分别为拉、压应力。

第三节 梁弯曲时的正应力强度条件

由上节知，全梁的最大正应力发生在危险截面的危险点上，破坏往往从这点开始，所以保证全梁正常工作的强度条件为

$$\sigma_{max}=\frac{M_{max}}{W_Z}\leqslant[\sigma] \tag{9-7}$$

式中 $[\sigma]$——弯曲许用应力，其值随材料而异，可在有关规范中查到。

对于许用拉应力 $[\sigma^+]$ 和许用压应力 $[\sigma^-]$ 不相等的材料，如铸铁、陶瓷等脆性材料，强度条件为

$$\sigma_{max}^{+}\leqslant[\sigma]$$

$$\sigma_{max}^{-}\leqslant[\sigma] \tag{9-8}$$

式中 σ_{max}^{+}，σ_{max}^{-}——梁内最大弯曲拉应力和最大弯曲压应力值。

与拉压、剪切强度条件一样，式（9-7)、式（9-8）也可用来解决梁的强度校核，设计截面尺寸和确定许用荷载三类问题。

【例 9-2】 图 9-10（a）所示为矩形截面简支木梁，梁上作用均布荷载，已知 $l=4$m，$b=140$mm，$h=210$mm，$q=2$kN/m，$[\sigma]=11$MPa。试校核梁的强度，并求此梁所能承受的许用均布荷载 $[q]$。

【解】 ① 绘弯矩图和求 M_{max}

弯矩图如图 9-10（b）所示，最大弯矩

$$M_{max}=\frac{ql^2}{8}=\frac{1}{8}\times2\times4^2=4\ (\text{kN}\cdot\text{m})$$

② 校核梁的强度

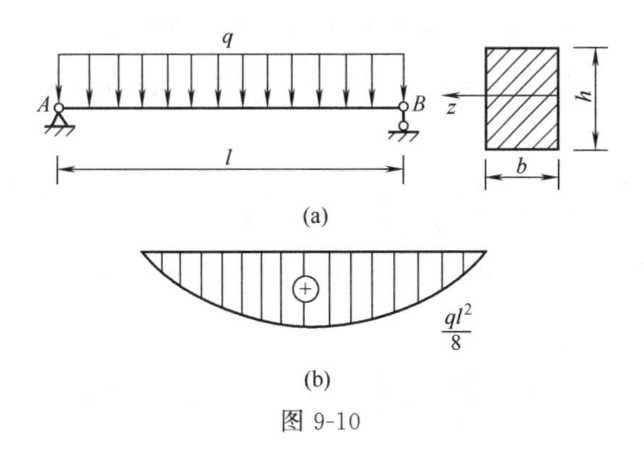

图 9-10

最大正应力为

$$\sigma_{max}=\frac{M_{max}}{W_Z}=\frac{M_{max}}{bh^2/6}=\frac{6\times4\times10^6}{140\times210^2}=3.89\ (\text{MPa})<[\sigma]$$

所以，满足强度要求。

③ 求许用均布荷载 [q]

由强度条件知 $M_{max}=W_Z[\sigma]$

即
$$\frac{1}{8}[q]l^2=\frac{bh^2}{6}[\sigma]$$

故
$$[q]=\frac{4bh^2}{3l^2}[\sigma]=\frac{4\times0.14\times0.21^2}{3\times4^2}\times11\times10^6=5.66\ (\text{kN/m})$$

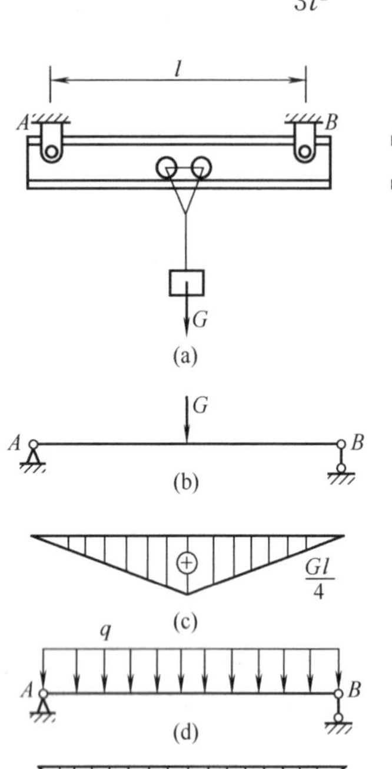

图 9-11

【例 9-3】 一简易吊车梁 [见图 9-11 (a)]，已知起吊最大荷载 $G=50\text{kN}$，跨度 $l=12\text{m}$，轧制钢材的许用应力 $[\sigma]=160\text{MPa}$，若不考虑梁及吊车的自重，试确定：

① 工字型钢。

② 矩形截面（高度 h 与宽度 b 之比为 2）钢吊车梁的截面尺寸，并比较此两梁的重量。

【解】 ① 绘弯矩图并求最大弯矩

将梁简化为受集中力 G 作用的简支梁 [见图 9-11 (b)]。当吊车在梁跨中点时，使梁产生的弯矩最大。弯矩图如图 9-11 (c) 所示。

$$M_{max}=\frac{Gl}{4}=\frac{50\times10^3\times12}{4}=15\times10^4\ (\text{N}\cdot\text{m})$$

② 采用工字型钢

$$W_Z\geqslant\frac{M_{max}}{[\sigma]}=\frac{15\times10^4\times10^3}{160}=938\times10^3\ (\text{mm}^3)$$

从型钢表中查得 40a 号工字钢的 $W_Z=1090\times10^3\text{mm}^3$，故可选用，其截面面积 $A=8610\text{mm}^2$，每米重量 $q=676\text{N/m}$。

若考虑梁的自重 [见图 9-11 (d)]，则由自重而产生的弯矩如图 9-11 (e) 所示。这时梁跨中点的总弯矩应为集中力 G 和自重 q 在同一截面分别引起的弯矩代数和，即

$$M_{max}=\frac{Gl}{4}+\frac{ql^2}{8}=15\times10^4+\frac{676\times12^2}{8}=162168\ (\text{N}\cdot\text{m})$$

梁上的最大应力

$$\sigma_{max}=\frac{M_{max}}{W_Z}=\frac{162168\times10^3}{1090\times10^3}=149\ (\text{MPa})<[\sigma]=160\ (\text{MPa})$$

故可选用 40a 工字钢，由此可见，梁的自重对强度的影响不大。

③ 采用矩形截面

$$W_Z=\frac{bh^2}{6}=\frac{2}{3}b^3=938\times10^3\ (\text{mm}^3)$$

故
$$b=\sqrt[3]{\frac{938\times10^3\times3}{2}}=112\ (\text{mm})$$

$$h=2b=224\ (\text{mm})$$

$$A=bh=112\times224=25100\ (\mathrm{mm}^2)$$

④ 比较两梁的重量

材料、长度均相同时，梁重量之比就等于截面面积之比。

$$\frac{A_{工}}{A_{矩}}=\frac{8610}{25100}=0.343=34.3\%$$

即工字形截面梁只有矩形截面梁重量的 34.3%。

【例 9-4】 一铸铁槽形外伸梁的受力情况及其截面尺寸如图 9-12（a）、（c）所示，材料的许用拉应力 $[\sigma^+]=50\mathrm{MPa}$，许用压应力 $[\sigma^-]=120\mathrm{MPa}$。试校核此梁的强度。

【解】 ① 确定中性轴 z 的位置和计算 I_Z，取 z_1 为参考轴，于是

$$y_1=y_c=\frac{160\times200\times100-140\times160\times120}{160\times200-160\times140}=53.2\ (\mathrm{mm})$$

$$y_2=200-53.2=146.8\ (\mathrm{mm})$$

由平行移轴公式得截面对 z 轴的惯性矩为

$$I_Z=\frac{1}{12}\times160\times200^3+160\times200\times(100-53.2)^2-$$

$$\left[\frac{1}{12}\times140\times160^3+140\times160\times(80-13.2)^2\right]=29\times10^6\ (\mathrm{mm}^4)$$

② 绘弯矩图和判断危险截面

梁的弯矩图如图 9-12（b）所示，在截面 D、B 上分别作用有最大正弯矩和最大负弯矩，所以，截面 D、B 均为可能的危险截面。

③ 判断危险点

截面 B、D 的弯曲正应力分别如图 9-12（d）、（e）所示。截面 B 的 a 点处和截面 D 的 d 点处均受拉，而截面 B 的 b 点处和截面 D 的 c 点处均受压。由于 $|M_B|>|M_D|$，$|y_2|>|y_1|$，故梁内最大弯曲压应力发生在截面 B 的 b 点处。至于梁内最大弯曲拉应力究竟发生在 a 点处，还是在 d 点处，必须经过计算才能确定。

④ 校核强度

$$\sigma_a=\frac{M_B y_1}{I_Z}=\frac{20\times10^6\times53.2}{29\times10^6}=36.7\ (\mathrm{MPa})$$

$$\sigma_b=\frac{M_B y_2}{I_Z}=\frac{20\times10^6\times146.8}{29\times10^6}=101.2\ (\mathrm{MPa})$$

$$\sigma_d=\frac{M_D y_2}{I_Z}=\frac{10\times10^6\times146.8}{29\times10^6}=50.6\ (\mathrm{MPa})$$

可见

$$\sigma_{max}^-=\sigma_b=101.2\mathrm{MPa}<[\sigma^-]=120\ (\mathrm{MPa})$$

$$\sigma_{max}^+=\sigma_d=50.6\mathrm{MPa}>[\sigma^+]=50\ (\mathrm{MPa})$$

但

$$\frac{\sigma_{max}^+-[\sigma^+]}{[\sigma^+]}\times100\%=\frac{50.6-50}{50}\times100\%=1.2\%<5\%$$

所以，梁的强度符合要求。

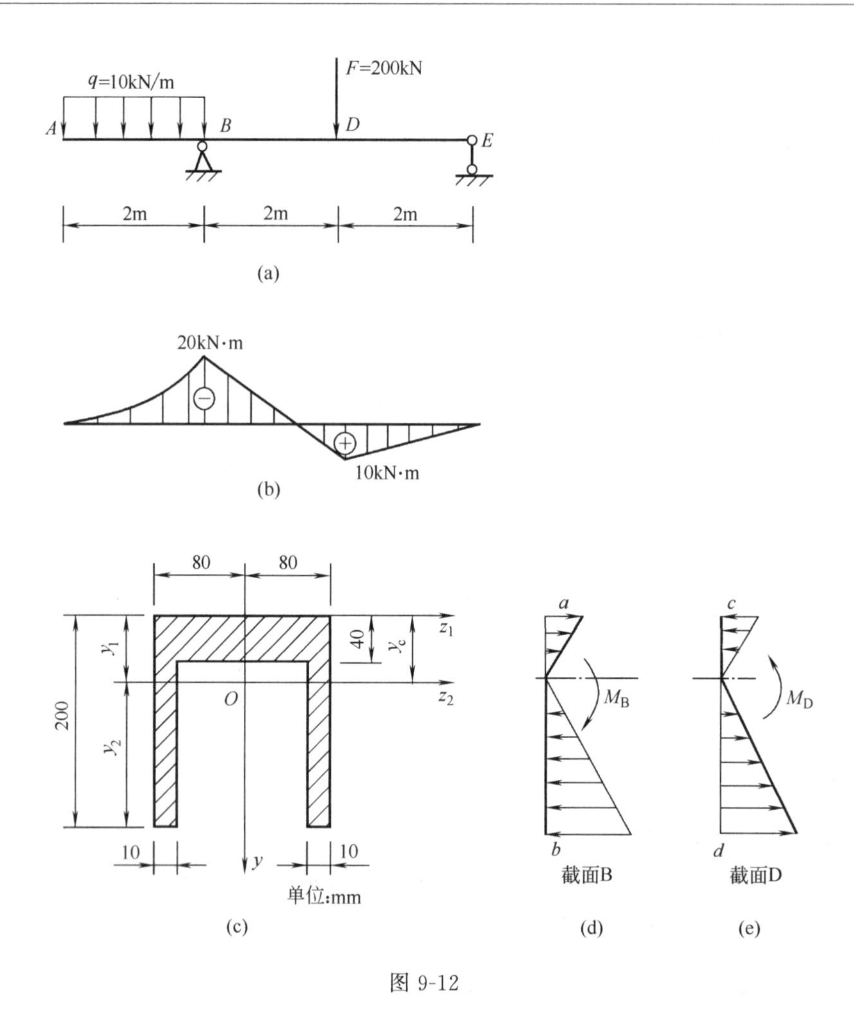

图 9-12

第四节　梁截面的合理形状

从例 9-3 可见，在工作条件相同的情况下，选用工字形截面梁要比选用矩形截面梁节省用料，因而工字形截面显然要比矩形截面更为合理。由此可见，选用合理截面形状对工程设计具有十分重要的意义。

从最大正应力公式 $\sigma_{\max}=\dfrac{M}{W_Z}$ 可见，在给定的截面上，抗弯截面模量 W_Z 越大，截面上最大工作应力 $\sigma_{\max}$ 也就越小，截面也就越安全。因此，在设计截面时应尽量考虑抗弯截面模量 W_Z 大，而截面面积 A 小的截面形状，通常用截面系数 $K=\dfrac{W_Z}{A}$ 来衡量所选截面的合理性。K 值越大，截面就越经济、越安全。例如，对于高度为 h，宽度为 b 的矩形截面梁，竖放就要比平放合理。这是因为当竖放时其截面系数为

$$K_1=\frac{W_1}{A}=\frac{bh^2}{6bh}=\frac{1}{6}h\approx 0.167h$$

横放时其截面系数为

$$K_2=\frac{W_2}{A}=\frac{hb^2}{6bh}=\frac{1}{6}b\approx 0.167b$$

而 $h>b$，故 $K_1>K_2$。因此，对于矩形截面梁要尽量保持竖放。

对于截面高度 h 等于直径 d 的圆形截面其截面系数为

$$K=\frac{W_Z}{A}=\frac{\pi d^3}{32\times\frac{\pi}{4}d^2}=0.125d=0.125h$$

所以，圆形截面不及矩形截面经济。常用梁截面的 K 值见表 9-1。

由表 9-1 可以看出，选用槽形或工字形截面最为合理。这类截面的特点是：较多的面积集中在远离中性轴处，而中性轴附近截面面积较少。上述特点与正应力的分布规律是一致的，从而截面上各部分材料都充分发挥了作用，使得这类截面比较经济。反之，圆形截面和矩形截面由于较多的面积集中在中性轴附近，违反了正应力分布规律，使得中性轴附近的面积没有充分发挥作用，处于浪费状态，因而也就不合理。由表 9-1 可见，它们的 K 值最低。

表 9-1　截面形状及 K 值

截面形状	h, b	h	h 内径 $d=0.8h$	h	h
K	$0.167h$	$0.125h$	$0.205h$	$(0.27\sim0.31)h$	$(0.27\sim0.31)h$

此外，经济合理的截面还应使边缘上的最大拉应力和最大压应力同时达到材料的许用应力。所以对于抗拉、压强度相同的塑性材料，要选择以中性轴为对称轴的对称截面，例如矩形、工字形、槽形等截面。对于抗拉、压强度不等的脆性材料，所选截面就应该是中性轴偏于强度较弱的一边。这样才能使最大拉应力与最大压应力同时达到不同的许用应力。例如，铸铁的抗拉强度小于抗压强度，截面形状可以采用 T 形或槽形（见图 9-13），并使

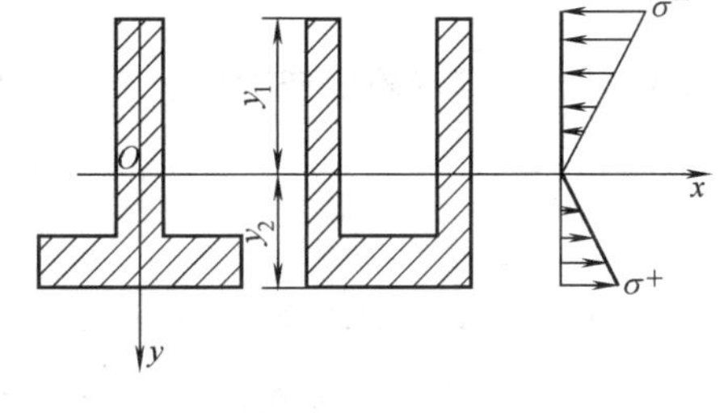

图 9-13

$$\frac{y_1}{y_2}=\left[\frac{\sigma^-}{\sigma^+}\right]$$

需要指出的是，在上面选择截面时，都是按强度来考虑的，通常这是决定截面形状的主要因素。但除此之外，还要考虑刚度、稳定以及制造、使用各方面的要求，全面地来看待这个问题。

第五节　梁的切应力及其强度计算

梁在横向力作用下发生弯曲时，在横截面上不仅有弯矩 M，而且有剪力 F_S。因此在横截面上除了有与弯矩 M 相应的正应力 σ 外，还有与剪力 F_S 相应的切应力 τ。前面着重讨论

了梁的正应力强度计算，这是因为在工程中，一般采用的梁，其高和跨度之比是很小的，对于这种梁，正应力 σ 是强度的主要矛盾，而切应力 τ 则是次要的。但在有些情况下，对一些跨度较短或很大的荷载作用在支座附近的梁、高度较大的薄梁以及材料抗剪强度较弱的梁（如木材）来说，剪切破坏往往是主要矛盾。为了全面的考虑梁的强度问题，就必须进行剪切强度校核。

一、梁的切应力计算公式

以下介绍几种常见的简单截面上切应力的计算式及切应力分布情况。对于计算式将不进行推导。

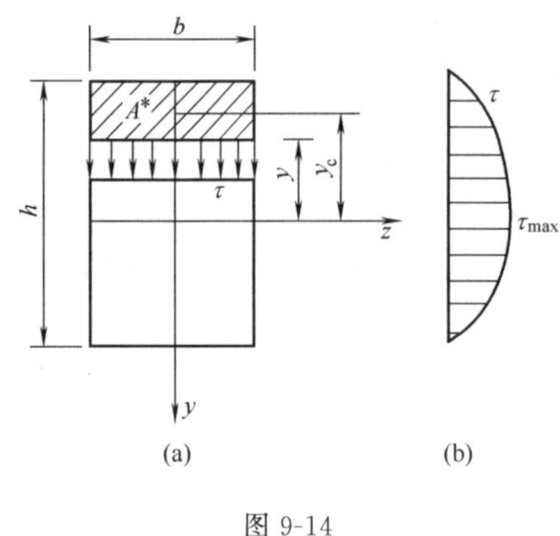

图 9-14

（1）矩形截面　图 9-14（a）所示一矩形截面，沿 y 轴截面上有剪力 F_S。如 $h>b$，可以假设截面上每一点的切应力 τ 的方向都与剪力 F_S 平行。此外，可设在 y 坐标相同各点上切应力 τ 不变。根据这些假设可推导出切应力的计算式。

$$\tau=\frac{F_S S_Z^*}{I_Z b} \tag{9-9}$$

式中　I_Z——截面对中性轴 z 的惯性矩；

S_Z^*——所求切应力 τ 的一层到截面最外层之间的面积对中性轴 z 的静矩。

例如，求距中性轴为 y 的一点的切应力时，S_Z^* 就是图 9-14（a）中阴影面积 A^* 对中性轴 z 的静矩。若阴影面积 A^* 的形心至中性轴 z 的距离为 $\overline{y_c}$，则

$$S_Z^*=A^*\,\overline{y_c}=b\left(\frac{h}{2}-y\right)\left(y+\frac{\frac{h}{2}-y}{2}\right)=\frac{b}{2}\left(\frac{h^2}{4}-y^2\right)$$

代入式（9-9）就得离中性轴为 y 处的切应力为

$$\tau=\frac{F_S}{2I_Z}\left(\frac{h^2}{4}-y^2\right)=\frac{3F_S}{2bh^3}(h^2-4y^2) \tag{9-10}$$

由式（9-10）可见，矩形截面梁切应力是沿着截面高度按抛物线规律变化的［见图 9-14（b)］。在 $y=\pm\frac{h}{2}$ 处，即在截面的上下边缘处，$\tau=0$；在 $y=0$ 处，即在中性轴上，切应力最大，其值为

$$\tau_{max}=\frac{3}{2}\times\frac{F_S}{bh}=\frac{3}{2}\times\frac{F_S}{A} \tag{9-11}$$

可见矩形截面梁的最大切应力为截面上平均切应力值的 1.5 倍。

（2）工字形截面和 T 形截面　工字形截面及 T 形截面是由腹板和翼缘板组成［见图 9-15（a）、（c)］，在翼缘板上的切应力数值很小，又比较复杂，这里不予讨论。在腹板上分布着绝大部分切应力。腹板也是个矩形，且高度远大于宽度。因此，前面推导矩形截面切应力公式所采用的两个假设，对腹板来说，也是适用的。按照前面同样的办法，也可导出工字形和 T 形截面的切应力计算公式

$$\tau=\frac{F_S S_Z^*}{I_Z b_1} \tag{9-12}$$

式中　F_S——截面上剪力；

I_Z——截面对中性轴的惯性矩；

S_Z^*——所求应力点到截面边缘间的面积［见图 9-15（a）、（c）中的阴影部分］对中性轴的静矩，b_1 是腹板的厚度。

切应力沿腹板的分布规律如图 9-15（b）、（d）所示。仍然是按抛物线规律分布，最大切应力 τ_{max} 仍发生在截面的中性轴上。

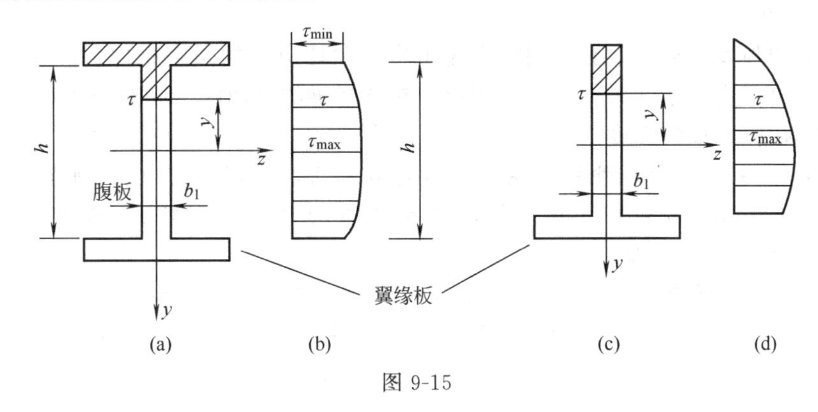

图 9-15

从图 9-15（b）可见工字梁腹板上 τ_{max} 和 τ_{min} 相差不大，因此在近似计算中，将腹板内的切应力看做是均匀分布的，其计算式为

$$\tau=\frac{F_S}{hb_1}=\frac{F_S}{A} \tag{9-13}$$

（3）圆形截面和圆环形截面　圆形截面和圆环形截面梁的最大切应力均位于中性轴 z 处，方向平行于剪力 F_S，垂直于中性轴，位于横截面中［见图 9-16（a）、（b）］，其分别为

圆形
$$\tau_{max}=\frac{4}{3}\times\frac{F_S}{A} \tag{9-14}$$

圆环形
$$\tau_{max}=2\times\frac{F_S}{A} \tag{9-15}$$

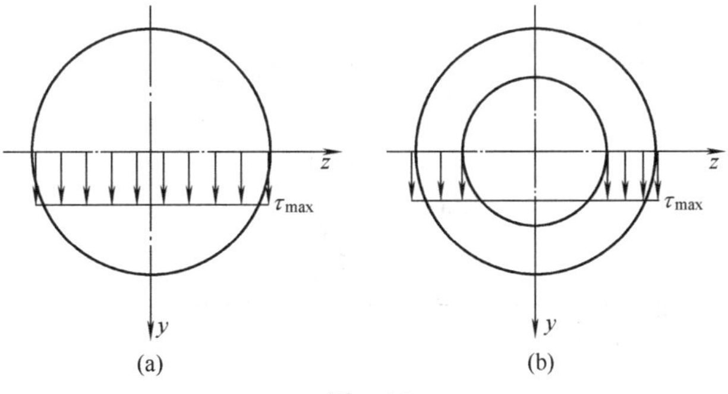

图 9-16

二、切应力的强度校核

由前面的讨论可知，横截面上的最大切应力发生在中性轴上，其值为

$$\tau_{max}=\frac{F_S S_{Zmax}^*}{I_Z b}$$

对全梁来说，最大切应力发生在最大剪力所在截面上，其值为

$$\tau_{\max}=\frac{F_{\text{Smax}}S_{\text{Zmax}}^{*}}{I_{Z}b}$$

故切应力的强度条件为

$$\tau_{\max}=\frac{F_{\text{Smax}}S_{\text{Zmax}}^{*}}{I_{Z}b}\leqslant[\tau] \tag{9-16}$$

式中 $[\tau]$——许用切应力。

在进行梁的强度计算时，必须同时满足正应力和切应力的强度条件，但在一般情况下，梁的强度计算由正应力强度条件控制。因此，在选择梁的截面时，一般先按正应力强度条件选择，然后按切应力校核强度。

【例 9-5】 一矩形截面外伸松木梁受均布荷载作用，如图 9-17（a）所示。已知：矩形截面尺寸 $b=120\text{mm}$，$h=180\text{mm}$，容许弯曲正应力 $[\sigma]=7\text{MPa}$，容许切应力 $[\tau]=0.9\text{MPa}$。试校核此梁的强度。

【解】 ① 计算梁的支反力，作 F_S 图和 M 图如图 9-17（b）、（c）所示

$$F_{\text{Smax}}=7.5\text{kN}$$

$$M_{\max}=4\text{kN}\cdot\text{m}$$

② 按正应力校核梁的强度

$$W_Z=\frac{bh^2}{6}=\frac{120\times180^2}{6}=6.48\times10^5\ (\text{mm}^3)$$

$$\sigma_{\max}=\frac{M_{\max}}{W_Z}=\frac{4\times10^6}{6.48\times10^5}=6.17\ (\text{MPa})<[\sigma]=7\text{MPa}$$

弯曲强度足够。

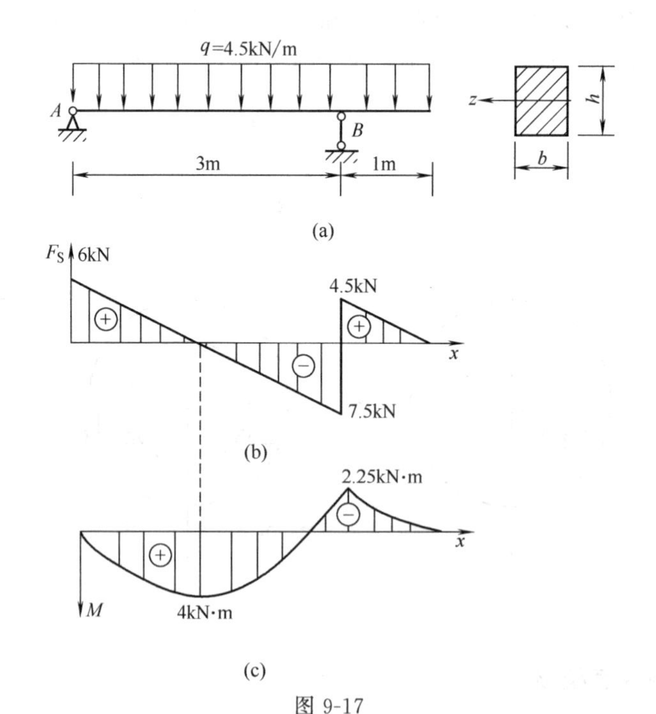

图 9-17

③ 按切应力校核梁的强度

$$A=bh=120\times180=2.1\times10^4\ (\text{mm}^2)$$

$$\tau_{max}=\frac{3}{2}\times\frac{F_{Smax}}{A}=\frac{3}{2}\times\frac{7.5\times10^3}{2.1\times10^4}=0.536\ (MPa)<[\tau]=0.9MPa$$

剪切强度足够，可见木梁在两方面的强度条件均能满足，所以是安全的。

【例 9-6】 试对例 9-3 中所选截面进行剪切强度校核，已知 $[\tau]=100MPa$。

【解】 ① 画剪力图求最大剪力

此吊车梁可简化为简支梁［见图 9-18 (a)］。当吊力在仅靠任一支座例如支座 A 处这一位置时，使梁产生的剪力最大，剪力图如图 9-18 (b) 所示

$$F_{Smax}=F_A\approx F=50kN$$

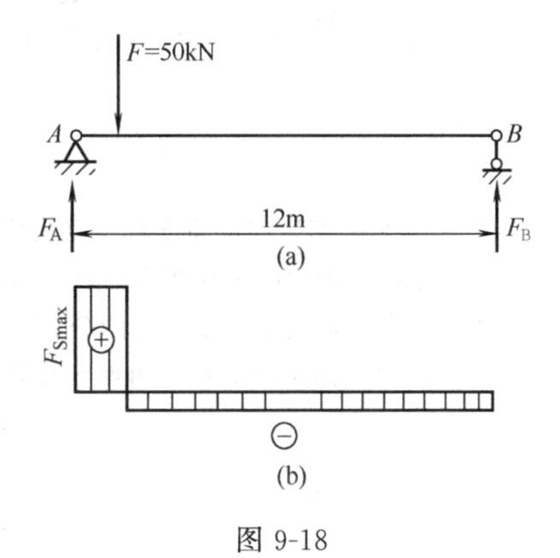

图 9-18

② 剪切强度校核

从例 9-3 中知，根据正应力强度条件所选的两种截面分别为 40a 号工字钢和 $A=112\times224=2.51\times10^4mm^2$ 的矩形截面，可分别对它们进行剪切强度校核。

a. 工字形截面　由型钢规格表查得对于 40a 工字钢有

$$I_Z/S^*_{Zmax}=34.1cm=341mm$$
$$b_1=10.5mm$$

于是
$$\tau_{max}=\frac{F_{Smax}}{\left(\frac{I_Z}{S^*_{Zmax}}\right)b_1}=\frac{50\times10^3}{341\times10.5}=13.96\ (MPa)<[\tau]=100MPa$$

b. 矩形截面

$$\tau_{max}=\frac{3}{2}\frac{F_{Smax}}{A}=\frac{3\times50\times10^3}{2\times2.51\times10^4}=3\ (MPa)<[\tau]=100MPa$$

可见，两种截面的剪切强度均能满足。

习　题

9-1　题 9-1 图所示一矩形截面悬臂梁。受集中力和集中力偶作用。试求固定端截面上 A、B、C、D 四点处的正应力，并作出截面上应力分布图。

9-2　求题 9-2 图所示 T 形截面外伸梁横截面中最大拉应力和最大压应力。

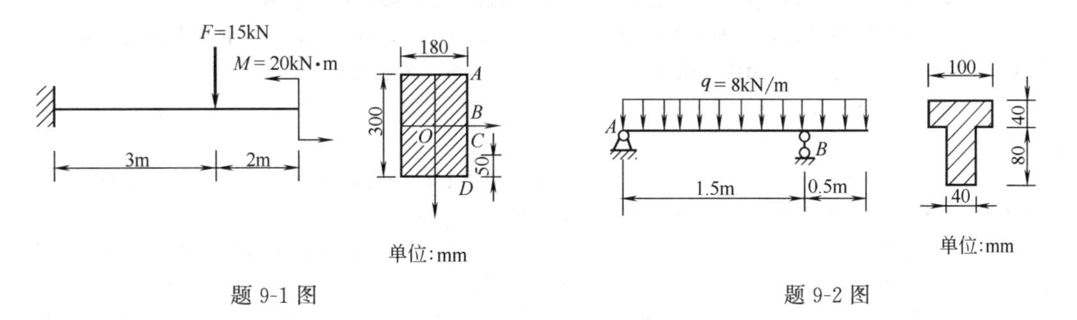

题 9-1 图　　题 9-2 图

9-3　题 9-3 图所示简支梁，采用两种截面积大小相等的实心和空心截面，$d_1=40mm$，$\frac{d}{D}=\frac{3}{5}$。试分别求它们的最大正应力；空心截面比实心截面的最大正应力减少了百分之几？

9-4 截面为No20a工字钢的梁，支承及受力如题9-4图所示，若 $[\sigma]=160\text{MPa}$，试求许用载荷 $[F]$。

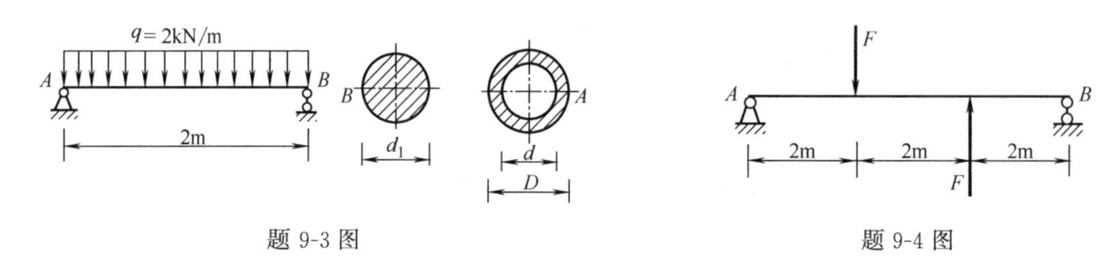

题9-3图 题9-4图

9-5 No24a槽形截面简支梁（平面弯曲），在截面横放和竖放（如题9-5图所示）的两种情况下：

(1) 比较许用弯曲力偶矩 M_0 的大小，已知 $[\sigma]=160\text{MPa}$；

(2) 试绘危险截面上正应力的分布图。

9-6 题9-6图示梁的截面由两个槽钢组成，若 $[\sigma]=120\text{MPa}$，试选择此梁的槽钢型号。

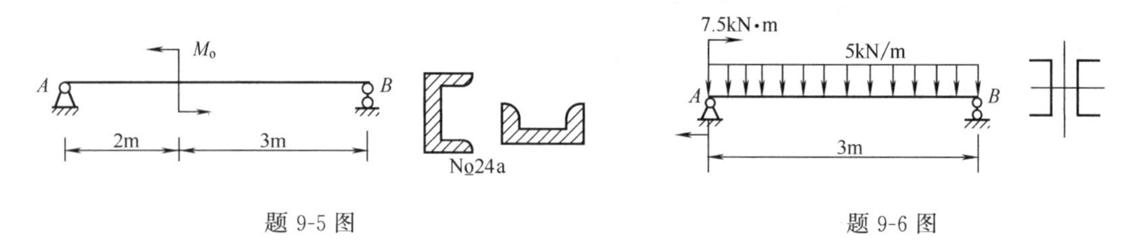

题9-5图 题9-6图

9-7 如题9-7图所示截面为No10工字钢的梁 AB，B 点由圆钢杆 BC 支承，已知 $d=20\text{mm}$，梁及杆的 $[\sigma]=160\text{MPa}$，试求许用均布荷载 $[q]$。

9-8 若梁的 $[\sigma]=160\text{MPa}$，试为题9-8图分别选择矩形 $\left(\dfrac{h}{b}=2\right)$、工字形、圆形及圆管形 $\left(\dfrac{D}{d}=2\right)$ 四种截面，并比较其经济性。

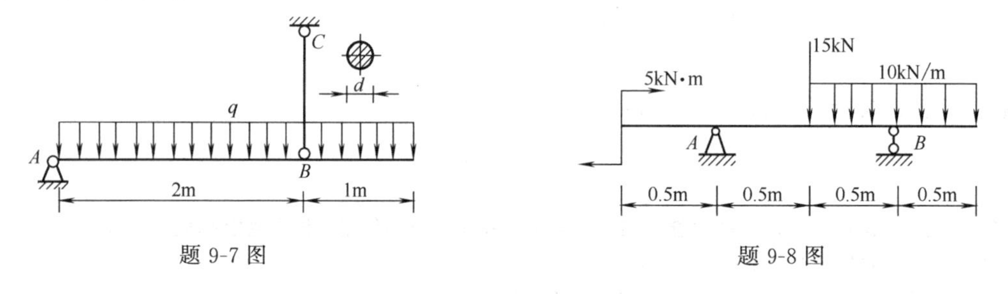

题9-7图 题9-8图

9-9 若 $[\sigma]=160\text{MPa}$，$[\tau]=100\text{MPa}$，试为题9-9图所示各梁选定工字钢型号。

9-10 如题9-10图所示，外伸梁的截面为No30a工字钢，其跨度 $l=6\text{m}$，如欲使支座处和跨度中间的截面上最大正应力均等于140MPa，试求均布荷载 q 和外伸臂 a 的长度。

9-11 题9-11图所示一铸铁梁，已知 $h=100\text{mm}$，$t=25\text{mm}$，如欲使最大拉应力为最大压应力的1/3，试求 x 的值。

9-12 当 F 力直接作用在梁 AB 中点时。梁内最大应力超过许用值30%；为了消除此过载现象，配置了如题9-12图所示的辅助梁 CD，试求此辅助梁的跨度 a，已知 $l=6\text{m}$。

9-13 某四轮吊车的轨道为两根工字形截面梁，如题9-13图所示，设吊车的重量 $W=50\text{kN}$，最大起重量 $F=10\text{kN}$，材料的许用应力 $[\sigma]=160\text{MPa}$，$[\tau]=80\text{MPa}$，试选择吊车横梁的工字钢型号。

9-14 在题9-2中，如已知材料的容许应力 $[\sigma^+]=45\text{MPa}$，$[\sigma^-]=175\text{MPa}$，$[\tau]=33\text{MPa}$；问该梁是否满足强度要求？

9-15 一工字型钢梁，如题9-15图所示工字钢的型号为20a，梁中段用两块横截面为120mm×10mm，长度为2.2m的钢板加强。梁上作用有可移动荷载 F，其值为50kN。已知容许应力 $[\sigma]=125\text{MPa}$，$[\tau]=$

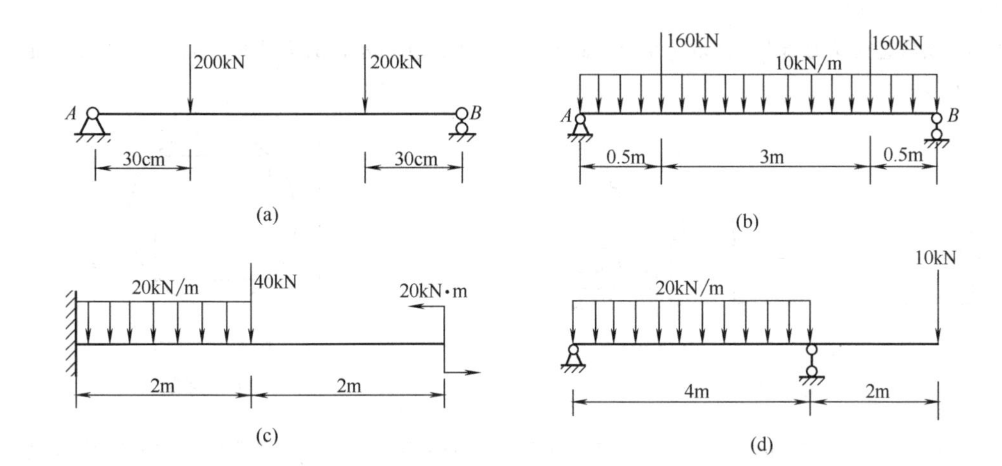

题 9-9 图

题 9-10 图　　题 9-11 图

95MPa。试校核此梁的强度。

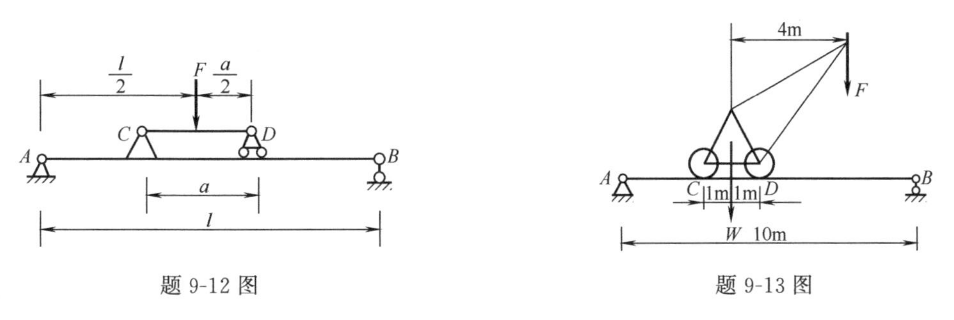

题 9-12 图　　题 9-13 图

9-16　题 9-16 图中所示托架中，杆 AB 的直径 $d=40\text{mm}$，长度 $l=0.8\text{m}$，两端可视为铰支，材料为 A3 钢，横杆 CD 为 20a 工字钢，$[\sigma]=160\text{MPa}$。已知 $F=70\text{kN}$，托架自重不计。试校核此托架是否安全？（提示：分别校核 AB 杆的稳定性和 CD 杆的强度）

9-17　T 形截面的铸铁梁尺寸及受载情况如题 9-17 图所示，如 $[\sigma^{+}]=40\text{MPa}$，$[\sigma^{-}]=80\text{MPa}$，试求

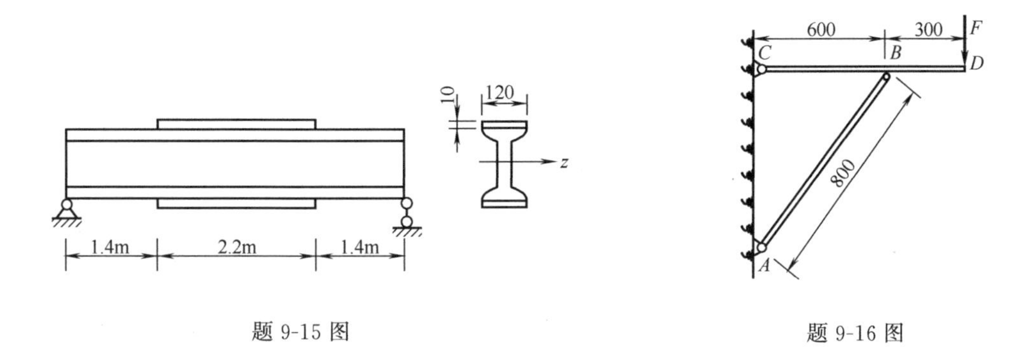

题 9-15 图　　题 9-16 图

梁的许用荷载［F］值。

9-18　欲从直径 d 的圆木中截取一矩形截面梁，如题 9-18 图所示；试从强度角度求出矩形截面最合理的高、宽尺寸。

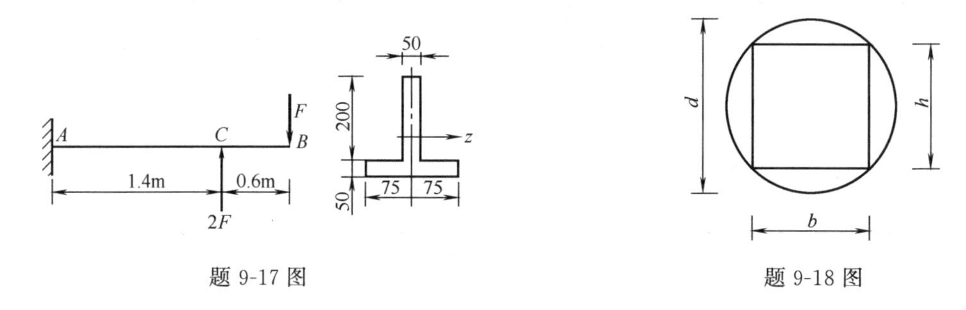

题 9-17 图　　　　题 9-18 图

9-19　厚度为 $h=1.5\text{mm}$ 的钢带，卷成直径为 $D=3\text{m}$ 的圆环，求此时钢带横截面上的最大正应力。已知钢的弹性模量 $E=2.1\times10^{3}\text{MPa}$。

第十章　圆 轴 扭 转

第一节　扭转的概念

在工程及日常生活中常遇到许多受力后发生扭转变形的杆件。例如汽车方向盘的操纵杆（见图 10-1），胶带轮传动轴（见图 10-2），钻机的钻杆以及钥匙、改锥、水龙头等。这类杆件的受力特点是：受到一对大小相等，转向相反，作用面与杆轴线垂直的力偶作用。在这种外力偶的作用下，截面 B 相对于截面 A 转了一个角度 φ（见图 10-3），φ 称为扭转角。同时，杆件表面的纵向直线也转了一个角度 γ，变为螺旋线，γ 称为剪切角，力偶矩 M_e 称为外扭矩。

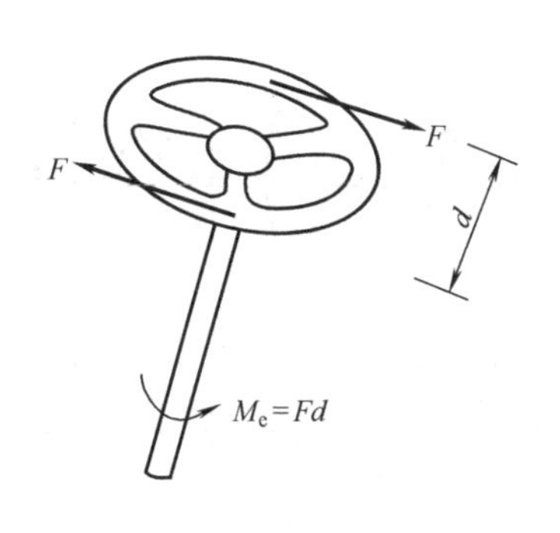

图 10-1

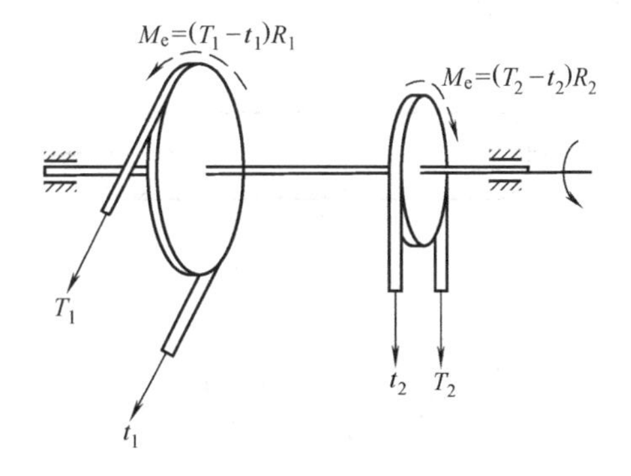

图 10-2

由于工程中经常遇到的是圆轴，所以本章主要研究圆轴扭转时的强度和刚度问题。

在工程实践中所遇到的转动轴，通常是先知道它所传递的功率 N 和转速 n，此时可按下列关系来计算外扭矩 M_e。

$$M_e=9.55\frac{N_K}{n}\ (\text{kN}\cdot\text{m}) \qquad (10\text{-}1a)$$

$$M_e=7\frac{N}{n}\ (\text{kN}\cdot\text{m}) \qquad (10\text{-}1b)$$

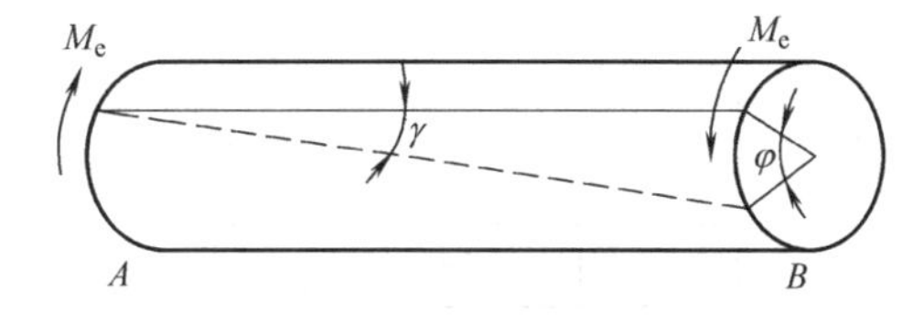

图 10-3

式（10-1）中，转速 n 的单位是转/分（r/min 或 rpm），功率 N_K 和 N 的单位分别为千瓦（kW）数和马力数。

第二节　扭矩及扭矩图

作用在轴上的外扭矩确定后，即可研究轴的内力。

图 10-4（a）所示 AB 轴，在其两端垂直于杆件轴线的平面内，作用一对大小相等，转向相反的外扭矩 M_e。为了分析轴的内力仍用截面法，在轴的任一横截面 $m—m$ 处将其假想

地切成两段［见图 10-4（b）、（c）］。由任一段的平衡条件均可以看出，在 m—m 截面上连续分布的内力合成后一定也是一个力偶矩，称它为该截面上的扭矩，并用 T 表示。这也就是轴受扭时横截面上的内力。

由左段的平衡条件

$$\sum M_Z=0 \quad T-M_e=0$$

得截面 m—m 上的扭矩为

$$T=M_e$$

同样，若以右段为研究对象［见图 10-4（c）］，也可求得 m—m 截面上的扭矩，其值仍等于 M_e，但转向则与左段中的扭矩相反。

为了使上述两种算法所得同一横截面上扭矩的正负号相同，对扭矩的符号做如下规定：按右手螺旋法则将右手拇指指向截面的外法线方向，若扭矩的转向与右手其余各指转向一致时扭矩为正，反之为负。按此规定，图 10-4 所示扭矩均为正。

为了形象表示各横截面上扭矩随截面位置而改变的情况，可仿照作轴力图的方法绘扭矩图。作图时，沿轴线方向取坐标表示横截面的位置，以垂直于轴线的坐标表示扭矩。例如，上述 AB 轴的扭矩图如图 10-4（d）所示。

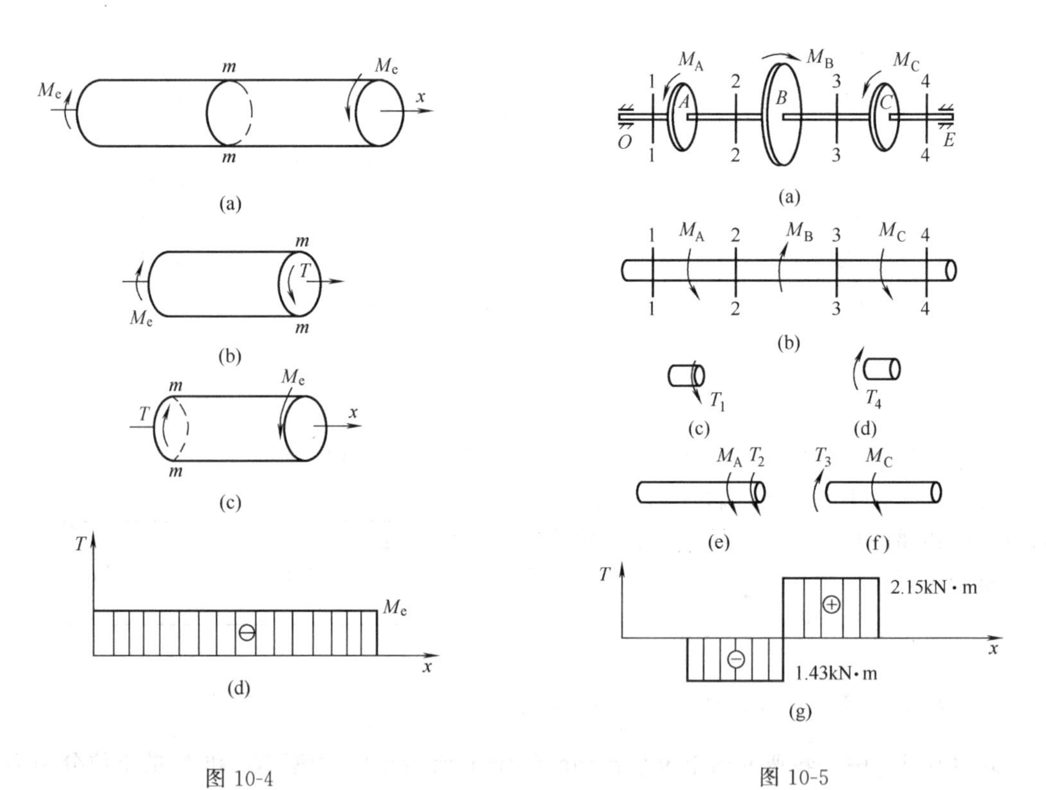

图 10-4　　图 10-5

【例 10-1】 图 10-5（a）所示传动轴，已知转速 n 为 400r/min。B 轮为主动轴，输入功率 $N_B=150$kW，A、C 轮为从动轮，输出功率分别为 $N_A=60$kW，$N_C=90$kW，试计算轴的扭矩，并作扭矩图。

【解】 ① 外扭矩计算

由式（10-1a）可知，作用在 A、B、C 轮上的外扭矩分别为

$$M_A=9.55\frac{N_A}{n}=9.55\times\frac{60}{400}=1.43\ (\text{kN}\cdot\text{m})$$

$$M_B = 9.55\frac{N_B}{n} = 9.55\times\frac{150}{400} = 3.58\ (\text{kN}\cdot\text{m})$$

$$M_C = 9.55\frac{N_C}{n} = 9.55\times\frac{90}{400} = 2.15\ (\text{kN}\cdot\text{m})$$

② 计算各段轴内的扭矩

将轴分为 OA、AB、BC、CE 四段，分别取适当的分离体。设各段的扭矩均为正值，并分别用 T_1、T_2、T_3、T_4 表示，则由图 10-5 (c)、(d)、(e)、(f) 可知

$$T_1 = 0$$

$$T_4 = 0$$

$$T_2 = -M_A = -1.43\text{kN}\cdot\text{m}$$

$$T_3 = M_C = 2.15\text{kN}\cdot\text{m}$$

③ 作扭矩图

根据上述分析，作扭矩图如图 10-5 (g) 所示。可见

$$T_{max} = 2.15\text{kN}\cdot\text{m}$$

讨论：如果将 A 轮与 B 轮处的位置互换，轴内最大扭矩有无变化？

第三节　圆轴扭转时的应力及变形

一、圆轴扭转时的应力

现在研究圆轴在扭转时横截面上的应力。圆轴扭转时，横截面上的内力是一个力偶，所以，相应地在横截面上一定有切应力 τ，因为只有与横截面相切的内力素 $\tau\mathrm{d}A$，才能组成横截面平面内的力偶，为了求得横截面上切应力的计算公式，必须从以下三个方面进行研究。

1. 由试验观察得出剪应变的变化规律

取一端固定、一端自由的圆轴。在其表面画出两条与轴线平行的纵线和表明横截面的两圆周线［见图 10-6 (a)］而在表面形成一小方格。然后在轴的自由端加一矩为 M_e 的外力

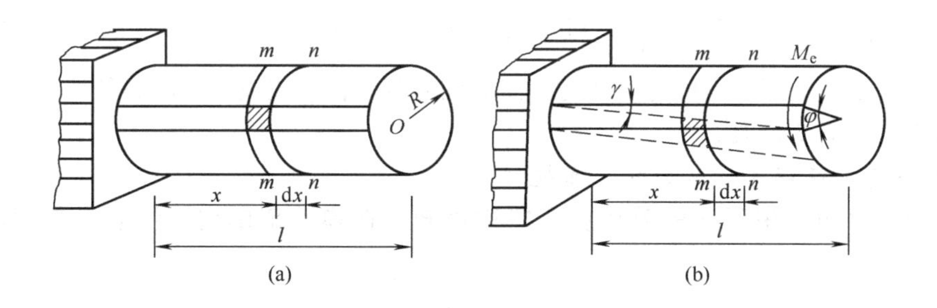

图 10-6

偶。在轴发生扭转变形后，可以观察到如下现象。

(1) 表明横截面的两圆周线的大小和形状不变，其间的距离 $\mathrm{d}x$ 也不变。但两圆周线都绕轴的轴线相对于固定端处截面旋转了一个角度［见图 10-6 (b)］。

(2) 在变形微小的情况下，纵线仍近似地为直线，但倾斜了一个角度 γ，小方格倾斜成平行四边形。

根据上述观察到的表面现象，可由表及里地来推测圆杆内部的变形情况，对横截面在轴

变形时的情况提出如下假设：圆轴在扭转前的横截面扭转变形时仍保持为同样大小的圆平面，其半径仍为直线。它只是绕其轴线对另一横截面作相对转动。这就是圆轴扭转时的平面假设。这一假设的正确性已为大量试验结果所证明。

根据上述假设，就可以利用几何关系，先找出横截面上任一点处的剪应变。为此从图10-6中的圆杆中取长为 dx 的微段来研究，其变形情况如图 10-7（a）所示。n—n 截面相对 m—m 截面转动了一个角 dφ，半径 O_2C 和 O_2D 均转动了同一角度 dφ 而移到 O_2C' 和 O_2D' 的位置，因而圆杆外表面上的小方格 $ABCD$ 变为平行四边形 $ABC'D'$。其剪应变为

$$\gamma\approx\tan\gamma=\frac{\overline{CC'}}{AC}=\frac{R\mathrm{d}\varphi}{\mathrm{d}x}=R\,\frac{\mathrm{d}\varphi}{\mathrm{d}x}$$

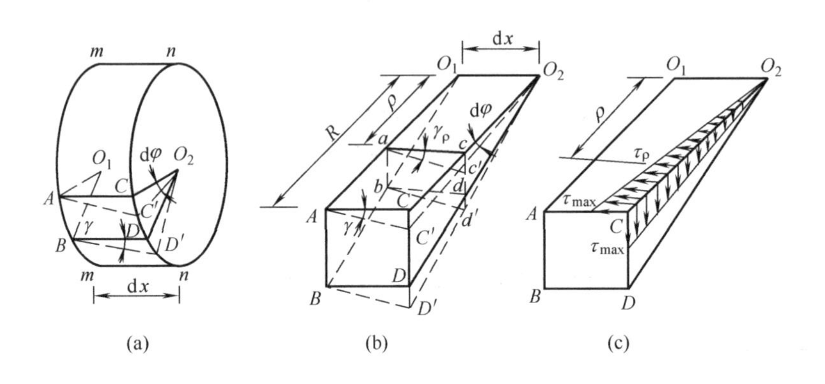

图 10-7

现在研究在半径为 ρ 的圆周表面上［见图 10-7（b）］的小方格 $abcd$ 的变形。其剪应变为

$$\gamma_\rho\approx\tan\gamma_\rho=\frac{dd'}{bd}=\rho\,\frac{\mathrm{d}\varphi}{\mathrm{d}x} \tag{10-2}$$

式中，$\frac{\mathrm{d}\varphi}{\mathrm{d}x}$表示扭转角 φ 沿 x 的变化律，是两个截面间相隔单位长度时的扭转角，称为单位长度扭转角。用 θ 表示，即 $\theta=\frac{\mathrm{d}\varphi}{\mathrm{d}x}$。对于同一截面上各点而言，$\theta$ 是常量，因此，式（10-2）表明：圆轴横截面上任一点的剪应变与该点到圆心的距离 ρ 成正比。圆心处切应力为零，横截面的周边处剪应变最大。

2. *由虎克定律确定切应力的分布规律*

由第七章第四节中所述的剪切虎克定律可知，在弹性范围内，切应力与切应变成正比，即

$$\tau=G\gamma$$

将式（10-2）代入上式，得横截面上半径为 ρ 处的切应力为

$$\tau_\rho=G\rho\,\frac{\mathrm{d}\varphi}{\mathrm{d}x} \tag{10-3}$$

式（10-3）表明：圆轴横截面上的扭转切应力 τ_ρ 与 ρ 成正比，即切应力沿半径方向按直线规律变化，而在同一半径 ρ 的圆周各点的切应力 τ_ρ 大小相等，垂直于半径方向。图 10-7（c）表示了切应力沿任一半径的变化情况。在同一图中，还根据切应力互等定律绘出了纵截面上切应力沿同一半径的变化情况。图 10-8（a）、（b）分别表示了实心圆截面和空心圆截面上切应力分布的对比情况。

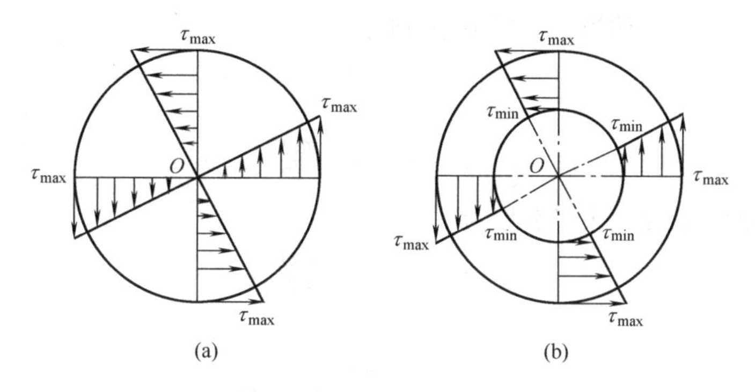

图 10-8

3. 由静力学关系确定切应力的计算公式

上面解决了横截面上切应力的变化规律，但由于式（10-3）中的$\frac{d\varphi}{dx}$与扭矩 T 的关系还不知道，故不能直接用式（10-3）来计算 τ_ρ，还需要引入静力学关系来解决。

如图 10-9 所示，在距圆心 ρ 处的微面积 dA 上作用有微剪力 $\tau_\rho dA$，它对圆心 O 的微力矩为 $\rho\tau_\rho dA$。由合力矩定理知，在整个横截面上，所有这些微力矩之和应等于该截面的扭矩 T，即

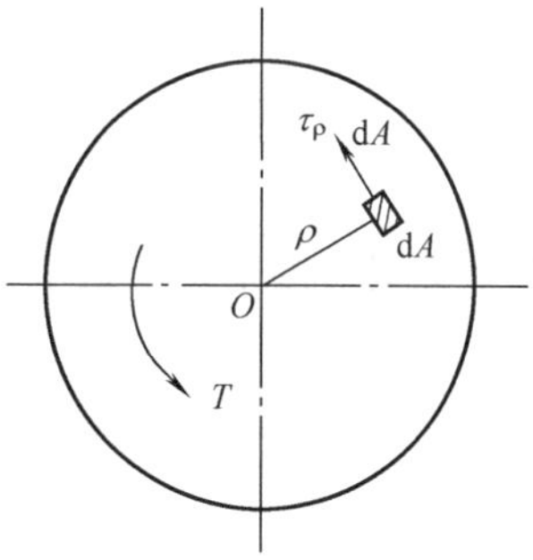

$$\int_A \rho\tau_\rho dA = T$$

图 10-9

将式（10-3）代入上式，即得

$$T = \int_A G\rho^2 \frac{d\varphi}{dx} dA = G\frac{d\varphi}{dx}\int_A \rho^2 dA$$

令 $I_P = \int_A \rho^2 dA$，则上式可改写为

$$T = GI_P \frac{d\varphi}{dx}$$

或写为

$$\frac{d\varphi}{dx} = \frac{T}{GI_P} \tag{10-4}$$

式中　I_P——只与横截面的尺寸有关的几何量，称为横截面的极惯性矩。

再将式（10-3）代入式（10-4）可得

$$\tau_\rho = \frac{T\rho}{I_P} \tag{10-5}$$

这就是圆轴在扭转时横截面上任一点的切应力计算公式。

由式（10-5）可知，在 $\rho=R$ 的横截面边缘外，切应力达到最大值，即

$$\tau_{max} = \frac{TR}{I_P} = \frac{T}{I_P/R}$$

在式中，令 $W_P = I_P/R$，则有

$$\tau_{max} = \frac{T}{W_P} \tag{10-6}$$

式中　W_P——一个只与横截面尺寸有关的量，称为抗扭截面模量。

于是可知，最大扭转切应力与扭矩成正比，与抗扭截面模量成反比。

抗扭截面模量 W_P 的单位是长度单位的三次方，一般用 cm^3 或 mm^3。由第五章可知，

实心圆截面和空心圆截面的极惯性矩 I_P 分别为

实心圆截面 $$I_P=\frac{\pi d^4}{32}$$

空心圆截面 $$I_P=\frac{\pi}{32}(D^4-d^4)=\frac{\pi D^4}{32}(1-\alpha^4)$$

于是，可得它们的抗扭截面模量分别为

实心圆截面 $$W_P=\frac{I_P}{\frac{d}{2}}=\frac{\pi d^3}{16} \tag{10-7}$$

空心圆截面 $$W_P=\frac{I_P}{\frac{D}{2}}=\frac{\pi D^3}{16}(1-\alpha^4) \tag{10-8}$$

二、圆轴扭转时的变形

如前所述，可以用圆轴扭转时两横截面间的相对扭转角 φ 来度量扭转时的变形。由式（10-4）可知，相隔长度为 $\mathrm{d}x$ 的两个横截面间的扭转角为

$$\frac{\mathrm{d}\varphi}{\mathrm{d}x}=\theta=\frac{T}{GI_P}$$

即 $$\mathrm{d}\varphi=\frac{T}{GI_P}\mathrm{d}x$$

对于等截面圆轴，若扭矩 T 也是常量，则相距为 l 的两横截面间的相对扭转角为

$$\varphi=\int_0^{\varphi}\mathrm{d}\varphi=\int_0^{l}\frac{T}{GI_P}\mathrm{d}x$$

$$\varphi=\frac{Tl}{GI_P} \tag{10-9}$$

式（10-9）就是扭转角的计算式。扭转角的单位为弧度（rad）。由式（10-9）看到，扭转角 φ 与扭矩 T，轴长 l 成正比，与 GI_P 成反比。GI_P 反映了圆轴抵抗扭转变形的能力，称为圆轴的抗扭刚度。

若两截面间的扭矩 T 有变化或轴的直径不同，应当分段计算各段的扭转角然后叠加。

第四节　圆轴扭转时的强度及刚度条件

一、强度条件

为了使受扭圆轴能安全可靠地工作，必须保证它在工作时危险截面上的最大切应力不超过许用值，所以，扭转强度条件为

$$\tau_{max}=\frac{T_{max}}{W_P}\leqslant[\tau] \tag{10-10}$$

式中　$[\tau]$ ——许用扭转切应力，对于塑性材料，一般取 $[\tau]=(0.5\sim0.6)[\sigma]$，对于脆性材料，一般取 $[\tau]=(0.8\sim1.0)[\sigma]$。

式（10-10）可解决强度校核、确定截面尺寸和求许可荷载三类问题。

二、刚度条件

在计算轴的问题时，除考虑强度问题外，有时也需考虑到刚度要求，即要求轴的单位长度扭转角 θ 不得超过其许用值 $[\theta]$。故刚度条件为

$$\theta=\frac{T}{GI_P}\leqslant[\theta]$$

式中，[θ] 的单位为弧度/米（rad/m）；而 T，G，I_P 的单位分别为 N·m，N/m²，m⁴。在工程中 θ 的单位又常采用度/米（°/m），而 $1\text{rad}=\frac{180°}{\pi}$，因此可将圆轴的刚度条件改写为

$$\theta=\frac{T}{GI_P}\times\frac{180°}{\pi}\leqslant[\theta] \qquad (10\text{-}11)$$

[θ] 值可从有关设计规范中查取，在一般情况下 [θ] ＝(0.25～2)°/m。

【例 10-2】 设例 10-1 中的轴为一等截面圆轴，各轮之间的距离都是 $l=3$m。已知 $G=80$GPa，[τ] ＝40MPa，[θ] ＝0.25°/m。求轴的直径并计算两相邻轮子之间的单位扭转和各轮之间的相对扭转角。

【解】 ① 求轴的直径

由例 10-1 知最大扭矩 $T_{max}=2.15\text{kN}\cdot\text{m}$

由强度条件知

$$\frac{T_{max}}{[\tau]}\leqslant W_P=\frac{\pi d^3}{16}$$

得
$$d\geqslant\sqrt[3]{\frac{16T_{max}}{\pi[\tau]}}=\sqrt[3]{\frac{16\times2.15\times10^6}{3.14\times40}}=64.94\ (\text{mm})$$

由刚度条件
$$\frac{T_{max}}{G[\theta]}\times\frac{180}{\pi}\leqslant I_P=\frac{\pi d^4}{32}$$

得
$$d\geqslant\sqrt[4]{\frac{180\times32T_{max}}{G\pi^2[\theta]}}=\sqrt[4]{\frac{180\times32\times2.15\times10^3}{80\times10^9\times3.14^2\times0.25}}=0.08902\ (\text{m})=89.02\ (\text{mm})$$

显然，如要满足强度条件和刚度条件，直径应不小于 89.02mm，实际可取 $d=90$mm，则圆轴的极惯性矩为

$$I_P=\frac{\pi d^4}{32}=\frac{3.14\times0.09^4}{32}=6.44\times10^{-6}\ (\text{m}^4)$$

② 计算扭转角

轴 AB 段及 BC 段内的单位扭转角分别为

$$\theta_2=\frac{T_2}{GI_P}\times\frac{180}{\pi}=\frac{-1.43\times10^3\times180}{80\times10^9\times6.44\times10^{-6}\times\pi}=-0.159\ (°/\text{m})$$

$$\theta_3=\frac{T_3}{GI_P}\times\frac{180}{\pi}=\frac{2.15\times10^3\times180}{80\times10^9\times6.44\times10^{-6}\times\pi}=0.239\ (°/\text{m})$$

轮 B 与轮 A 及轮 C 与 B 之间的相对扭转角为

$$\varphi_{B-A}=\theta_2 l=-0.159\times3=-0.477\ (°)$$
$$\varphi_{C-B}=\theta_3 l=0.239\times3=0.717\ (°)$$

轮 C 与 A 之间的相对扭转角应为以上两相对扭转角的代数和，所以

$$\varphi_{C-A}=-0.477°+0.717°=0.24°$$

【例 10-3】 如将例 10-2 的轴改用内径比值 $\alpha=0.8$ 的空心圆轴。试按原强度和刚度条件求轴的直径，并比较实心和空心两种情况的用料。

【解】 因 $\alpha=0.8$，则 $1-\alpha^4=0.590$

由强度条件
$$\frac{T_{max}}{[\tau]}\leqslant W_P=\frac{\pi D^3}{16}(1-\alpha^4)$$

得
$$D\geqslant\sqrt[3]{\frac{16T_{max}}{\pi[\tau](1-\alpha^4)}}=\sqrt[3]{\frac{16\times2.15\times10^6}{3.14\times40\times0.59}}=77.43\ (\text{mm})$$

由刚度条件
$$\frac{T_{max}}{G[\theta]}\times\frac{180}{\pi}\leqslant I_P=\frac{\pi D^4}{32}(1-\alpha^4)$$

得　$D \geqslant \sqrt[4]{\dfrac{180 \times 32 T_{\max}}{G\pi^2\ [\theta]\ (1-\alpha^4)}} = \sqrt[4]{\dfrac{180 \times 32 \times 2.15 \times 10^3}{80 \times 10^9 \times 3.14^2 \times 0.25 \times 0.59}} = 0.1016\ (\text{m}) = 101.6\ (\text{mm})$

显然，空心圆轴外径 D 应不小于 101.6mm，实际可取 $D=102\text{mm}$，按 $\alpha=0.8$，可取内径 $d=81.6\text{mm}$。

空心圆轴与实心圆轴用料之比等于相应横截面面积之比，即

$$\frac{A_{空}}{A_{实}} = \frac{\dfrac{1}{4}\pi D^2(1-\alpha^2)}{\dfrac{1}{4}\pi d^2} = \frac{D^2(1-\alpha^2)}{d^2} = \frac{102^2 \times (1-0.8^2)}{90^2} = 0.46$$

可见，空心圆轴比实心圆轴用料要省得多，这是因为空心截面的面积主要集中在截面边缘处，这恰好与切应力的分布规律较吻合，因而材料比较充分地发挥了作用。所以，空心圆轴要比实心圆轴合理。

习　　题

10-1　如题 10-1 图所示，一传动轴每分钟转动 180r，轴上装有 5 个轮子，主动轮 4 的输入功率为 50kW，从动轮 1、3、5 输出功率均为 12kW，从动轮 2 输出功率为 14kW。试作该轴的扭矩图。

10-2　题 10-2 图示圆截面轴。外径 $D=40\text{mm}$，内径 $d=20\text{mm}$，扭矩 $T=1\text{kN}\cdot\text{m}$，试计算 $\rho=15\text{mm}$ 的 A 点处的扭转切应力 τ_A 以及横截面上的最大和最小扭转切应力。

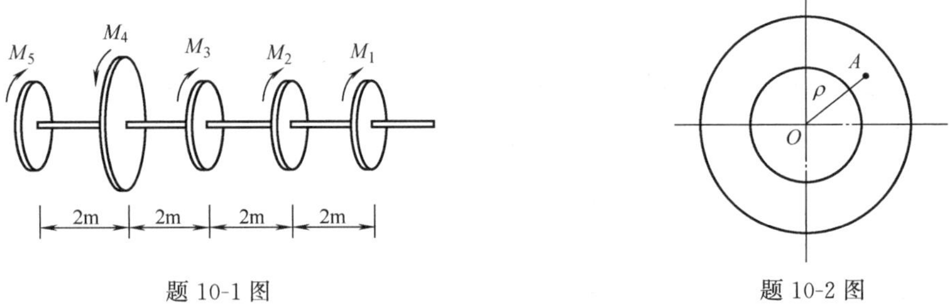

题 10-1 图　　　　题 10-2 图

10-3　一直径为 $d=100\text{mm}$ 的等截面圆轴，转速 $n=120\text{r/min}$，材料的剪切弹性模量 $G=80\text{GPa}$，设由试验测得该轴 1m 长内的扭转角 $\varphi=0.02\text{rad}$，试计算该轴所传递的功率。

10-4　一钢轴如题 10-4 图所示。$M_1=2\text{kN}\cdot\text{m}$，$M_2=1.5\text{kN}\cdot\text{m}$，$G=80\text{GPa}$。试求：

(1) AB 段及 BC 段单位长度扭转角。

(2) C 截面相对 A 截面的扭转角。

10-5　如题 10-5 图所示，一手摇绞车的主动轴 AB 段的直径为 25mm。绞车工作时，用两人摇动，每人加在手柄上的力 $F=250\text{N}$。若许用扭转切应力 $[\tau]=40\text{MPa}$，试校核 AB 轴的扭转强度。

10-6　若题 10-1 中轴的直径等于 80mm，材料的 $[\tau]=40\text{MPa}$，$G=80\text{GPa}$，$[\theta]=0.3°/\text{m}$。校核轴的强度和刚度。

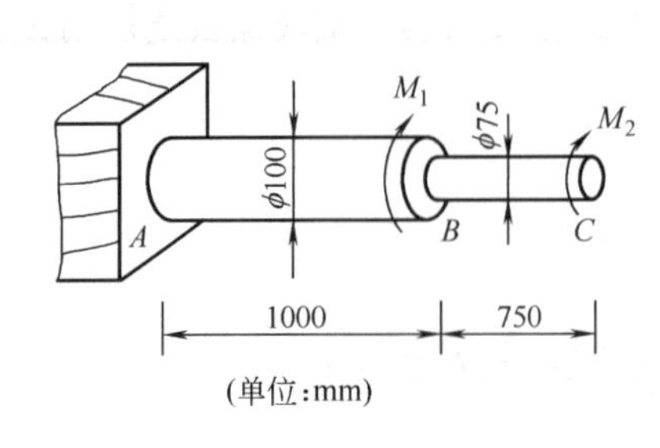

题 10-4 图

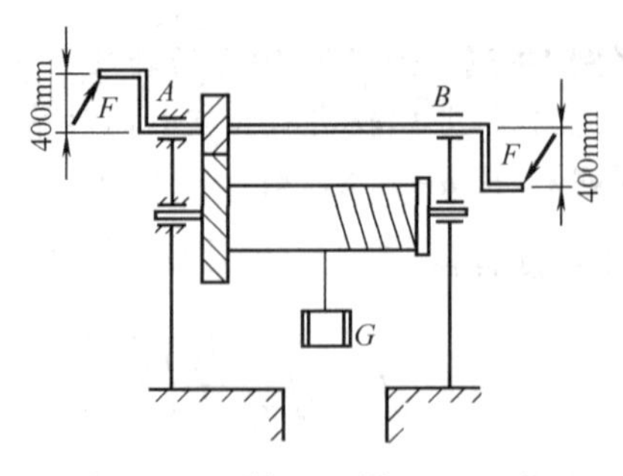

题 10-5 图

10-7 今欲以一内外径比值 $\alpha=0.6$ 的空心轴来代替一直径为 40mm 的实心轴，在两轴的许用切应力相等的条件下，试确定空心轴的外径，并比较实心轴和空心轴的重量。

10-8 钢质实心轴和铝质空心轴（内外径比值 $\alpha=0.6$）的长度及横截面面积均相等，而 $[\tau]_{钢}=80MPa$，$[\tau]_{铝}=50MPa$。若仅从强度条件考虑，问哪一根能承受较大的扭矩？

10-9 一个圆轴以 300r/min 的转速传递 450 马力（1 马力＝735.49875W）的功率，如 $[\tau]=40MPa$，$[\theta]=0.5°/m$，$G=80MPa$，求轴的直径。

第十一章　组合变形时的强度计算

第一节　组合变形的概念

在前面各章，研究杆件的强度和刚度计算问题时，杆件的变形都是一种基本变形形式，即杆的变形是拉伸、压缩、剪切、扭转或弯曲几种基本变形形式中的一种。实际上，工程中大多数杆件在荷载作用下产生的变形往往不是单纯的一种变形，而是两种或两种以上的基本变形的组合，这样的变形称为组合变形。例如带有牛腿的柱子（见图 11-1），由于荷载没有作用在柱子上，若将其向轴线处简化可得一轴向荷载及一力偶。于是，柱子的变形是轴向压缩与弯曲的组合，又如图 11-2 所示的机器中的传动轴，在皮带张力 T、t 和齿轮圆周力 F 与径向力 F_N 的作用下，发生弯曲与扭转的组合变形。计算组合变形的强度时，若杆件的变形很小且在弹性范围以内，就可以应用叠加原理，即先将杆件上的外力分成几组，使每一组外力只产生一种基本形式的变形，分别计算各基本变形所引起的应力，然后将所得结果几何相加就可得到总的应力，从而确定危险截面及危险点，进行组合变形的强度计算。

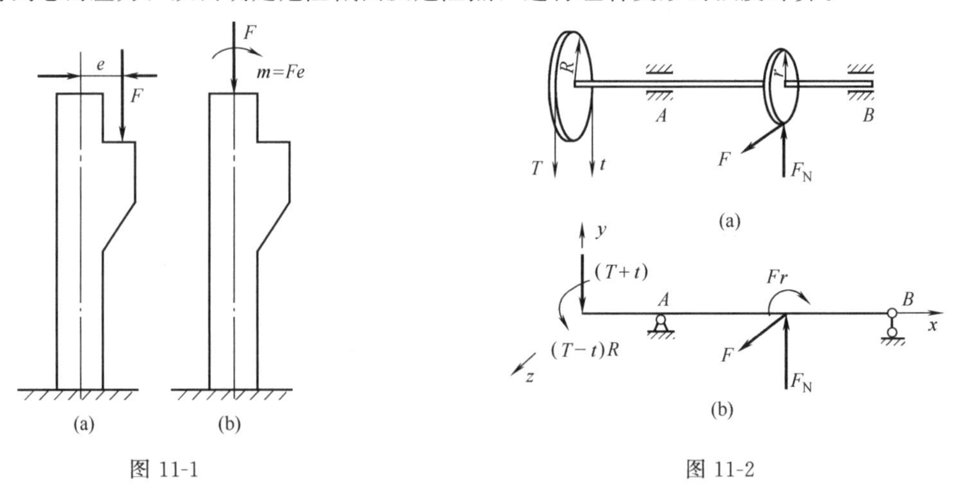

图 11-1　　图 11-2

杆件的几种基本变形有各种不同的组合，它们的基本计算方法是相同的。本章将研究弯曲与拉伸（压缩）及弯曲与扭转两种组合变形的强度计算，这是在工程中最常遇到的两种问题。

第二节　弯曲与拉伸或压缩的组合

图 11-3（a）所示为一矩形截面悬臂梁，在其自由端截面形心处作用一集中力 F，此力作用在梁的纵向对称面内，但与梁的轴线成一角度 φ。将外力 F 沿图示 x 轴和 y 轴方向分解，得两个分力为

$$F_x = F\cos\varphi$$

$$F_y = F\sin\varphi$$

分力 F_x 是轴向外力，在这个力的单独作用下，杆将发生简单拉伸。在任一横截面上有

轴力 $F_N=F_x$。它产生均匀分布的正应力 σ'，其值为

$$\sigma'=\frac{F_N}{A}$$

正应力 σ' 沿截面高度的分布如图 11-3（b）所示。

分力 F_y 是横向外力，在这个力的单独作用下，杆将发生平面弯曲，在任一距左端为 x 处的截面上有弯矩 $M_z=-F_y(l-x)$，它将产生弯曲正应力 σ''，其值为

$$\sigma''=\frac{M_z y}{I_z}$$

正应力 σ'' 沿截面高度的分布如图 11-3（c）所示。

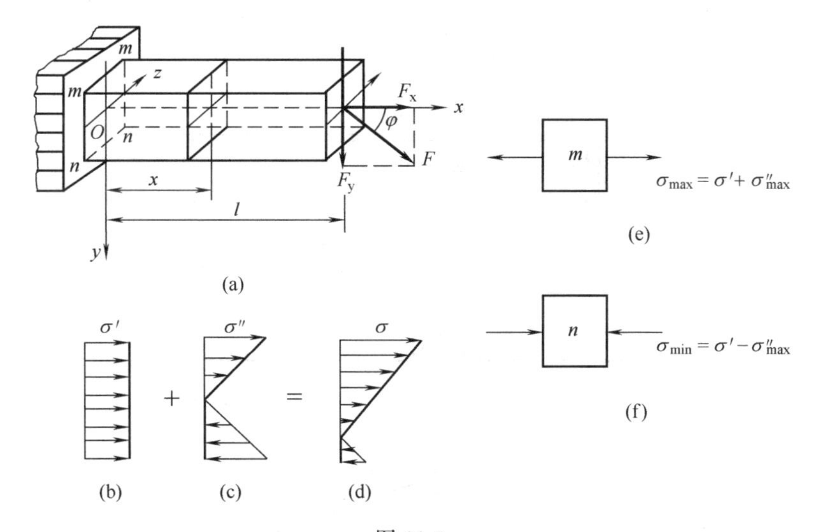

图 11-3

在外力 F 作用下杆将发生简单拉伸与平面弯曲的组合变形。如杆的变形很小，可以用叠加原理把 F_x、F_y 两力单独作用时截面上的正应力 σ' 和 σ'' 叠加，就得到力 F 作用时截面上的正应力。由于正应力 σ' 和 σ'' 都是沿截面法线方向作用，叠加时按代数相加即可。叠加后截面上总的正应力为

$$\sigma=\sigma'+\sigma''=\frac{F_N}{A}+\frac{M_z y}{I_z} \tag{11-1}$$

叠加后，正应力 σ 沿截面高度按直线规律分布，如图 11-3（d）所示。

为了计算梁的强度，需要确定危险截面及危险点。显然，固定端的弯矩最大，也就是危险截面。固定端截面上、下边缘 $m—m$ 及 $n—n$ 上的点均为危险点。危险点正应力为

$$\sigma_{m—m}=\sigma_{max}=\sigma'+\sigma''_{max}=\frac{F_N}{A}+\frac{M_{zmax}}{W_Z} \tag{11-2}$$

$$\sigma_{n—n}=\sigma_{min}=\sigma'-\sigma''_{max}=\frac{F_N}{A}-\frac{M_{zmax}}{W_Z} \tag{11-3}$$

由式（11-3）可见，若 $\sigma'>\sigma''$，则 σ_{min} 为拉应力，反之则为压应力。图 11-3（d）是根据 σ_{min} 为压应力的情况绘制的。

由于应力叠加后，危险点仍处于单向应力状态［见图 11-3（e）、(f)］，所以强度条件为

$$\sigma_{\max}=\frac{F_{N}}{A}+\frac{M_{z\max}}{W_{Z}}\leqslant[\sigma] \tag{11-4}$$

当 F_x 是压力时，则 $F_N=-F_x<0$。这时梁的强度条件为

$$|\sigma_{\min}|=\left|\frac{F_{N}}{A}-\frac{M_{z\max}}{W_{Z}}\right|\leqslant[\sigma] \tag{11-5}$$

【例 11-1】 如图 11-4（a）所示单臂、吊车、横梁 AB 用 30a 工字钢，已知 $a=2\text{m}$，$l=5\text{m}$，$F=20\text{kN}$，材料的许用应力 $[\sigma]=120\text{MPa}$，试校核横梁的强度。

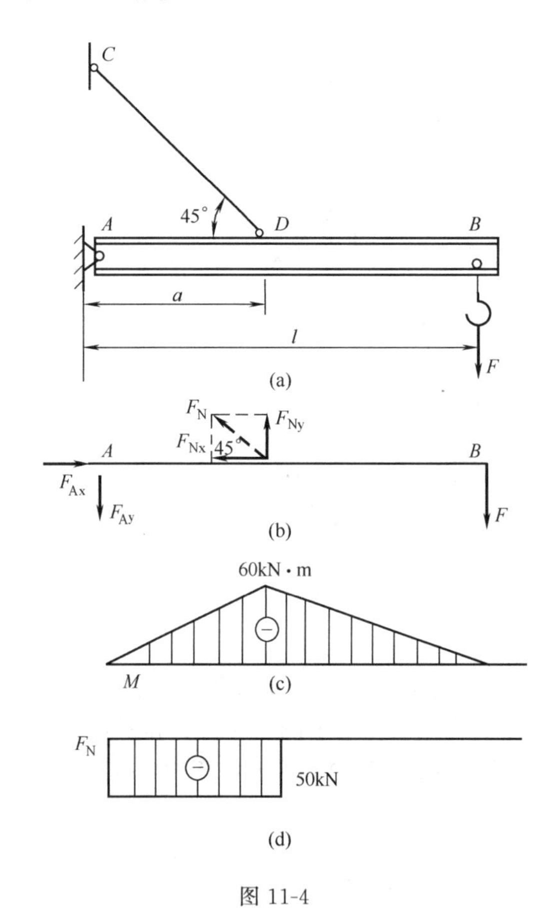

图 11-4

【解】 ① 外力分析

取横梁 AB 为研究对象，其受力如图 11-4（b）所示。由平衡条件可得

$$F_{Ax}=50\text{kN}$$

$$F_{Ay}=30\text{kN}$$

$$F_{Ny}=F_{Nx}=F_{Ax}=50\text{kN}$$

根据受力情况可知，横向力 F_{Ay}、F_{Ny}、F 使横梁发生弯曲变形；轴向力 F_{Ax}、F_{Nx} 使横梁发生压缩变形。可见横梁是压缩与弯曲的组合变形。

② 内力分析，确定危险截面

横梁的弯矩图、轴力图如图 11-4（c）、（d）所示。由图知在 D 截面上弯矩和轴力都达到最大值，其值分别为 $M_D=-60\text{kN}\cdot\text{m}$ 及 $F_{ND}=-50\text{kN}$。可见 D 截面是危险截面。

③ 应力分析，确定危险点

因为 D 截面的下边缘各点对应于轴力和弯矩的应力都是压应力，故是危险点，这些点的压应力为

$$|\sigma_{max}|=\left|\frac{F_{ND}}{A}+\frac{M_D}{W_Z}\right|$$

④ 强度校核

由型钢表查得 30a 工字钢的截面面积 $A=6120mm^2$，抗弯截面模量 $W_Z=59700mm^3$，于是，强度条件可写为

$$|\sigma_{max}|=\left|-\frac{50\times10^3}{6120}-\frac{60\times10^6}{59700}\right|=108.67\ (MPa)<[\sigma]=160\ (MPa)$$

故横梁的强度满足要求。

【例 11-2】 一起重机示意如图 11-5 所示。起重机塔架固定在矩形截面的混凝土基础上，其轴线通过基础中心。起重机（包括塔架重）$G_1=180kN$，其作用线与塔架轴线相距 0.6m，平衡重 $Q=50kN$，起吊最大重量 $F=80kN$，混凝土容重 $\gamma=23kN/m^3$。若在图示位置使基底截面上无拉应力，求基础宽度 a 的最小尺寸。

【解】 ① 分析受力

设基础宽度为 a，则基础重量

$$G_2=3\times2.4\times a\times\gamma=7.2a\times23=165.6a\ (kN)$$

将 Q、F、G_1、G_2 向基础中心 O 简化得主矢 F_R 及主矩 M_O 分别为

$$F_R=Q+F+G_1+G_2=50+80+180+165.6a=310+165.6a$$

$$M_O=8\times80+180\times0.6-50\times4=548\ (kN\cdot m)$$

显然，基础受到主矢 F_R 引起的压缩，以及主矩 M_O 引起的弯曲的组合作用。

② 分析应力

在基底截面上轴向力 $F_N=F_R=310+165.6a$，弯矩 $M_z=M_O=548kN\cdot m$。于是，基底 AB 边缘上的应力为

压应力　$$\sigma'=\frac{F_N}{A}=\frac{310+165.6a}{3a}$$

拉应力　$$\sigma''=\frac{M_z}{W_Z}=\frac{548}{3\times\frac{a^2}{6}}=\frac{1096}{a^2}$$

③ 计算 a 值

为使基础不受到拉应力，应使 $\sigma'\geqslant\sigma''$ 即

$$\frac{310+165.6a}{3a}\geqslant\frac{1096}{a^2}$$

或　$$a^2+1.87a-19.85\geqslant0$$

解方程得　$$a\geqslant3.62m$$

故 a 的最小尺寸为 3.62m。

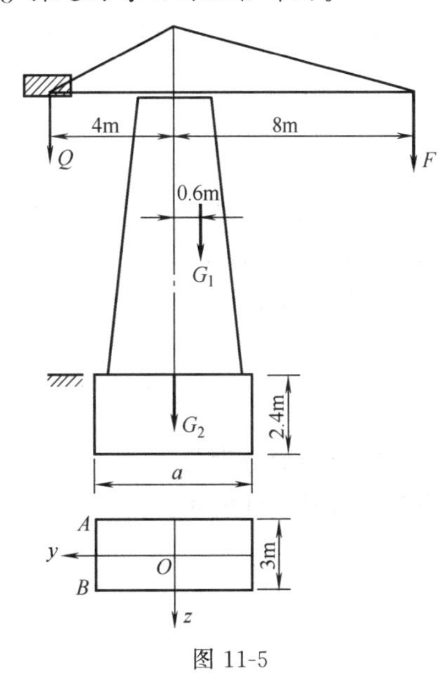

图 11-5

第三节　弯曲与扭转的组合

工程中受扭的杆件往往不是在纯扭转的情况下工作的，大多数情况是扭转伴随着弯曲的组合作用，例如传动轴、曲柄等。下面讨论这类杆件的强度计算。

图 11-6（a）所示为一端固定而另一端自由的轴。在自由端受一水平力 F 和一个力偶矩为 M_e 的力偶作用。显然，F 使轴发生弯曲。而 M_e 使轴发生扭转。在任一距固定端为 x 的截面上既有扭矩 $T=M_e$，又有弯矩 $M=F(l-x)$，还有剪力 $F_S=F$，对于一般的轴，由于剪力 F_S 所引起的剪切变形常较小，可以略去不计。在轴的全长内，扭矩为常量，而弯矩的最大值在轴的固定端截面上。因此，固定端截面是危险截面。

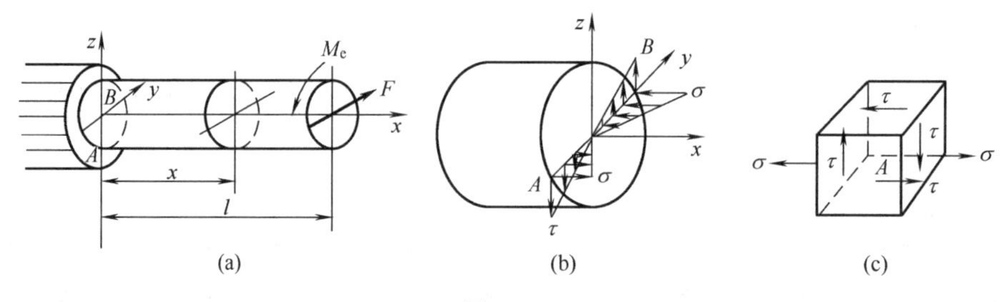

图 11-6

现在来分析危险截面上的应力情况。扭矩 T 引起的切应力在截面上的圆周上达到最大值；弯矩引起的正应力只在截面的圆周上 A 和 B 点处达到最大绝对值。因此，点 A 和 B 同时存在绝对值最大的正应力和最大的切应力［见图 11-6（b）］，是全轴的危险点。为计算危险点处的强度，在 A 点处取一单元体如图 11-6（c）所示。这个单元体的横截面上有弯曲正应力 σ 和扭转切应力 τ，根据切应力互等定理，在两个水平截面上也有与截面上相等的切应力 τ，这种应力状态称为二向应力状态。二向应力状态的强度校核与前面所讨论过的单向应力状态及纯切应力状态的强度校核不同，前者只需考虑一种应力（正应力或剪力）的作用即可。而二向应力状态的强度问题则需同时考虑正应力 σ 和切应力 τ 两种应力的作用。对于塑性材料，强度条件一般可由以下各式确定。

$$\sqrt{\sigma^2+4\tau^2}\leqslant[\sigma] \tag{11-6}$$

或

$$\sqrt{\sigma^2+3\tau^2}\leqslant[\sigma] \tag{11-7}$$

式中，$[\sigma]$ 为材料受单向拉伸时的容许应力。式（11-6）称为第三强度理论，式（11-7）称为第四强度理论。

对于圆轴来说

$$\sigma=\frac{M}{W},\ \tau=\frac{T}{W_P},\ W=\frac{\pi d^3}{32},\ W_P=\frac{\pi d^3}{16}=2W$$

将以上各值分别代入式（11-6）及式（11-7）中，并化简可分别得到塑性材料圆轴在弯扭组合变形时的强度条件为

$$\frac{\sqrt{M^2+T^2}}{W}\leqslant[\sigma] \tag{11-8}$$

或

$$\frac{\sqrt{M^2+0.75T^2}}{W}\leqslant[\sigma] \tag{11-9}$$

式中　M，T——杆件危险截面上的弯矩和扭矩；

　　W——圆形截面的抗弯截面模量。

若轴在垂直平面与水平面内同时承受弯矩时，则上述公式中的弯矩 M 应为水平弯矩 M_h 和垂直弯矩 M_v 的几何和，即

$$M=\sqrt{M_{\mathrm{h}}^{2}+M_{\mathrm{v}}^{2}} \tag{11-10}$$

【例 11-3】 图 11-7（a）所示为一圆轴，其上装有两皮带轮 A 与 B。两轮有相同的直径 $D=100$cm 和相同的重量 $F=5$kN。A 轮上皮带拉力是水平方向的，B 轮上皮带拉力是铅直方向的（拉力大小如图示）。设计许用应力 $[\sigma]=80$MPa。试按第三强度理论求所需圆轴的直径。

【解】 ① 轴的计算简图

将轮上皮带轮拉力向轮子中心简化，得轴的计算简图如图 11-7（b）所示。图中，在 A 轮中心作用着向下的轮重 5kN 和皮带的水平拉力 7kN，并有扭矩 $(5-2)\times0.5=1.5$（kN·m）。轮 B 的中心，作用着向下的轮重和皮带拉力共 12kN，并有扭矩 1.5kN·m。

② 轴的内力分析

扭矩使轴扭转［见图 11-7（c）］；垂直力使轴在垂直平面内弯曲［见图 11-7（e）］；水平

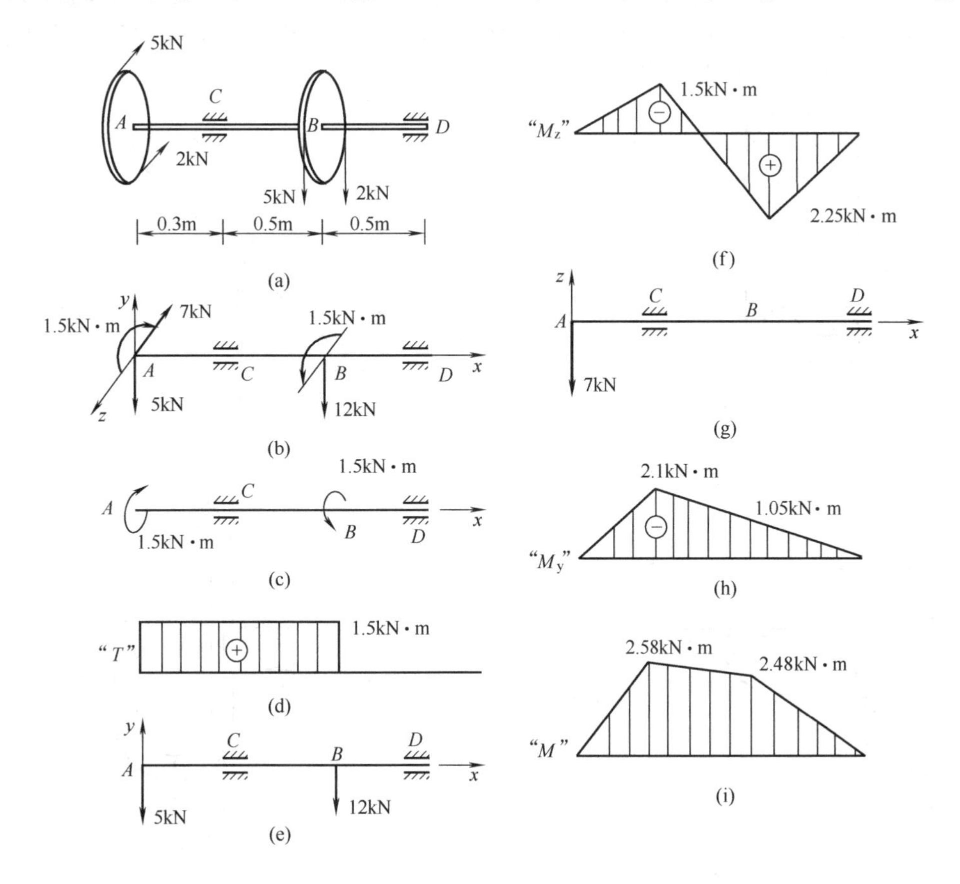

图 11-7

力使轴在水平面内弯曲［见图 11-7（g）］。轴的扭矩图 T 和弯矩图 M_z、M_y 图分别如图 11-7（d）、（f）、（h）所示。由式（11-10）知，截面 A、B、C、D 的总弯矩分别为

$$M_{\mathrm{A}}=0$$

$$M_{\mathrm{C}}=\sqrt{1.5^{2}+2.1^{2}}=2.58\ (\mathrm{kN\cdot m})$$

$$M_{\mathrm{B}}=\sqrt{2.25^{2}+1.05^{2}}=2.48\ (\mathrm{kN\cdot m})$$

$$M_{\mathrm{D}}=0$$

根据上述各 M 值，作总弯矩 M 图如图 11-7（i）所示。

③ 确定圆轴直径

从总弯矩图和扭矩图中可以看出，支承 C 处截面为危险截面，该截面总弯矩和扭矩分别为

$$M=2.58\text{kN}\cdot\text{m}=2.58\times10^6\text{N}\cdot\text{mm},\quad T=1.5\text{kN}\cdot\text{m}=1.5\times10^6\text{N}\cdot\text{mm}$$

于是，由式（11-8）得

$$\frac{\sqrt{(2.58\times10^6)^2+(1.5\times10^6)^2}}{W}\leqslant80 \quad 故 \quad W=\frac{\pi d^3}{32}\geqslant37.3\times10^3$$

由此得所需圆轴直径为 $d\geqslant72\text{mm}$。

习 题

11-1 混凝土坝，高 8m，侧面如题 11-1 图所示，混凝土容重 $\gamma=20\text{kN/m}^3$。如果要使坝受水压力作用后，坝底没有拉应力，试计算坝宽 a 所需的最小尺寸（提示：可取长为 1m 的一段坝，考虑其应力）。

11-2 梁 AB 的截面为 100mm×100mm 的正方形，受力如题 11-2 图所示。若 $F=3\text{kN}$，试作梁的轴力图及弯矩图，并求最大拉应力及最大压应力。

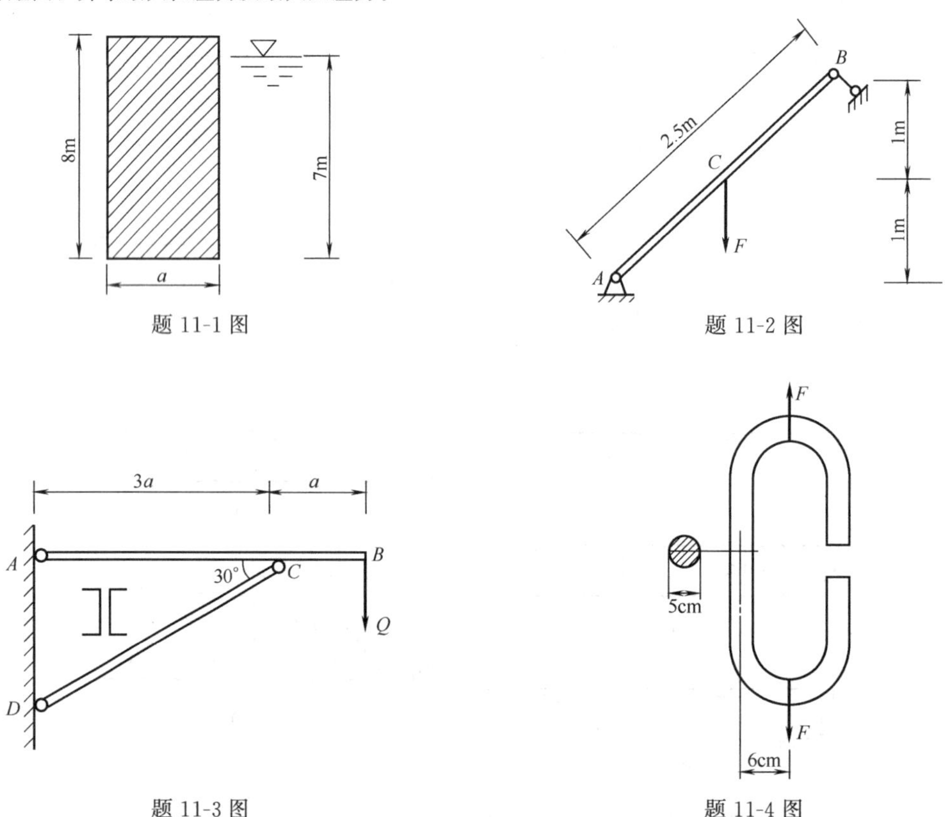

题 11-1 图　　题 11-2 图

题 11-3 图　　题 11-4 图

11-3 如题 11-3 图所示一起重结构，$a=1\text{m}$，最大起重量 $Q=40\text{kN}$，材料的许用应力 $[\sigma]=140\text{MPa}$，试为 AB 杆选一对槽钢截面。

11-4 如题 11-4 图所示链条中的一链环，受拉力 F，环的直径 $d=5\text{cm}$。如许用应力 $[\sigma]=120\text{MPa}$，求最大许可拉力 F 的数值。

11-5 若在正方形截面短柱的中间处开一切槽，见题 11-5 图，其面积为原面积的一半，问最大压应力增大几倍？

11-6 题 11-6 图示拐轴，受铅垂力 F 的作用，试按第三强度理论确定轴 AB 的直径。已知：$F=20\text{kN}$，$[\sigma]=160\text{MPa}$。

11-7　题 11-7 图示一铰车，铰车轴的直径 $d=3\text{cm}$。如许用应力 $[\sigma]=80\text{MPa}$，试根据第三强度理论计算铰车能吊起的最大许可荷载 F。

11-8　题 11-8 图示为一皮带轮轴（T_1、T_2 与 T_3 垂直）。已知 T_1 和 T_2 均为 1.5kN，1、2 轮的直径均为 300mm，3 轮直径为 450mm，轴的直径为 60mm。若 $[\sigma]=80\text{MPa}$，试按第三强度理论对该轴进行校核。

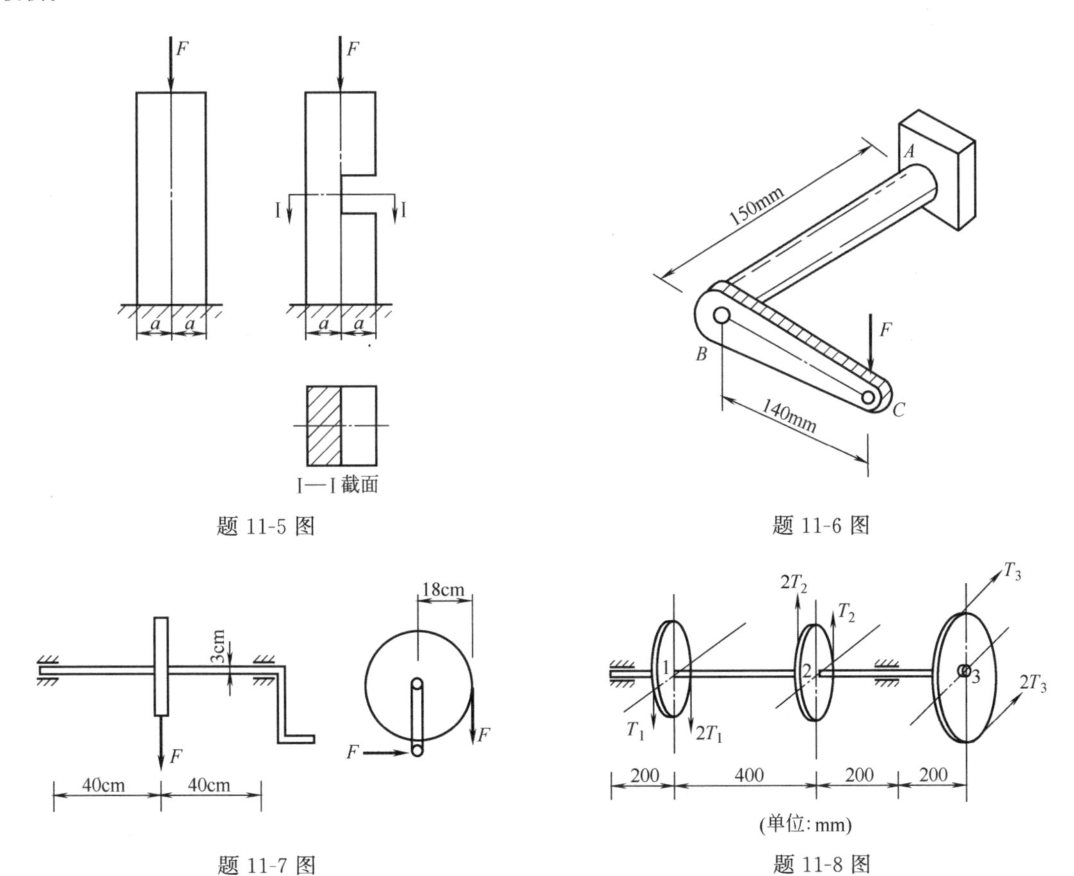

题 11-5 图

题 11-6 图

题 11-7 图

题 11-8 图

第三篇　结构力学

一、结构力学的研究对象

在土木工程中，由建筑材料按照一定的方式组成并能承受荷载作用的建筑物或构筑物，称为工程结构，简称结构。如房屋、桥梁、水塔、水坝和挡土墙等，它们都是结构的例子。

结构都是由构件组成的，按照构件的几何尺寸，可把结构分为以下三大类：

1. 杆件结构

杆件是长条形的构件，其横截面中宽度 b 和厚度 h 两个方向的尺寸要远小于杆的长度 l，如图Ⅲ-1 所示。杆件结构是由杆件或若干根杆件相互联结组成的体系，也称为杆件体系。例如，钢筋混凝土框架、钢桁架桥、门式刚架等都是杆件结构。

2. 薄壁结构

薄板或薄壳是厚度 h 远小于其它两个尺度的构件，图Ⅲ-2 所示构件为薄板。将若干薄板或薄壳组合得到的结构称为薄壁结构。

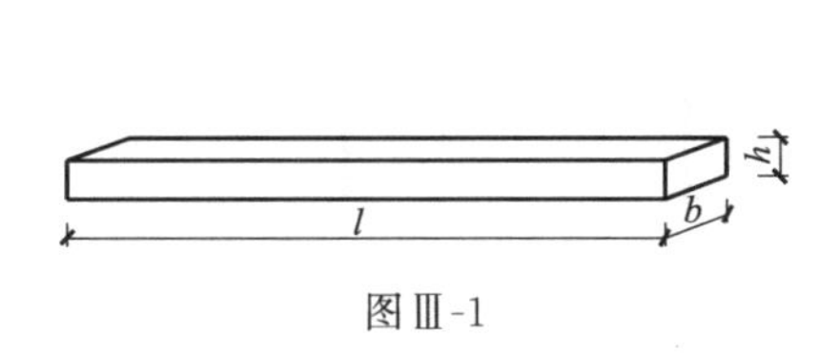

图Ⅲ-1

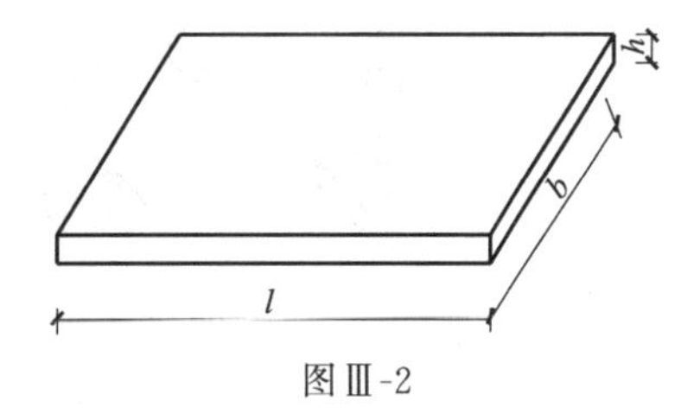

图Ⅲ-2

3. 实体结构

实体结构的几何特征是在三个方向尺度中，长度 l、宽度 b、厚度 h 大致处于相同量级，典型的实体结构有挡土墙、堤坝（图Ⅲ-3）、块体基础等。

结构力学主要是研究由杆件所组成的结构——杆件结构，而薄壁结构和实体结构则属于弹性力学的研究范畴。

结构力学的任务是研究杆件结构的组成规律、合理形式以及结构在外因作用下的强度、刚度和稳定性的计算原理与计算方法。研究组成规律的目的在于保证结构各部分不致发生相对运动，这是结构能承担荷载并维持平衡的前提；进行强度和稳定性计算的目的，在于保证结构的安全并使之符合经济的要求；计算刚度的目的在于保证结构不致发生过大的在实用上不能容许的位移；研究结构的合理形式是为了有效地利用材料，使其性能得到充分的发挥。

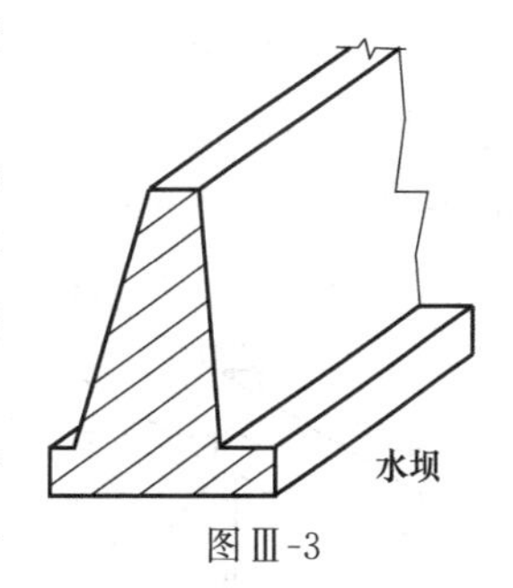

图Ⅲ-3

二、结构的计算简图

在实际工程中的建筑物，其结构、构造以及其上作用的荷载，往往比较复杂。在结构设计时，如果严格按照实际情况进行力学分析，会使问题过于复杂，乃至不可能完成。因此，在对实际结构进行力学分析时，必须有意识地略去一些次要因素，采用一种简化了的图形来代替实际结构，然后才能建立其相应的计算理论。这种代替实际结构的简化计算图形称为结构的计算简图。

结构的简化主要包括四个方面：结构体系和杆件的简化、结点的简化、支座的简化和荷载的简化。对支座的简化和荷载的简化前面章节已经述及，这里仅简单介绍结构体系和杆件的简化、结点的简化。

1. 结构体系和杆件的简化

一般来说，实际工程结构都是空间结构，各部分相互连接成一个空间整体，以承受来自各个方向的荷载。在工程中通常忽略一些次要的空间联系而将实际结构分解为若干个平面结构，从而将计算简化。在杆系结构中常用杆件截面形心连线所形成的杆轴线表示实际杆件。

如图Ⅲ-4（a）所示单层厂房，略去次要的空间约束后，可简化为图Ⅲ-4（b）所示的平面结构，再经过杆件、结点和支座的简化后才能得到图Ⅲ-4（c）所示的计算简图。但要说明的是，并非所有的空间结构都可简化为平面结构。

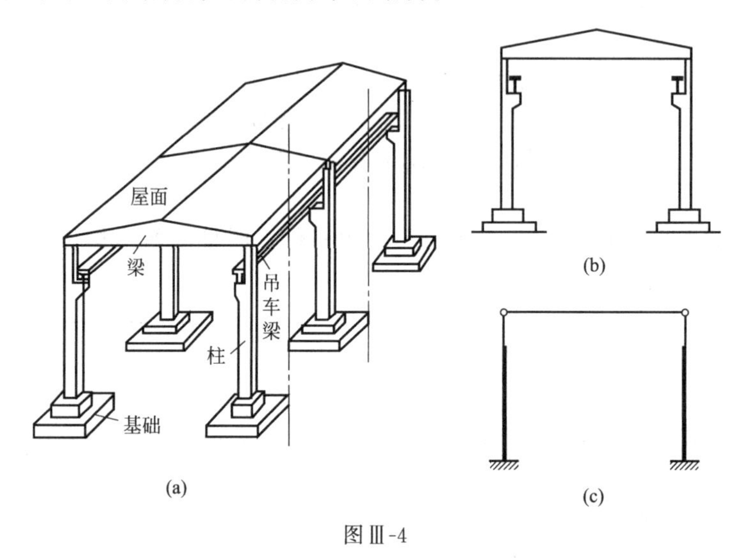

图Ⅲ-4

2. 结点的简化

结构中杆件与杆件相互联结处称为结点。确定结构的计算简图时，其结点通常可简化为以下两种理想情况：

（1）铰结点　铰结点的特征是它所联结的各杆件都可以绕结点自由转动，即在结点处各杆件之间的夹角可以改变。这种理想化的铰结点在实际结构中是不存在的，但略去次要因素的影响，图Ⅲ-5（a）、（c）所示木屋架的结点和钢桁架的结点均可视为铰结点。

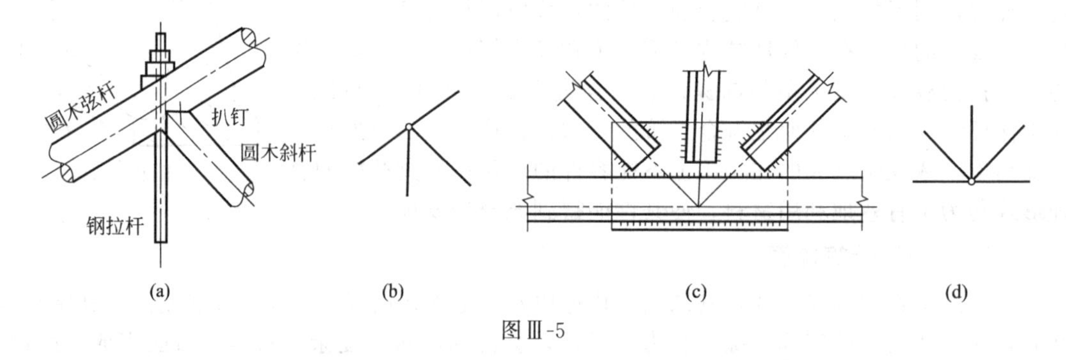

图Ⅲ-5

（2）刚结点　刚结点的特征是它所联结的各杆件不能绕结点转动，即在结点处各杆端之间的夹角始终保持不变。在实际工程中如钢筋混凝土的梁、柱结点，其上、下柱与横梁在该处浇成整体，钢筋的布置使各杆端能抵抗弯矩，这种结点就可以简化为刚结点，如图Ⅲ-6所示。

三、平面杆系结构分类

平面杆系结构是本书研究的主要对象，根据其组成特征和受力特点，可分为以下几种类型。

1. 梁

梁是一种受弯杆件，可以是单跨的，也可以是多跨的，如图Ⅲ-7 所示。

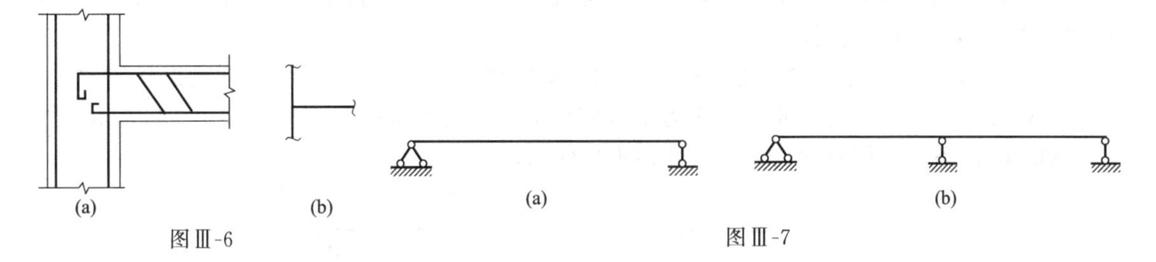

图Ⅲ-6　　图Ⅲ-7

2. 拱

拱的轴线为曲线，且在竖向荷载作用下有水平支座反力（推力），如图Ⅲ-8。水平推力使拱内弯矩远小于跨度、荷载及支撑情况相同的梁的弯矩。

3. 刚架

刚架是由梁和柱组成的结构，杆件间的结点通常为刚结点，也可以有部分铰结点或组合结点，如图Ⅲ-9 所示。刚架各杆承受弯矩、剪力和轴力，其中弯矩是主要内力。

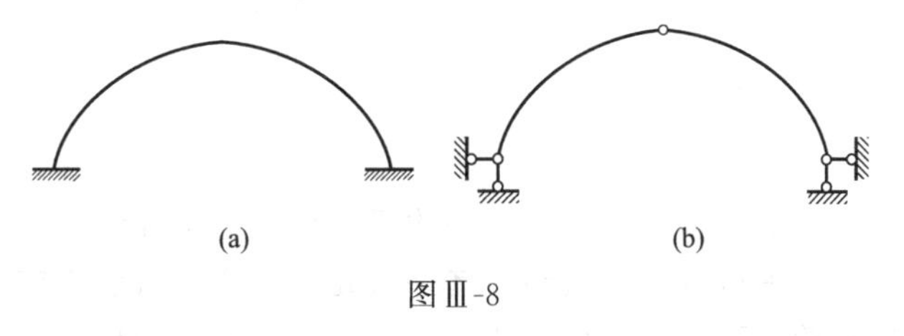

图Ⅲ-8

4. 桁架

桁架是由若干根直杆在两端用理想铰联结而成的结构，如图Ⅲ-10 所示。当只受到作用于结点的荷载时，各杆只产生轴力。

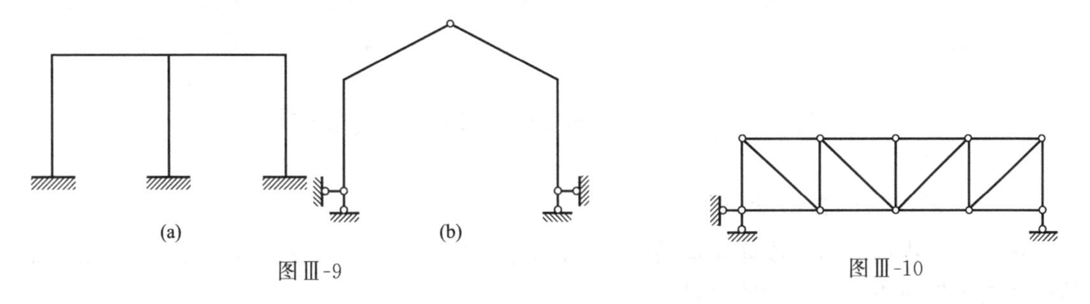

图Ⅲ-9　　图Ⅲ-10

5. 组合结构

组合结构是由梁、桁架、拱或刚架组合在一起的结构，有些杆件只承受轴力，而另一些杆件则同时承受弯矩和剪力，如图Ⅲ-11 所示。

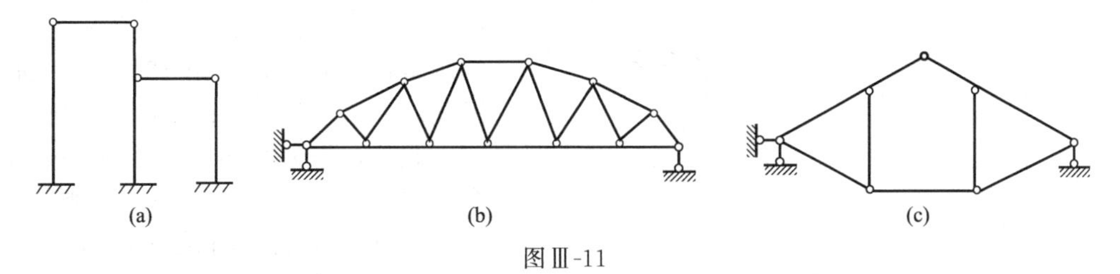

图Ⅲ-11

第十二章　平面体系的几何组成分析

杆件结构在受到荷载作用时，若不考虑材料的应变，须保持几何形状和位置均不改变，这种不变性称为几何稳固性。

如图 12-1（a）所示的体系是几何可变的，即使很小的外力 F，也能引起其形状的改变，显然这种几何可变体系是不能用来作为结构使用的。但若增加一根斜杆，如图 12-1（b）所示，则新的体系是几何稳固的，称为几何不变体系。

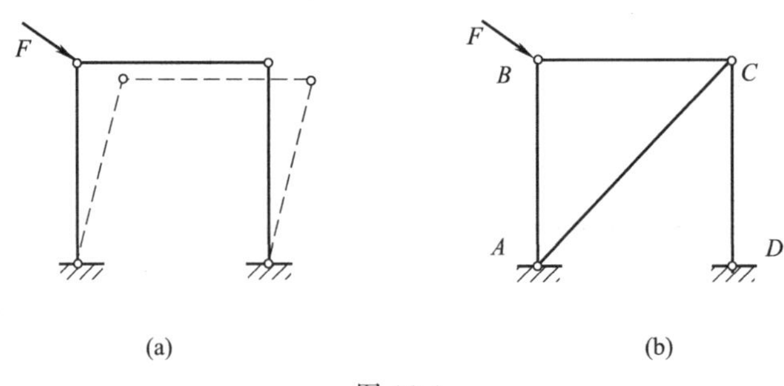

图 12-1

保证几何稳固性，这是体系能承担荷载并维持平衡的前提。因此，必须首先对体系的几何组成进行分析，以判断其是否几何不变，从而决定它能否作为结构。就体系的几何组成所进行的这种分析，称为几何组成分析或机动分析。

在几何组成分析中，由于不考虑杆件本身的变形，一个杆件或者一个几何不变的部分可以视为一个刚片。结构分析中，可以将一根梁、一根链杆或在体系中已确定为几何不变的某个部分视为一个刚片，如图 12-1（b）中，AB 杆可以看做一个刚片，杆 AB、AC 和 BC 三根杆件构成的稳定三角形可以看做一个刚片，支撑结构的地基也可以看做一个刚片。

第一节　平面体系的自由度与约束

一、平面体系的自由度

体系的自由度，是指该体系运动时，可以独立变化的几何参数的数目，也就是用来确定该体系的位置所需独立坐标的数目。

在平面内，一个点的位置要由两个坐标 x 和 y 来确定［图 12-2（a）］，所以一个点在平面内的自由度为 2。一个刚片在平面内运动时，其位置可由它上面的任一点 A 的坐标 x、y 和过点 A 的任一直线 AB 的倾角 φ 来确定，如图 12-2（b）所示。因此，一个刚片在平面内的自由度为 3。

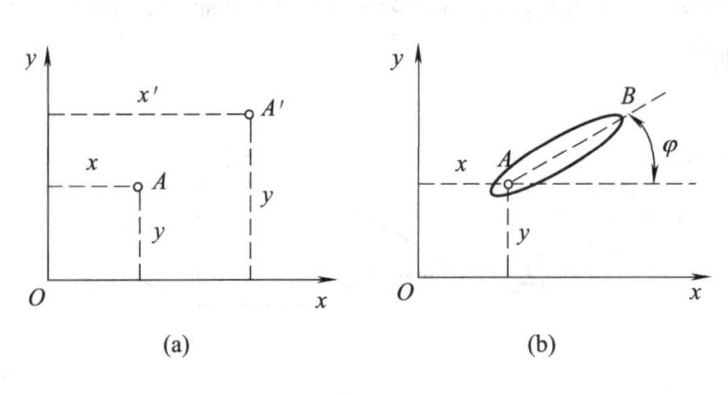

图 12-2

此外，作为结构支撑的地基也是一个大的几何不变体系，为一大刚片，但在结构分析中通常将地基作为参照物，所以一般不考虑其自由度。

二、约束

限制体系的运动，使体系自由度减少的装置称为约束。使体系减少一个自由度的装置称为一个约束。

如图 12-3（a）所示刚片，当用一根链杆与地基相联时，刚片不能沿 AC 方向移动，此时确定刚片的位置仅需两个参数 x_A 和 φ，故体系减少了一个自由度。因此，一根链杆相当于一个约束。

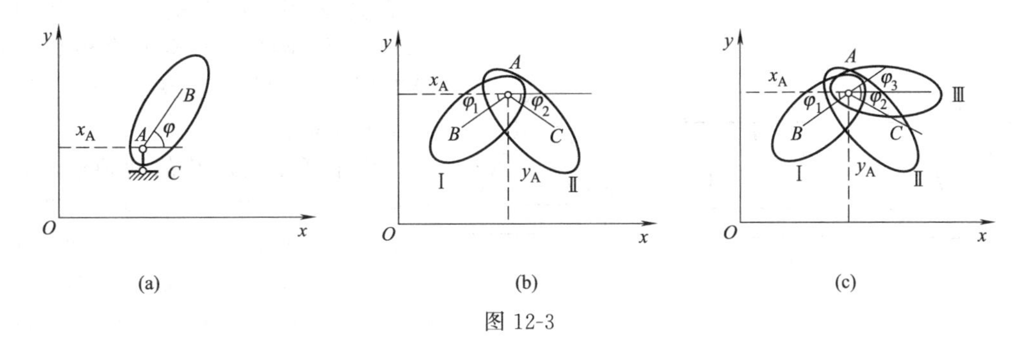

图 12-3

图 12-3（b）所示的铰 A 联结了Ⅰ和Ⅱ两个刚片。两个孤立的自由刚片共有六个自由度，用铰联结后自由度减为 4。这是因为用三个坐标 x_A、y_A、φ_1 确定刚片Ⅰ的位置后，刚片Ⅱ只能绕 A 点转动，则其位置可用一个转角确定。因此，该铰减少了两个自由度。把联结两个刚片的铰称为单铰，一个单铰相当于两个约束，也相当于两根链杆的作用。

联结两个以上刚片的铰称为复铰。图 12-3（c）中的三个刚片Ⅰ、Ⅱ和Ⅲ用复铰 A 相联，若刚片Ⅰ的位置已固定，则刚片Ⅱ和Ⅲ都只能绕点 A 转动，从而各减少了两个自由度，因此联结三个刚片的铰实际相当于两个单铰的作用。一般来说，联结 n 个刚片的复铰相当于（$n-1$）个单铰。

三、多余约束

如果在体系上增加一个约束而不减少体系的自由度，则此约束称为多余约束。

如图 12-4（a）中，平面内一点 A 用两根不共线的链杆联结到基础，A 点的两个自由度都受到限制。这两根链杆都是非多余约束，或称必要约束。如果用三根链杆将 A 点与地基相联［图 12-4（b）］，实际上仍只减少两个自由度。则这三个链杆只有两根是必要约束，还有一根是多余约束。

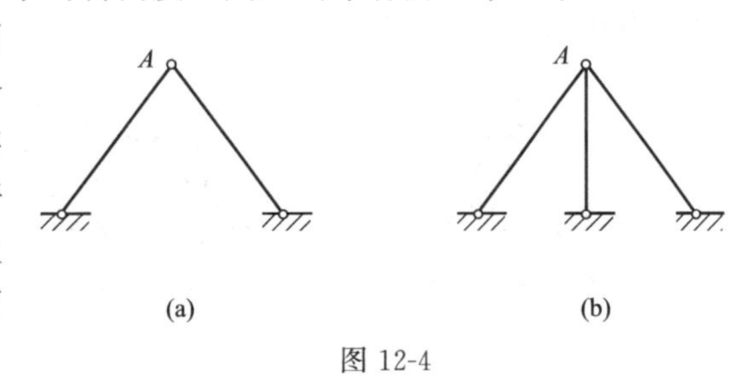

图 12-4

第二节 几何不变体系的简单组成规则

几何组成分析所研究的主要是无多余约束几何不变体系的组成规则。本节介绍平面杆件体系最基本的几何组成规则。

一、两刚片规则

两个刚片用不全交于一点也不全平行的三根链杆相联，则所组成的体系是无多余约束的几何不变体系。

图 12-5（a）所示刚片Ⅰ、Ⅱ仅用两根链杆 1、2 相联，设固定刚片Ⅰ固定不动，则刚片

Ⅱ可绕1、2两杆延长线形成的交点O_1发生相对转动。同样，若固定刚片Ⅱ不动，则刚片Ⅰ也将绕O_1点转动。点O_1称为刚片Ⅰ和Ⅱ的相对转动瞬心。此情形就像将刚片Ⅰ和Ⅱ用在O_1点的单铰联结一样，这也说明用两根链杆联结两个刚片的约束作用相当于一个单铰。但是，由于这个铰的位置是在两根链杆的延长线上的，且其位置随链杆的转动而变，与一般的铰不同，称其为虚铰。

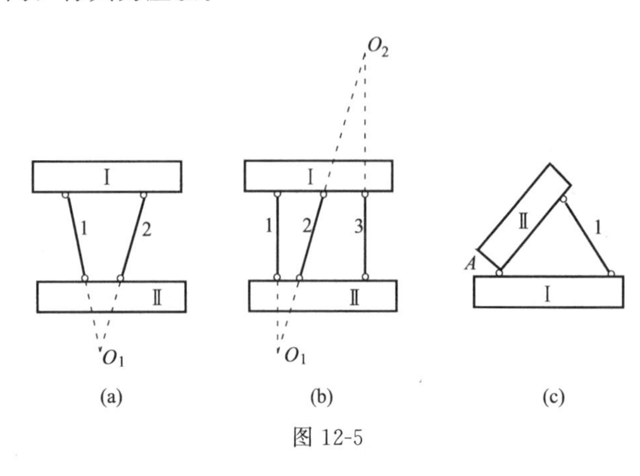

图 12-5

若在刚片Ⅰ和Ⅱ之间再加上一个不通过虚铰O_1的链杆3［图12-5（b）］，两个刚片就不会发生相对运动。这时所组成的体系是无多余约束的几何不变体系。

由于联结两刚片的两根链杆的作用相当于一个单铰，故两刚片规则也可叙述为：两刚片用一个铰和一根不通过该铰心的链杆相联，则所组成的体系是无多余约束的几何不变体系［图12-5（c）］。

二、三刚片规则

三个刚片用不在同一直线上的三个铰两两相联，则所组成的体系是无多余约束的几何不变体系。

如图12-6（a）所示，刚片Ⅰ、Ⅱ、Ⅲ用不在同一直线上的三个铰A、B、C两两相联。若将刚片Ⅰ固定不动，则刚片Ⅱ只可能绕A点转动，其上点C必在半径为AC的圆弧上运动；同样刚片Ⅲ只可能绕B点转动，其上点C必在半径为BC的圆弧上运动。而点C用铰将刚片Ⅱ和Ⅲ联结，点C不可能同时在两个不同的圆弧上运动，故各刚片之间不可能发生相对运动，是一个无多余约束的几何不变体系。

由于联结两刚片的两根链杆的作用相当于一个单铰，故图12-6（b）所示三个刚片可认为是由不在同一直线上的三个虚铰两两相联，则该体系也是没有多余约束的几何不变体系。

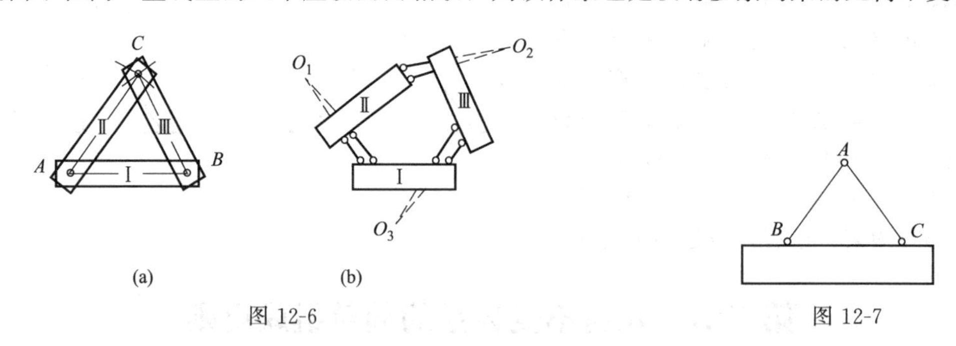

图 12-6

图 12-7

三、二元体规则

在一个体系上增加或减少一个二元体，得到的体系与原体系的几何不变性或可变性相同。

所谓二元体是指两根不在同一直线上的链杆联结一个新结点的装置，即图12-7所示ABC部分。在平面内新增加一个点会增加两个自由度，而新增加的两根不共线的链杆，恰能减去新结点的两个自由度，故不会影响体系的几何不变性或可变性。同理，若在已知体系上撤除二元体，所得体系的几何不变性或可变性也与原体系相同。

在几何构造分析中，常采用二元体规则对体系进行简化和判断，如工程中常见的静定桁架［图 12-8（a)］，就是由基本三角形 ABC 依次增加二元体得到结点 D、E、F、G、H 组成的。而图 12-8（b）中所示桁架，由左至右依次减掉二元体，去掉结点 A、C、B、D、E、F、G、H、I，则最终得到铰结三角形 JLM 和 KMN，其间由铰 M 连接，可以判断该体系缺少一个约束，为几何可变的。

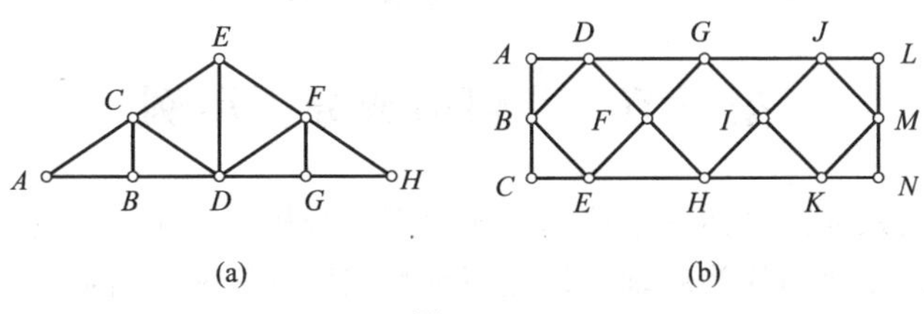

图 12-8

值得指出的是，在两刚片和三刚片规则中，都提出了一些限制条件，如联结两刚片的三根链杆不能全交于一点也不能全平行；联结三刚片的三个铰不能在同一直线上。下面讨论如果出现上述情况时，结果又会怎样。

图 12-9（a）所示两刚片用三根相互平行且等长的链杆相联，两刚片发生微小相对运动后，三根链杆仍相互平行，故运动将继续发生，这种体系称为常变体系。又如图 12-9（b）所示体系，两个刚片用三根平行但不等长的链杆相联，此时两刚片可以沿与链杆垂直的方向发生相对移动，但在发生微小移动后，三根链杆不再相互平行，从而不再发生相对运动。这种在某一瞬时可以产生微小运动，然后就不能继续运动的体系称为瞬变体系。图 12-9（c）所示两刚片，用交于一点 O 的三根链杆相联，此时两刚片可以绕点 O 作相对转动，但发生微小转动后，三链杆不再全交于一点，因此这种体系也是一个瞬变体系。

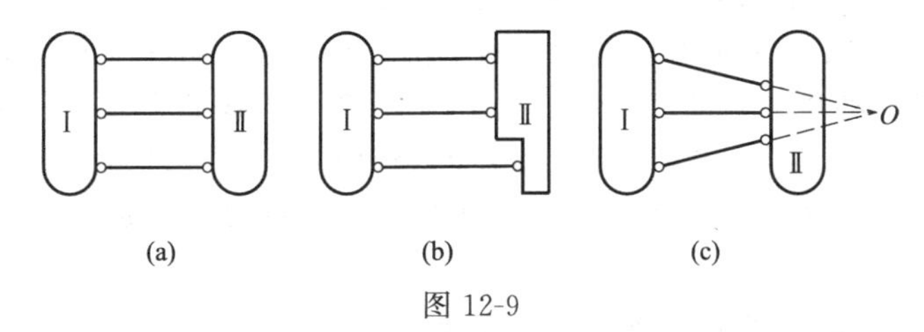

图 12-9

再如图 12-10 所示的三个刚片，用位于同一直线上的三个铰两两相联。此时 C 点位于以 AC、BC 为半径的两个圆弧的公切线上，故在该瞬时 C 点可沿公切线作微小的移动。但是，当发生一微小位移后，三个铰就不再位于一直线上，运动也就不再继续。因此该体系是一瞬变体系。

可见瞬变体系只是在某一瞬时可产生微小的相对运动，随后即变为几何不变体系。现对

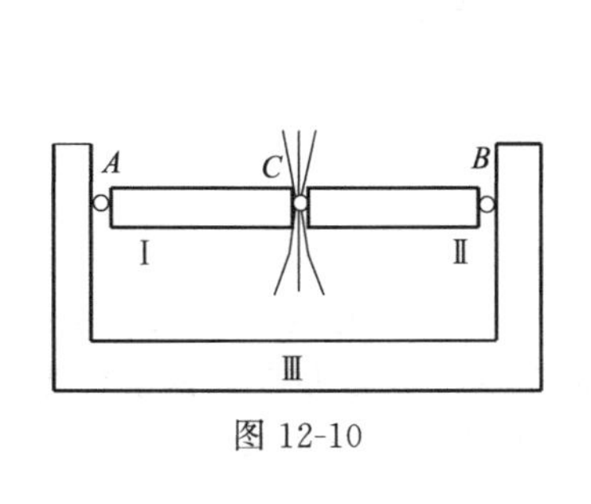

图 12-10

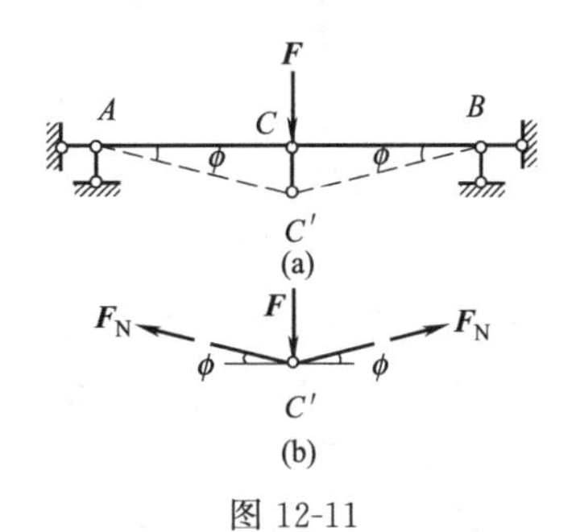

图 12-11

图 12-11（a）所示瞬变体系做受力分析：在外力 F 作用下，C 点移动至 C' 点，由结点 C' 的平衡条件 $\sum F_y=0$，可得

$$F_N=\frac{F}{2\sin\phi}$$

由于 ϕ 是一无穷小量，所以 $F_N\to\infty$。可见，杆 AC 和 BC 将产生很大的内力和变形。故瞬变体系或接近于瞬变的体系在工程中是绝对不能采用的。

第三节　几何组成分析示例

几何组成分析的依据是前述三个简单组成规则。分析时，可先把能直接观察出的几何不变部分作为刚片，再以此刚片为基础，按照两刚片规则或三刚片规则扩大刚片范围，以“顺藤摸瓜”分析体系的几何组成。或撤除二元体，使体系的几何组成简化，但应注意，只能逐个撤除在体系最外面的二元体，而不可从体系中间任意抽取。

【例 12-1】 对图 12-12 所示体系进行几何组成分析。

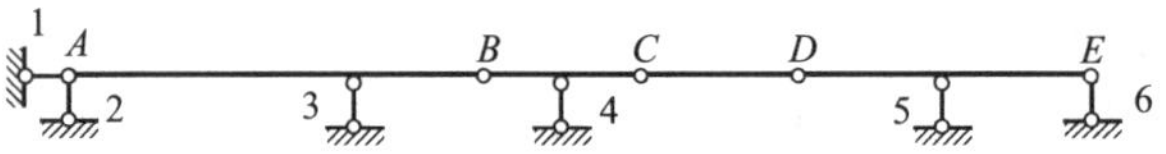

图 12-12

【解】 地基与梁 AB 部分之间用三根不平行也不全交于一点的链杆 1、2、3 相联，组成一个大刚片。这一扩大的刚片与梁 BC 部分用铰 B 和链杆 4 相联，组成一个更大的刚片，用刚片Ⅰ表示。梁 DE 视为刚片Ⅱ，则刚片Ⅰ和Ⅱ之间用链杆 CD、链杆 5、6 三根不全平行也不全交于一点的链杆相联，符合两刚片规则。故可知该体系是几何不变的，且无多余约束。

【例 12-2】 对图 12-13 所示体系进行几何组成分析。

【解】 将 ADE、EFB 和地基分别看作刚片Ⅰ、Ⅱ和Ⅲ。刚片Ⅰ和Ⅱ用铰 E 相联，刚片Ⅱ和Ⅲ用铰 B 相联，刚片Ⅰ和Ⅲ用虚铰 G（链杆 1、2 延长线的交点）相联，三铰不在一直线上，符合三刚片规则，是几何不变的，看成扩大的刚片Ⅳ。FC 看作刚片Ⅴ，则刚片Ⅳ和Ⅴ之间用铰 F 和不通过该铰的链杆 3 相联，符合两刚片规则。故该体系是几何不变的，且无多余约束。

【例 12-3】 对图 12-14 所示体系进行几何组成分析。

解：首先从结点 1 开始，依次拆除二元体 2-1-4，3-2-4，……，9-8-10。最后剩下地基是几何不变的。故知原体系是几何不变的，且无多余约束。

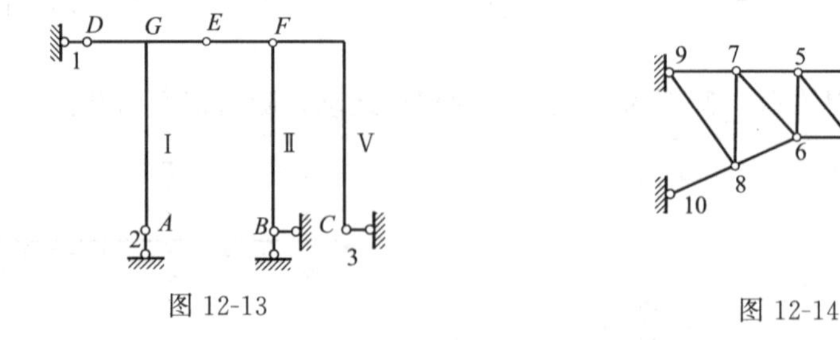

图 12-13 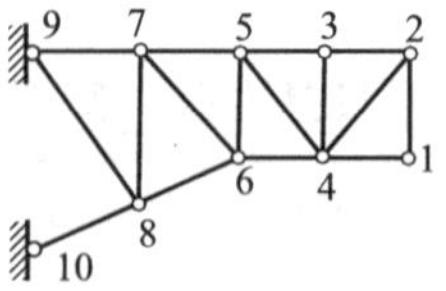　　图 12-14

【例 12-4】 对图 12-15 所示体系进行几何组成分析。

【解】 杆 AB 和地基之间用三根不完全平行也不交于一点的链杆相联，符合两刚片规则，组成几何不变的部分。在此基础上再增加二元体 A-C-E 和 B-D-F，体系仍为几何不变，后又增加一链杆 CD。故知该体系是具有一个多余约束的几何不变体系。

【例 12-5】 对图 12-16 所示体系进行几何组成分析。

【解】 将地基看成刚片Ⅰ（固定铰支座 A 和 B 看作刚片Ⅰ的一部分），DEB 部分为刚片Ⅱ。折线杆 AD 和 CE 由于进行几何组成分析时不考虑杆件弹性变形，故折线杆两铰间距离不改变，所以可以用虚线所示的两链杆 2 和 3 来代替。则刚片Ⅰ、Ⅱ之间用三链杆 1、2、3 相联，但三链杆延长线全交于同一点 O，不符合两刚片规则。故知该体系是瞬变体系。

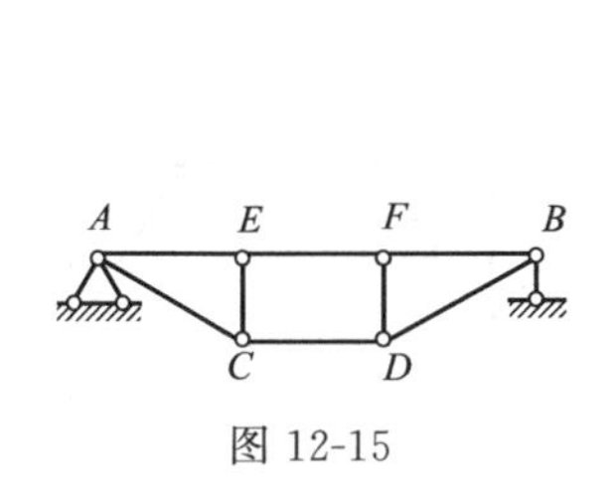

图 12-15

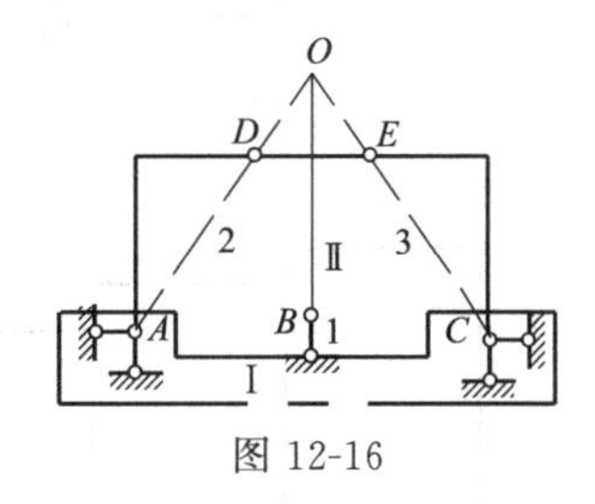

图 12-16

第四节　静定结构和超静定结构

如前所述，用作结构的杆件体系必须是几何不变的。对于几何不变体系，按照约束的数目又可分为无多余约束和有多余约束两类。

如图 12-17（a）所示梁，如果把 C、D 处的两根支座链杆去掉，得到图 12-17（b）所示简支梁，故知图 12-17（a）所示梁具有两个多余约束。若撤去图 12-17（a）中 C、B 处的两支座链杆，得到图 12-17（c）所示的伸臂梁，故 C、B 两支座链杆也可作为多余约束。可见，对于一个有多余约束的体系，多余约束的选取方法不是唯一的。具体原则是看撤去该约束后，体系是否仍为几何不变体系。例如：若撤去图 12-17（a）中的水平支座链杆，得到图 12-17（d）所示体系，尽管该体系仍有四个竖向支座链杆与地基相联，但体系是几何可变的。故知 A 支座处的水平支座链杆对于维持体系几何不变是必要约束，不能当作多余约束去掉。

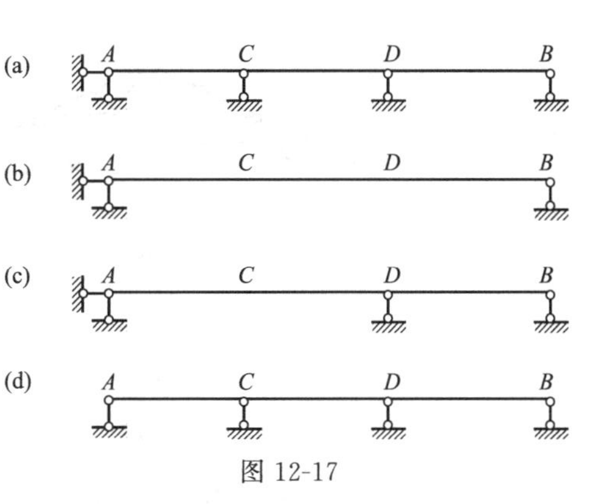

图 12-17

对于无多余约束的结构，如图 12-17（b）所示简支梁，它的全部支座反力和内力都可由静力平衡条件（$\sum F_x=0$，$\sum F_y=0$，$\sum M=0$）求得，且为确定的值，这类结构称为静定结构。

但是对于具有多余约束的结构，却不能由静力平衡条件求得其全部反力和内力的确定值。如图 12-17（a）所示连续梁，共有五个支座反力，而静力平衡条件只有三个，故无法由平衡条件确定出全部反力的确定值，从而也无法求得内力的确定值，这类结构称为超静定结构。

综上所述，静定结构在几何组成方面的特征是几何不变且无多余约束；在静力解答方面的特征是用平衡条件即可确定出全部反力及内力。按前述简单组成规则组成的体系，都是静定结构。超静定结构在几何组成方面的特征是几何不变且有多余约束；在静力解答方面的特征是用平衡条件不能求出全部反力及内力。

习　　题

试对图示各体系进行几何组成分析，如果是具有多余联系的几何不变体系，则应指出多余联系的数目。

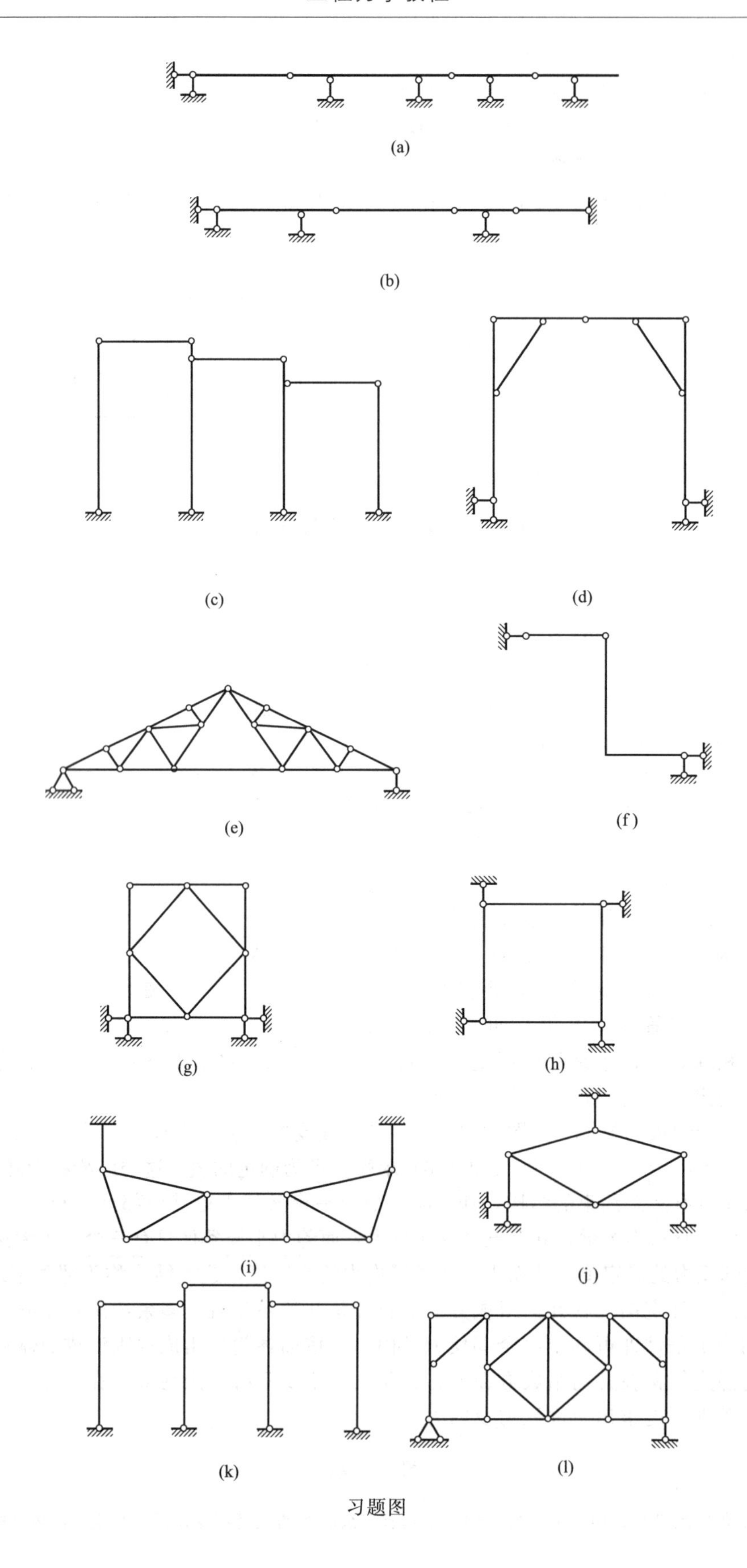

习题图

第十三章　静定结构的内力计算

第一节　多跨静定梁

多跨静定梁是由若干根梁用铰相联，并通过若干支座与基础相联而组成的静定结构。图13-1为用于公路桥的多跨静定梁。

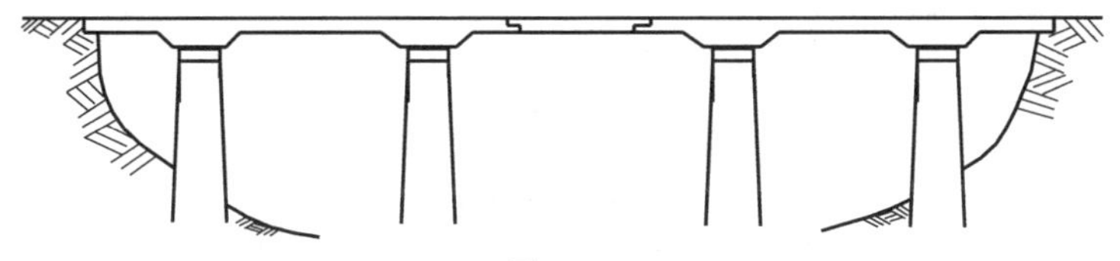

图 13-1

从几何组成看，多跨静定梁各部分可分为基本部分和附属部分。如图13-2（a）所示静定梁中，AC 部分与基础联接组成一个几何不变部分，它可以不依赖其它部分而独立地存在，这样的部分称为基本部分；而 CE 部分则需要依靠基本部分 AC 才能保持其几何不变性，故称为附属部分。同理，相对 AC 和 CE 组成的部分，EF 部分也是附属部分。

基本部分和附属部分的受力特征分别为：基本部分可以独立承受荷载，附属部分需要依靠基本部分的支承才能承受荷载，保持平衡。为了清晰地表示各部分之间的支承关系，可将基本部分画在下层，而将附属部分画在上层，这样得到的图形称为层叠图，如图13-2（b）所示。因此，对多跨静定梁进行受力分析时，可根据层叠图，先计算附属部分，后计算基本部分。从而将静定多跨梁拆成单跨梁，避免了求解包含全部未知反力在内的联立方程。

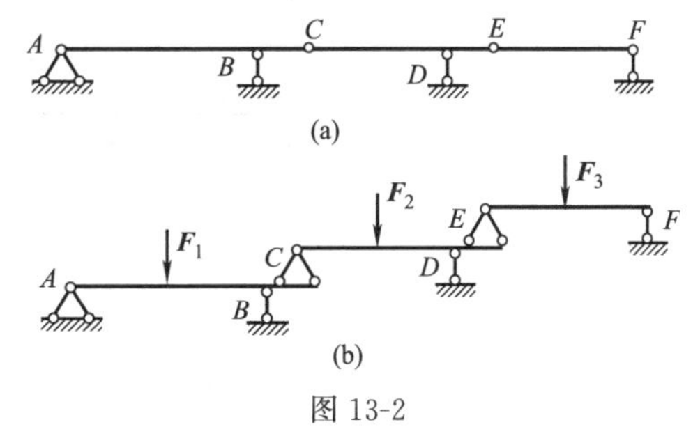

图 13-2

【例 13-1】 作图13-3（a）所示多跨静定梁的内力图。

【解】 （1）作层叠图，如图13-3（b）所示。分析时从附属部分 CD 开始，然后是基本部分 AC 和 DG。

（2）求反力和约束力。按照上述顺序，依次计算各单跨梁的反力和约束力，它们各自的隔离体图如图13-3（c）所示。

（3）绘制内力图，如图13-3（d）、（e）所示。

【例 13-2】 三跨静定梁受均布荷载作用，如图13-4（a）所示。试确定铰 C、D 的位置（用 x 表示），使 BE 跨的跨中 G 处正弯矩和支座 B、E 处的负弯矩的绝对值相等。

解法一： 这个多跨静定梁的 DEF 部分，在竖向荷载作用下能独立地维持平衡，分析时可将其视为基本部分。于是 CD 是该梁唯一的附属部分，它支承于基本部分 ABC 和 DEF 上面。分析时先从 CD 部分开始，其隔离体图如图13-4（b）所示。对附属部分 CD 求得其跨中弯矩为

$$M_G=\frac{1}{8}q(l-2x)^2$$

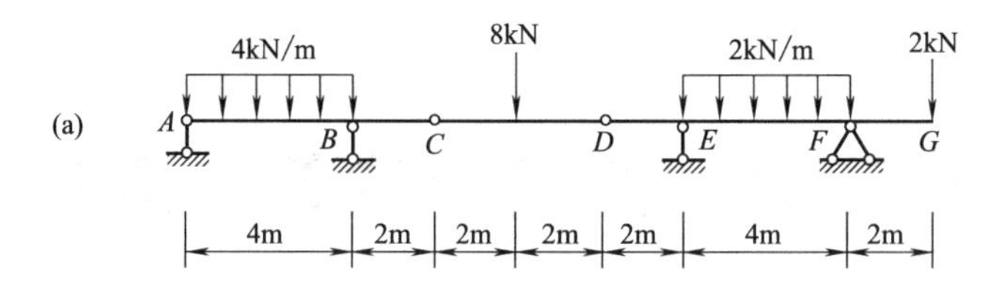

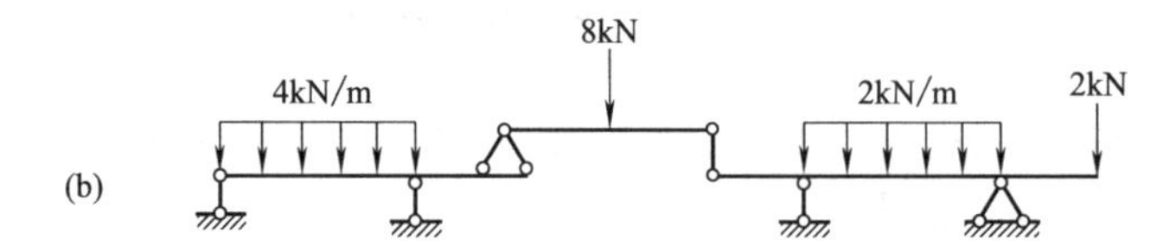

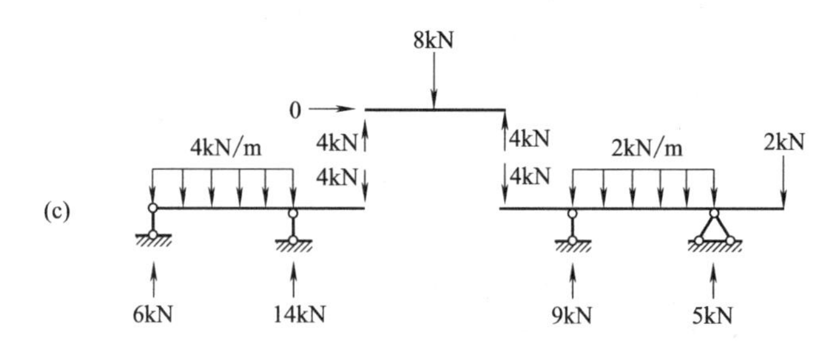

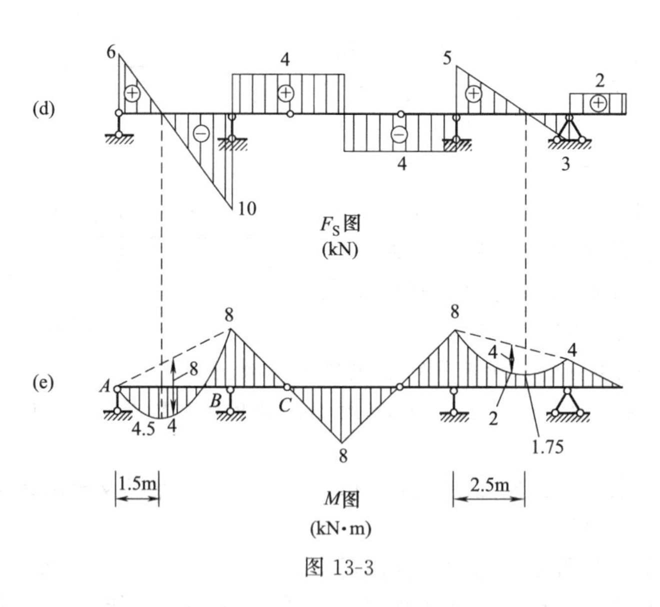

图 13-3

对基本部分 AC 求得 B 支座处的弯矩为

$$M_B=\frac{1}{2}qx^2+\frac{1}{2}q(l-2x)x$$

按题意，有 $M_G=M_B$，即

$$\frac{1}{8}q(l-2x)^2=\frac{1}{2}qx^2+\frac{1}{2}q(l-2x)x$$

故可求得

$$x=0.1464l$$

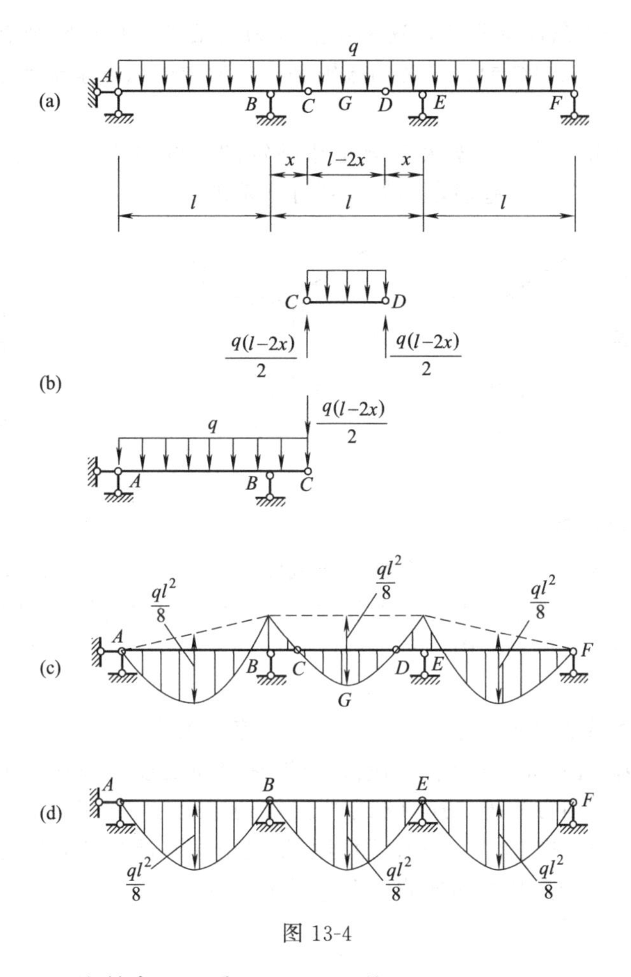

图 13-4

铰的位置确定后，可绘制弯矩如图 13-4（c）所示。

解法二：梁的弯矩图大致如图 13-4（c）所示。对 BE 部分采用区段叠加法，它的跨间荷载弯矩 $M^0=1/8ql^2$（即 M_B、M_E 的平均值与 M_G 的差值）。题目要求 $M_G=M_B$，由图 13-4（c)所示的弯矩图形可见也就是要求 $M_G=1/2M^0$。于是可列出方程：

$$\frac{1}{8}q(l-2x)^2=\frac{1}{16}ql^2$$

故可求得

$$x=0.1464l$$

如果改用三个跨度为 l 的简支梁，则弯矩图如图 13-4（d）所示。可以看出，多跨静定梁的弯矩峰值比一串简支梁的要小。因此，多跨静定梁与一串简支梁相比，要节省材料，但其构造要复杂一些。

第二节　静定平面刚架

一、刚架的组成特性

刚架是由直杆组成的具有刚结点的结构。如图 13-5（a）所示为站台上用的 T 形刚架，它由两根横梁和一根立柱组成，且梁与柱在联结处是刚性联结，可简化为图 13-5（b）的结构。刚架受荷载作用后的变形图如图 13-5（c）所示，汇交于结点 A 的各杆端都转动了同一角度φ_A，即各杆端的夹角保持不变，这种结点称为刚结点。具有刚结点是刚架的特点。刚架和桁架都是由直杆组成的结构。二者的区别是：桁架中的结点全部都是铰结点，刚架中的结点全部或部分是刚结点。

在工程中大量采用的平面刚架大多数是超静定的，例如图 13-6 所示的多跨多层刚架。学习本节的目的，主要在于为超静定刚架计算打下基础。

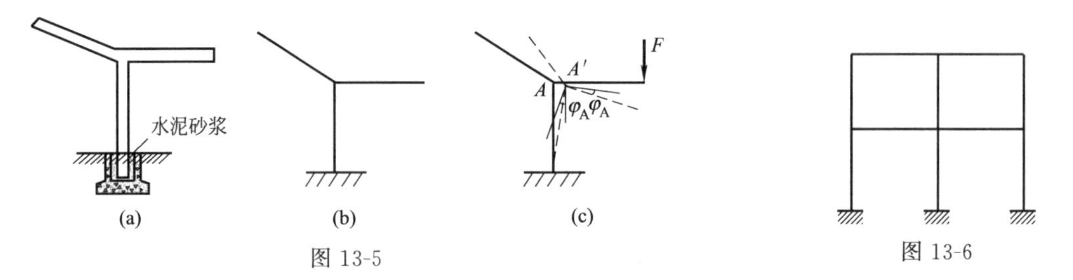

图 13-5

图 13-6

二、刚架的内力计算

刚架的内力是指各杆件中垂直于杆轴的横截面上的弯矩M、剪力F_S和轴力F_N。在计算静定刚架时，一般先求得刚架的支座反力和约束力，再逐杆计算刚架内力。值得指出，有关梁的内力的计算方法，对于刚架中的每一杆件同样适用。

1. 支座反力的计算

当刚架与地基之间是按两刚片规则组成时，支座反力有三个，可取整个刚架为隔离体，由平衡条件求出反力［图 13-7（a）］；当刚架与地基之间是按三刚片规则组成时，支座反力有四个，除三个整体平衡方程外，还可利用中间铰处弯矩为零的条件建立一个补充方程，从而可求出四个支座反力［图 13-7（b）］；而当刚架是由基本部分和附属部分组成时，应先计算附属部分的反力，再计算基本部分的反力［图 13-7（c）］。

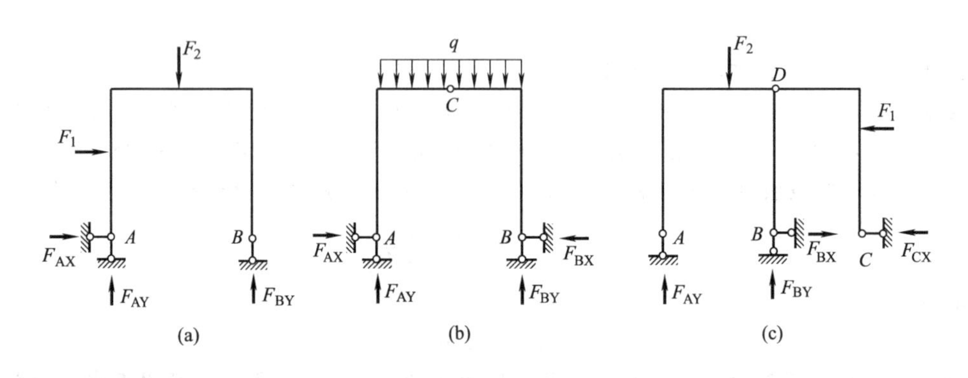

图 13-7

2. 刚架中各杆的杆端内力

刚架中控制截面大多是各杆的杆端截面，故作内力图时，首先要用截面法求出各杆端内力。在刚架中，剪力和轴力的正负号规定与梁相同，剪力图和轴力图可绘在杆件的任一侧，但必须注明正负号；弯矩则不规定正负号，但应绘在杆件的受拉侧。

为了明确地表示刚架上不同截面的内力，在内力符号后引用两个下标：第一个下标表示内力所在的截面，第二个下标表示该截面所属杆件的另一端。例如M_{AB}表示AB杆A端截面的杆端弯矩，M_{AC}表示AC杆A端截面的杆端弯矩。

【例 13-3】 试作图 13-8（a）所示刚架的内力图。

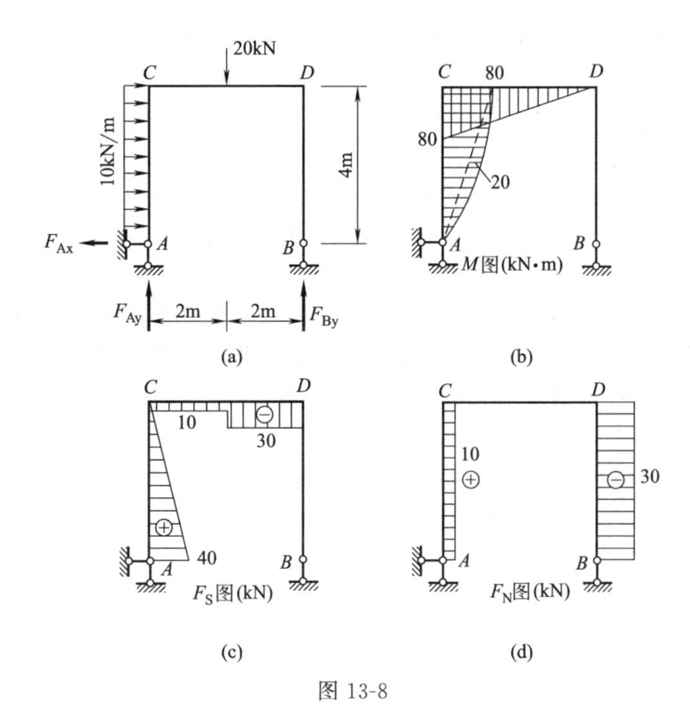

图 13-8

【解】 (1) 求支座反力

$$\sum M_A=0，F_{By}\times4-20\times2-\frac{1}{2}\times10\times4^2=0，F_{By}=30kN(\uparrow)$$

$$\sum F_x=0，10\times4-F_{Ax}=0，F_{Ax}=40kN(\leftarrow)$$

$$\sum F_y=0，F_{Ay}+F_{By}-20=0，F_{Ay}=-10kN(\downarrow)$$

校核：$\sum M_D=20\times2+10\times4\times2+10\times4-40\times4=0$，故可知反力计算无误。

(2) 求各杆端内力

根据图 13-9 所示各隔离体的平衡条件，求各杆端内力。由图 13-9 (a) 可得

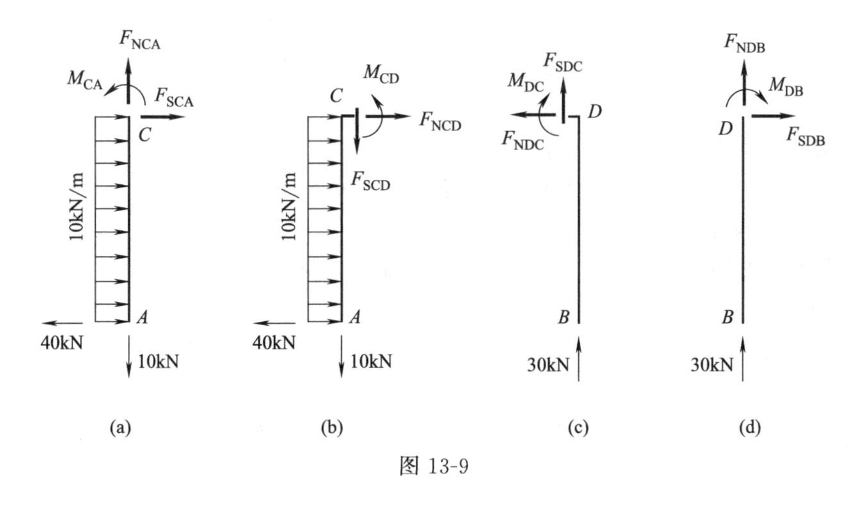

图 13-9

$$F_{SAC}=40kN，F_{NAC}=10kN，M_{AC}=0$$

$$F_{SCA}=0，F_{NCA}=10kN，M_{CA}=\frac{1}{2}\times10\times4^2=80(kN\cdot m)(右侧受拉)$$

由图 13-9 (b) 可得

$$F_{SCD}=-10kN, F_{NCD}=0, M_{CD}=80kN\cdot m(\text{下方受拉})$$

由图 13-9（c）可得

$$F_{SDC}=-30kN, F_{NDC}=0, M_{DC}=0$$

由图 13-9（d）可得

$$F_{SBD}=0, F_{NBD}=-30kN, M_{BD}=0$$
$$F_{SDB}=0, F_{NDB}=-30kN, M_{DB}=0$$

（3）作内力图

M 图如图 13-8（b）所示。AC 段的弯矩图可按区段叠加法作出，即先将 A 端的弯矩竖标和 C 端的弯矩竖标用虚线相连，再以此虚线为基线将相应简支梁在均布荷载作用下的弯矩图叠加上去。F_S 图和 F_N 图分别如图 13-8（c）、图 13-18（d）所示。

（4）校核

取刚结点 C 和 D 为隔离体［图 13-10（a）、（b）］，对 M 图进行校核。将刚架在柱顶用横截面截断，取横梁 CD 部分为隔离体［图 13-10（c）］，校核 M、F_S、F_N 图。

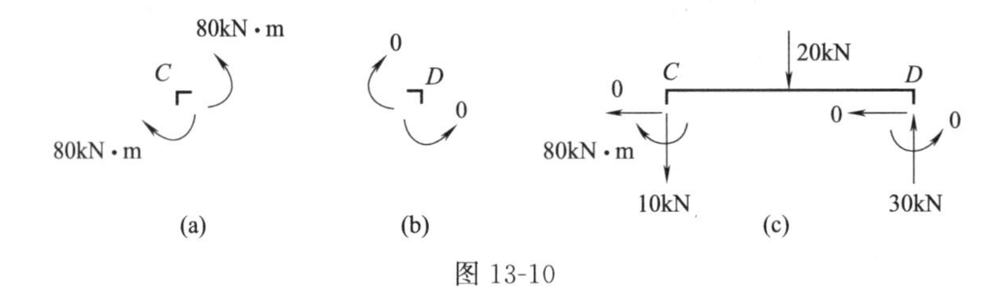

图 13-10

【例 13-4】 试作图 13-11（a）所示三铰刚架的内力图。

【解】 （1）求支座反力。

该刚架是按三刚片规则组成的，其上共有四个支座反力，故不能像两刚片组成的结构那样，仅取一个隔离体就能求出全部反力，而需再另取某部分为隔离体，建立补充方程后，才能求得全部反力。

先从整体平衡条件分析，有

$$\sum M_B=0, F_{Ay}=27kN(\uparrow)$$
$$\sum M_A=0, F_{By}=9kN(\uparrow)$$
$$\sum F_x=0, F_{Ax}=F_{Bx}$$

在取刚架右半部分为隔离体，有

$$\sum M_C=0, F_{Bx}=6kN(\leftarrow)$$

所以有 $F_{Ax}=6kN(\rightarrow)$

校核：$\sum F_y=27+9-6\times6=0$，$F_{Ax}=F_{Bx}$，故可知反力计算无误。

(2) 作 M 图

各杆端弯矩为

$$M_{AD}=0$$
$$M_{DA}=M_{DC}=6\times6=36(kN\cdot m)(\text{外侧受拉})$$
$$M_{CD}=0$$
$$M_{BE}=0$$
$$M_{EB}=M_{EC}=6\times6=36(kN\cdot m)(\text{外侧受拉})$$
$$M_{CE}=0$$

M 图如图 13-11（b）所示。其中杆 DC 的 M 图是按区段叠加法作出，其中点弯矩值为

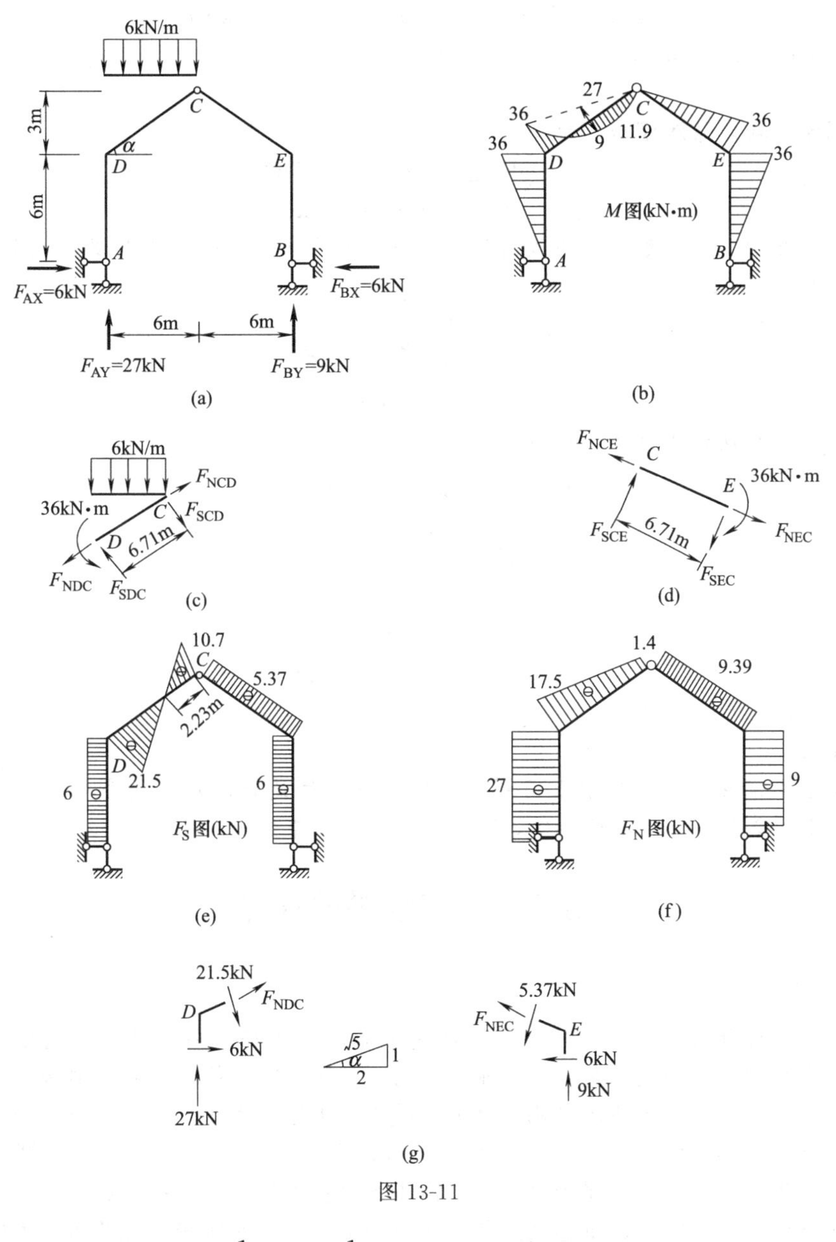

图 13-11

$$-\frac{1}{2}\times 36+\frac{1}{8}\times 6\times 6^2=9(\text{下侧受拉})$$

下侧最大弯矩所在截面由剪力图确定，其值为 11.9kN·m。

(3) 作 F_S 图

杆 AD 和 EB 的剪力显然可知为

$$F_{SAD}=F_{SDA}=-6\text{kN}$$

$$F_{SEB}=F_{SBE}=6\text{kN}$$

对于斜杆 DC，若利用截面一侧外力去求杆端剪力，则投影关系比较复杂。此时，可直接截取杆 DC 为隔离体［图 13-11 (c)］，利用力矩平衡条件来求解。

$$\sum M_C=0,\ F_{SDC}=(36+6\times 6\times 3)/6.71=21.5(\text{kN})$$

$$\sum M_D=0,\ F_{SCD}=(36-6\times 6\times 3)/6.71=-10.7(\text{kN})$$

同理可得，$F_{SCE}=F_{SEC}=-36/6.71=-5.37(kN)$

F_S图如图 13-11（e）所示

（4）作 F_N图

杆 AD 和 EB 的轴力显然可知，为

$$F_{NAD}=F_{NDA}=-27kN$$
$$F_{NEB}=F_{NBE}=-9kN$$

对于两斜杆的轴力，可取刚结点为隔离体，由平衡条件求出。取结点 D 为隔离体［图 13-11(g)］，由 $\sum F_x=0$，得

$$F_{NDC}\times\frac{2}{\sqrt{5}}+21.5\times\frac{1}{\sqrt{5}}+6=0$$
$$F_{NDC}=-17.5kN$$

再由图 13-11（c）所示隔离体，可得

$$F_{NCD}-6\times6\times\frac{1}{\sqrt{5}}+17.5=0$$
$$F_{NCD}=-1.41kN$$

同理，可得

$$F_{NCE}=-9.39kN$$
$$F_{NEC}=-9.39kN$$

轴力图如图 13-11（f）所示。

（5）校核

可以截取刚架在计算过程中未用到的任何部分校核是否满足平衡条件。例如取结点 C 为隔离体，验算 $\sum F_x=0$ 和 $\sum F_y=0$ 是否满足，建议读者自行完成。

第三节 三铰拱的计算

一、概述

拱结构是指杆轴为曲线且在竖向荷载作用下能产生水平推力的结构。拱结构与梁的区别，关键在于竖向荷载作用下是否产生水平推力。如图 13-12 所示的两个结构，它们的杆轴都是曲线，但图 13-12（a）所示结构在竖向荷载作用下不产生水平推力，其弯矩与相应简支梁相同，故称为曲梁；而图 13-12（b）所示结构，由于两端都有水平支座链杆，在竖向荷载作用下将产生水平推力，故属于拱结构。由于水平推力的存在，拱中各截面的弯矩比相应的曲梁或简支梁要小。因此，拱的优点是用料较为节省，自重减轻，能跨越较大的空间。此外，由于推力的存在，使拱主要承受压力，故可利用抗压性能较好而抗拉性能较差的材料（如砖、石、混凝土等）来建造。其缺点是需要比梁更为坚固的基础或支撑结构，外形较梁复杂，施工困难些。

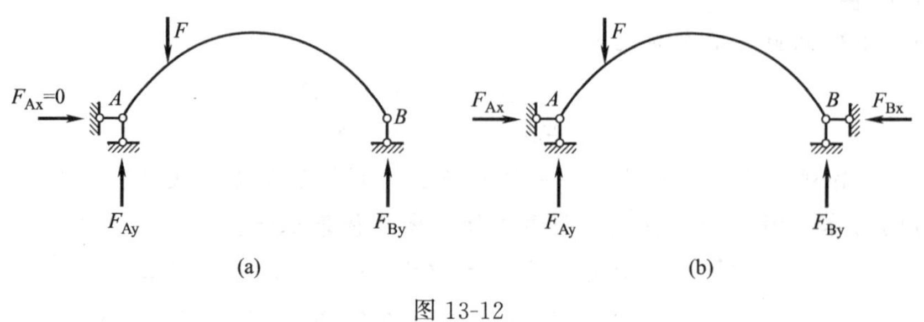

图 13-12

拱的基本形式有三铰拱、两铰拱和无铰拱，分别如图 13-13（a）、（b）、（c）所示。前一种是静定拱，后两种是超静定拱。本节仅讨论静定拱的内力计算。在拱结构中，有时在支座铰之间连以水平拉杆，如图 13-13（d）所示。拉杆内产生的拉力代替了支座推力的作用，使在竖向荷载作用下，支座只产生竖向反力。但这种结构内部的受力性能与拱并无区别，故称为带拉杆的拱。它的优点在于消除了推力对支座的影响。因此带拉杆的三铰拱常被用作屋面支撑结构。为了获得较大的净空，有时也将拉杆做成折线形状，如图 13-13（e）所示。

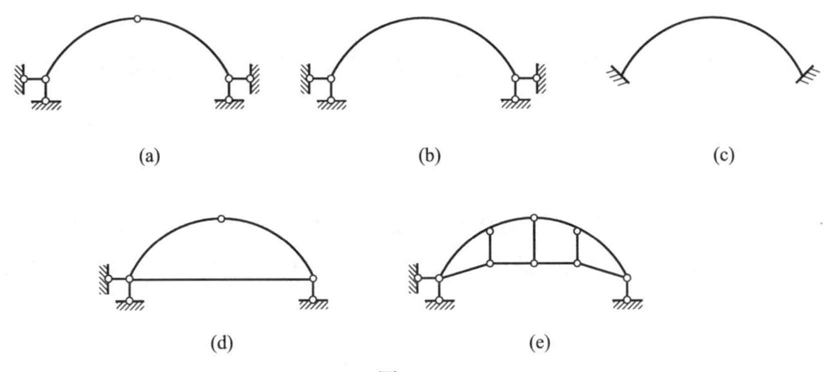

图 13-13

拱的各部分名称如图 13-14 所示。拱中间最高点称为拱顶，三铰拱的中间铰通常布置在拱顶处。拱与基础联结处称为拱趾（或拱脚），两拱趾间的水平距离 l 称为跨度。若两拱趾的连线成水平，则该拱称为平拱；若两拱趾的连线为斜线，则该拱称为斜拱。拱顶到两拱趾之间的垂直距离 f 称为拱高（或矢高）。拱高与跨度之比 f/l 称为高跨比或矢跨比。

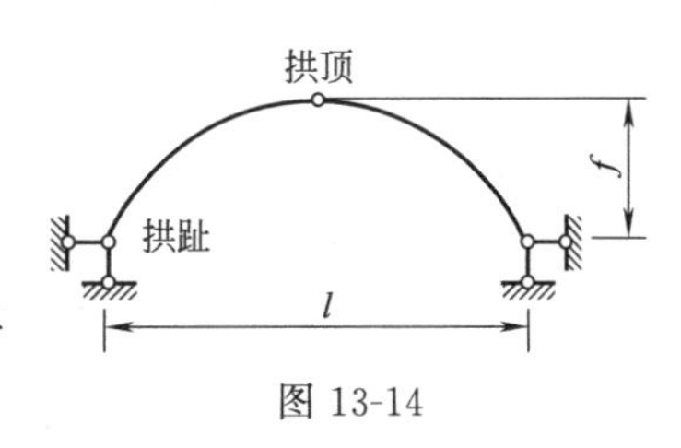

图 13-14

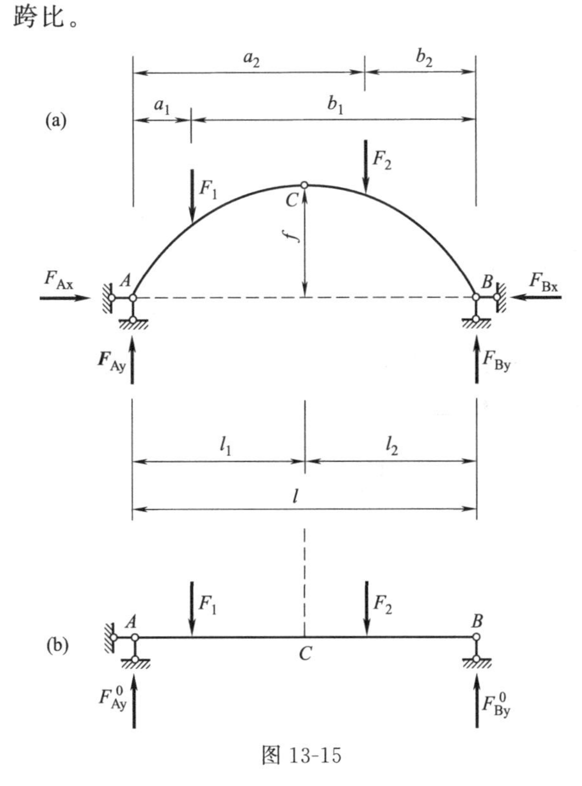

图 13-15

二、三铰平拱的计算

下面以竖向荷载作用下的三铰平拱为例，讨论其反力及内力的计算方法。

1. 支座反力的计算

如图 13-15（a）的三铰拱，两端均为固定铰支座，共有四个支座反力，故需列出四个平衡方程来进行求解。除了整体平衡的三个方程之外，还可利用中间铰处弯矩为零的特性建立一个补充方程，从而可求出所有支座反力。

考虑拱的整体平衡，由 $\sum M_B=0$ 和 $\sum M_A=0$ 可以求得两支座的竖向反力

$$F_{Ay}=\frac{\sum F_i b_i}{l} \tag{13-1}$$

$$F_{By}=\frac{\sum F_i a_i}{l} \tag{13-2}$$

由 $\sum F_x=0$ 可得

$$F_{Ax}=F_{Bx}=F_H \tag{13-3}$$

取左半边拱为隔离体，由 $\sum M_C=0$ 可求得

拱支座的水平反力

$$F_{H}=\frac{F_{Ay}l_{1}-F_{1}(l_{1}-a_{1})}{f} \tag{13-4}$$

将拱的支座竖向反力与图 13-15（b）所示的相应简支梁的支座竖向反力比较，可以看出

$$F_{Ay}=F_{Ay}^{0} \tag{13-5}$$

$$F_{By}=F_{By}^{0} \tag{13-6}$$

而式（13-4）右边的分子等于相应简支梁在 C 截面处的弯矩 M_{C}^{0}，因此可将拱的水平推力表示为

$$F_{H}=\frac{M_{C}^{0}}{f} \tag{13-7}$$

由上式可见，拱的水平推力与拱轴的曲线形式无关，而与拱高 f 成正比，拱越低推力越大。当 $f=0$ 时，水平推力趋于无限大，此时 A、B、C 三铰在一条直线上，属于瞬变体系。

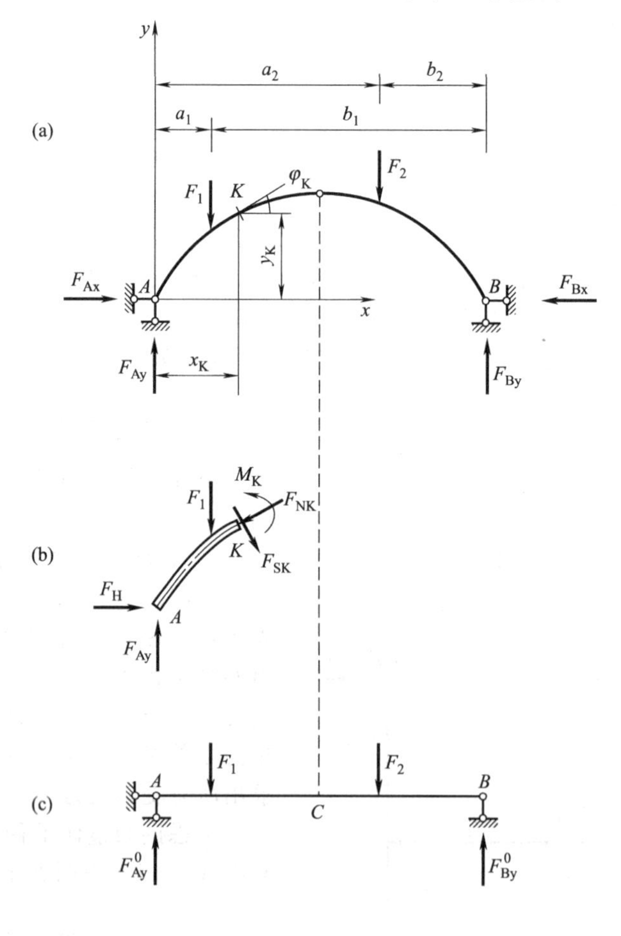

图 13-16

2. 内力的计算

反力求出后，可用截面法求出拱内任一截面的内力。任一截面 K 的位置可由其形心坐标 x_K、y_K和该处拱轴线的倾角 φ_K确定，如图 13-16（a）所示。截面内力正负号规定如下：弯矩以使拱内侧受拉为正；轴力以使拱截面受压为正（在拱上主要承受压力）；剪力以绕隔离体有顺时针转动趋势者为正。

1）弯矩的计算

由图 13-16（b）所示拱的隔离体可求得截面 K 的弯矩为

$$M_K=[F_{Ay}x_K-F_1(x_K-a_1)]-F_H y_K \tag{13-8}$$

再由图 13-16（d）所示相应简支梁的隔离体可求得截面 K 的弯矩为

$$M_K^0=F_{Ay}^0 x_K-F_1(x_K-a_1) \tag{13-9}$$

比较上面两式，且考虑到 $F_{Ay}=F_{Ay}^0$，可见式（13-8）中方括号内之值即等于 M_K^0，故（13-8）式可改写为

$$M_K=M_K^0-F_H y_K \tag{13-10}$$

即拱内任一截面的弯矩 M 等于相应简支梁对应截面处的弯矩 M^0 减去拱的水平推力所引起的弯矩 $F_H y_K$。由此可见，因为水平推力的存在，使得拱截面上的弯矩比相应简支梁对应截面的弯矩 M_K^0 小。

2）剪力的计算

由图 13-16（b）所示拱的隔离体可求得截面 K 的剪力为

$$F_{SK}=(F_{Ay}-F_1)\cos\varphi_K-F_H\sin\varphi_K \tag{13-11}$$

再由图 13-16（d）所示相应简支梁的隔离体可求得截面 K 的剪力为

$$F_{SK}^0=F_{Ay}^0-F_1 \tag{13-12}$$

比较上面两式，则式（13-11）可改写为

$$F_{SK}=F_{SK}^0\cos\varphi_K-F_H\sin\varphi_K \tag{13-13}$$

注意式中 φ_K的符号：φ_K在左半拱为正，在右半拱为负。

3）轴力的计算

由图 13-16（b）所示拱的隔离体可求得截面 K 的轴力为

$$F_{NK}=(F_{Ay}-F_1)\sin\varphi_K+F_H\cos\varphi_K \tag{13-14}$$

将式（13-12）代入上式，可得

$$F_{NK}=F_{SK}^0\sin\varphi_K+F_H\cos\varphi_K \tag{13-15}$$

综上所述，三铰平拱在竖向荷载作用下的内力计算公式可写为

$$\left.\begin{aligned}M_K&=M_K^0-F_H y_K\\F_{SK}&=F_{SK}^0\cos\varphi_K-F_H\sin\varphi_K\\F_{NK}&=F_{SK}^0\sin\varphi_K+F_H\cos\varphi_K\end{aligned}\right\} \tag{13-16}$$

可见，三铰拱的内力值不仅与荷载及三个铰的位置有关，还和各铰间拱轴线的形状有关。

【例 13-5】 试作图 13-17（a）所示三铰拱的内力图。拱轴线方程为 $y=\frac{4f}{l^2}(l-x)x$。

【解】 1. 反力计算

由式（13-5）、式（13-6）、式（13-7）可知

$$F_{AY}=F_{AY}^0=(40\times4+10\times8\times12)/16=70(\text{kN})(\uparrow)$$

$$F_{BY}=F_{BY}^0=(10\times8\times4+40\times12)/16=50(\text{kN})(\uparrow)$$

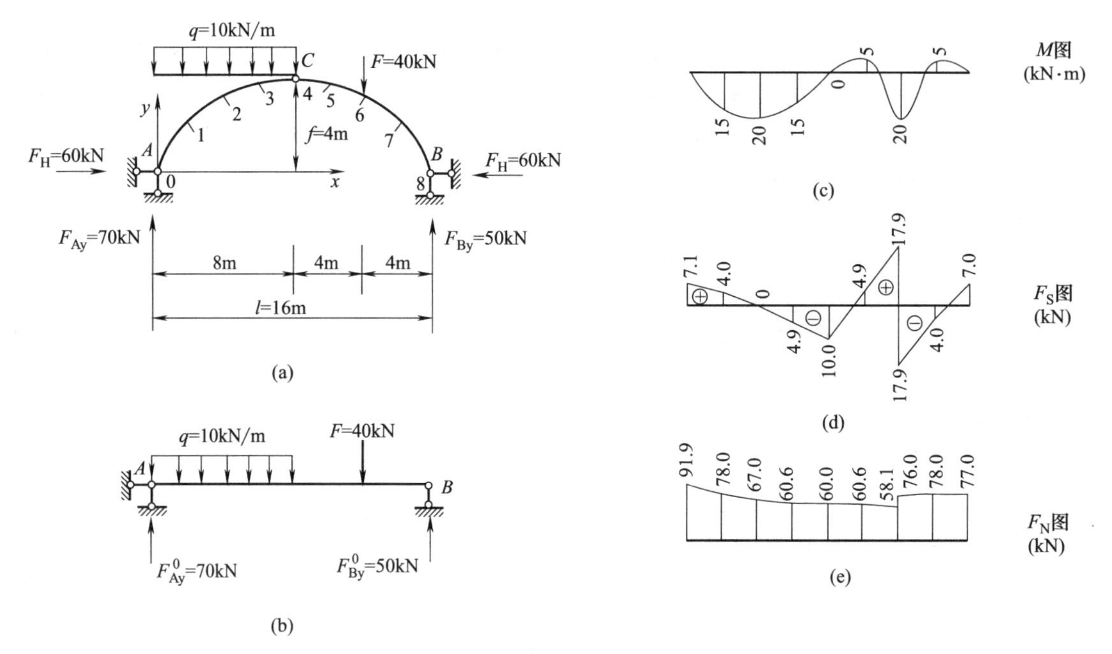

图 13-17

$$F_H = M_C^0/f = (50\times8-40\times4)/4 = 60(\text{kN})$$

2. 内力计算

为绘内力图，将拱沿跨度方向分成 8 等分，分别计算出各等分点截面处的内力值，现以距左支座 $x=12\text{m}$ 的截面 6 为例，说明计算步骤。

(1) 截面的几何参数

拱轴线方程：

$$y=\frac{4f}{l^2}(l-x)x=4\times4/16^2\times(16-x)x=x(1-x/16)$$

$$\text{tg}\varphi=\frac{\text{d}y}{\text{d}x}=1-\frac{x}{8}$$

故有

$$y_6=x_6(1-\frac{x_6}{16})=12\times(1-12/16)=3(\text{m})$$

$$\text{tg}\varphi_6=1-\frac{x_6}{8}=1-12/8=-0.5$$

$$\varphi_6=-26°34'$$

$$\sin\varphi_6=-0.447$$

$$\cos\varphi_6=0.894$$

(2) 计算截面 6 的内力

由式 (13-16)，得

$$M_6=M_6^0-Hy_6=50\times4-60\times3=20(\text{kN}\cdot\text{m})$$

由于等分点 6 在集中力作用处，故该截面剪力、轴力均有突变，应分别计算出左、右两边的剪力和轴力。

$$\begin{aligned}F_{S6左}&=F^0_{S6左}\cos\varphi_6-H\sin\varphi_6\\&=(-10)\times0.894-60\times(-0.447)\\&=17.9(\text{kN})\end{aligned}$$

$$F_{S6右}=F^0_{S6右}\cos\varphi_6-H\sin\varphi_6$$
$$=(-50)\times0.894-60\times(-0.447)$$
$$=-17.9(\text{kN})$$
$$F_{N6左}=F^0_{S6左}\sin\varphi_6+H\cos\varphi_6$$
$$=(-10)\times(-0.447)+60\times0.894$$
$$=58.1(\text{kN})$$
$$F_{N6右}=F^0_{S6右}\sin\varphi_6+H\cos\varphi_6$$
$$=(-50)\times(-0.447)+60\times0.894$$
$$=76.0(\text{kN})$$

同理可计算出其他各截面的内力，具体计算时，可列表进行（见表 13-1）。根据表 13-1 中计算出的数值，即可绘出 M、F_S、F_N 图，分别如图 13-17（c）、(d)、(e) 所示。

表 13-1　三铰拱的内力计算

截面几何参数					F^0_S /kN	M^0 /kN·m	M /kN·m	F_S /kN	F_N /kN
截面	x/m	y/m	$\sin\varphi$	$\cos\varphi$					
0	0	0	0.707	0.707	70	0	0	7.1	91.9
1	2	1.75	0.600	0.800	50	120	15.0	4.0	78.0
2	4	3.00	0.447	0.894	30	200	20	0.0	67.0
3	6	3.75	0.243	0.970	10	240	15	−4.9	60.6
4	8	4.00	0	1.000	−10	240	0	−10.0	60.0
5	10	3.75	−0.243	0.970	−10	220	−5	4.9	60.6
6左	12	3.00	−0.447	0.894	10	200	20	17.9	58.1
6右	12	3.00	−0.447	0.894	−50	200	20	−17.9	76.0
7	14	1.75	−0.600	0.800	−50	100	−5	−4.0	78.0
8	16	0	−0.707	−0.707	−50	0	0	7.0	77.8

三、三铰拱的合理拱轴线

求得拱任一截面的内力 M、F_S、F_N 后，可确定截面上所有内力的合力 R，如图 13-18 所示。对于拱内各截面来说，一般是处于偏心受压状态，其正应力分布不均匀。当拱的各截面上内力的合力 R 均通过其截面形心时，各截面弯矩 M 为零，且处于均匀受压的状态，这时材料能得到充分的利用，相应的拱截面尺寸也将是最小的。在固定荷载作用下使拱处于无弯矩状态的轴线称为合理轴线。

令拱中弯矩处处为零，由式（13-16）可得

$$M=M^0-F_H y=0$$

可见，只要对拱的轴线形式 y 加以适当选择，就可以使拱处于无弯矩状态。在竖向荷载作用下，三铰拱的合理拱轴线方程可由上式求得如下

$$y=\frac{M^0}{F_H} \tag{13-17}$$

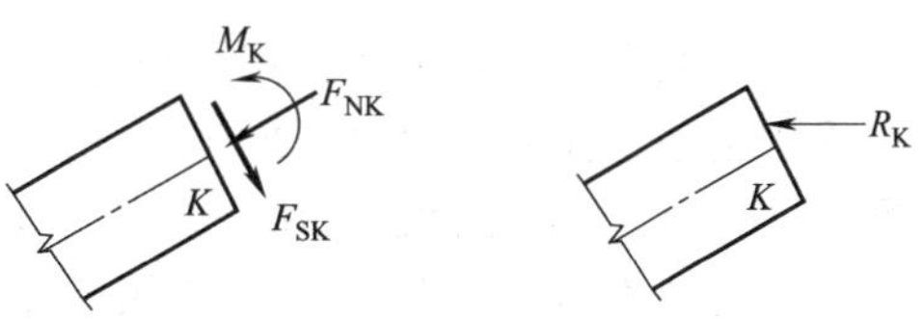

(a)　(b)

图 13-18

即三铰拱的合理拱轴线的纵坐标与相应简支梁的弯矩竖标成正比，与三铰拱的支座水平推力成反比。

了解合理拱轴线的概念，有助于设计中选择合理的结构形式。

【例 13-6】 试求图 13-19（a）所示对称三铰拱在竖向均布荷载 q 作用下的合理拱轴线。

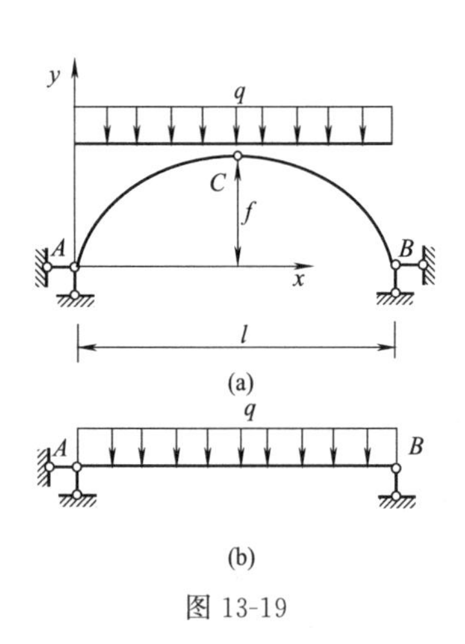

图 13-19

【解】 图 13-19（b）所示相应简支梁的弯矩方程为

$$M^0=\frac{qlx}{2}-\frac{qx^2}{2}=\frac{qx(l-x)}{2}$$

由式（13-7）求得水平推力为

$$F_{\mathrm{H}}=\frac{M_{\mathrm{C}}^0}{f}=\frac{ql^2}{8f}$$

根据式（13-17），得合理拱轴线方程为

$$y=\frac{M^0}{F_{\mathrm{H}}}=\frac{4f(l-x)x}{l^2}$$

可见，在竖向荷载作用下，三铰拱的合理拱轴线是二次抛物线。

应该指出，当跨度一定时，对于不同的荷载，其合理拱轴的形式也不同。在工程实际中，结构要承受各种不同荷载的作用。根据某种荷载确定的合理拱轴线，并不能保证其他荷载作用下，拱内各截面都处于无弯矩状态。因此，在结构设计中通常是以主要荷载作用下的合理拱轴作为拱的轴线。而在其他荷载作用下产生的弯矩，应控制其压力线不超过截面核心，以保证各截面不产生拉应力。

第四节　静定平面桁架

一、桁架的特点及组成

桁架结构在土木工程中应用很广泛。特别是在大跨度结构中，桁架更是一种重要的结构形式。图 13-20（a）所示钢筋混凝土屋架就属于桁架结构；武汉长江大桥和南京长江大桥的主体结构也是桁架结构。

桁架结构受力的实际情况比较复杂，在计算中一般对实际桁架作出简化。通常采用如下假定：

（1）桁架的结点都是理想的铰结点；

（2）各杆的轴线都是直线并通过铰的中心；

（3）荷载和支座反力都作用在结点上。

采用上述假定后，图 13-20（a）所示的实际桁架的计算简图就可取为如图 13-20（b）所示。显然可见，当荷载只作用于结点上时，各杆都是只承受轴力的二力杆。

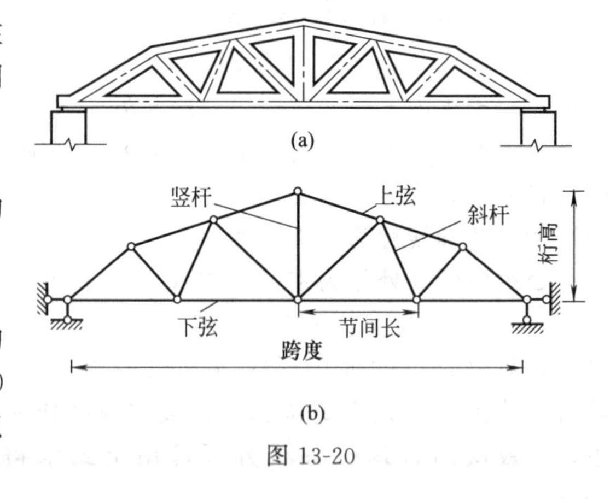

图 13-20

桁架由于主要只承受轴力，杆件截面上的应力分布比较均匀，可以充分发挥材料的作用。因而桁架与截面应力不均匀的梁、刚架相比，用料节省，自重减轻，是大跨度结构常用的一种形式。

桁架的杆件按其所在位置的不同，可分为弦杆和腹杆两大类［图 13-20（b）］。弦杆是指桁架上下外围的杆件，上边的杆件称为上弦杆，下边的杆件称为下弦杆。桁架上弦杆和下旋杆之间的杆件称为腹杆。腹杆又分为竖杆和斜杆。两支座之间的水平距离 l 称为跨度，支座连线至桁架最高点的距离 H 称为桁高。弦杆上相邻两结点之间的区间称为节间，其间距称为节间长度。

桁架有多种形式，可按不同特征进行分类：

(1) 按几何组成分，可分为：①简单桁架。由基础或由一个基本铰结三角形开始，依次增加二元体组成的桁架，如图 13-21 (a)、(b)、(c) 所示。②联合桁架。由几个简单桁架按照两刚片或三刚片相联的组成规则所组成的桁架，如图 13-21 (d)、(e) 所示。③复杂桁架。不属前两种方式组成的其他桁架，如图 13-21 (f) 所示。

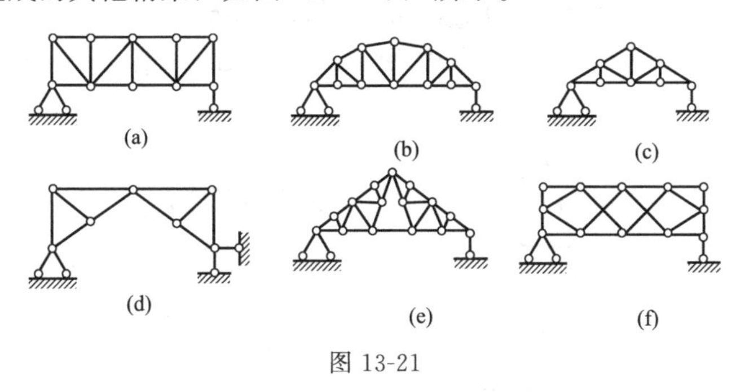

图 13-21

(2) 按几何外形分，可分为：平行弦桁架、折弦桁架和三角形桁架，分别如图 13-21 (a)、(b)、(c) 所示。

(3) 按有无水平支座反力分，可分为：梁式桁架 [如图 13-21 (a)、(b)、(c)、(e)、(f) 所示] 和拱式桁架 [如图 13-21 (d) 所示]。

二、桁架的内力计算

为了求得桁架各杆的轴力，可以截取桁架的一部分为隔离体，考虑隔离体的平衡，建立平衡方程来计算所求轴力。若所取隔离体只包含一个结点，这种方法叫结点法。如果截取的隔离体不止包含一个结点，这种方法叫截面法。

在建立平衡方程时，常需将斜向杆件的轴力 F_N 分解为水平分力 F_{Nx} 和竖向分力 F_{Ny}，如图 13-22 所示。在图 13-22 (a) 中，斜杆长度 l 与其水平投影长度 l_x 和竖向投影长度 l_y 组成一个三角形。这个三角形与图 13-22 (b) 中力三角形是相似的，因而有下列比例关系

$$\frac{F_N}{l}=\frac{F_{Nx}}{l_x}=\frac{F_{Ny}}{l_y} \tag{13-18}$$

由上式可见，斜杆内力及其两个分力中，只有一个是独立的。因此利用这个比例关系，可以简便地由其中一个推算出另外两个，而不需使用三角函数。

1. 结点法

由于桁架各杆件都只承受轴力，因此当取某一结点为隔离体时，作用于结点上的外力与杆件轴力组成一个平面汇交力系，则可就每一结点列出两个平衡方程进行解算。在实际计算中，为了避免求解联立方程，应从未知力不超过两个的结点开始，依次推算。

结点法最适用于简单桁架。只要在截取结点隔离体时，按照与增加二元体次序相反的步骤进行，就可以使每个结点隔离体上只包含两个未知力，从而根据平衡条件，直接求出这两个未知力。

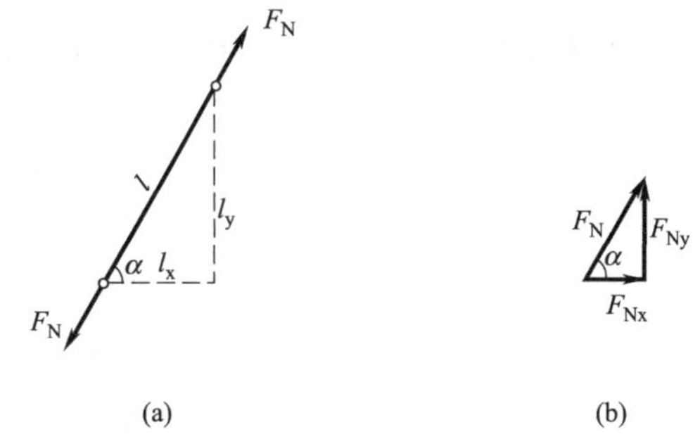

图 13-22

在计算过程中，通常假设杆的未知轴力为拉力。计算结果为正值时，确为拉力；反之，

则为压力。

【例 13-7】 用结点法计算图 13-23（a）所示桁架各杆的内力。

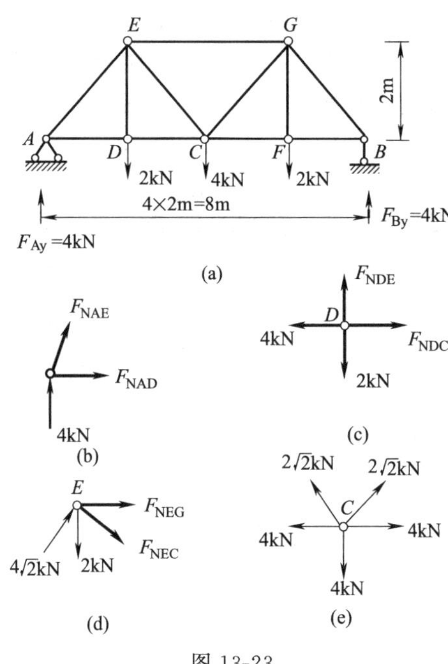

图 13-23

【解】 该桁架为简单桁架，由于桁架及荷载都对称，故可计算其中的一半杆件的内力，最后由结点 C 的平衡条件进行校核。

（1）计算支座反力

$$\sum F_x=0,\ F_{Ax}=0$$

由对称性可知

$$F_{Ay}=F_{By}=\frac{1}{2}\times(2+4+2)=4\text{kN}(\uparrow)$$

（2）内力计算

① 取结点 A 为隔离体，如图 13-23（b）所示。

$$\sum F_y=0,\ F_{NAE}\times\frac{\sqrt{2}}{2}+4=0$$

$$F_{NAE}=-4\sqrt{2}=-5.66(\text{kN})$$

$$\sum F_x=0,\ F_{NAD}+F_{NAE}\times\sqrt{2}/2=0$$

$$F_{NAD}=-(-4\sqrt{2})\times\sqrt{2}/2=4(\text{kN})$$

② 取结点 D 为隔离体，如图 13-23（c）所示。

$$\sum F_x=0,\ F_{NDC}=4\text{kN}$$

$$\sum F_y=0,\ F_{NDE}=2\text{kN}$$

③ 取结点 E 为隔离体，如图 13-23（d）所示。

$$\sum F_y=0,\ 4\sqrt{2}\times\sqrt{2}/2-2-F_{NEC}\times\sqrt{2}/2=0$$

$$F_{NEC}=2\sqrt{2}=2.83(\text{kN})$$

$$\sum F_x=0,\ F_{NEG}+F_{NEC}\times\sqrt{2}/2+4\sqrt{2}\times\sqrt{2}/2=0$$

$$F_{NEG}=-2\sqrt{2}\times\sqrt{2}/2-4=-6(\text{kN})$$

④ 由对称性可知另一半桁架杆件的内力。

⑤ 校核。取结点 C 为隔离体，如图 13-23（e）所示。

$$\sum F_x=4+2\sqrt{2}\times\sqrt{2}/2-2\sqrt{2}\times\sqrt{2}/2-4=0$$

$$\sum F_y=2\sqrt{2}\times\sqrt{2}/2\times2-4=0$$

C 结点平衡条件满足，故知内力计算无误。

桁架中轴力为零的杆件称为零杆。零杆可以通过图 13-24 所示的结点汇交力系平衡的特殊情况来直接判断。

1）结点汇交力系为不共线的两个力［图 13-24（a）］，则该两力都等于零。

2）结点汇交力系为三个力，且其中两个力共线［图 13-24（b）］，则另一个力必为零，共线的两个力大小相等、性质相同（同为拉力或同为压力）。

3）结点汇交力系为四个力，且两两共线［图 13-24（c）］，则每一对共线的两个力大小相等、性质相同。

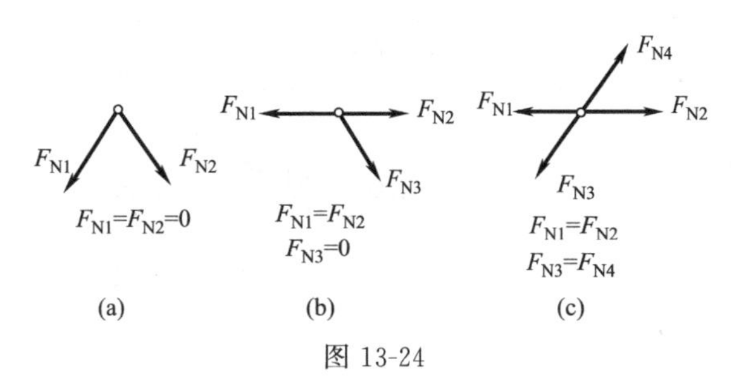

图 13-24

所有上述结论都不难根据适当的投影方程得出。在分析桁架时，可先利用上述原则找出零杆，这样可使计算工作简化。如图 13-25（a）、（b）中用虚线绘出的各杆的轴力都等于零。要注意的是零杆决非多余联系，并且是针对具体荷载而言的，当荷载变化时，零杆也随之变化。

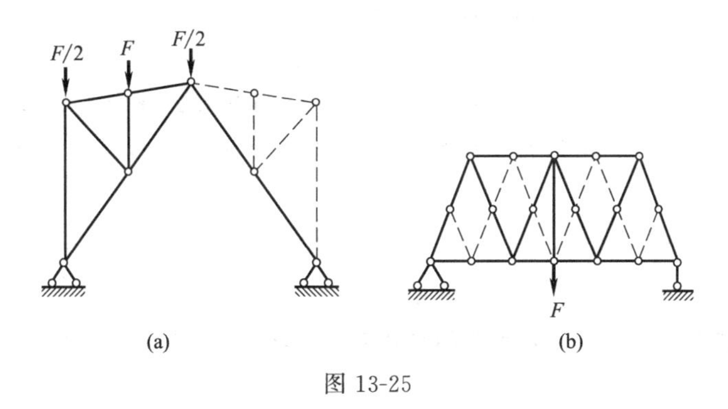

图 13-25

2. 截面法

截面法是用截面切断需求轴力的杆件，从桁架上截取一部分为隔离体（包含的结点多于一个），根据它的平衡条件求解未知的杆件轴力。在一般情况下，作用于隔离体上的力系为平面一般力系，可建立三个平衡方程。因此，切断的各杆中若只有三个即不相交于同一点、也不彼此平行的未知轴力，则可直接把此截面上的全部未知力求出。

截面法适用于简单桁架中只需计算少数杆件的轴力以及联合桁架的计算分析等情况。

【例 13-8】 用截面法计算图 13-26（a）所示桁架中 a、b、c、d 各杆的内力。

【解】 （1）求支座反力

由对称性可知

$$F_{Ay}=F_{By}=(10+20\times5+10)/2=60(\text{kN})(\uparrow)$$

（2）计算各杆内力

① 作截面Ⅰ-Ⅰ，如图 13-26（a）所示，取左部分为隔离体，如图 13-26（b）所示。为

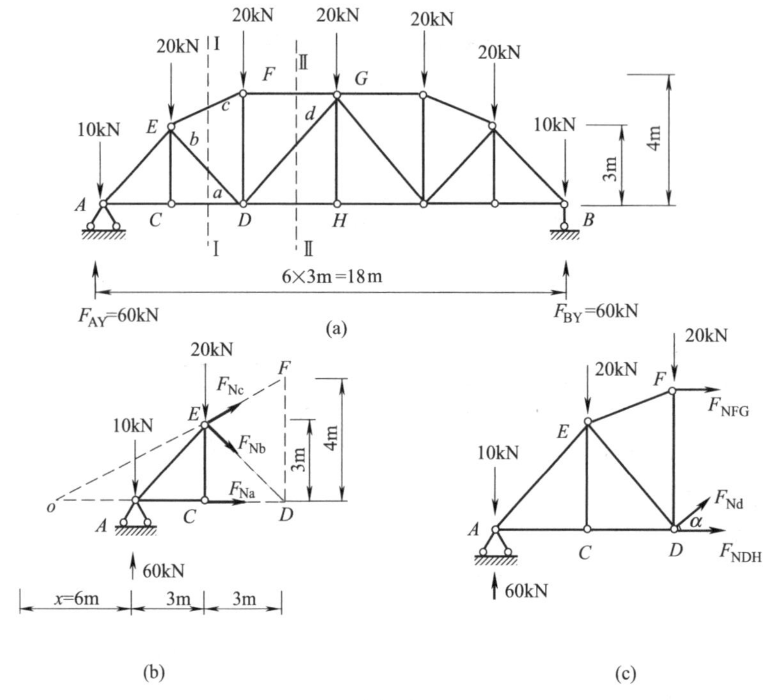

图 13-26

求 a 杆内力，可以 b、c 两杆的交点 E 为矩心，由方程 $\sum M_E=0$，得

$$60\times3-10\times3-F_{Na}\times3=0$$

$$F_{Na}=50(\text{kN})$$

② 求上弦杆 c 的内力时，以 a、b 两杆的交点 D 为矩心，此时要计算 F_{Nc} 的力臂不太方便，为此将 F_{Nc} 分解为水平和竖直方向的两个分力。则各分力的力臂均为已知。由 $\sum M_D=0$，得

$$F_{Nc}\times1/\sqrt{10})\times3+(F_{Nc}\times3/\sqrt{10})\times3+60\times6-10\times6-20\times3=0$$

$$F_{Nc}=-20\sqrt{10}=-63.2(\text{kN})$$

③ 求 b 杆内力时，应以 a、c 两杆的交点 O 为矩心，为此，应求出 OA 之间的距离，设为 x，由比例关系

$$\frac{x+3}{x+6}=\frac{3}{4}$$

可得

$$x=6(\text{m})$$

同样，将 F_{Nb} 在 E 点分解为水平和竖直方向的两个分力，由 $\sum M_O=0$，得

$$(F_{Nb}\times\sqrt{2}/2)\times9+(F_{Nb}\times\sqrt{2}/2)\times3+10\times6+20\times9-60\times6=0$$

$$F_{Nb}=10\sqrt{2}=14.1(\text{kN})$$

④ 为求 F_{Nd}，作截面Ⅱ—Ⅱ，取左部分为隔离体，如图 13-26（a）、（c）所示。因被截断的另两杆平行，故采用投影方程计算。由 $\sum F_y=0$，得

$$F_{Nd}\times4/5+60-10-20-20=0$$

$$F_{Nd}=-10\times5/4=-12.5(\text{kN})$$

如前所述，用截面法求桁架内力时，应尽量使截断的杆件不超过三根，这样所截杆件的

内力均可利用同一隔离体求出。特殊情况下，所作截面虽然截断了三根以上的杆件，但只要在被截各杆中，除一根外，其余各杆汇交于同一点或互相平行，则该杆的内力仍可首先求出。例如图 13-27（a）所示桁架中，作截面Ⅰ—Ⅰ，由$\sum M_C=0$，可求出 a 杆内力。又如图 13-27（b）所示桁架中，作截面Ⅱ—Ⅱ，由$\sum F_x=0$，可求出 b 杆内力。图 13-28 所示的工程上多采用的联合桁架，一般宜用截面法将联合杆 DE 的内力求出。即作Ⅰ—Ⅰ截面，取左部分或右部分为隔离体，由$\sum M_C=0$ 求出 F_{NDE}。这样左、右两个简单桁架就可用结点法来计算。

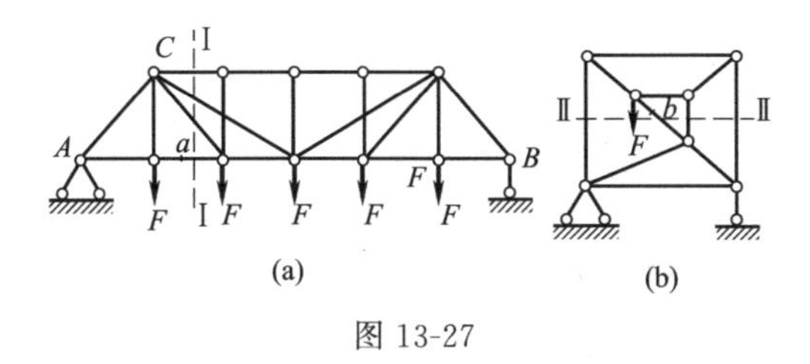

图 13-27

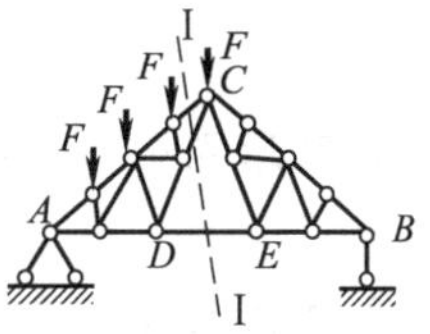

图 13-28

3. 截面法和结点法的联合应用

结点法和截面法是计算桁架内力的两种基本方法。两种方法各有所长，应根据具体情况灵活选用。

【例 13-9】 试求图 13-29 所示桁架中 a、b 及 c 杆的内力。

【解】 从几何组成看，桁架中的 AGB 为基本部分，EHC 为附属部分。

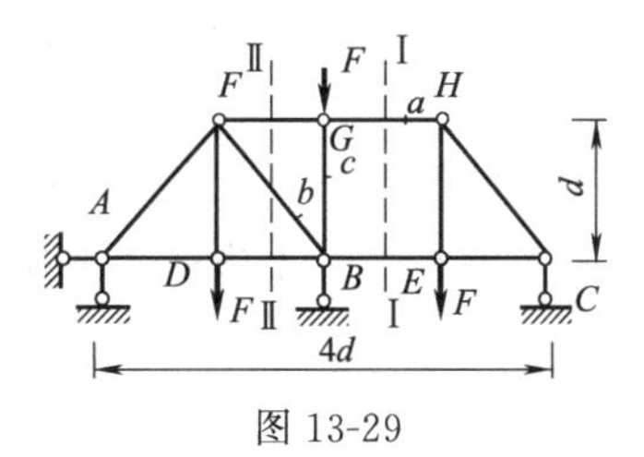

图 13-29

（1）作截面Ⅰ—Ⅰ，取右部分为隔离体，由$\sum M_C=0$，得

$$F_{Na}\times d+F\times d=0$$
$$F_{Na}=-F$$

（2）取结点 G 为隔离体，由$\sum F_y=0$，得

$$F_{Nc}=-F$$

由$\sum F_x=0$，得

$$F_{NFG}=F_{Na}=-F$$

（3）作截面Ⅱ—Ⅱ，取左部分为隔离体，由$\sum M_A=0$，得

$$F_{Nb}\times\sqrt{2}d+F\times d-F\times d=0$$
$$F_{Nb}=0$$

【例 13-10】 求图 13-30 所示桁架中 a 杆的内力。

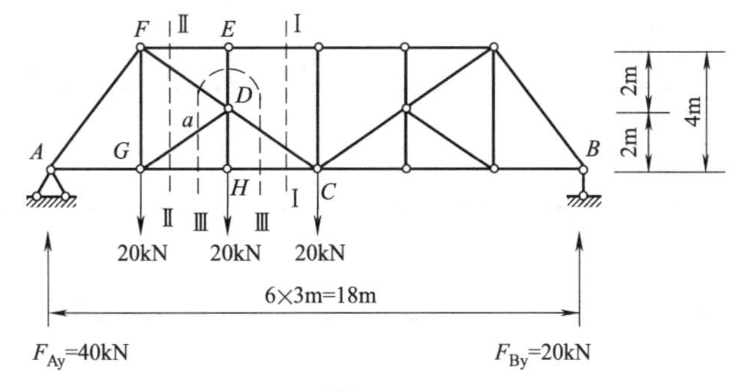

图 13-30

【解】（1）求支座反力

$$\sum M_B=0,\ F_{Ay}=(20\times15+20\times12+20\times9)/18=40(\mathrm{kN})(\uparrow)$$

$$\sum M_A=0,\ F_{By}=20(\mathrm{kN})(\uparrow)$$

校核：

$$\sum F_y=40+20-20-20-20=0$$

故知反力计算无误。

（2）计算 a 杆内力

① 作Ⅰ—Ⅰ截面，取左部分为隔离体，由 $\sum M_F=0$，得

$$F_{NHC}\times4-20\times3-40\times3=0$$

$$F_{NHC}=45(\mathrm{kN})$$

② 取结点 H 为隔离体，由 $\sum F_x=0$，得

$$F_{NGH}=F_{NHC}=45(\mathrm{kN})$$

③ 作截面Ⅱ—Ⅱ，仍取左部分为隔离体，由 $\sum M_F=0$，得

$$F_{Na}\times\frac{3}{\sqrt{13}}\times4+45\times4-40\times3=0$$

$$F_{Na}=-5\sqrt{13}=-18.0(\mathrm{kN})$$

在该题中，若取截面Ⅲ—Ⅲ所截取的一部分为隔离体（图 13-30），由于 ED 杆为零，$F_{NED}=0$。由平衡方程 $\sum M_C=0$，可得

$$F_{Na}\times\frac{2}{\sqrt{13}}\times3+F_{Na}\times\frac{3}{\sqrt{13}}\times2+20\times3=0$$

$$F_{Na}=-5\sqrt{13}=-18.0(\mathrm{kN})$$

可见，按后一种方法计算更简单。

习　　题

13-1　试作题 13-1 图示各梁的 M 及 F_S 图。

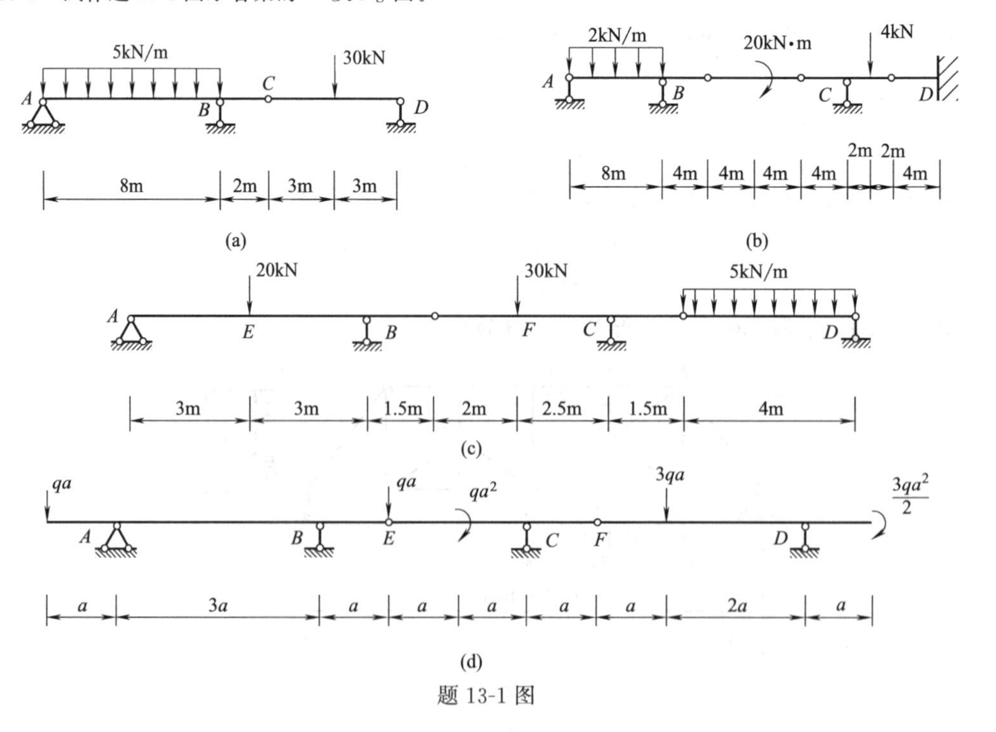

题 13-1 图

13-2　作题 13-2 图示各刚架的内力图。

13-3　试检查题 13-3 图示各 M 图的正误，并加以改正。

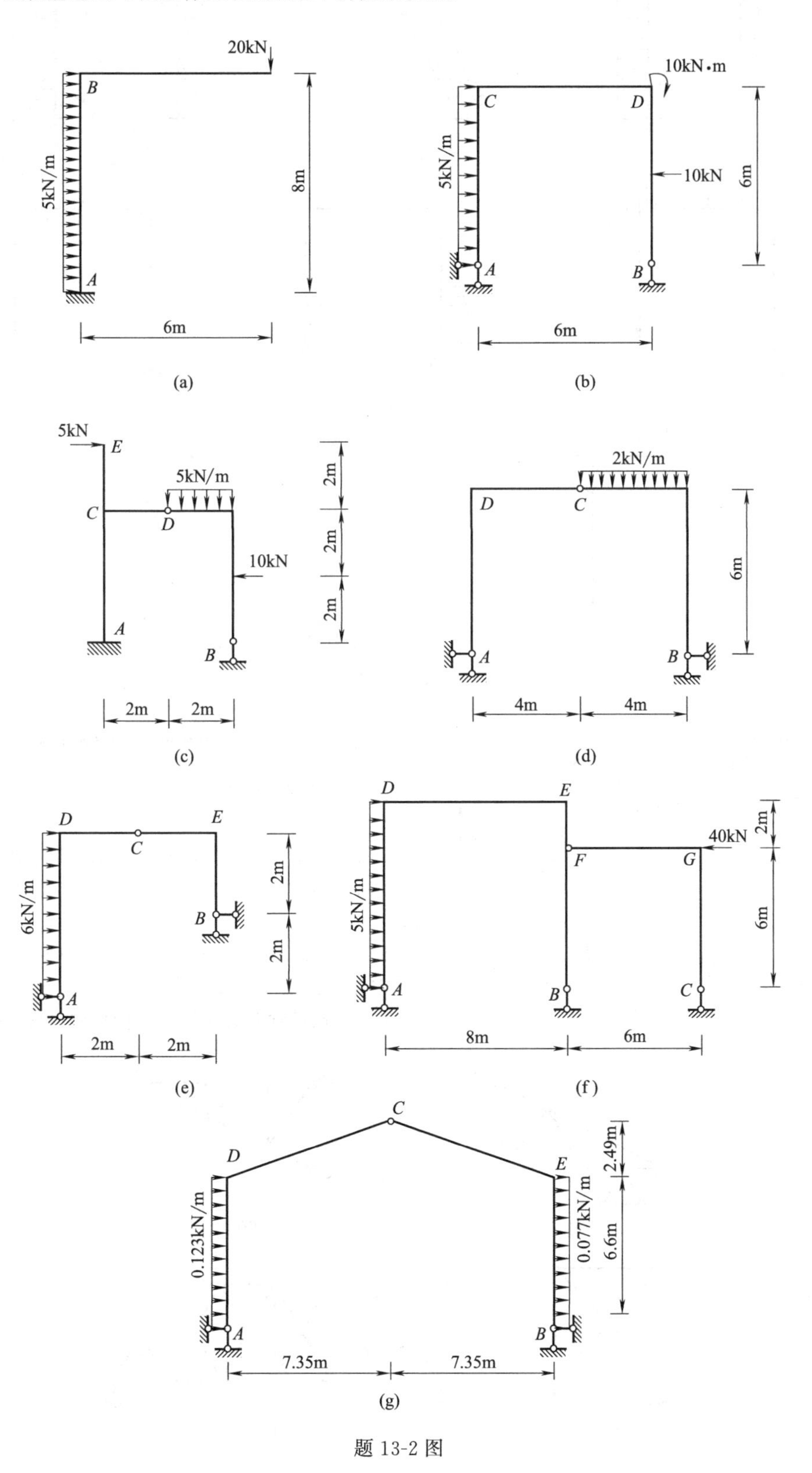

题 13-2 图

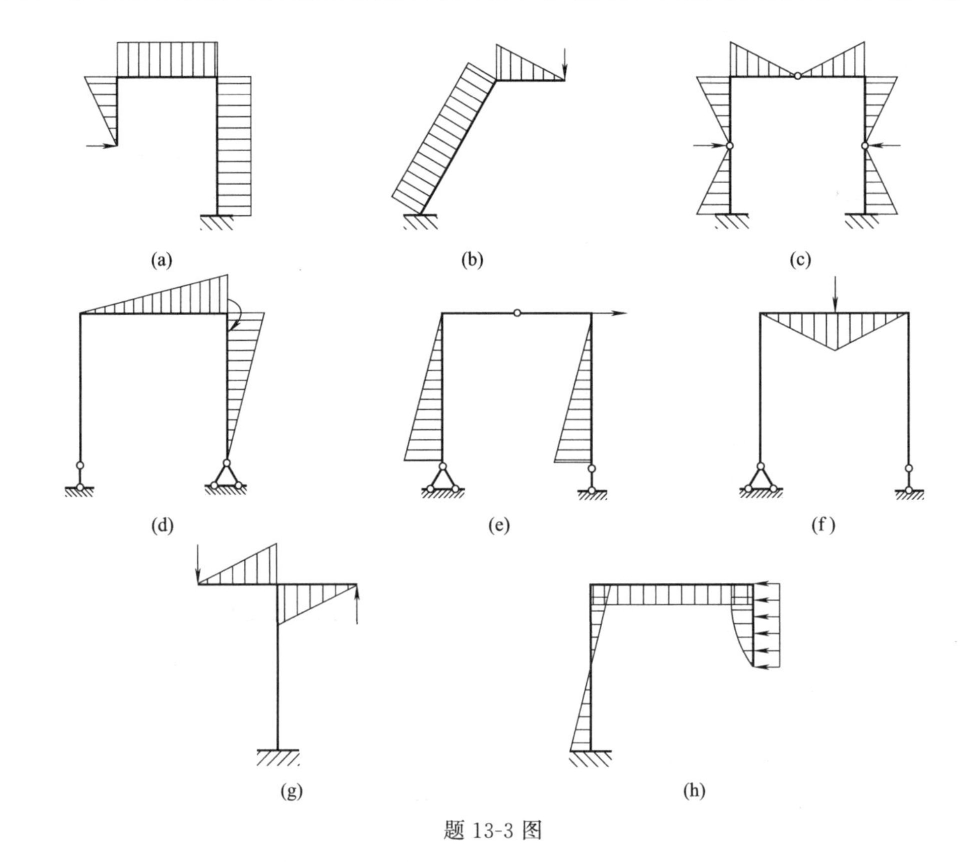

题 13-3 图

题 13-4 图

13-4　题 13-4 图示抛物线三铰拱的拱轴方程为 $y=\frac{4f}{l^2}(l-x)x$，试求截面 D 的内力。

13-5　判定题 13-5 图示桁架中的零杆。

13-6　用结点法计算题 13-6 图示桁架中各杆内力。

13-7　用截面法计算题 13-7 图示桁架中指定各杆的内力。

13-8　试求题 13-8 图示组合结构中各链杆的轴力并作受弯杆件的 M、F_S 图。

13-9　用适宜方法求题 13-9 图桁架中指定杆内力。

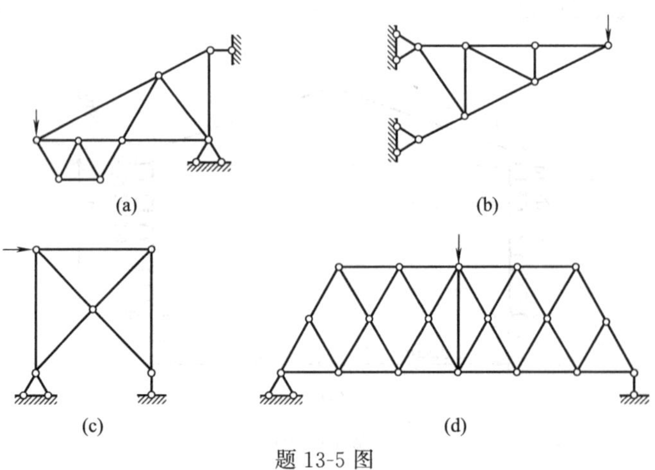

题 13-5 图

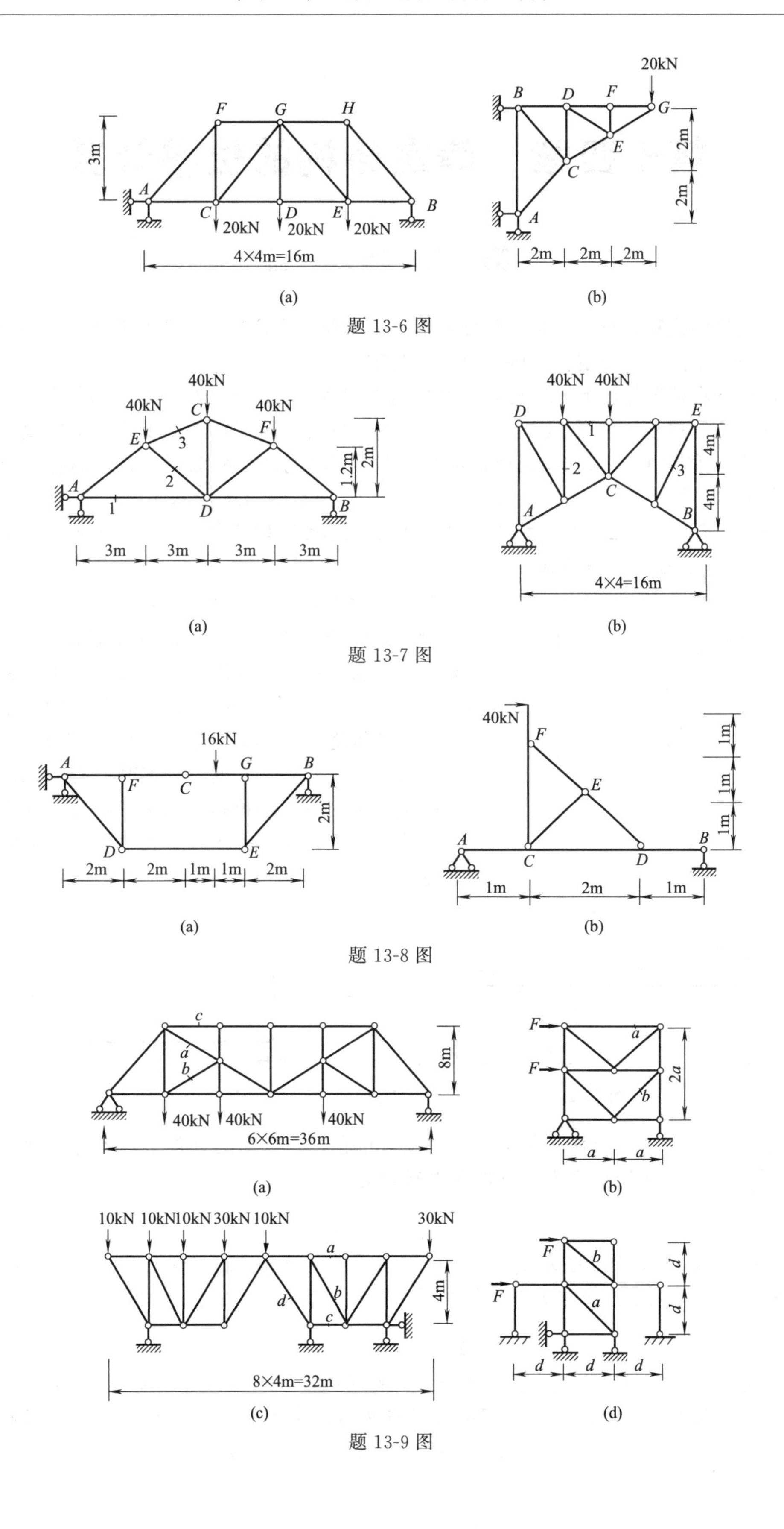
F G H
3m
A C D E B
20kN 20kN 20kN
4×4m=16m
(a)
20kN
B D F G
E
C
A
2m
2m
2m 2m 2m
(b)
题 13-6 图
40kN
40kN C 40kN
E F
3
2
A 1 D B
1.2m 2m
3m 3m 3m 3m
(a)
40kN 40kN
D E
1
2
3
C
A B
4m
4m
4×4=16m
(b)
题 13-7 图
16kN
A G B
F C
D E
2m
2m 2m 1m 1m 2m
(a)
40kN
F
E
A C D B
1m
1m
1m
1m 2m 1m
(b)
题 13-8 图
c
a
b
8m
40kN 40kN 40kN
6×6m=36m
(a)
F
a
F
b
2a
a a
(b)
10kN 10kN10kN 30kN 10kN 30kN
a
b
d
c
4m
8×4m=32m
(c)
F
b
F
a
d
d
d d d
(d)
题 13-9 图

第十四章　静定结构的位移计算

第一节　概　　述

静定结构的位移计算是结构力学分析的一个重要内容，目的主要有两个：一是验算结构的刚度；另一个是为超静定结构的计算打下基础。

杆件结构在荷载作用下，会使各杆产生内力和变形，以致结构原有的形状发生变化，结构上各点的位置移动。如图 14-1（a）所示刚架在荷载作用下发生如虚线所示的变形，截面 A 的形心 A 点移到了 A'点。结构或结构的一部分形状的改变称为变形；结构各处位置的移动称为位移。线段 AA'称为 A 的线位移，记为 Δ_A。若将 AA'沿水平和竖向分解［图 14-1（b)］，则其分量 Δ_{Ax}和 Δ_{Ay}分别称为 A 点的水平位移和竖向位移。同时，A 截面转动了一个角度 φ_A，称为截面 A 的角位移。

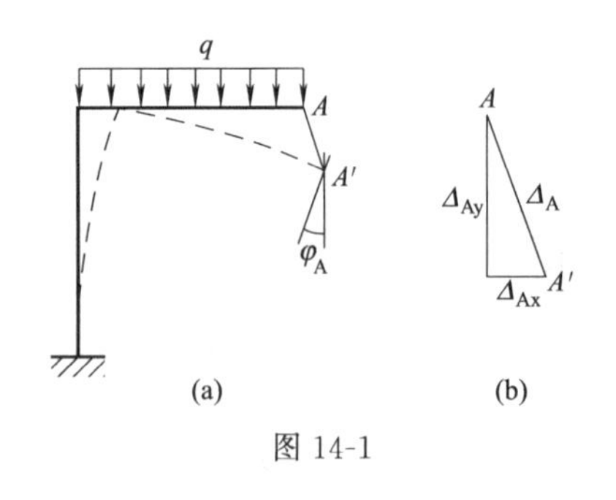

图 14-1

除了荷载能使结构产生位移外，结构在其他因素（例如温度改变、支座位移、材料收缩和制造误差等）影响下，都会使结构改变原来的位置而产生位移。例如图 14-2 所示静定多跨梁在 A 支座有给定的竖向位移 c_A 时，梁 AC 将绕 B 点转动，杆 CD 绕 D 点转动。这时，梁的各跨本身虽然不发生变形，但其原有的几何位置却发生变化，因而也引起位移。要注意的是，各梁发生的运动是刚体运动，应变等于零（支座反力和梁的内力都等于零）。

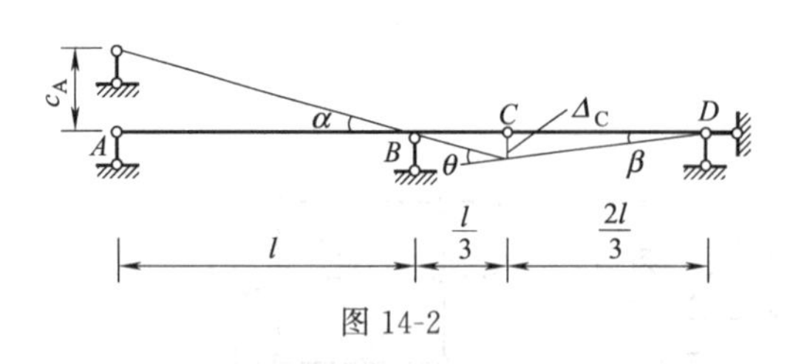

图 14-2

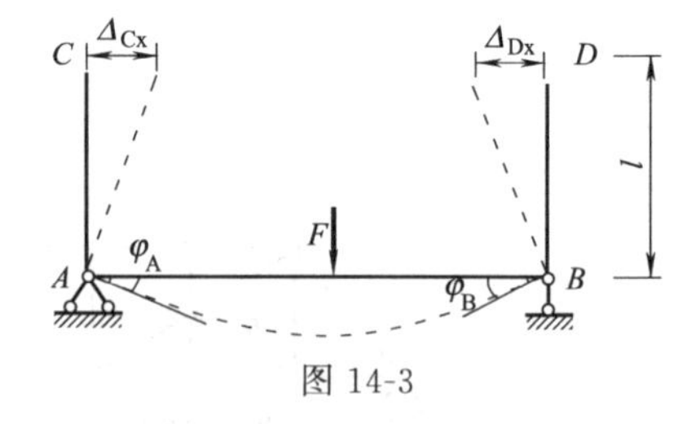

图 14-3

图 14-1 中所示的线位移和角位移称为绝对位移，在今后的计算中，还将用到一种相对位移。例如图 14-2 中铰 C 两侧截面的相对转角为

$$\Delta\varphi_C=\varphi_C^L+\varphi_C^R=\alpha+\beta$$

图 14-3 中 C 点的水平线位移为 Δ_{Cx}，点 D 的水平线位移为 Δ_{Dx}，这两个方向相反的水平位移之和称为 C、D 两点沿水平方向的相对线位移，并用符号 $(\Delta_{CD})_x$，即

$$(\Delta_{CD})_x=\Delta_{Cx}+\Delta_{Dx}$$

为了方便起见，将以上线位移、角位移、相对线位移和相对角位移统称为广义位移。

位移计算从本质上说是一个几何问题，自然可以采用几何方法来求解，但求解很不方便。实际上，结构力学中计算位移的一般方法是以虚功原理为基础的。

第二节　变形体的虚功原理

一、虚功

在力学中，功包含两个要素——力和位移。当作功的力与其相应的位移彼此独立无关时，就把这种功称为虚功。

1. 外力虚功

作用在结构上的外力（包括荷载和支承反力）所作的虚功，称为外力虚功，以 W 表示。

例如图 14-4（a）所示简支梁在 C 点处受到竖向力 F 的作用，梁产生虚线所示的变形，此时 C 点处产生的竖向位移为 Δ_{C1}；图 14-4（b）所示为同一简支梁由于其他外因（例如其他荷载作用或温度变化等）产生虚线所示的变形，此时 C 点处产生的竖向位移为 Δ_{C2}。这时，力 F 对相应位移 Δ_{C2} 所作的功就是虚功，表示为 $W=F\cdot\Delta_{C2}$。

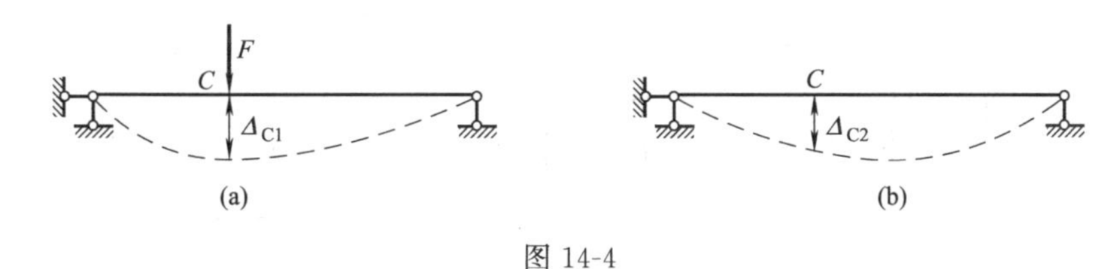

图 14-4

在虚功中，需要指出两点：

（1）做功的力和相应的位移是彼此无关的两个因素。因此，可将两者看成是分别属于同一结构的两种彼此无关的状态，其中力系所属的状态称为力状态［图 14-4（a）］，相应的位移所属的状态称为位移状态［图 14-4（b）］。

（2）在虚功中做功的力不限于集中力，它们可以是力偶，也可以是一组力系。例如图 14-5（a）所示力偶 M_A 对图 14-5（b）所示位移状态下的位移所作虚功为 $W=M_A\cdot\varphi_A$。

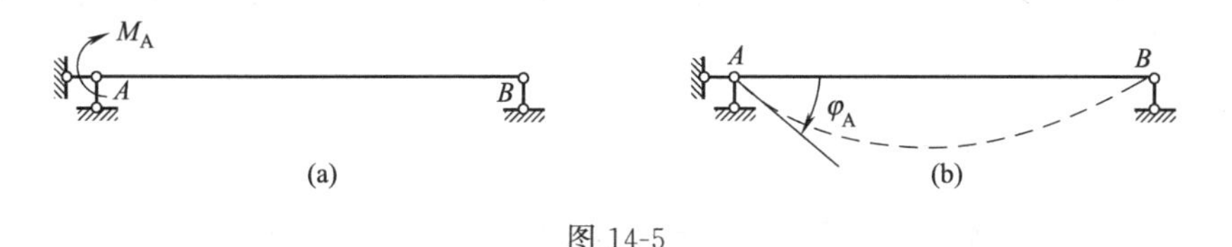

图 14-5

2. 虚应变能

结构的力状态的内力，对位移状态的相对变形所作的虚功，称为虚应变能，以 V 表示。

例如图 14-6（a）所示为结构的力状态，取杆件任一微段 dx 如图 14-6（c）所示，内力为：轴力 F_{N1}、剪力 F_{S1}、弯矩 M_1；图 14-6（b）所示为结构的位移状态，取杆件的同一微段 dx 如图 14-6（d）、（e）、（f）所示，相对变形为：正应变 ε_2、切应变 γ_2、曲率 κ_2。则对于微段 dx，将它的虚应变能定义为

$$dV=F_{N1}\varepsilon_2 dx+F_{S1}\gamma_2 dx+M_1\kappa_2 dx$$

将上式表示的微段虚应变能沿杆长进行积分，然后对结构的全部杆件求和，即可得杆件结构的虚应变能为

$$V=\sum\int F_{N1}\varepsilon_2 ds+\sum\int F_{S1}\gamma_2 ds+\sum\int M_1\kappa_2 ds \tag{14-1}$$

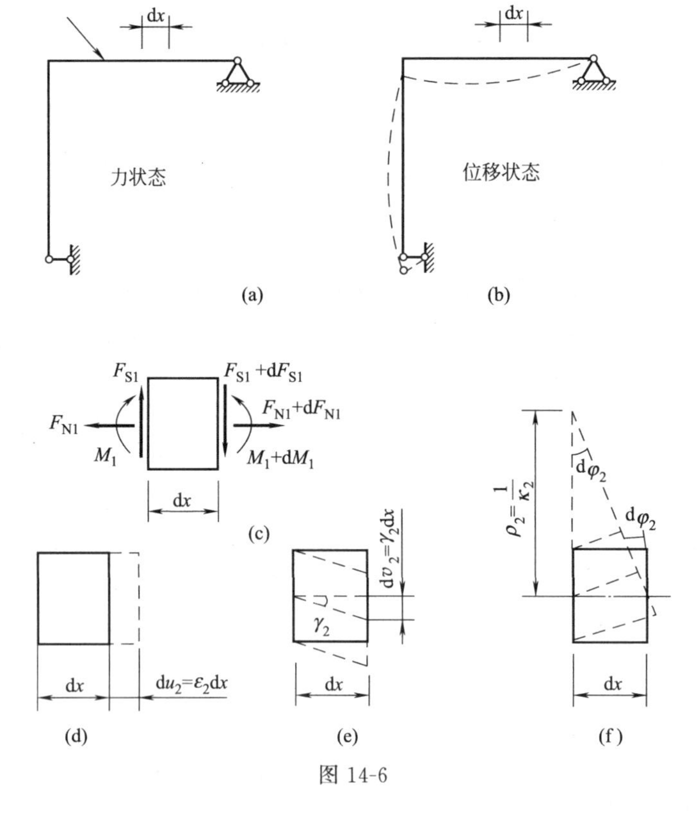

图 14-6

二、虚功原理

变形体系的虚功原理可表述如下：设变形体系在力系作用处于平衡状态（力状态），又设该变形状态由于其他外因产生符合约束条件的变形（位移状态），则力状态的外力在位移状态的位移上所做的外力虚功 W，恒等于力状态的内力在位移状态的相对变形上所做的虚应变能 V。即

$$W=V \tag{14-2}$$

对于杆件结构虚功原理可表示为

$$W=\sum\int F_{N1}\varepsilon_2 ds+\sum\int F_{S1}\gamma_2 ds+\sum\int M_1\kappa_2 ds \tag{14-3}$$

三、虚功原理的应用

虚功原理有两种不同形式的应用。

1. 虚设位移状态

在给定的力状态和虚设的位移状态之间应用虚功原理，可用来求实际力状态的未知力。这种形式的应用称为虚位移原理。

2. 虚设力状态

在给定的位移状态和虚设的力状态之间应用虚功原理，可用来求实际位移状态的位移。这种形式的应用称为虚力原理。本章将根据虚力原理计算杆件结构的位移。

第三节 结构位移计算的一般公式

应用虚力原理求位移，关键在于虚设力系的选择。在选择虚设力系时，只在拟求位移 Δ

的方向设置单位荷载，而在其它位置不再设置荷载，这种方法称为虚单位荷载法。下面利用虚单位荷载法来建立计算平面杆件结构位移计算的一般公式。

例如图 14-7（a）所示结构，由于荷载 F_1 和 F_2、支座 A 的位移 c_1 和 c_2 等各种因素的作用下发生图中虚线所示的变形，这是结构的实际位移状态，简称为实际状态。现要求实际状态中 D 点的水平位移 Δ_{Dx}。根据虚单位荷载法，在结构上 D 点处作用一个水平方向的单位荷载 $F=1$，结构将产生虚反力 $\overline{F}$ 和虚内力 $\overline{F}_N$、$\overline{F}_S$、$\overline{M}$。由于结构的力状态是虚设的，故又称为虚拟状态。根据式（14-3）有

$$1\cdot\Delta_{Dx}+\overline{F}_1c_1+\overline{F}_2c_2=\sum\int F_{N1}\varepsilon_2\,ds+\sum\int F_{S1}\gamma_2\,ds+\sum\int M_1\kappa_2\,ds$$

得

$$\Delta_{Dx}=\sum\int F_{N1}\varepsilon_2\,ds+\sum\int F_{S1}\gamma_2\,ds+\sum\int M_1\kappa_2\,ds-\sum\overline{F}_ic_i \tag{14-4}$$

这就是计算平面杆件结构位移的一般公式。它适用于静定结构，也适用于超静定结构；适用于荷载作用下的位移计算，也适用于由于温度变化，支座位移等因素影响下的位移计算。

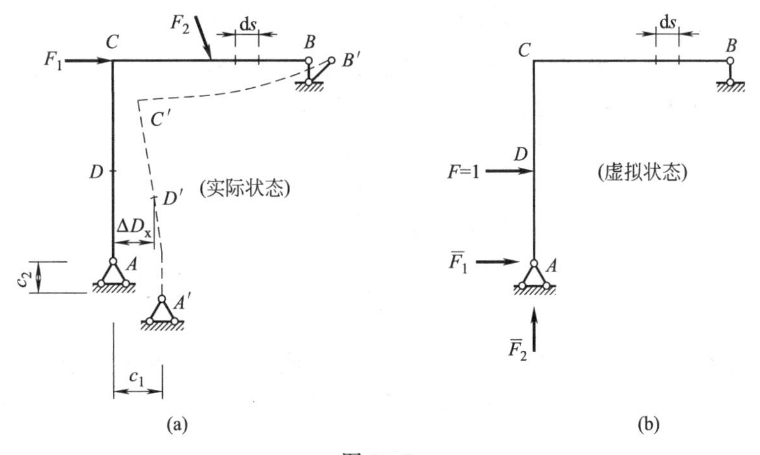

图 14-7

应用虚单位荷载法每次只能求得一个位移。在计算时，虚设单位荷载的指向与拟求位移的方向相同。若求出的结果为正，表示实际位移方向与虚设单位荷载的指向相同，否则相反。

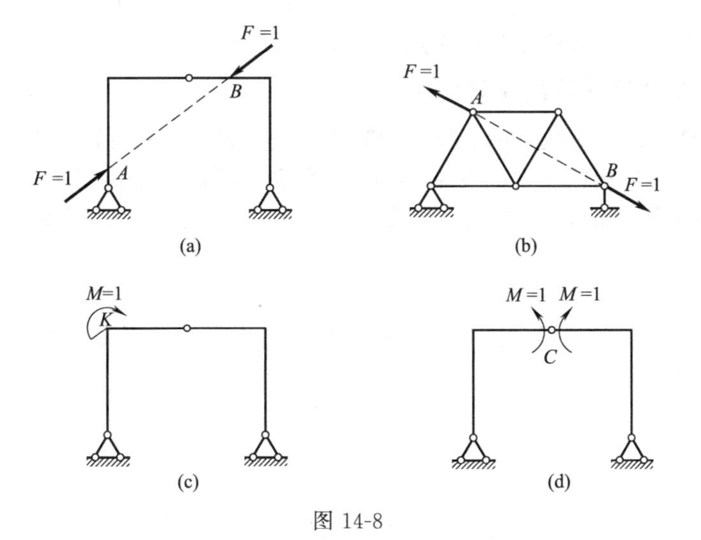

图 14-8

虚单位荷载法不仅可用来计算结构的线位移，还可以用来计算其它性质的位移，只要虚设的单位荷载与所求的位移相对应即可。现举出几种典型的虚拟状态如下：

（1）求结构中的两点沿其连线方向的相对线位移：在这两点上沿其连线方向设置方向相反的单位荷载［图 14-8（a）、（b）］。

（2）求梁或刚架上某截面的角位移：在该截面设置一个单位力矩［图 14-8（c）］。

（3）求梁或刚架上两个截面的相对角位移：在这两个截面上设置两个方向相反的单位力矩［图 14-8（d）］。

第四节 静定结构在荷载作用下的位移计算

一、荷载作用下的位移计算公式

如果结构只受到荷载的作用，注意到无支座位移，则可由平面杆件结构位移的一般公式（14-4）得到结构仅在荷载作用下的位移计算公式如下

$$\Delta=\sum\int\overline{F}_{N}\varepsilon ds+\sum\int\overline{F}_{S}\gamma ds+\sum\int\overline{M}\kappa ds \tag{14-5}$$

式中，$\overline{F}_N$、$\overline{F}_S$、$\overline{M}$ 为虚拟状态中由于虚单位荷载产生的内力。ε、γ、κ 是由于荷载作用引起的正应变、切应变和曲率，它们可由在荷载作用下产生的内力 F_{NP}、F_{SP}、M_P 求得如下

$$\varepsilon=\frac{F_{NP}}{EA}$$

$$\gamma=k\frac{F_{SP}}{GA} \tag{a}$$

$$\kappa=\frac{M_P}{EI}$$

式中，EA、GA、EI 分别为杆件截面的抗拉压刚度、抗剪刚度和抗弯刚度；k 为截面的切应力分布不均匀系数，它只与截面形状有关。对于矩形截面：$k=1.2$；对于圆形截面：$k=\frac{10}{9}$。

将式（a）代入式（14-5），可得

$$\Delta=\sum\int\frac{\overline{F}_{N}F_{NP}}{EA}ds+\sum\int k\frac{\overline{F}_{S}F_{SP}}{GA}ds+\sum\int\frac{\overline{M}M_{P}}{EI}ds \tag{14-6}$$

式（14-6）即为平面杆件结构在荷载作用下的位移计算公式。

二、各类结构位移计算的简化公式

式（14-6）是结构在荷载作用下位移计算的一般公式，它的右边有三项，分别为轴向变形的影响、剪切变形的影响、弯曲变形的影响。但各种不同的结构型式，受力特点不同，这三种影响在位移中所占的比重不同。根据不同结构的受力特点，可得到不同结构的简化公式。

1．梁和刚架

在梁和刚架中，轴向变形和剪切变形的影响一般都很小，位移主要是由弯曲变形引起的。因此式（14-6）可简化为

$$\Delta=\sum\int\frac{\overline{M}M_{P}}{EI}ds \tag{14-7}$$

2．桁架

在桁架中，由于各杆只受轴力，则只有轴向变形一项影响。而且一般情况下，每根杆件

的截面和轴力以及弹性模量沿杆长都是常数。因此式（14-6）可简化为

$$\Delta=\sum\frac{\overline{F}_{N}F_{NP}l}{EA} \tag{14-8}$$

3. 组合结构

在组合结构中，梁式杆件主要受弯曲，链杆只受轴力。因此式（14-6）可简化为

$$\Delta=\sum\int\frac{\overline{M}M_{P}}{EI}ds+\sum\frac{\overline{F}_{N}F_{NP}l}{EA} \tag{14-9}$$

三、计算示例

【例 14-1】 试求图 14-9（a）所示简支梁在荷载作用下跨中 C 截面的竖向线位移 Δ_{Cy}，EI=常数。

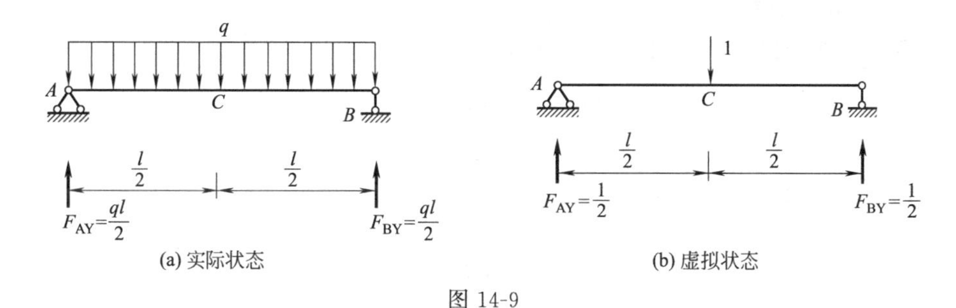

(a) 实际状态　　(b) 虚拟状态

图 14-9

【解】 （1）建立虚拟状态

欲求 Δ_{Cy} 则应在 C 处加一单位集中力作为虚拟力，见图 14-9（b）。

（2）写出 M_P、$\overline{M}$表达式

设 x 坐标如图 14-9（a）、（b）所示，A 为坐标原点。在虚拟状态中，由单位力引起的内力、反力均在其相应的表示符号上加一道横线，AC 与 CB 段内力表达式形式不一样，故两种状态中的内力应分两段写出

AC 段　　$M_P=\frac{ql}{2}x-qx\frac{x}{2}$　　$(0\leqslant x\leqslant\frac{l}{2})$

$\overline{M}=\frac{x}{2}$　　$(0\leqslant x\leqslant\frac{l}{2})$

CB 段　　$M_P=\frac{ql}{2}x-qx\frac{x}{2}$　　$(\frac{l}{2}\leqslant x\leqslant l)$

$\overline{M}=\frac{x}{2}-(x-\frac{l}{2})=\frac{l}{2}-\frac{x}{2}$　　$(\frac{l}{2}\leqslant x\leqslant l)$

（3）代入式（14-7）计算 Δ_{Cy}

$$\Delta_{Cy}=\sum\int\frac{M_P\overline{M}ds}{EI}=\frac{1}{EI}\left[\int_0^{\frac{l}{2}}(\frac{ql}{2}x-\frac{qx^2}{2})\frac{x}{2}dx+\int_{\frac{l}{2}}^{l}(\frac{ql}{2}x-\frac{qx^2}{2})(\frac{l}{2}-\frac{x}{2})dx\right]$$

$$=\frac{q}{4EI}\left[\int_0^{\frac{l}{2}}(lx^2-x^2)dx+\int_{\frac{l}{2}}^{l}(lx-x^2)(l-x)dx\right]$$

$$=\frac{5ql^4}{384EI}(\downarrow)$$

计算结果得正值，说明 Δ_{Cy} 的方向与虚拟力方向一致，数据后面一定要注明所求位移的实际方向。

【例 14-2】 求图 14-10（a）所示圆弧曲杆点的竖向线位移 Δ_{By}。EI=常量，不计轴力及

曲率的影响。

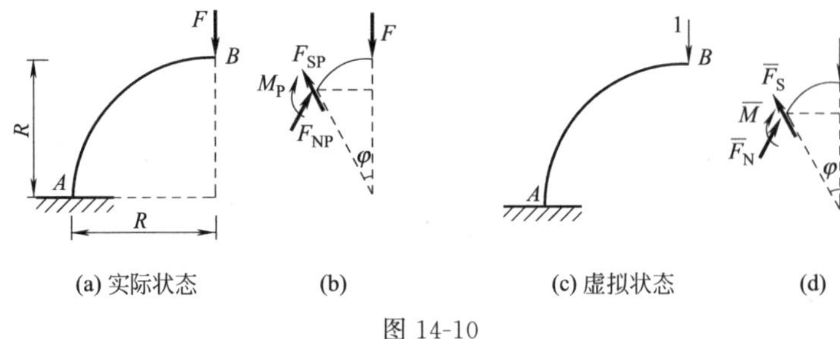

图 14-10

【解】(1) 建立虚拟状态　如图 14-10 (c) 所示。

(2) 写出 M_P、$\overline{M}$表达式

取隔离体分别如图 14-10 (b)、(d) 所示。

$$M_P=-FR\sin\varphi$$

$$\overline{M}=-R\sin\varphi\text{，且 }ds=Rd\varphi$$

(3) 代入式 (14-7) 计算 Δ_{By}

$$\begin{aligned}\Delta_{By}&=\sum\int\frac{\overline{M}M_P\,ds}{EI}\\&=\frac{1}{EI}\int_0^{\frac{\pi}{2}}R\sin\varphi\cdot FR\sin\varphi\cdot Rd\varphi\\&=\frac{FR^3}{EI}\int_0^{\frac{\pi}{2}}\sin^2\varphi d\varphi\\&=\frac{FR^3}{EI}\left[\frac{1}{2}\varphi-\frac{1}{4}\sin2\varphi\right]_0^{\frac{\pi}{2}}\\&=\frac{FR^3}{EI}\left[\frac{1}{2}\times\frac{\pi}{2}\right]\\&=\frac{\pi FR^3}{4EI}(\downarrow)\end{aligned}$$

【例 14-3】 计算图 14-11 (a) 所示桁架下弦 C 结点的竖向线位移 Δ_{Cy}、CD 及 CE 两杆的相对角位移 φ_C。各杆 $EA=3\times10^4$kN。

【解】 由于桁架的杆件较多，一般多采用表格形式进行计算。本题两种状态内力均为正对称，故表 14-1 中只列出一半杆件内力。由式 (14-8) 得

$$\Delta_{Cy}=2\times(9.43+6.67)\times10^{-4}+13.33\times10^4$$

$$=45.53\times10^{-4}(\text{m})=45.53\times10^{-2}(\text{cm})(\downarrow)$$

$\varphi_C=6.67\times10^{-4}$ (rad) (下面角度增大)，CD 杆与 CE 杆夹角减小。

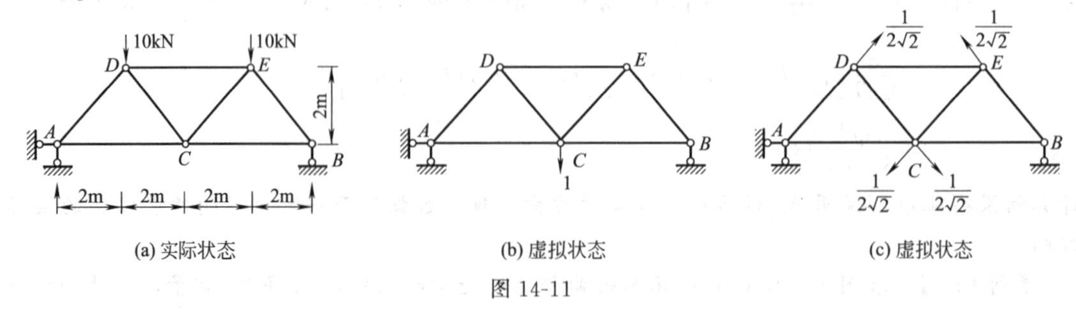

图 14-11

表 14-1

杆件	l/m	EA	$\frac{l}{EA}$	F_{NP} /kN	$\overline{F_N}$ /kN	$\frac{F_{NP}\overline{F_N}l}{EA}$/kN	$\overline{F_N}$/kN	$\frac{F_{NP}\overline{F_N}l}{EA}$
AD	$2\sqrt{2}$	3×10^4	0.943×10^{-4}	$-10\sqrt{2}$	$-\frac{\sqrt{2}}{2}$	9.43×10^{-4}	0	0
CD	$2\sqrt{2}$	3×10^4	0.943×10^{-4}	0	$+\frac{\sqrt{2}}{2}$	0	$+\frac{1}{2\sqrt{2}}$	0
AC	4	3×10^4	1.333×10^{-4}	10	$+\frac{1}{2}$	6.67×10^{-4}	0	0
DE	4	3×10^4	1.333×10^{-4}	-10	-1	13.33×10^{-4}	$-\frac{1}{2}$	6.67×10^{-4}

第五节　图乘法计算位移

一、图乘法及其应用条件

在求梁和刚架的位移时，需要求如下形式的积分

$$\int \frac{\overline{M}M_P}{EI}\mathrm{d}s$$

这里 $\overline{M}M_P$是两个弯矩函数的乘积。对于等截面直杆，且 $\overline{M}$ 和 M_P 两个弯矩图中至少有一个是直线图形，则可用图乘法计算积分，简单方便。

下面说明图乘法的内容和应用。

图 14-12 所示为直杆 AB 的两个弯矩图，其中 $\overline{M}$ 图为直线图形，M_P图为任意图形。若该杆截面抗弯刚度 EI 为常数，则

$$\int \frac{\overline{M}(x)M_P(x)}{EI}\mathrm{d}x = \frac{1}{EI}\int \overline{M}(x)M_P(x)\mathrm{d}x \tag{a}$$

以 $\overline{M}$ 图直线与基线的交点 O 为原点，设 $\overline{M}$ 图直线与基线的夹角为 α，则 $\overline{M}(x)$ 可表示为

$$\overline{M}(x)=x\tan\alpha \tag{b}$$

代入积分式（a），有

$$\int \frac{\overline{M}(x)M_P(x)}{EI}\mathrm{d}x = \frac{\tan\alpha}{EI}\int xM_P(x)\mathrm{d}x \tag{c}$$

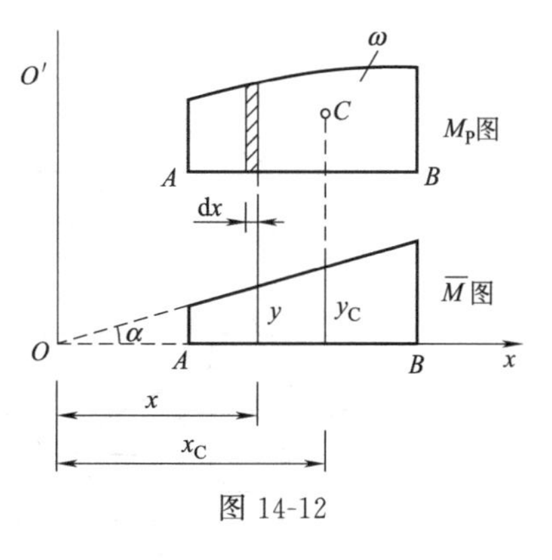

图 14-12

式中，$M_P(x)$ dx 可看做M_P图的微面积（图 14-12 中阴影所示面积），因此 $xM_P(x)$ dx 就是这个微面积对 $O—O'$轴的面积矩，则 $\int xM_P(x)\mathrm{d}x$ 为 $M_P(x)$ 图形对 $O—O'$轴的面积矩。设 ω 为 $M_P(x)$ 图形的面积，C 点为$M_P(x)$ 图形的形心，x_C为形心 C 到$O—O'$轴的距离，则有

$$\int xM_P(x)\mathrm{d}x = \omega \cdot x_C$$

将上式代入到式（c），得到

$$\int \frac{\overline{M}(x)M_P(x)}{EI}\mathrm{d}x = \frac{1}{EI}\omega \cdot x_C\tan\alpha \tag{d}$$

式中的 $x_C\tan\alpha$ 为 $\overline{M}$ 图在 x_C处的竖标，令 $y_C=x_C\tan\alpha$，则有

$$\int \frac{\overline{M}(x)M_P(x)}{EI}\mathrm{d}x = \frac{1}{EI}\omega \cdot y_C \tag{14-10}$$

这就是图乘法所使用的公式，它将式（a）形式的积分运算问题简化为求图形的面积、形心和竖标的问题。

应用图乘法计算时要注意以下几方面。

（1）应用条件：EI 为常数；杆轴为直线；$\overline{M}$ 和 M_P 两个弯矩图中至少有一个是直线图形。

（2）竖标 y_C 的取值：y_C 应取自直线图形。若 $\overline{M}$ 和 M_P 图均为直线图形，y_C 既可取自 $\overline{M}$ 图，也可取自 M_P 图，但要注意 ω 和 C 点是另一图形的面积和形心［图 14-13（a）、（b）］。y_C 也可取自 $\overline{M}$ 图的形心对应的 M_P 图上的竖标。若 y_C 所属图形是由若干段直线组成时，就应该分段考虑。例如，对于图 14-14 所示情况，有

$$\int \frac{\overline{M}(x)M_P(x)}{EI}\mathrm{d}x = \frac{1}{EI}(\omega_1 \cdot y_1 + \omega_2 \cdot y_2 + \omega_3 \cdot y_3)$$

（3）正符号规则：面积 ω 与竖标 y_C 在基线的同一侧时，乘积 $\omega \cdot y_C$ 取正号；反之取负号。

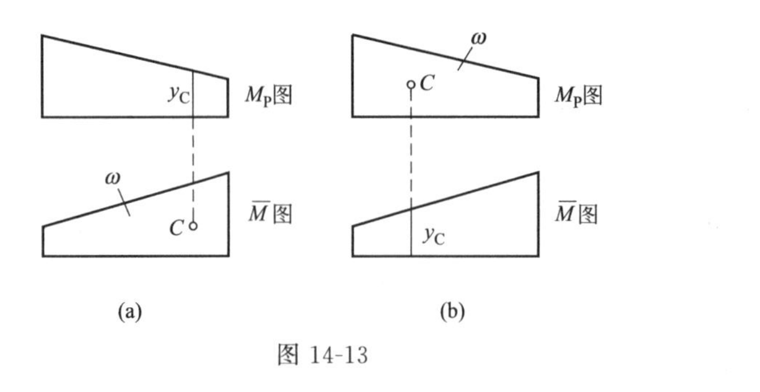

图 14-13

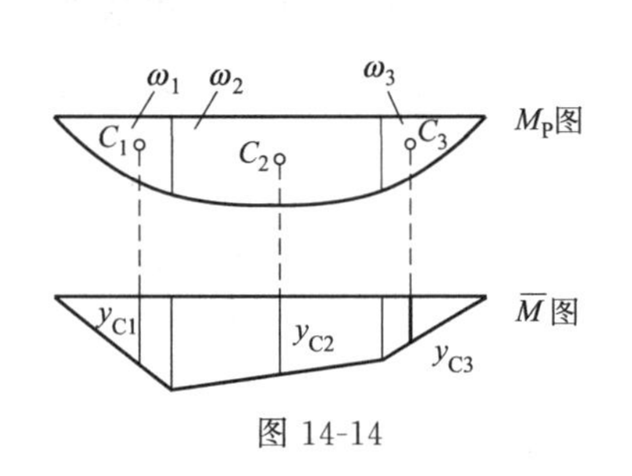

图 14-14

二、常用图形的面积公式和形心位置

在图 14-15 中，给出了几种常见图形的面积公式和形心位置，其中抛物线均为标准抛物

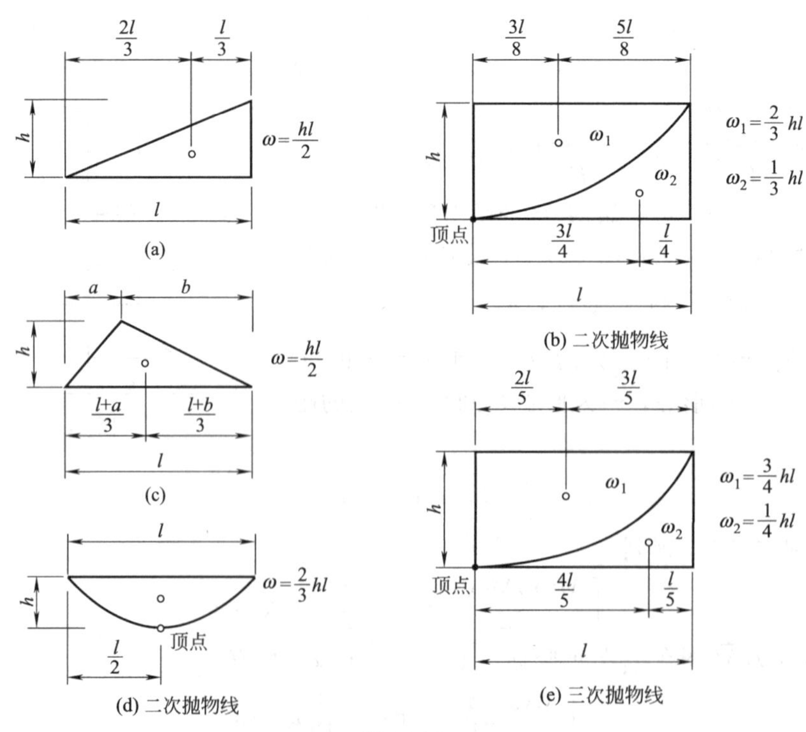

图 14-15

线。所谓标准抛物线是指含有顶点在内且顶点处的切线与基线平行的抛物线。

三、复杂图形的分解和叠加

应用图乘法时，当遇到弯矩图的形心位置或面积不便于确定的情况，则可把弯矩图分解为几个易于确定形心和面积的部分，并将这些部分分别与另一图形图乘，然后再叠加其结果。

1. 梯形图形相乘公式

如图 14-16 所示的两个梯形图乘，可把其中的一个梯形分解两个三角形，然后将这两个三角形分别与另一个梯形图乘，则有

$$\int \frac{\overline{M}(x)M_P(x)}{EI}\mathrm{d}x = \frac{1}{EI}\left(\frac{al}{2}\cdot y_1 + \frac{bl}{2}\cdot y_2\right) \tag{a}$$

显然

$$y_1=\frac{2}{3}c+\frac{1}{3}d,\ y_1=\frac{1}{3}c+\frac{2}{3}d$$

将 y_1、y_2的值代入式（a），可得

$$\int \frac{\overline{M}(x)M_P(x)}{EI}\mathrm{d}x = \frac{l}{6EI}(2ac+2bd+ad+bc) \tag{14-11}$$

式（14-11）称为梯形图形相乘公式，它适用于任意形式的两直线图形的图乘，但注意式中 ac、bd、ad、bc 的符号：在基线同侧的竖标相乘取正号，异侧的竖标相乘取负号。如图 14-17所示的两个弯矩图，图乘法的结果可利用式（14-11）直接得到

$$\int \frac{\overline{M}(x)M_P(x)}{EI}\mathrm{d}x = \frac{l}{6EI}(-2ac-2bd+ad+bc)$$

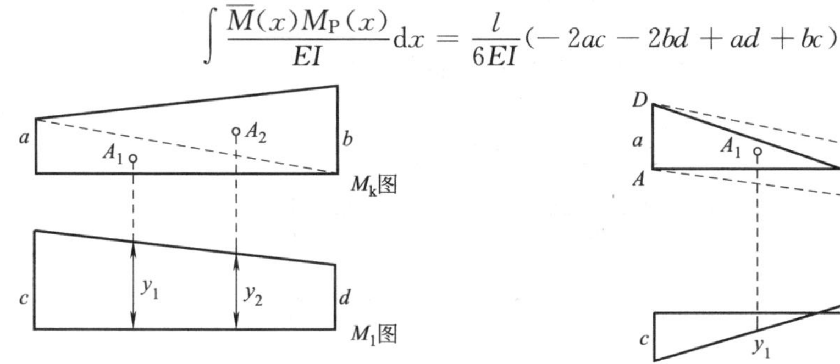

图 14-16

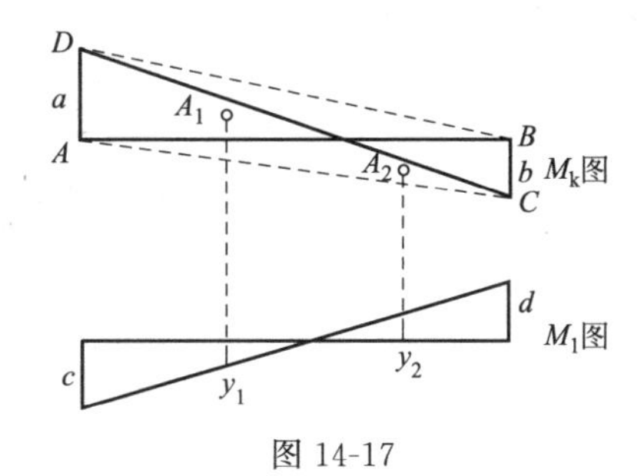

图 14-17

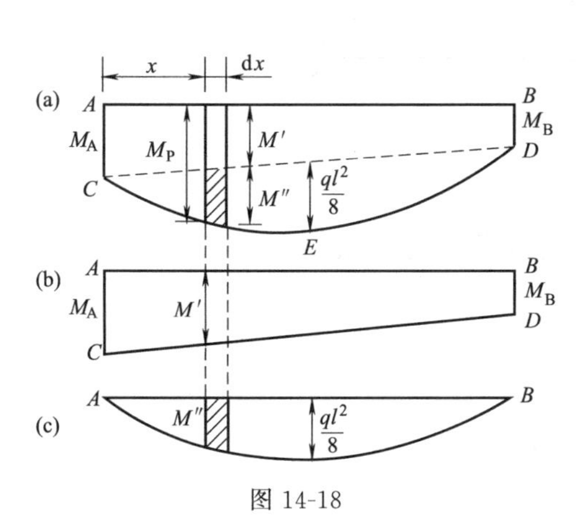

图 14-18

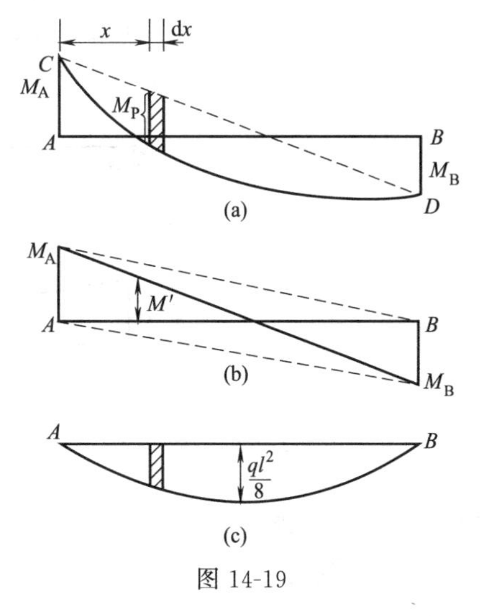

图 14-19

2. 非标准抛物线形式的弯矩图的分解

如图 14-18 所示为一段直杆在均布荷载 q 作用下的 M_P 图。由区段叠加法可知，M_P 图是由两端弯矩 M_A、M_B 组成的直线图和相应简支梁在均布荷载 q 作用下的弯矩图叠加而成的。因此，可将 M_P 图分解为上述两个图形，再分别与 $\overline{M}$ 图相乘。图 14-19 所示 M_P 图采用相同方法分解。

必须指出，所谓弯矩图的叠加是指其竖标的叠加。所以虽然图 14-18（a）中虚线以下的图形与图 14-18（c）中的图形并不相似，但在同一横坐标 x 处，两者的竖标是相同的，微段 dx 的微小面积（图中带阴影的面积）是相同的。因此，两者的面积相同，形心的横坐标也相同。

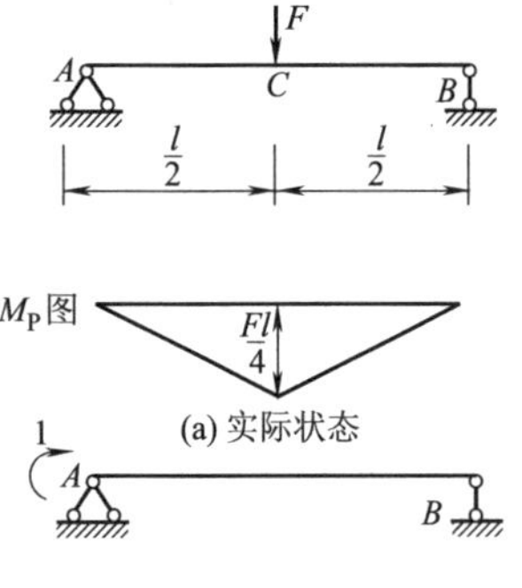

图 14-20

【例 14-4】 求图 14-20（a）所示简支梁 A 截面的转角 φ_A。设 EI 为常量。

【解】 1. 假设虚拟状态，见图 14-20（b）。

2. 绘 M_P、$\overline{M}$图。

3. 由于 M_P 图的面积及形心较容易求出，故 y_C 可取自 $\overline{M}$ 图，计算如下

$$\varphi_A=\sum\frac{\omega y_C}{EI}=\frac{1}{EI}\left(\frac{1}{2}\cdot\frac{Fl}{4}\cdot l\cdot\frac{1}{2}\right)=\frac{Fl^2}{16EI}\text{（顺时针转动）}$$

【例 14-5】 求图 14-21（a）所示悬臂梁 B 截面竖向线位移 Δ_{By}。

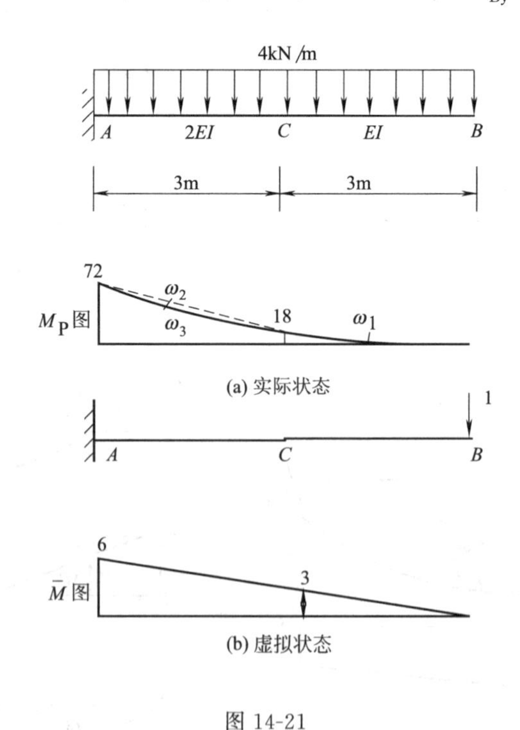

图 14-21

【解】 1. 假设虚拟状态如图 14-21（b）所示。

2. 绘 M_P、$\overline{M}$图。

3. 计算 Δ_{By}。

由于 AC 与 CB 段 EI 值不同，故图乘时应分段进行图乘，AC 段的 M_P 图可看为一个梯形图形 ω_3 与一个标准二次抛物线图形 ω_2 叠加而成，具体计算如下

$$\begin{aligned}\Delta_{BV}&=\frac{1}{EI}\omega_1 y_1+\frac{1}{2EI}(\omega_2 y_2+\omega_3 y_3)\\&=\frac{1}{EI}\left(\frac{1}{3}\times18\times3\times\frac{3}{4}\times3\right)+\frac{1}{2EI}\left[-\frac{2}{3}\times\frac{4\times3^2}{8}\times3\times\left(\frac{6+3}{2}\right)\right.\\&\left.+\frac{3}{6}(2\times72\times6+2\times18\times3+72\times3+18\times6)\right]\\&=\frac{1377}{4EI}\ (\downarrow)\end{aligned}$$

【例 14-6】 求图 14-22（a）所示组合结构 A 截面的竖向线位移 Δ_{Ay}。已知 $E=2.1\times10^4\text{kN/m}^2$，$A=12\text{cm}^2$，$I=3600\text{cm}^4$。

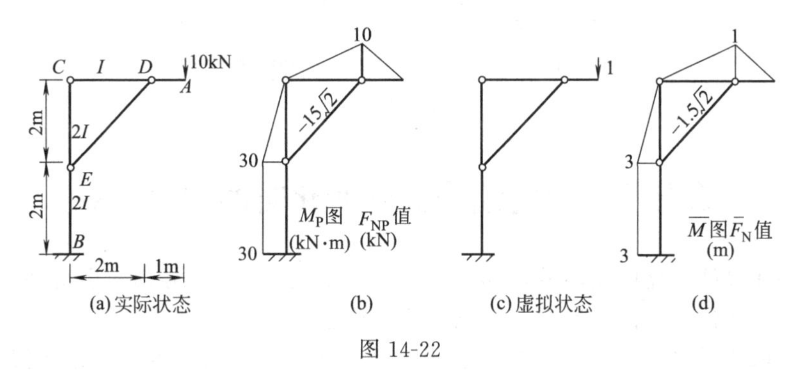

(a) 实际状态　(b)　(c) 虚拟状态　(d)

图 14-22

【解】（1）假设虚拟状态如图 14-22（c）所示。

（2）绘 M_P、$\overline{M}$图，计算 DE 杆 F_{NP}、$\overline{F_N}$值，见图 14-22（b）、(d)。

（3）计算 Δ_{Ay}。

$$\begin{aligned}\Delta_{Ay}&=\sum\int\frac{\overline{M}M_P\,ds}{EI}+\sum\frac{\overline{F_N}F_{NP}l}{EA}\\&=\frac{1}{EI}\left(\frac{1}{2}\times10\times1\times\frac{2}{3}+\frac{1}{2}\times10\times2\times\frac{2}{3}\right)+\frac{1}{2EI}\left(\frac{1}{2}\times30\times2\times\frac{2}{3}\times3+30\times2\times3\right)+\\&\frac{1}{EA}(15\sqrt{2}\times1.5\sqrt{2}\times2\sqrt{2})\\&=\frac{130}{EI}+\frac{90\sqrt{2}}{EA}\\&=\frac{130}{75.6\times10^2}+\frac{90\sqrt{2}}{25.2\times10^4}=1.77\times10^{-2}(\text{m})=1.77(\text{cm})(\downarrow)\end{aligned}$$

第六节　静定结构支座位移时的位移计算

在静定结构中，支座位移不使结构产生应力和应变，而使结构产生刚体运动。因此，位移的计算公式（14-4）可简化为

$$\Delta_K=-\sum\overline{F}_i\cdot c_i \tag{14-12}$$

式中 $\overline{F}_i$ 为虚拟状态的支座反力，c_i 为实际状态的支座位移。

【例 14-7】 求图 14-23（a）所示刚架在 B 支座发生移动时，铰 C 两侧截面的相对角位移 φ_C。

【解】 1. 假设虚拟状态并求虚反力，如图 14-23（b）所示。

2. 求 φ_C

$$\varphi_C=-\sum\overline{F}_i c_i=-\frac{1}{4}\times0.02=-0.005(\text{rad})(\text{下面角度增大})$$

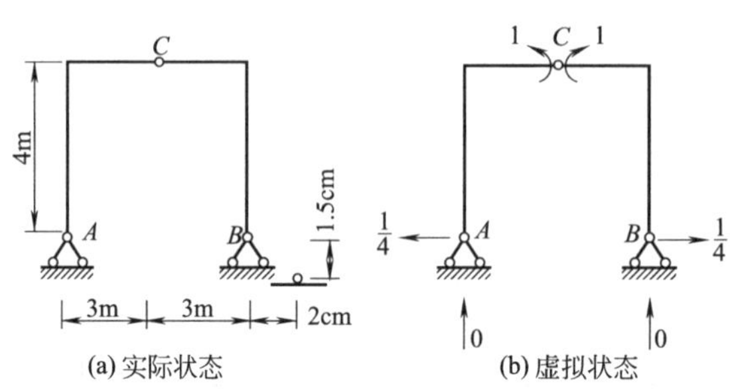

图 14-23

第七节　静定结构温度变化时的位移计算

静定结构在温度变化影响时的位移计算公式可由式（14-5）导出，但应注意温度改变不引起内力，变形和位移是由材料只有膨胀和收缩产生的。

在杆件中取微段 ds 如图 14-24 所示，设其上边缘温度升高 t_1 度，下边缘温度升高 t_2 度，并假定温度沿杆截面厚度为线性分布。则杆件轴线处的温度变化 t_0 为

$$t_0=\frac{t_1h_2+t_2h_1}{h}$$

式中，h 是杆件的截面厚度；h_1 和 h_2 是杆轴至上、下边缘的距离。若杆件截面是上下对称，则

$$t_0=\frac{t_1+t_2}{2}$$

在温度变化时，杆件不引起剪应变，其轴向伸长应变 ε 和曲率 κ 分别为

$$\varepsilon=\alpha t_0$$

$$\kappa=\frac{\mathrm{d}\theta}{\mathrm{d}s}=\frac{\alpha(t_2-t_1)}{h}=\frac{\alpha\Delta t}{h}$$

式中，α 为材料的线膨胀系数；$\Delta t=t_2-t_1$，为材料的上、下边缘的温差。

将上列两式代入式（14-5），并取 $\gamma=0$，得

$$\Delta_t=\sum(\pm)\int\overline{F}_N\alpha t_0\,\mathrm{d}s+\sum(\pm)\int\overline{M}\frac{\alpha\Delta t}{h}\mathrm{d}s \quad (14\text{-}13)$$

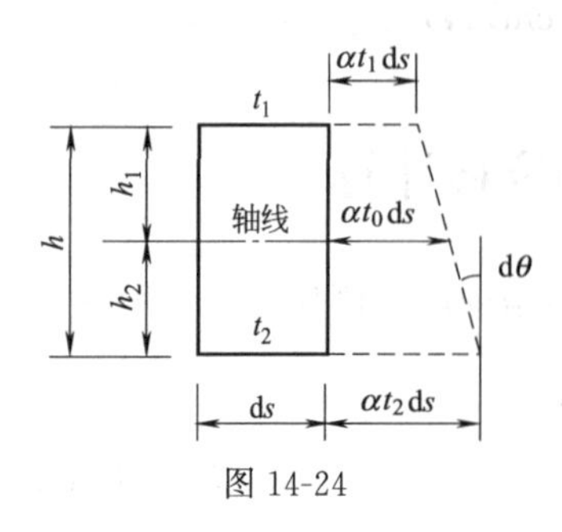

图 14-24

若每一根杆件沿其全长的温度变化相同，且截面高度不变，则上式可写为

$$\Delta_t=\sum(\pm)\overline{F}_N\alpha t_0 l+\sum(\pm)\alpha\frac{\Delta t}{h}\omega_{\overline{M}} \quad (14\text{-}14)$$

式中，l 为杆件长度，$\omega_{\overline{M}}$ 为 $\overline{M}$ 图的面积。

应用上式时，式中 $\overline{F}_N\alpha t_0 l$ 和 $\alpha\frac{\Delta t}{h}\omega_{\overline{M}}$ 均只取绝对值，括

号中的正负号可按如下方法来确定：比较虚拟状态的变形与实际状态由于温度变化所引起的变形，若二者变形方向相同，则取正号，反之，则取负号。

【例 14-8】 求图 14-25（a）所示刚架 D 截面的水平线位移 Δ_{tD}。各杆截面为矩形，截面高度 $h=60\text{cm}$，刚架内侧温度上升 15℃，外侧温度无变化。线膨胀系数 $\alpha=0.00001$。

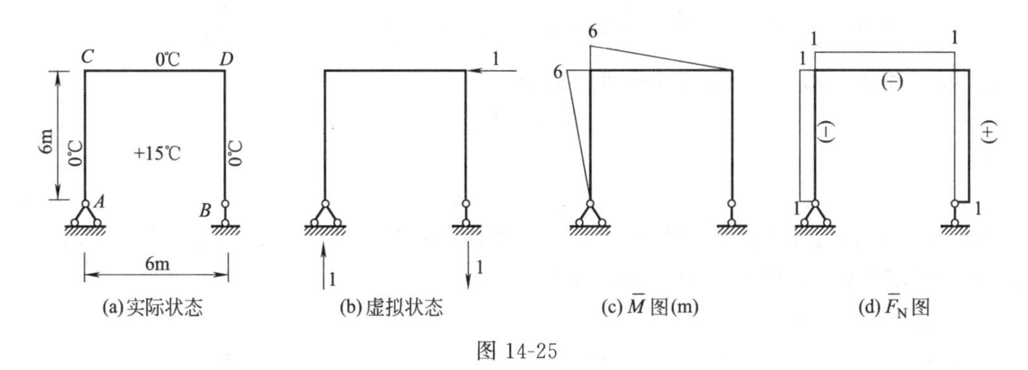

图 14-25

【解】（1）假设虚拟状态，如图 14-25（b）所示。

（2）绘 $\overline{M}$、$\overline{F}_N$ 图，如图 14-25（c）、（d）所示。

（3）计算 Δ_{tD}

$\Delta t=15-0=+15$（℃），$t_0=(0+15)/2=+7.5$（℃），t_0 为正号说明杆轴线处温度是升高 7.5℃，变形是沿杆轴伸长，由实际状态的温度变化 $\Delta t=+15$℃可以看出刚架各杆内侧纤维伸长，虚拟力状态的变形可从 $\overline{M}$、$\overline{F}_N$ 图中看出。利用式（14-14）可得

$$
\begin{aligned}
\Delta_{tD} &= \sum(\pm)\overline{F}_N\alpha t_0 l+\sum(\pm)\alpha\frac{\Delta t}{h}\omega_{\overline{M}}\\
&=\alpha(7.5\times1\times6-7.5\times1\times6-7.5\times1\times6)+\\
&\frac{\alpha}{h}(-15\times\frac{1}{2}\times6\times6-15\times\frac{1}{2}\times6\times6)\\
&=\alpha(-45-540/0.6)\\
&=-0.00945(\text{m})=-0.945(\text{cm})(\rightarrow)
\end{aligned}
$$

第八节　线性变形体系的互等定理

线性变形体系有四个互等定理：功的互等定理，位移互等定理，反力互等定理，反力和位移互等定理。其中，功的互等定理是基本定理，其它三个都是应用功的互等定理所得到的特殊情况。这些定理对于超静定结构的计算是很有用的。

一、功的互等定理

图 14-26（a）、（b）所示为同一线性变形体系的两种状态。在第一状态中，外力 F_1 作用产生的内力为：F_{N1}，F_{S1}，M_1；在第二状态中，外力 F_2 作用产生的内力为：F_{N2}，F_{S2}，M_2。设以 W_{12} 表示第一状态的外力在第二状态的位移上所作外力虚功，则根据虚功原理有

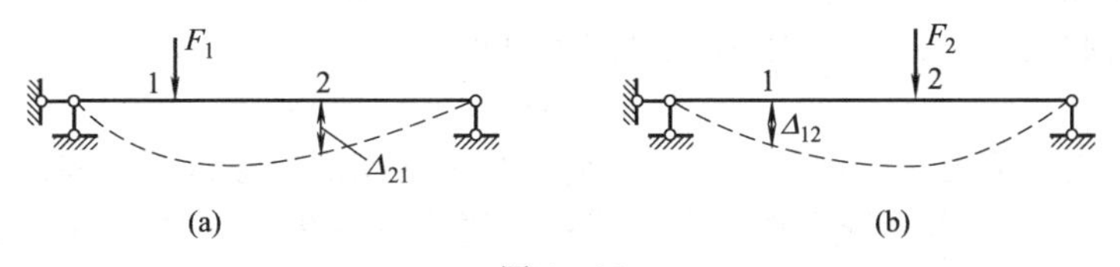

图 14-26

$$W_{12}=F_1\Delta_{12}=\sum\int\frac{F_{N1}F_{N2}}{EA}ds+\sum k\int\frac{F_{S1}F_{S2}}{GA}ds+\sum\int\frac{M_1M_2}{EI}ds \tag{a}$$

同理，设以 W_{21} 表示第二状态的外力在第一状态的位移上所作外力虚功，则根据虚功原理有

$$W_{21}=F_2\Delta_{21}=\sum\int\frac{F_{N2}F_{N1}}{EA}ds+\sum k\int\frac{F_{S2}F_{S1}}{GA}ds+\sum\int\frac{M_2M_1}{EI}ds \tag{b}$$

由于式（a）和式（b）的右边彼此相等，故有

$$W_{12}=W_{21} \tag{14-15}$$

或写为

$$F_1\Delta_{12}=F_2\Delta_{21} \tag{14-16}$$

这表明：第一状态的外力在第二状态的位移上所做的虚功，等于第二状态的外力在第一状态的位移上所做的虚功。这就是功的互等定理。

二、位移互等定理

现在应用功的互等定理来研究一种特殊情况。如图 14-27 所示，假设两个状态中的荷载都是一个单位力，则由功的互等定理可得

$$1\times\Delta_{12}=1\times\Delta_{21} \tag{c}$$

此处 Δ_{12} 和 Δ_{21} 都是由于单位力所引起的位移，为了明显起见，改用小写字母 δ_{12} 和 δ_{21} 表示，于是（c）式可写成

$$\delta_{12}=\delta_{21} \tag{14-17}$$

这就是位移互等定理。它表明：第一个单位力的作用点沿其方向上由于第二单位力的作用所引起的位移，等于第二个单位力的作用点沿其方向上由于第一个单位力的作用所引起的位移。

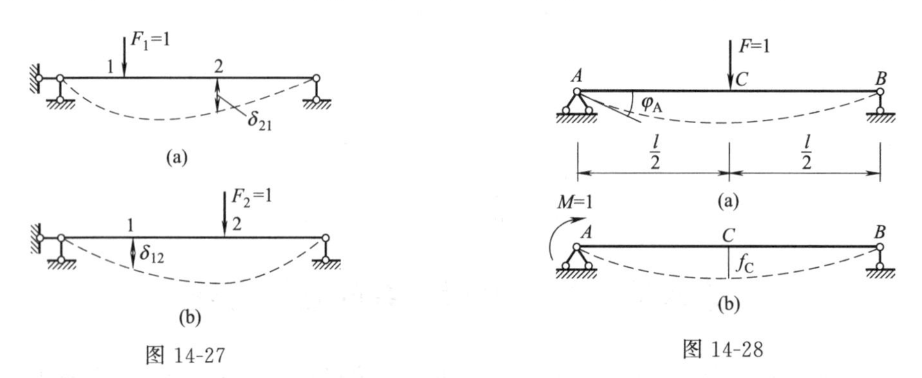

图 14-27　　图 14-28

显然，这里的单位力可以是广义单位力，而 δ_{12} 和 δ_{21} 则是相应的广义位移。如在图 14-28 的两种状态中，φ_A 代表单位力引起的角位移，f_C 代表单位力偶引起的线位移，两者含义不同，但此时两者在数值上相等，即 $\varphi_A=f_C$。

三、反力互等定理

这个定理也是功的互等定理的一个特殊情况。

图 14-29 所示为同一线性变形体系的两种变形状态。在图 14-29（a）中，由于支座 1 发生单位位移，而在支座 2 处引起反力 r_{21}；在图 14-29（b）中，由于支座 2 发生单位位移，而在支座 1 处引起反力 r_{12}。则由功的互等定理可得，

$$r_{12}=r_{21} \tag{14-18}$$

式中未出现其它支座反力，是因为它们所对应的另一状态的位移都等于零而不作虚功。

式（14-18）就是反力互等定理。它表明：支座 1 发生单位位移所引起的在支座 2 处的反力，等于支座 2 发生单位位移所引起的在支座 1 处的反力。

与前同，这里的支座位移可以是广义位移，而支座反力则是相应的广义力。如在图14-30的两种状态中，r_{12}代表单位位移引起的反力矩，r_{21}代表单位转角引起的支座反力，两者含义不同，但此时两者在数值上相等，即 $r_{12}=r_{21}$。

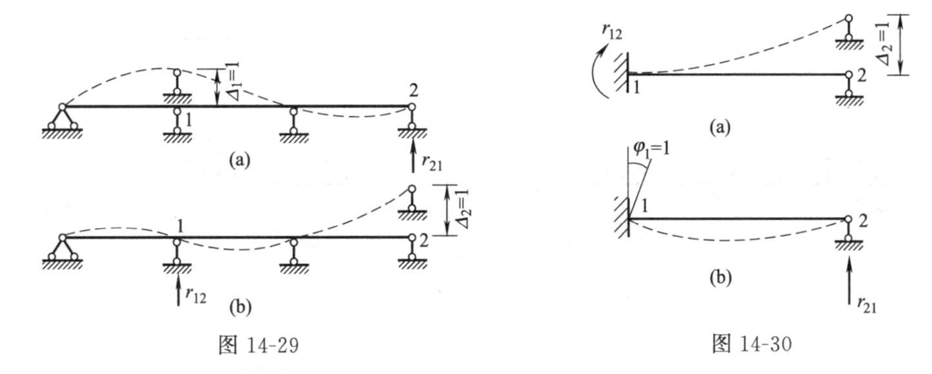

图 14-29　　　　图 14-30

四、反力与位移互等定理

这个定理也是功的互等定理的一个特殊情况。

图14-31所示为同一线性变形体系的两种状态。图14-31（a）表示当单位荷载 $F_2=1$ 作用于点2时，支座1处发生反力矩 r_{12}，其指向设如图14-31（a）所示；图14-31（b）表示当支座1顺 r_{12} 的方向发生单位转角 $\varphi_1=1$ 时，点2沿 F_2 方向的位移为 δ_{21}。对这两种状态应用功的互等定理，有

$$r_{12}\varphi_1+F_2\delta_{21}=0$$

由于 $F_2=1$，$\varphi_1=1$，故有

$$r_{12}=-\delta_{21} \tag{14-19}$$

这就是反力位移互等定理。它表明：单位荷载作用在2点处所引起的支座1的反力，在数值上等于支座1发生与反力相对应的单位位移时所引起的2点沿着单位荷载方向的位移，但符号相反。

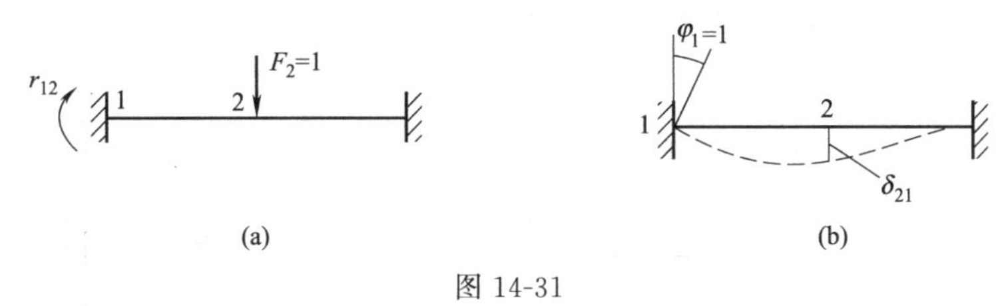

图 14-31

习　题

14-1　用积分法求题14-1图示简支梁跨中截面的竖向线位移 Δ_{Cy} 及 A 截面的转角 φ_A。其中 $EI=2800\times10^4\,\text{kN}\cdot\text{cm}^2$。

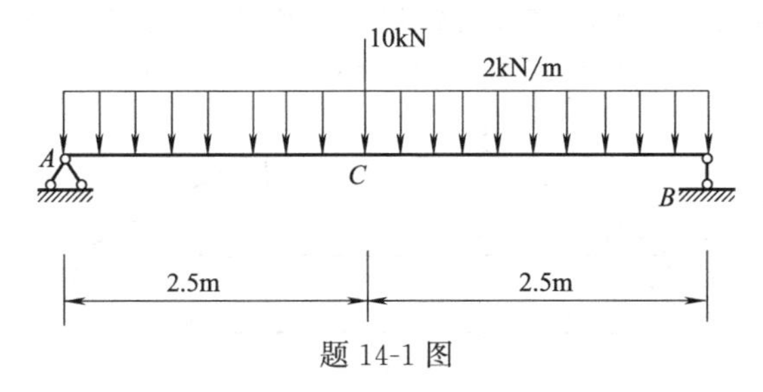

题 14-1 图

14-2 用图乘法计算题 14-2 图示中各指定 C 截面的竖向位移 Δ_{Cy}。EI=常数。

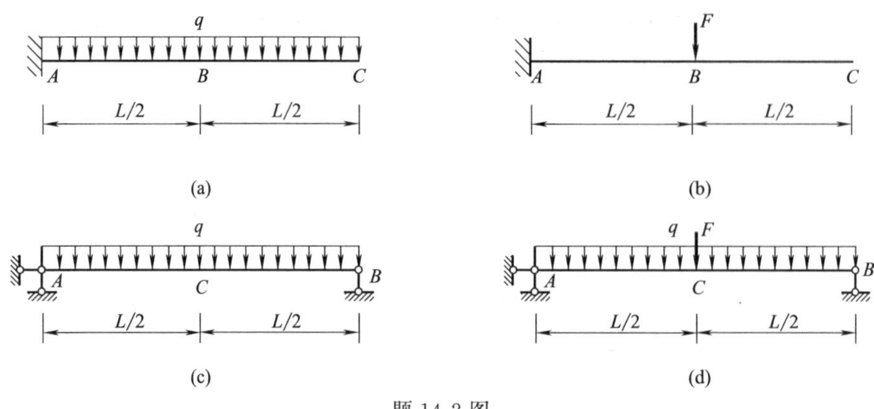

题 14-2 图

14-3 题 14-3 图示刚架各杆 EI 相同，均为常数。计算 C 截面的水平位移 Δ_{Cx}。

14-4 试求题 14-4 图示三铰刚架 E 点的水平位移和截面 B 的转角，各杆 EI 相同为常数。

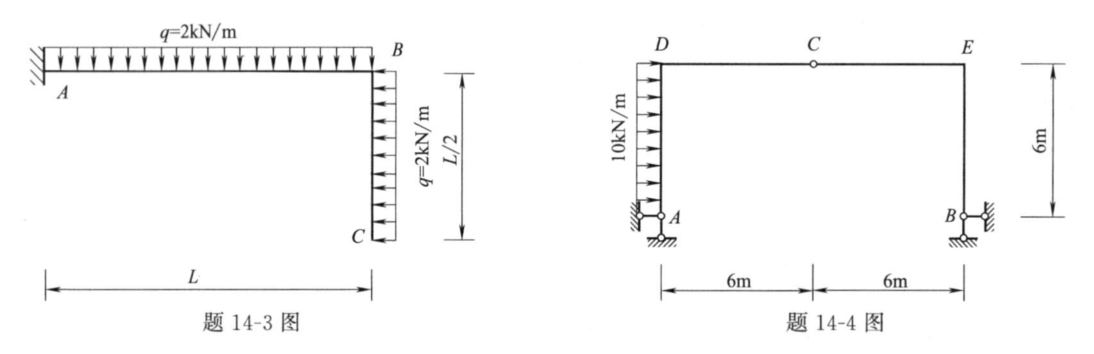

14-5 求题 14-5 图示结构 C、D 两点的相对水平位移，EI 为常数。

14-6 如题 14-6 图所示，t_1、t_2 分别为使用时与建造时的温度之差，试求刚架 C 点的竖向位移 Δ_{Cy}。已知线膨胀系数 $\alpha=0.00001$，各杆截面相同且对称于形心轴，$h=40\text{cm}$。

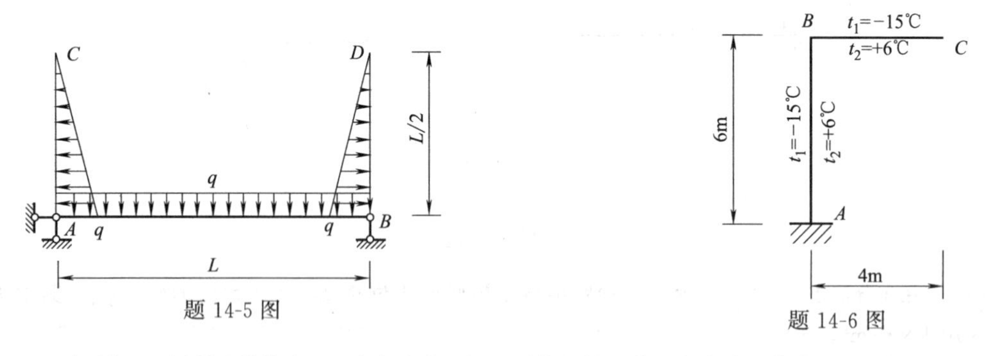

14-7 如题 14-7 图所示结构中 AB 为高度是 h 的矩形截面梁，其温度膨胀系数为 α，设除 AB 梁下侧温度升高 t℃外，其余温度不变，试求由此引起的 CD 两点间的相对水平位移。

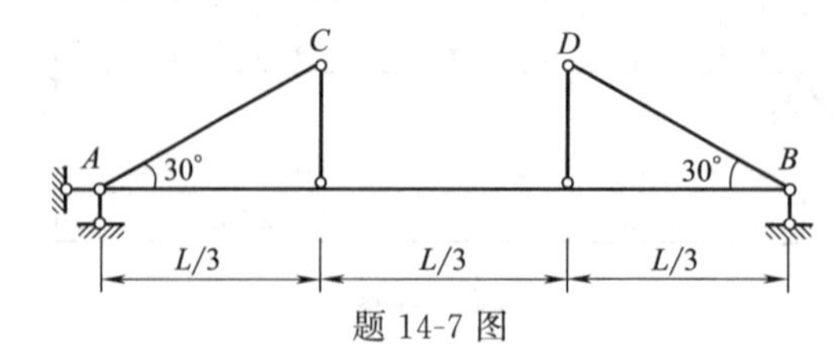

题 14-7 图

14-8　如题 14-8 图所示三铰刚架，EI 为常数，支座 B 向右移动 d，向下移动 $2d$，求 E 点的竖向位移、C 截面的水平位移和 D 截面转角。

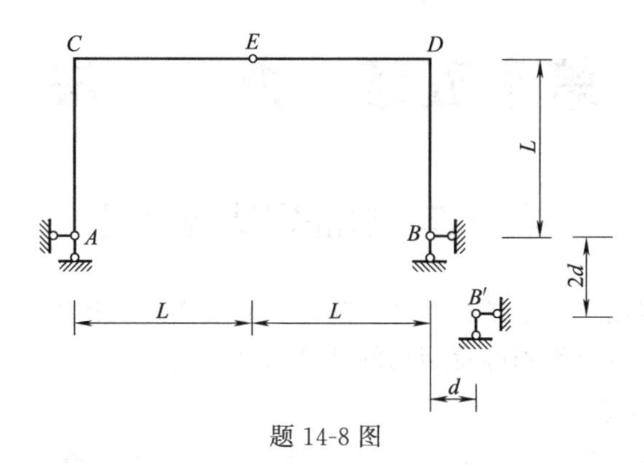

题 14-8 图

14-9　如题 14-9 图所示，在简支梁两端作用一对力偶 M，同时梁上边温度升高 t_1，下边温度下降 t_1。试求端点的转角 θ。

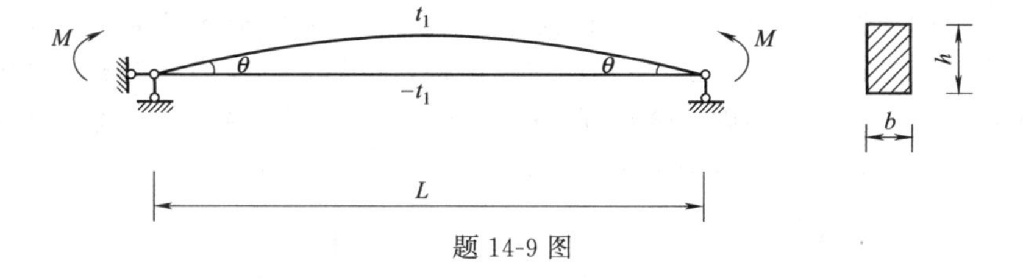

题 14-9 图

第十五章　力　　法

第一节　超静定结构概述

在前面几章里，讨论了静定结构的计算问题。而在实际工程中，应用更为广泛的是超静定结构，从本章开始，将讨论超静定结构的计算问题。

一、超静定结构的概念

前面已经指出，从几何组成分析的角度来讲，静定结构是没有多余约束的几何不变体系，而超静定结构是指具有多余约束的几何不变体系，这就决定了超静定结构的基本静力特性。例如图 15-1 所示的连续梁和组合结构，它们都具有多余联系，都是超静定结构。图 15-1（a)所示的连续梁，其竖向反力只凭静力平衡条件无法全部确定，于是也就不能进一步求出其全部内力；图 15-1（b）所示的组合结构，虽然它的反力和部分杆件的内力可由静力平衡条件求的，但却不能确定全部杆件的内力。由此可见，由于有多余约束从而导致反力或内力超静定，这就是超静定结构区别于静定结构的基本特征。

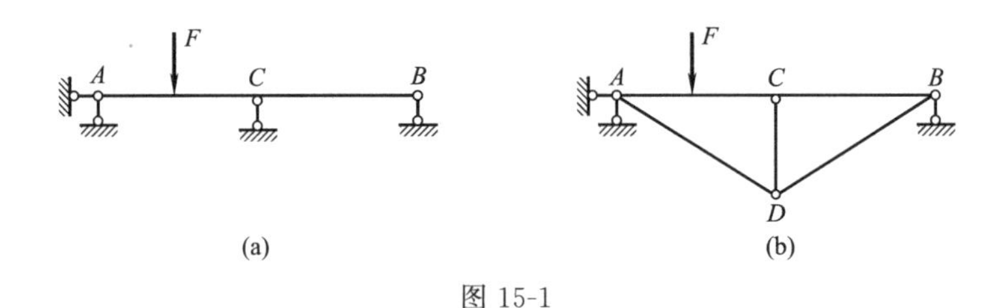

图 15-1

二、超静定结构的类型

常见的超静定结构类型有：超静定梁（图 15-2)、超静定刚架（图 15-3)、超静定桁架（图 15-4)、超静定拱（图 15-5)、超静定组合结构（图 15-6）和铰接排架（图 15-7）等。

三、超静定结构的计算方法

超静定结构最基本的计算方法有两种，即力法和位移法，此外还有各种派生出来的方法，如力矩分配法、有限单元法就是由位移法派生出来的一种方法。这些计算方法将在本章和后续章节中分别介绍。

图 15-2

图 15-3

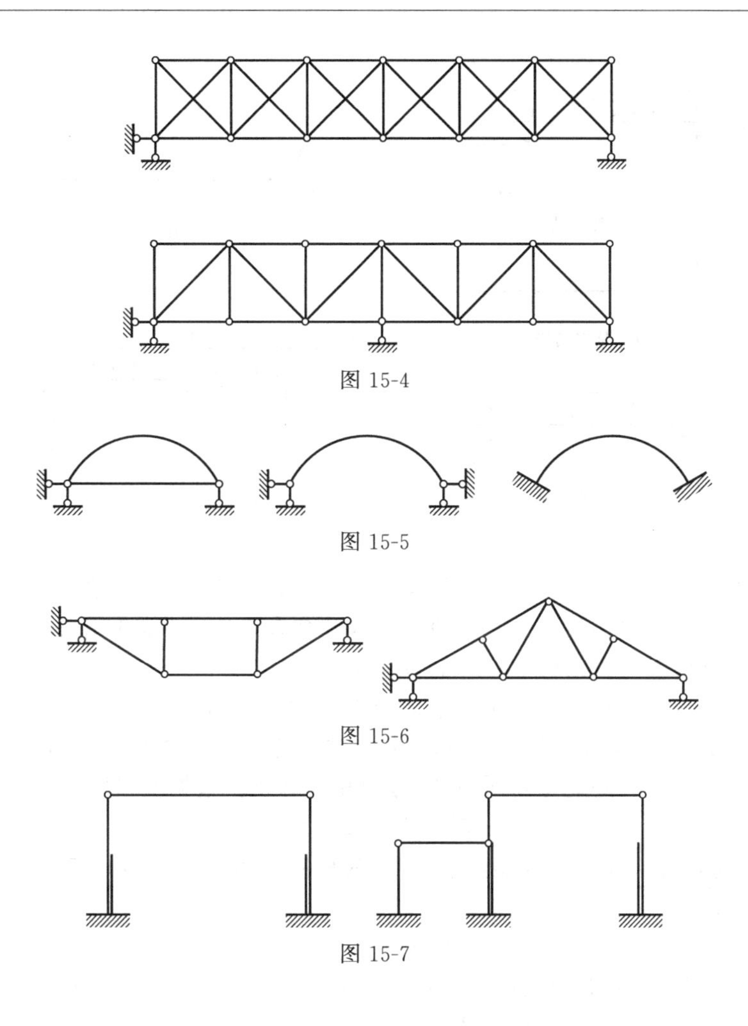

图 15-4

图 15-5

图 15-6

图 15-7

第二节　力法基本概念

一、力法的基本概念

力法是计算超静定结构的最基本的方法。下面以一个简单的例子来阐述力法的基本概念。

图 15-8（a）所示一端固定另一端铰支的梁为具有一个多余约束的超静定结构。若以右端链杆作为多余约束，则在去掉该约束后，得到一个静定结构。该静定结构上除作用有荷载 q 外，还受到一个与去掉的约束相应的多余力 X_1 的作用。将这个静定结构称为力法的基本结构［图 15-8（b）］，把基本结构在荷载和未知力共同作用下的体系称为力法的基本体系［图 15-8（c）］。

原结构在支座 B 处的支座反力为 F_{By}，竖向位移等于零；基本结构体系在 B 端的作用力 X_1 未知，B 端的竖向位移则会随着多余力 X_1 取值的不同而变化。比较原结构体系和基本结构体系的受力和变形情形可知，当 X_1 恰好等于 F_{By} 时，基本结构在原有荷载 q 和 X_1 共同作用下 B 处的竖向位移 Δ_1 刚好等于零，即此时两者等价。显然，利用基本体系的这一附加位移条件 $\Delta_1=0$，就可唯一地确定未知力 X_1 的值。从而，原结构的计算问题可以在与其等价的基本体系上来解决，即通过附加位移条件将超静定结构的计算问题转换成了静定结构的计算问题，这就是力法的基本思路。

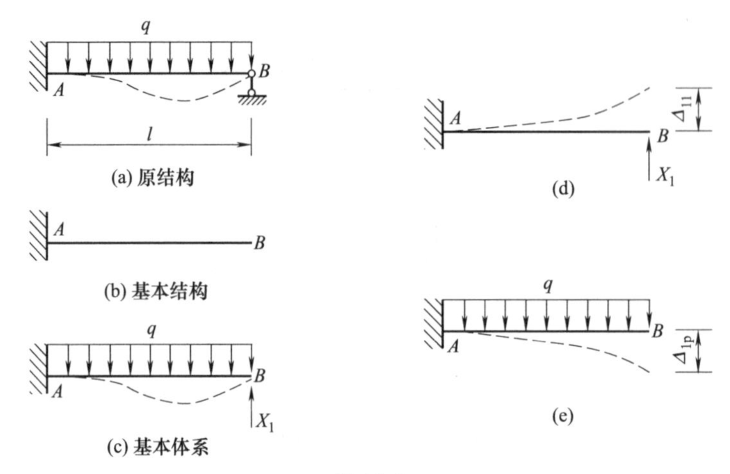

图 15-8

由上述可见，为了确定超静定结构的反力和内力，必须同时考虑静力平衡条件和位移条件。用来确定多余力的位移条件是：在原有荷载和多余未知力共同作用下，在基本体系上去掉多余约束处的位移应与原结构中相应的位移相等。

根据 $\Delta_1=0$ 的位移条件，可列出求解多余力 X_1 的力法方程如下：

设以 Δ_{11} 及 Δ_{1p} 分别表示多余力 X_1 和荷载 q 单独作用于基本结构时 B 端沿 X_1 方向的位移［图 15-8（d）、（e）］，并规定与所设 X_1 方向相同为正。根据叠加原理，有

$$\Delta_1=\Delta_{11}+\Delta_{1p}=0 \tag{a}$$

若令 δ_{11} 表示单位力 $\overline{X}_1=1$ 时，B 端沿 X_1 方向的位移［图 15-9（a）］，则有 $\Delta_{11}=\delta_{11}X_1$，于是式（a）可写为

$$\delta_{11}X_1+\Delta_{1p}=0 \tag{b}$$

由于 δ_{11} 和 Δ_{1p} 都是静定结构在已知外力作用下的位移，故均可按第十四章所述计算位移的方法求得，于是多余力 X_1 即可由式（b）确定。

现用图乘法计算位移值 δ_{11} 和 Δ_{1p}。先绘制出 $\overline{X}_1=1$ 作用在基本结构上的弯矩图 $\overline{M}_1$［图 15-9（b）］和荷载 q 作用在基本结构上的弯矩图 M_p［图 15-9（c）］，然后由图乘法求得

$$\delta_{11}=\frac{1}{EI}\cdot\frac{l^2}{2}\cdot\frac{2l}{3}=\frac{l^3}{3EI} \tag{c}$$

$$\Delta_{1p}=-\frac{1}{EI}\left(\frac{1}{3}\cdot\frac{ql^2}{2}\cdot l\right)\cdot\frac{3}{4}l=-\frac{ql^4}{8EI} \tag{d}$$

将式（c）、（d）代入式（b），求解可得

$$X_1=-\frac{\Delta_{1p}}{\delta_{11}}=\frac{3}{8}ql(\uparrow)$$

所得 X_1 为正值，表明 X_1 的实际方向与原设定方向相同。

多余力 X_1 求得后，即可按静力平衡条件来确定基本体系的反力和内力。最后弯矩图和剪力图如图 15-9（d）、（e）所示，它们就是原超静定结构的计算结果。

以上所述计算超静定结构的方法称为力法。它的基本特点是以多余力为基本未知量，取去掉多余约束后的静定结构为基本体系，并根据多余约束处的已知位移条件将多余力首先求出，其余的计算即与静定结构无异。力法可用来分析任何类型的超静定结构。

二、基本体系的选取

由力法的基本概念可知，用力法计算超静定结构时，首先应确定基本体系。确定基本体

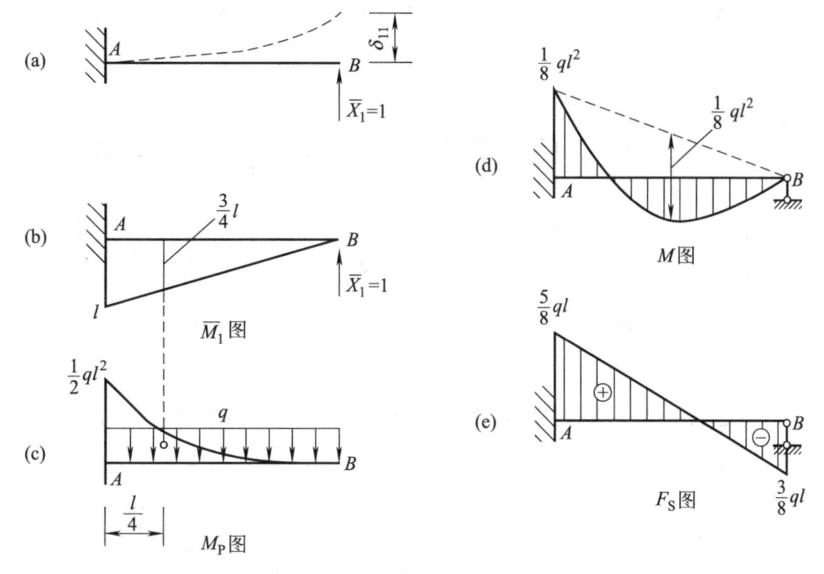

图 15-9

系的关键是选取原结构中的多余约束，而超静定结构中多余约束的选取方案不是唯一的，某个约束能不能被视为是多余的，要看它是否为结构维持几何不变所必需。

1. 多余约束数目的确定

多余约束的数目，亦即多余未知力的数目。这个数目表示：除静力平衡方程之外，尚需补充多少个反映位移条件的方程以求解多余未知力，从而才能确定所给结构的内力。通常将多余约束或多余未知力的数目称为结构的超静定次数。

确定结构超静定次数的方法是，去掉结构的多余约束，使原结构变成一个静定的结构，则所去掉约束的数目即为结构的超静定结构。去掉多余约束的方法主要有以下几种：

(1) 去掉一根支座链杆［图 15-10 (a)］或切断一根结构内部的链杆［图 15-10 (b)］，相当于去掉一个约束。

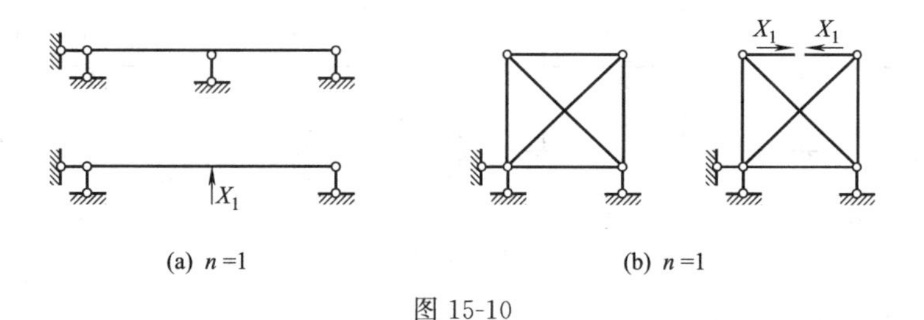

图 15-10

(2) 去掉一个固定铰支座［图 15-11 (a)］或拆开一个单铰［图 15-11 (b)］，相当于去掉两个约束。

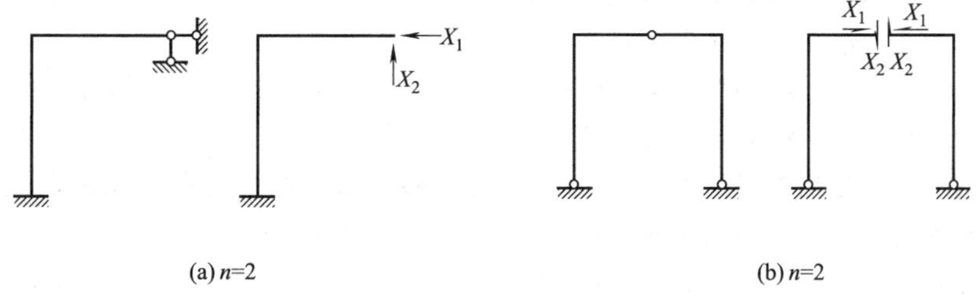

图 15-11

（3）去掉一个固定支座［图 15-12（a）］或切断一根梁式杆［图 15-12（b）］，相当于去掉三个约束。

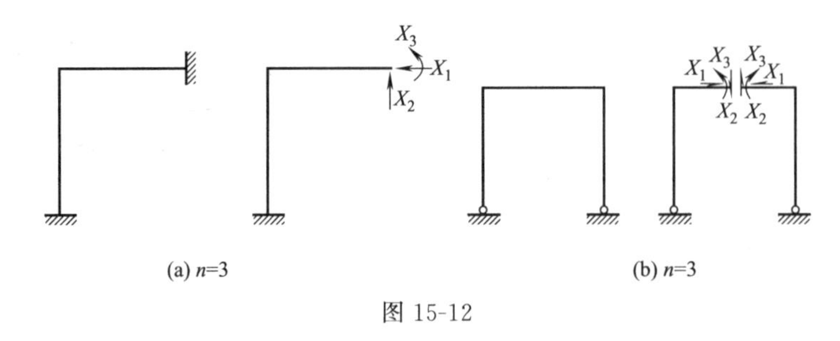

图 15-12

（4）将一个固定支座改为固定铰支座［图 15-13（a）］或将受弯杆件某处改成铰接［图 15-13（b）］，相当于去掉一个约束。

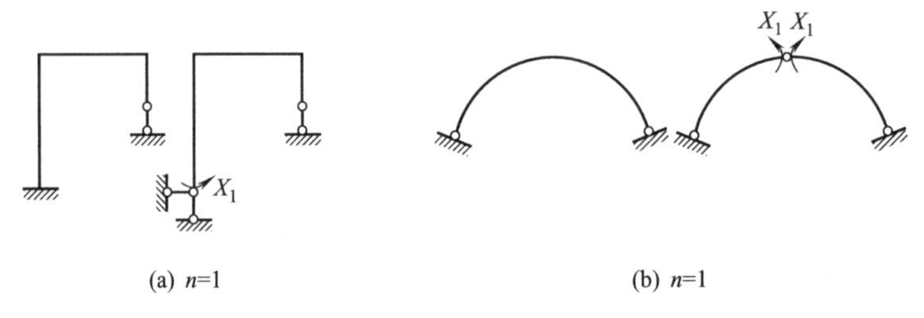

图 15-13

应用上述方法，可以确定任何结构的超静定次数。例如图 15-14（a）所示结构，在拆开一个单铰、切断一根链杆和切断一根梁式杆后，得到图 15-14（b）所示的静定结构，所以原结构为 6 次超静定。

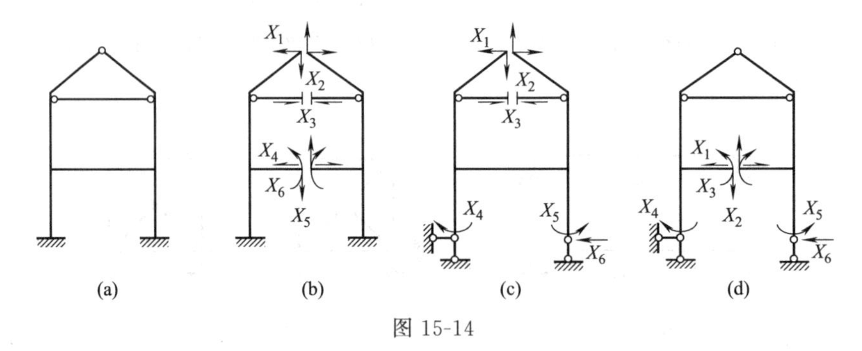

图 15-14

2. 基本体系选取的多样性

对于同一个超静定结构，可以采取不同的方式去掉多余约束而得到不同的基本体系，但是所去除多余联系的数目总是相同的。例如对于图 15-14（a）所示结构，还可以按照图 15-14（c）、（d）等方式去除多余联系，但都表明原结构是 6 次超静定的。

前述图 15-8（a）所示的结构，选用图 15-8（c）所示基本体系对超静定结构进行了求解。如果将 A 端的固定支座改为固定铰支座，可得到图 15-15（b）所示的基本体系。这时与 X_1 相应的位移 Δ_1 是指梁 AB 的 A 端截面的角位移，由于原结构在 A 端的转角为零，则建立的位移条件为 $\Delta_1=0$。与前述过程一致，得到的力法方程为 $\delta_{11}X_1+\Delta_{1p}=0$。绘出 $\overline{X}_1=1$ 和 q 单独作用于基本结构的 $\overline{M}_1$ 和 M_p 图［图 15-15（c）、（d）］，利用图乘法求得

$$\delta_{11}=\frac{1}{EI}\cdot\frac{l}{2}\cdot\frac{2}{3}=\frac{l}{3EI}$$

$$\Delta_{1p}=\frac{1}{EI}\left(\frac{2}{3}\cdot\frac{ql^2}{8}\cdot l\right)\cdot\frac{1}{2}=\frac{ql^3}{24EI}$$

可解得

$$X_1=-\frac{\Delta_{1p}}{\delta_{11}}=-\frac{1}{8}ql^2(\circlearrowleft)$$

所得 X_1 为负，表明 X_1 的实际方向与原假设方向相反，最后弯矩图和剪力图仍如图 15-9 (d)、(e) 所示。

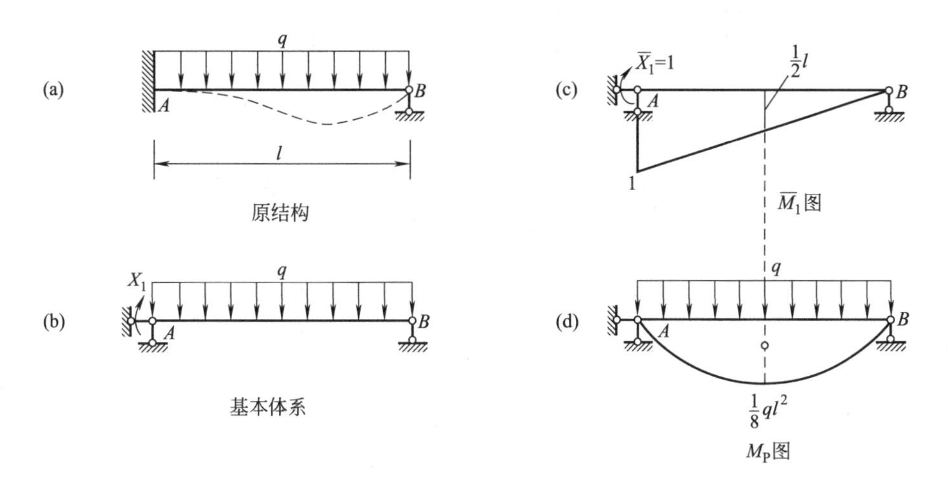

图 15-15

这一实例说明，对超静定结构进行计算时，可以采用不同的基本体系，采用不同的基本体系并不影响计算的最后结果。但采用不同的基本体系时，力法方程代表了不同的位移条件，且解算的工作量可能有较大的区别。因此解超静定问题时，应注意对基本体系的合理选取。

第三节　力法典型方程

为了进一步说明力法原理和建立力法方程的过程，举一个较复杂的例子。图 15-16 (a) 为一个三次超静定刚架，现去掉固定支座 B，用相应的多余力 X_1、X_2 和 X_3 来代替它的作用，则得到如图 15-16 (b) 所示的基本体系。由于原结构在固定端 B 处没有任何位移，因此在荷载和多余未知力的共同作用下，基本结构在 B 处沿多余力 X_1、X_2 和 X_3 方向的位移都应等于零，即位移条件为

$$\left.\begin{array}{l}\Delta_1=0\\\Delta_2=0\\\Delta_3=0\end{array}\right\}$$

设各单位多余力 $\overline{X}_1=1$、$\overline{X}_2=1$ 和 $\overline{X}_3=1$ 和荷载（F_1、F_2）分别作用于基本结构上时，B 处沿 X_1 方向的位移分别为 δ_{11}、δ_{12}、δ_{13} 和 Δ_{1p}；沿 X_2 方向的位移分别为 δ_{21}、δ_{22}、δ_{23} 和 Δ_{2p}；沿 X_3 方向的位移分别为 δ_{31}、δ_{32}、δ_{33} 和 Δ_{3p} [图 15-16 (c)、(d)、(e)、(f)]，则根据叠加原理，上述位移条件可写为

$$\left.\begin{aligned}\Delta_1=\delta_{11}X_1+\delta_{12}X_2+\delta_{13}X_3+\Delta_{1p}=0\\ \Delta_2=\delta_{21}X_1+\delta_{22}X_2+\delta_{23}X_3+\Delta_{2p}=0\\ \Delta_3=\delta_{31}X_1+\delta_{32}X_2+\delta_{33}X_3+\Delta_{3p}=0\end{aligned}\right\} \tag{15-1}$$

求解这一方程组便可求得多余力 X_1、X_2 和 X_3。

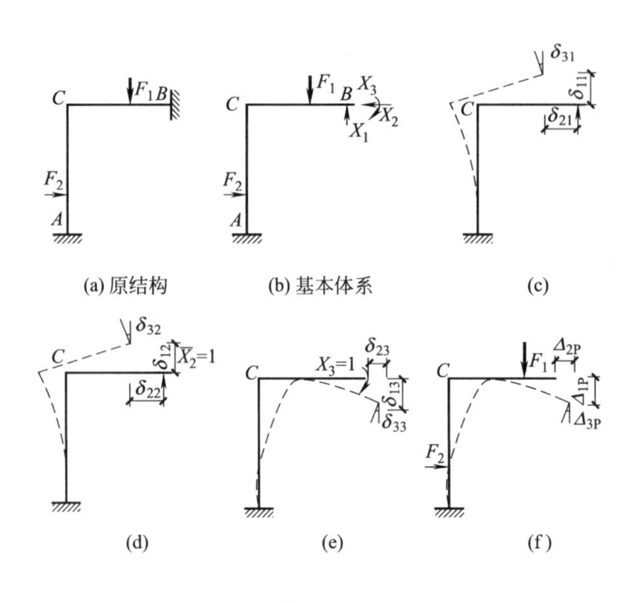

图 15-16

对于 n 次超静定结构，则有 n 个多余力，而每一个多余力都对应着一个多余约束，相应地也就可以建立 n 个位移条件。因此，可按这 n 个位移条件来建立 n 个方程，从而解出 n 个多余力。假设原结构上各多余约束对应的位移均为零，这 n 个方程可写为

$$\left.\begin{aligned}\delta_{11}X_1+\delta_{12}X_2+\cdots+\delta_{1i}X_i+\cdots+\delta_{1n}X_n+\Delta_{1p}=0\\ \delta_{21}X_1+\delta_{22}X_2+\cdots+\delta_{2i}X_i+\cdots+\delta_{2n}X_n+\Delta_{2p}=0\\ \cdots\cdots\cdots\cdots\cdots\cdots\cdots\cdots\cdots\cdots\\ \delta_{i1}X_1+\delta_{i2}X_2+\cdots+\delta_{ii}X_i+\cdots+\delta_{in}X_n+\Delta_{ip}=0\\ \cdots\cdots\cdots\cdots\cdots\cdots\cdots\cdots\cdots\cdots\\ \delta_{n1}X_1+\delta_{n2}X_2+\cdots+\delta_{ni}X_i+\cdots+\delta_{nn}X_n+\Delta_{np}=0\end{aligned}\right\} \tag{15-2}$$

这便是 n 次超静定结构的力法基本方程。这一组方程的物理意义为：在基本体系中，由于全部多余力的已知荷载的作用，在去掉多余约束处的位移应等于原结构相应的位移。

在上述方程组中，系数 δ_{ii} 称为主系数或主位移，它是单位多余未知力 $\overline{X}_i=1$ 单独作用时所引起的沿其本身方向上的位移；系数 δ_{ij} $(i\neq j)$ 称为副系数或副位移，它是单位多余未知力 $\overline{X}_j=1$ 单独作用时所引起的沿 X_i 方向的位移；Δ_{ip} 称为自由项，它是荷载单独作用时所引起的沿 X_i 方向的位移。主系数 δ_{ii} 恒为正，且不会等于零；副系数 δ_{ij} 和自由项 Δ_{ip} 的值可能为正、负或零。根据位移互等定理，副系数 δ_{ij} 有互等关系，即

$$\delta_{ij}=\delta_{ji}$$

由于力法基本方程式（15-2）在组成上具有一定的规律，并具有副系数互等的性质，故又称它为力法的典型方程。方程中的系数和自由项根据第十四章求位移的方法求得后，解算力法方程即可求得多余力，然后再按照分析静定结构的方法求得原结构的内力。

第四节　力法计算超静定结构示例

下面分别举例说明用力法计算荷载作用下的超静定刚架、超静定桁架和超静定排架。

一、超静定刚架

用力法解算超静定刚架时，通常忽略剪力和轴力对位移的影响，而只考虑弯矩的影响，故力法的典型方程中的系数可按下式计算：

$$\left.\begin{aligned}\delta_{ii}&=\sum\int\frac{\overline{M}_i{}^2}{EI}\mathrm{d}x\\ \delta_{ij}&=\sum\int\frac{\overline{M}_i\overline{M}_j}{EI}\mathrm{d}x\\ \Delta_{i\mathrm{p}}&=\sum\int\frac{\overline{M}_iM_\mathrm{p}}{EI}\mathrm{d}x\end{aligned}\right\}\tag{15-3}$$

式中，$\overline{M}_i$、$\overline{M}_j$、M_p分别代表基本结构在$\overline{X}_i=1$、$\overline{X}_j=1$、荷载单独作用时的弯矩。超静定刚架的最后弯矩，可应用叠加法按下式求得

$$M=X_1\overline{M}_1+X_2\overline{M}_2+\cdots+X_n\overline{M}_n+M_\mathrm{p}\tag{15-4}$$

【例 15-1】　试用力法计算图 15-17（a）所示刚架，并绘制内力图。

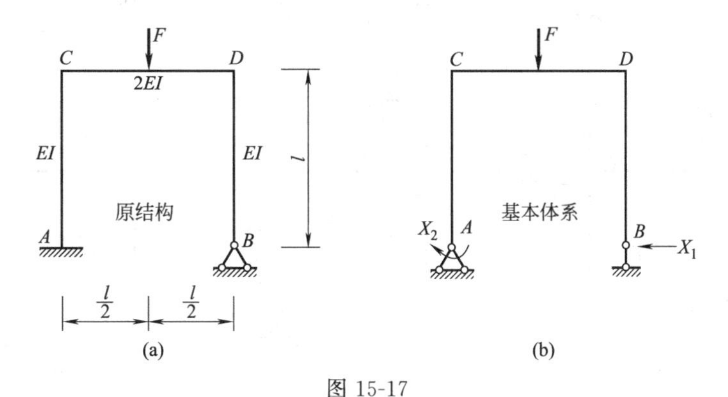

图 15-17

【解】　此刚架是二次超静定的，选取基本体系如图 15-17（b）所示。典型方程为

$$\delta_{11}X_1+\delta_{12}X_2+\Delta_{1\mathrm{P}}=0$$
$$\delta_{21}X_1+\delta_{22}X_2+\Delta_{2\mathrm{P}}=0$$

绘出$\overline{M}_1$、$\overline{M}_2$、M_P图，如图 15-18（a）、（b）、（c）所示。利用图乘法求得各系数和自由项如下

$$\delta_{11}=\frac{2}{EI}\left(\frac{1}{2}\times l\times l\times\frac{2}{3}\times l\right)+\frac{1}{2EI}(l\times l\times l)=\frac{7l^3}{6EI}$$

$$\delta_{12}=-\frac{1}{EI}\left(\frac{1}{2}\times l\times l\times 1\right)-\frac{1}{2EI}\left(l\times l\times\frac{1}{2}\right)=-\frac{3l^2}{4EI}=\delta_{21}$$

$$\delta_{22}=\frac{1}{EI}(l\times l\times 1)+\frac{1}{2EI}\left(\frac{1}{2}l\times 1\times\frac{2}{3}\right)=\frac{7l}{6EI}$$

$$\Delta_{1\mathrm{P}}=-\frac{1}{2EI}\left(\frac{1}{2}\times\frac{Fl}{4}\times l\times l\right)=-\frac{Fl^3}{16EI}$$

$$\Delta_{2\mathrm{P}}=\frac{1}{2EI}\left(\frac{1}{2}\times\frac{Fl}{4}\times l\times\frac{1}{2}\right)=\frac{Fl^2}{32EI}$$

代入典型方程，得

$$\frac{7l^3}{6EI}X_1-\frac{3l^2}{4EI}X_2-\frac{Fl^3}{16EI}=0$$

$$-\frac{3l^2}{4EI}X_1+\frac{7l}{6EI}X_2+\frac{Fl^2}{32EI}=0$$

解联立方程，得

$$X_1=\frac{57}{920}F(\leftarrow),\ X_2=\frac{12}{920}Fl(\circlearrowleft)$$

从以上结果可以看出：在荷载作用下，多余力（进一步可推及结构的内力）的大小只与杆件的相对刚度有关，而与其绝对刚度无关。

多余力求得后，最后弯矩图可按式（15-4）计算，其结果如图 15-18（d）所示。剪力图及轴力图可直接由图 15-17（b）所示的基本体系作出，结果如图 15-18（e）、（f）所示。

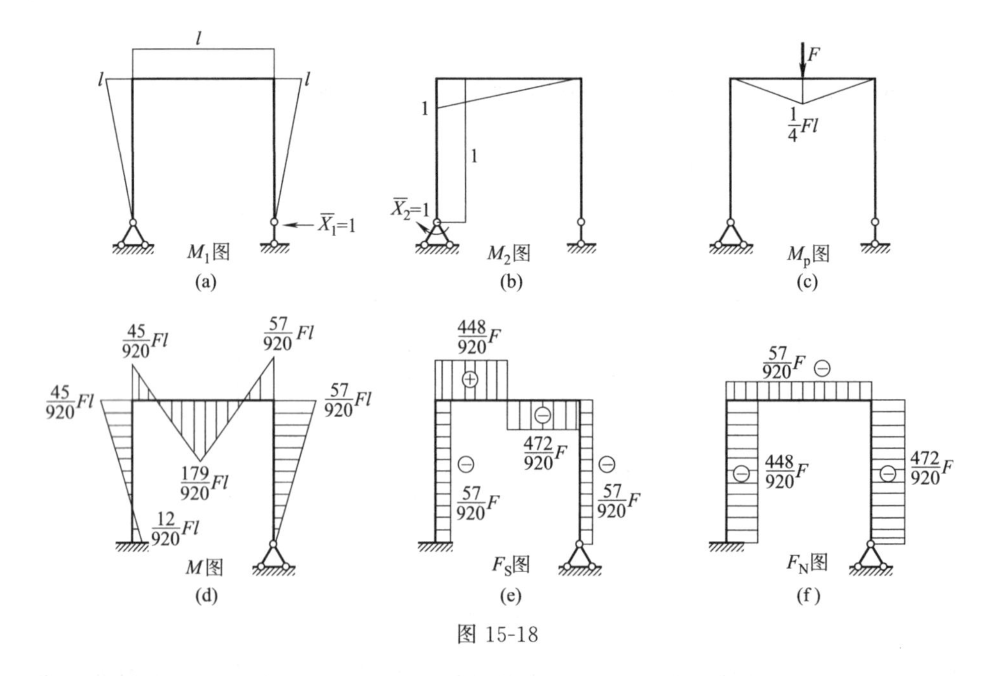

图 15-18

二、超静定桁架

由于桁架各杆中只产生轴力，故力法的典型方程中的系数可按下式计算：

$$\left.\begin{aligned}\delta_{ii}&=\sum\frac{\overline{F}_{Ni}^2 l}{EA}\\ \delta_{ij}&=\sum\frac{\overline{F}_{Ni}\overline{F}_{Nj}l}{EA}\\ \Delta_{ip}&=\sum\frac{\overline{F}_{Ni}F_{Np}l}{EA}\end{aligned}\right\}\tag{15-5}$$

式中，$\overline{F}_{Ni}$、$\overline{F}_{Nj}$、F_{Np}分别代表基本结构在 $\overline{X}_i=1$、$\overline{X}_j=1$、荷载单独作用时的轴力。超静定桁架的最后轴力，可应用叠加法按下式求得

$$F_N=X_1\overline{F}_{N1}+X_2\overline{F}_{N2}+\cdots+X_n\overline{F}_{Nn}+F_N\tag{15-6}$$

【例 15-2】 用力法计算图 15-19（a）所示超静定桁架的内力。设各杆 EA=常数。

【解】 此桁架为一次超静定结构，选取基本体系如图 15-19（b）所示。典型方程为

$$\delta_{11}X_1+\Delta_{1P}=0$$

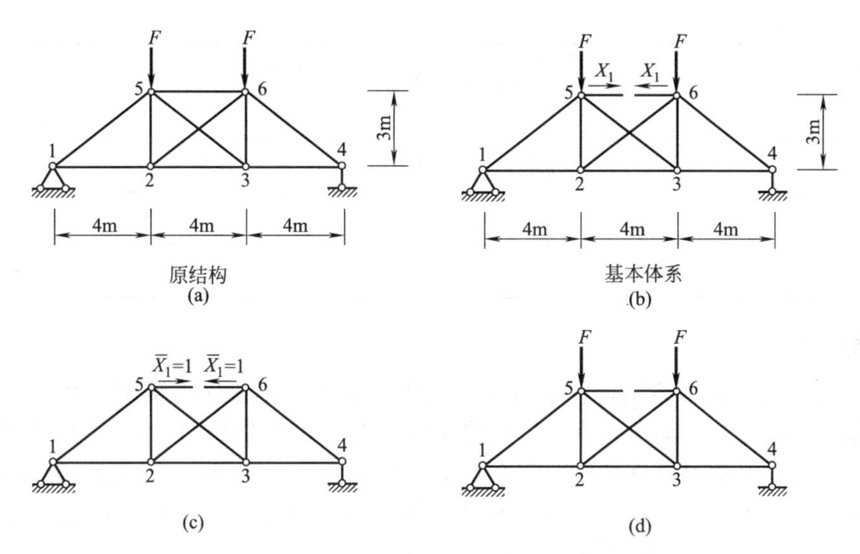

图 15-19

为了计算系数和自由项，先分别求出单位多余力和荷载作用在基本结构上所产生的轴力，见表 15-1。然后按式（15-5）求得

$$\delta_{11}=\sum\frac{\overline{F}_{N1}^{2}l}{EA}=\frac{35}{2EA}$$

$$\Delta_{1P}=\sum\frac{\overline{F}_{N1}F_{Np}l}{EA}=\frac{70F}{3EA}$$

代入典型方程求解，得

$$\frac{35}{2EA}X_1+\frac{70F}{3EA}=0\text{，得 }X_1=-\frac{4}{3}F$$

原结构中各杆轴力按式（15-6）计算，见表 15-2 所示。

表 15-1　系数与自由项计算

杆　件	$\overline{F}_{N1}$	F_{NP}	l	$\overline{F}_{N1}^{2}l$	$\overline{F}_{N1}F_{NP}l$
1－2，3－4	0	$+\frac{4}{3}F$	4	0	0
1－5，6－4	0	$-\frac{5}{3}F$	5	0	0
2－5，3－6	$+\frac{3}{4}$	$+F$	3	$+\frac{27}{16}$	$+\frac{9}{4}F$
2－6，3－5	$-\frac{5}{4}$	$-\frac{5}{3}F$	5	$+\frac{125}{16}$	$+\frac{125}{12}F$
2－3	$+1$	$+\frac{8}{3}F$	4	$+4$	$+\frac{32}{3}F$
5－6	$+1$	0	4	$+4$	0
$\sum$				$+\frac{35}{2}$	$+\frac{70}{3}F$

表 15-2　各杆内力计算

杆　件	$\overline{F}_{N1}X_1$	F_{NP}	F_N
1－2，3－4	0	$+\frac{4}{3}F$	$+\frac{4}{3}F$
1－5，6－4	0	$-\frac{5}{3}F$	$-\frac{5}{3}F$

续表

杆　件	$\overline{F_{N1}}X_1$	F_{NP}	F_N
2－5，3－6	$-F$	$+F$	0
2－6，3－5	$+\frac{5}{3}F$	$-\frac{5}{3}F$	0
2－3	$-\frac{4}{3}F$	$+\frac{8}{3}F$	$+\frac{4}{3}F$
5－6	$-\frac{4}{3}F$	0	$-\frac{4}{3}F$

三、铰结排架

如图 15-20（a）所示结构，柱子与基础为刚性联结，屋顶（或屋面大梁）与柱顶为铰接，这种结构称为铰接排架。常用于厂房建筑中，当柱子受荷载作用时，屋架只起将两柱联系在一起的作用，计算时常常忽略屋架在水平方向的变形，而当作一个刚性无穷大的链杆，见图 15-20（b）所示。用力法计算铰接排架，将链杆中限制轴向变形的约束去掉，代之以多余未知力 X_1 作为基本结构计算比较简单，见图 15-20（c）所示。

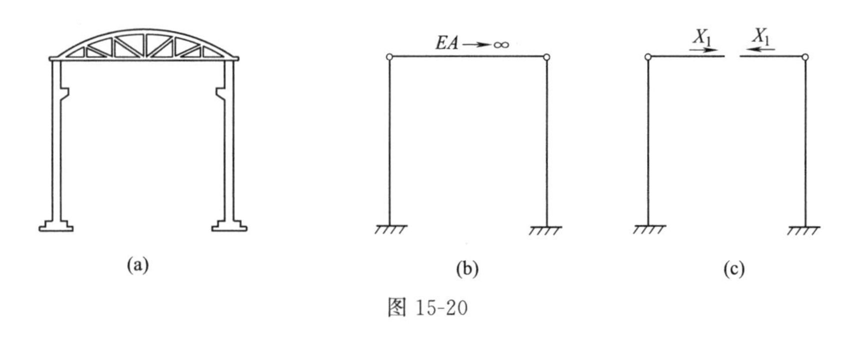

图 15-20

【例 15-3】 求图 15-21（a）所示铰接排架的内力图。

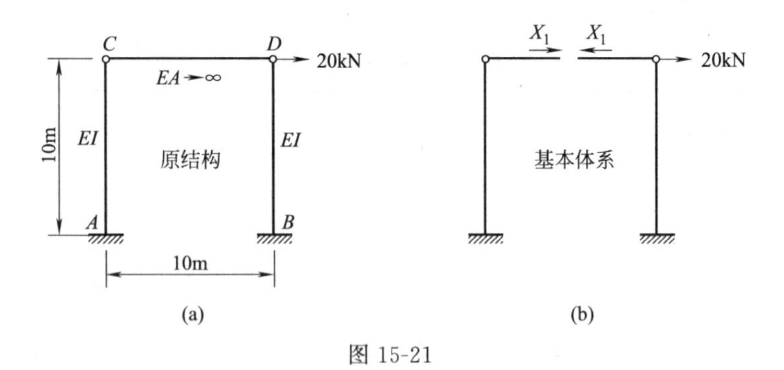

图 15-21

【解】 此排架是一次超静定的，将横梁切断并代以多余力 X_1，得到如图 15-21（b）所示的基本体系。根据横梁切口处两侧截面相对位移为零的条件，建立典型方程为

$$\delta_{11}X_1+\Delta_{1P}=0$$

绘 $\overline{M}_1$、M_P 图，见图 15-22（a）、（b）所示，利用图乘法求得系数和自由项如下

$$\delta_{11}=\frac{2}{EI}\left(\frac{1}{2}\times10\times10\times\frac{2}{3}\times10\right)=\frac{2000}{3EI}$$

$$\Delta_{1P}=-\frac{1}{EI}\left(\frac{1}{2}\times200\times10\times\frac{2}{3}\times10\right)=-\frac{20000}{3EI}$$

代入典型方程，得

$$\frac{2000}{3EI}X_1-\frac{20000}{3EI}=0$$

解得

$$X_1=10(\mathrm{kN})$$

多余力求出后，根据 $M=\overline{M}_1X_1+M_P$ 绘 M 图［图 15-22（c）］，剪力图及轴力图可直接由图 15-21（b）所示的基本体系作出，结果如图 15-22（d）、（e）所示。

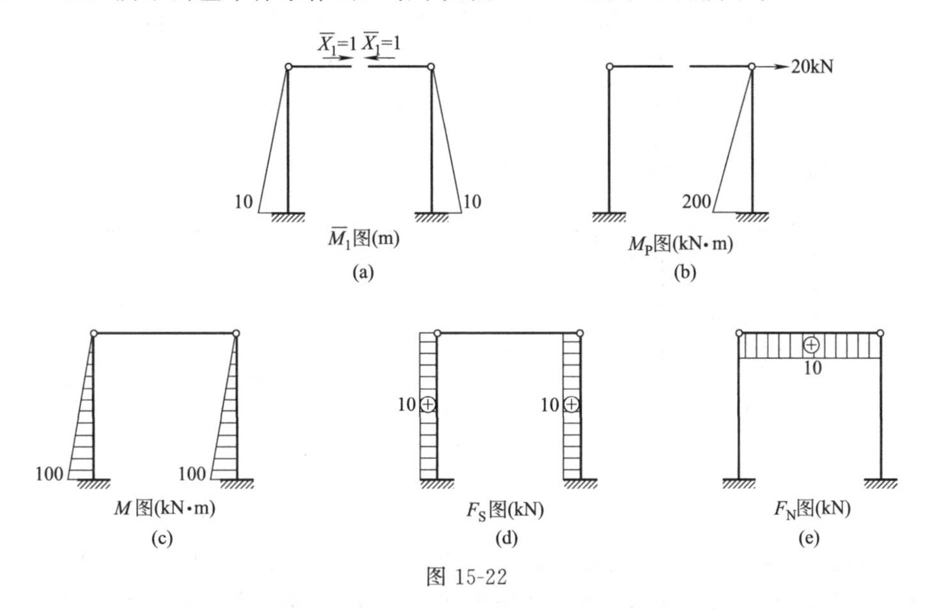

图 15-22

第五节　超静定结构的位移计算及最后内力图的校核

一、超静定结构的位移计算

超静定结构位移的计算，仍可采用第十四章所述的虚单位荷载法。例如要求例 15-1 中 D 截面的水平线位移，实际状态与虚拟状态分别如图 15-23 所示。由于结构为超静定结构，因此它在荷载作用下的内力图和虚单位荷载作用下的内力图均需按力法计算才能求得，十分繁琐。

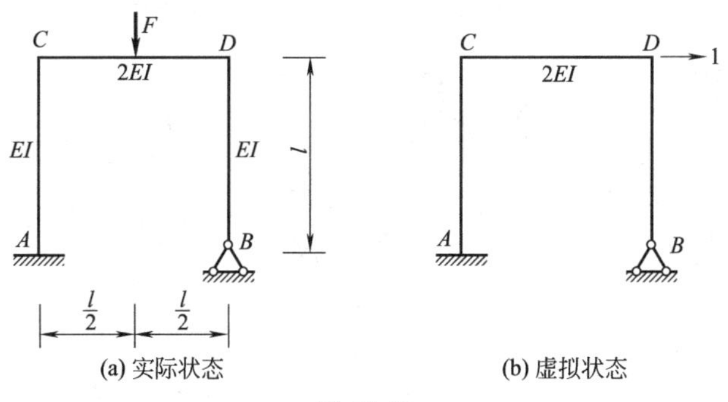

图 15-23

为了简化计算，可利用基本结构在荷载和多余力共同作用下，其内力和变形均与原结构相同这一特点，将原来求超静定结构位移的问题转化为求基本体系（静定结构）的位移计算问题。即在按力法求得多余力后，将多余力与原有荷载一起视为基本结构的外荷载，然后再来计算此基本体系的位移。此时，虚单位荷载可加在基本结构上，其内力计算为静定问题。

例 15-1 结构在外荷载作用下的弯矩图已求出如图 15-24（a）所示。在所选用的基本结构上如 D 截面处设置单位水平荷载，可得 $\overline{M}$ 图如图 15-24（b）所示。由图乘法，可求得 D 截面的水平线位移如下：

$$\Delta_{Cx}=\frac{1}{EI}\left[\frac{l}{6}\left(-2\times\frac{45Fl}{920}\times l+\frac{12Fl}{920}\times l\right)\right]+\frac{1}{2EI}\left[\frac{l}{6}\left(-2\times\frac{45Fl}{920}\times l-\frac{57Fl}{920}\times l\right)+\frac{1}{2}\times\frac{Fl}{4}\times l\times\frac{l}{2}\right]=\frac{7Fl^3}{1840EI}(\rightarrow)$$

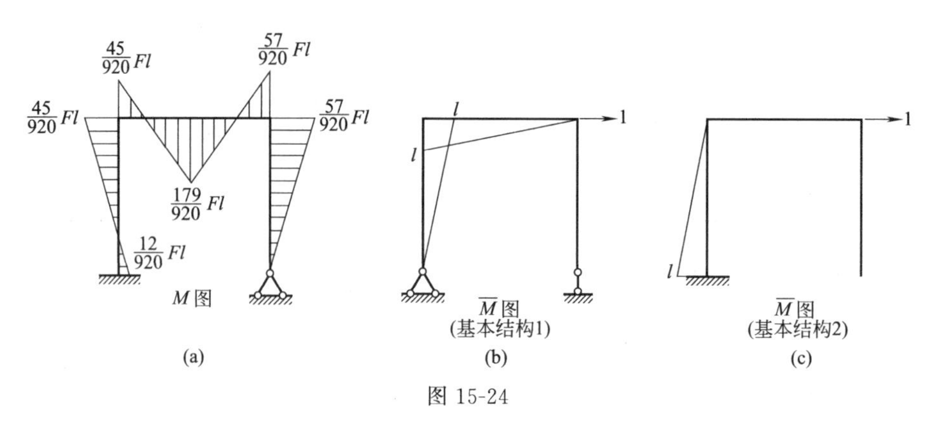

图 15-24

由于超静定结构的内力并不因所选基本结构的不同而不同，因此在求原结构的位移时，应选择能产生最简单的图的基本结构作为虚拟状态。本例中若选图 15-24（c）所示悬臂刚架作为虚拟状态，则 D 截面水平位移的计算就简单多了。具体计算如下

$$\Delta_{Cx}=\frac{1}{EI}\frac{l}{6}\left(-2\times\frac{12Fl}{920}\times l+\frac{45Fl}{920}\times l\right)=\frac{7Fl^3}{1840EI}(\rightarrow)$$

二、最后内力图的校核

最后内力图的校核一般从平衡条件与变形条件两个方面进行校核。下面仍用例 15-1 来说明校核的步骤。

1. 平衡条件的校核

从结构中任取一部分为隔离体，均应满足平衡条件。常用的做法是取刚结点或各杆为隔离体，如图 15-25（a）、（b）所示分别取 C、D 两结点为隔离体，各力必须满足 $\sum X=0$、$\sum$

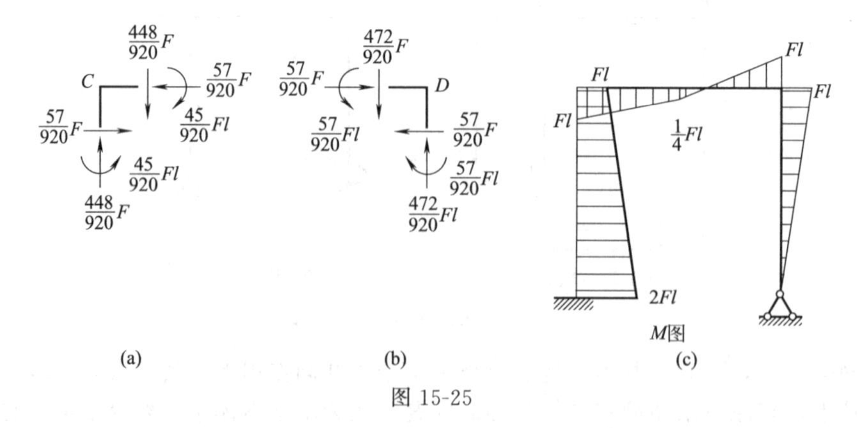

图 15-25

$Y=0$、$\sum M=0$。但当多余未知力计算有误时，单用平衡条件是无法查出错误的。如本例中若求出 $X_1=F$、$X_2=2Fl$，利用 $M=\overline{M}_1X_1+\overline{M}_2X_2+M_P$ 会得到如图 15-25（c）所示的 M 图，该错误的结果也满足上述平衡条件。这是因为 $\overline{M}_1$ 图、$\overline{M}_2$ 图、M_P 图本身已满足平衡条件，在叠加时只不过将它们之中的两个图 $\overline{M}_1$、$\overline{M}_2$ 放大（或缩小）若干倍，得到的图当然仍满足平衡条件。所以平衡条件的校核只能证明求得多余未知力后，在绘内力图时是否有误，但无法校核多余未知力的计算是否正确，为此必须进行位移条件的校核。

2. 位移条件的校核

所谓位移条件校核就是验算一下多余未知力处的位移是否与原结构中给定的相应位移值相符。如校核例 15-1 中 M 图的正确性，可计算基本结构 X_1 作用点处的水平位移 Δ_{Bx}，用图 15-18（a）与图 15-8（d）进行图乘。

$$\begin{aligned}\Delta_{Bx}=&\frac{1}{EI}\left[\frac{l}{6}\left(2\times\frac{45Fl}{920}\times l-\frac{12Fl}{920}\times l\right)+\frac{1}{2}\times\frac{57Fl}{920}\times l\times\frac{2l}{3}\right]\\&+\frac{1}{2EI}\left[-\frac{1}{2}\times\frac{Fl}{4}\times l\times l+\frac{l}{6}\times\left(2\times\frac{45Fl}{920}\times l+2\times\frac{57Fl}{920}\times l\right.\right.\\&\left.\left.+\frac{45Fl}{920}\times l+\frac{57Fl}{920}\times l\right)\right]\\=&\frac{Fl^3}{EI}\left(\frac{13}{920}+\frac{19}{920}\right)+\frac{Fl^3}{2EI}\left(-\frac{1}{8}+\frac{51}{920}\right)=0\end{aligned}$$

原结构 B 截面的水平位移为零，说明最后 M 图计算无误。上述校核计算实质是再一次验证变形条件 $\Delta_1=0$。值得提出注意的是上述计算的位移必须是已知值，如例 15-1 中可用 A、B 支座处的竖直及水平方向的线位移、A 支座处角位移或任一截面切开后断口两侧截面的相对位移等已知值。为了计算方便一般不再另设虚拟状态，而用已绘出的 $\overline{M}_i$ 图作为虚拟状态的弯矩图 $\overline{M}$，得到的位移为

$$\Delta_i=\sum\int\frac{\overline{M}_iM}{EI}\mathrm{d}s=0\text{（或已知值）}$$

其中 $\overline{M}_i$ 图的选择应力求各杆均有 $\overline{M}_i$ 值，这样图乘的结果比较可靠。如例 15-1 中若用 $\overline{M}_2$ 图与 $\overline{M}$ 图乘，就无法说明 M 图中的 CD 杆的 M 值是否正确。

第六节　温度变化及支座移动对超静定结构的影响

超静定结构在温度变化及支座移动的影响下，不但产生变形而且还产生内力。用力法解这类问题时，其变形协调条件仍是：基本结构在多余未知力、温度变化、支座移动诸因素的共同影响下，在多余未知力作用点及其方向上的位移与原结构对应的位移相等。

一、温度变化的影响

图 15-26（a）所示刚架外侧温度的改变量为 t_1，内侧温度的改变量为 t_2，用力法计算时取图 15-26（b）为基本体系，变形条件为

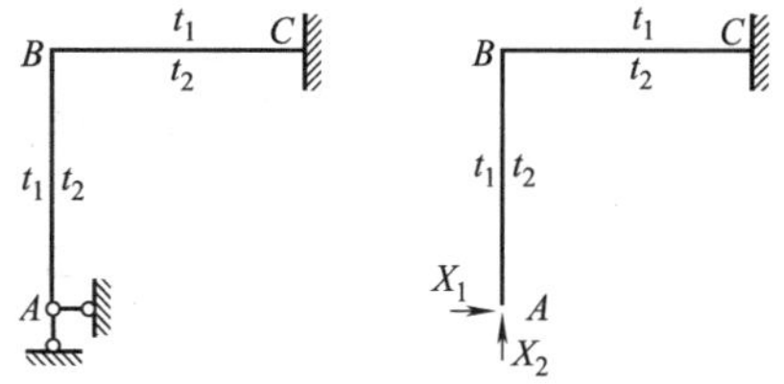

(a) 原结构　　(b) 基本体系

图 15-26

$$\begin{aligned}\Delta_1&=0\\\Delta_2&=0\end{aligned}\qquad\text{(a)}$$

对应的力法方程为

$$\delta_{11}X_1+\delta_{12}X_2+\Delta_{1t}=0$$

$$\delta_{21}X_1+\delta_{22}X_2+\Delta_{2t}=0 \tag{b}$$

典型方程中系数的计算和以前相同。自由项Δ_{it}为基本结构的点A在X_i方向由于温度改变所引起的位移，按第十四章方法求得如下

$$\Delta_{it}=\sum(\pm)\overline{F}_{Ni}\alpha t_0 l+\sum(\pm)\alpha\frac{\Delta t}{h}\omega_{\overline{M}} \tag{c}$$

由于基本结构是静定的，温度变化并不引起内力，故最后内力图只由多余力X_i引起。弯矩图可按下式得到

$$M=\overline{M}_1X_1+\overline{M}_2X_2 \tag{d}$$

剪力图可通过平衡条件求出。

【例 15-4】 用力法计算图 15-27（a）所示刚架在温度变化影响下的弯矩图。各杆α、h、EI均为常量，截面对称于形心轴，$h=\frac{l}{10}$。

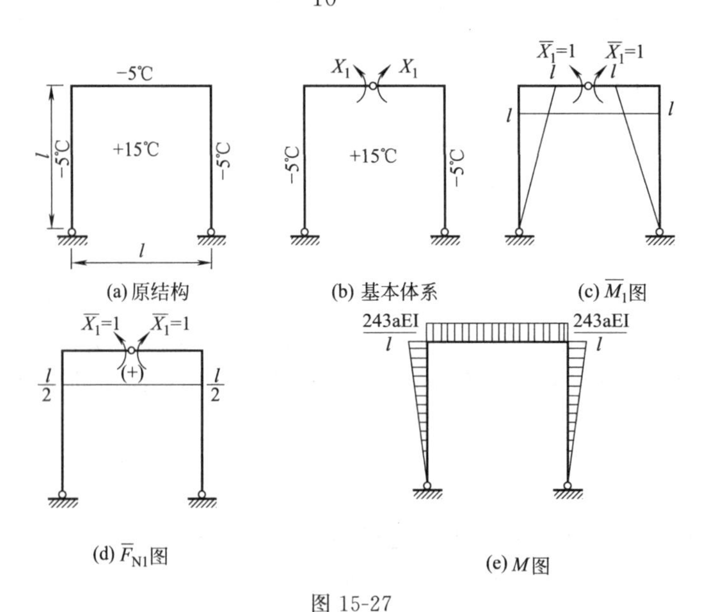

图 15-27

【解】 此刚架为一次超静定结构，选取基本体系如图 15-27（b）所示。典型方程为

$$\delta_{11}X_1+\Delta_{1t}=0$$

计算并绘制$\overline{M}_1$图和$\overline{F}_{N1}$图［图 15-27（c）、（d）］，求得系数和自由项如下：

$$t_0=\frac{t_1+t_2}{2}=\frac{15-5}{2}=+5(℃),\Delta t=15-(-5)=20(℃)$$

$$\delta_{11}=\sum\int\frac{\overline{M}_1^{\ 2}}{EI}ds=\frac{1}{EI}\left[2\times\left(\frac{1}{2}\times l\times1\times\frac{2}{3}\right)+1\times l\times1\right]=\frac{5l}{3EI}$$

$$\begin{aligned}\Delta_{1t}&=\sum\alpha t_0\omega_{\overline{N}_1}+\sum\frac{\Delta t}{h}\alpha\omega_{\overline{M}_1}\\&=5\alpha\left(\frac{1}{l}\times l\right)+\frac{\alpha}{h}\times20\times\left(2\times\frac{1}{2}\times l\times1+l\times1\right)\\&=5\alpha+\frac{40\alpha l}{h}\\&=5\alpha+400\alpha=405\alpha\end{aligned}$$

代入典型方程后求解，有

$$X_1=-\frac{243\alpha EI}{l}$$

由 $M=\overline{M}_1X_1$，可得最后弯矩图，见图 15-27（e）。

由以上计算结果表明，温度变化引起的内力与杆件的 EI 成正比，在给定的温度条件下，截面尺寸愈大内力愈大，不像在荷载作用下各杆的内力仅与 EI 的相对值有关。温度变化引起的内力还与 α、h 有关。更值得一提的是，当杆件两侧有温差 Δt 时，从 M 图上可以看出，杆件的降温一侧出现拉应力，升温一侧出现压应力，这与静定结构在温度影响下的变形相反，因此在钢筋混凝土结构中，要特别注意降温侧出现的裂缝。

二、支座移动的影响

图 15-28（a）为二次超静定刚架，支座 A 处因沉陷产生了支座移动，选基本体系如图 15-28（b）所示，则其变形条件为

$$\begin{aligned}\Delta_1&=0\\\Delta_2&=\varphi\end{aligned}\tag{a}$$

相应的力法方程可写为

$$\begin{aligned}\delta_{11}X_1+\delta_{12}X_2+\Delta_{1\Delta}&=0\\\delta_{21}X_1+\delta_{22}X_2+\Delta_{2\Delta}&=\varphi\end{aligned}\tag{b}$$

式（b）等号右边表示原结构的位移，是已知值，当它的方向与基本结构中对应的多余未知力指向相同时取正号，反之取负号。等号左边的自由项用公式 $\Delta_{i\Delta}=-\sum\overline{F}_ic$ 进行计算，$\overline{F}_i$ 表示基本结构由 $\overline{X}_i=1$ 所引起的支座反力。

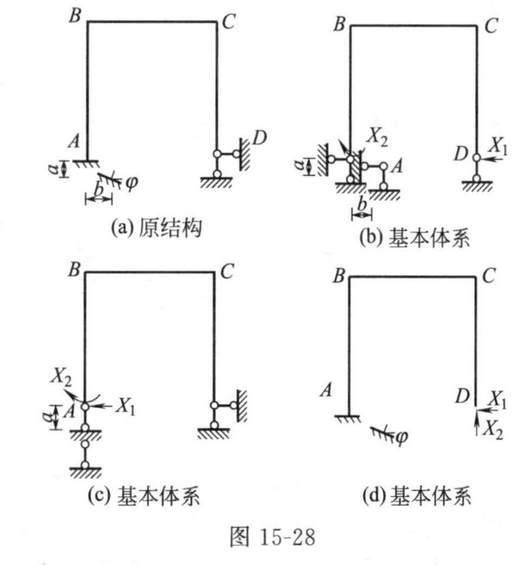

图 15-28

当支座发生移动时，用力法计算应注意如下事项：

（1）不同的基本结构对力法方程的影响。

对应于图 15-28（c）

$$\begin{aligned}\delta_{11}X_1+\delta_{12}X_2+\Delta_{1\Delta}&=-b\\\delta_{21}X_1+\delta_{22}X_2+\Delta_{2\Delta}&=\varphi\end{aligned}\tag{c}$$

对应于图 15-28（d）

$$\begin{aligned}\delta_{11}X_1+\delta_{12}X_2+\Delta_{1\Delta}&=0\\\delta_{21}X_1+\delta_{22}X_2+\Delta_{2\Delta}&=0\end{aligned}\tag{d}$$

由以上各式可以看出，原结构的支座移动值在列力法方程时，哪些应放在等号左边在求自由项 $\Delta_{i\Delta}$时出现，哪些应放在等号右边作为原结构对应的已知位移出现，与所选的基本结构有密切关系。

（2）由于基本结构是静定结构，在支座移动影响下只产生刚体位移而不产生内力，故最后弯矩图按 $M=\overline{M}_1X_1+\overline{M}_2X_2$求得。

（3）与温度变化分析相同，位移的计算应为

$$\Delta_K=\sum\int\frac{\overline{M}_KM\mathrm{d}s}{EI}+\Delta_{K\Delta}=\sum\int\frac{\overline{M}_KM\mathrm{d}s}{EI}-\sum\overline{F}_Kc\tag{e}$$

其中$\overline{F}_K$表示由虚拟力$\overline{P}_K=1$ 引起的支座反力。同理，对最后 M 图进行校核时，其变形条件应把支座移动所引起的基本结构位移考虑进去，如式（a）中第二个变形条件可写为

$$\Delta_2=\sum\int\frac{\overline{M}_2M\mathrm{d}s}{EI}-\sum\overline{F}_2c=\varphi\tag{f}$$

式（f）中的$\overline{F}_2$表示基本结构中当$\overline{X}_2=1$时，所引起的支座反力。

第七节　超静定结构的特性

与静定结构相比，超静定结构具有一些不同的重要特性。实际工程中的结构大部分属于超静定结构，了解这些特性，有助于加深对超静定结构的认识，以便更好地服务于生产实践。

1. 多余约束的存在及其影响

超静定结构有多余约束，因此，超静定结构的内力状态只由静力平衡条件无法全部确定，必须同时考虑变形条件。一般来说，对于一个 n 次超静定结构，为了确定它的内力，需要 n 个变形条件。力法方程表示的就是变形条件，多余未知力就是通过这些条件计算出来的。

（1）超静定结构相比静定结构具有较强的防御能力。这是因为静定结构在多余约束被破坏后，仍能维持几何不变性；而静定结构在任一约束被破坏后，即变成可变体系而失去承载能力。

（2）超静定结构的内力分布比静定结构要均匀些，内力峰值也较小。例如图 15-29（a）所示为三跨连续梁在荷载 $F_{\rm P}$作用下的弯矩图和变形曲线，由于梁的变形性，两个边跨也产生内力。图 15-29（b）所示为相应的三跨静定梁在相同荷载作用下的弯矩图和变形曲线，由于铰的作用，两个边跨不产生内力。这说明局部荷载在超静定结构中的影响范围，一般比在静定结构中大，即超静定结构的内力分布范围较广。

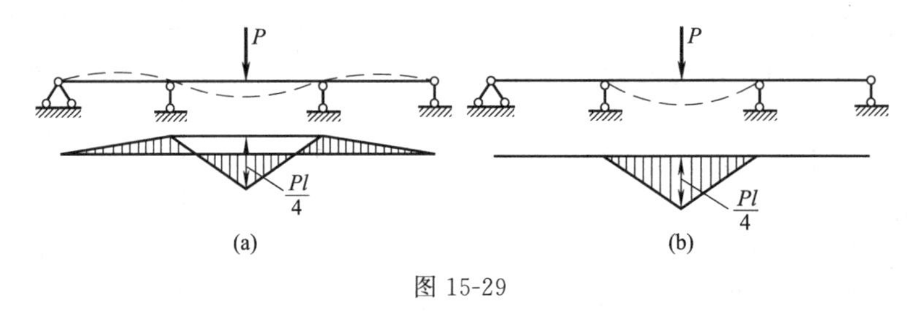

图 15-29

（3）超静定结构的刚度要比相应的静定结构大些。多余约束起着约束体系变形的作用，一般来说，约束越多，变形越小，即结构刚度越大。例如图 15-30 所示三种单跨梁在均布竖向荷载作用下的梁中最大挠度值的比较。

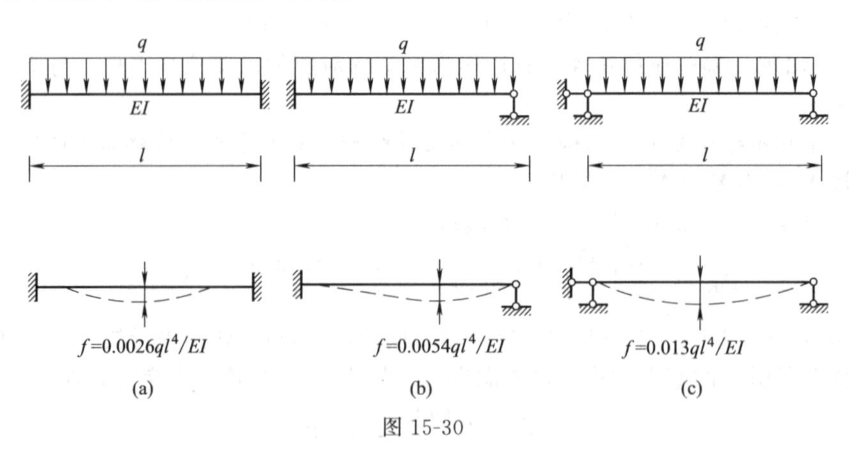

图 15-30

2. 温度改变和支座位移等变形因素的影响

“没有荷载，就没有内力”这个结论只适用于静定结构，不适用于超静定结构。在超静定结构中，温度改变、支座位移、制造误差、材料收缩等因素都可以引起内力。这是因为这些因素都引起变形，而在变形的发生过程中，会受到多余约束的限制，因而相应地引起了内力。

3. 各杆刚度改变对内力分布的影响

在静定结构中，改变各杆的刚度比值，结构的内力分布没有任何改变。在超静定结构中，各杆刚度比值有任何改变，都会使结构的内力重新分布。从力法方程中可以看到，系数和自由项都与各杆刚度有关。如果各杆的刚度比值有改变，各系数与自由项之间的比值也随之改变，因而内力分布产生改变。

如果杆件刚度的比值不变，而只是按同一比例增减，则各系数与自由项的比值仍保持不变，因而内力不变。由此可知，在荷载作用下超静定结构的内力分布与各杆刚度的比值有关，而与其绝对值无关。因此，在计算超静定结构内力时，可以采用相对刚度代替绝对刚度。

习 题

15-1 试确定题 15-1 图示各结构的超静定次数 n。

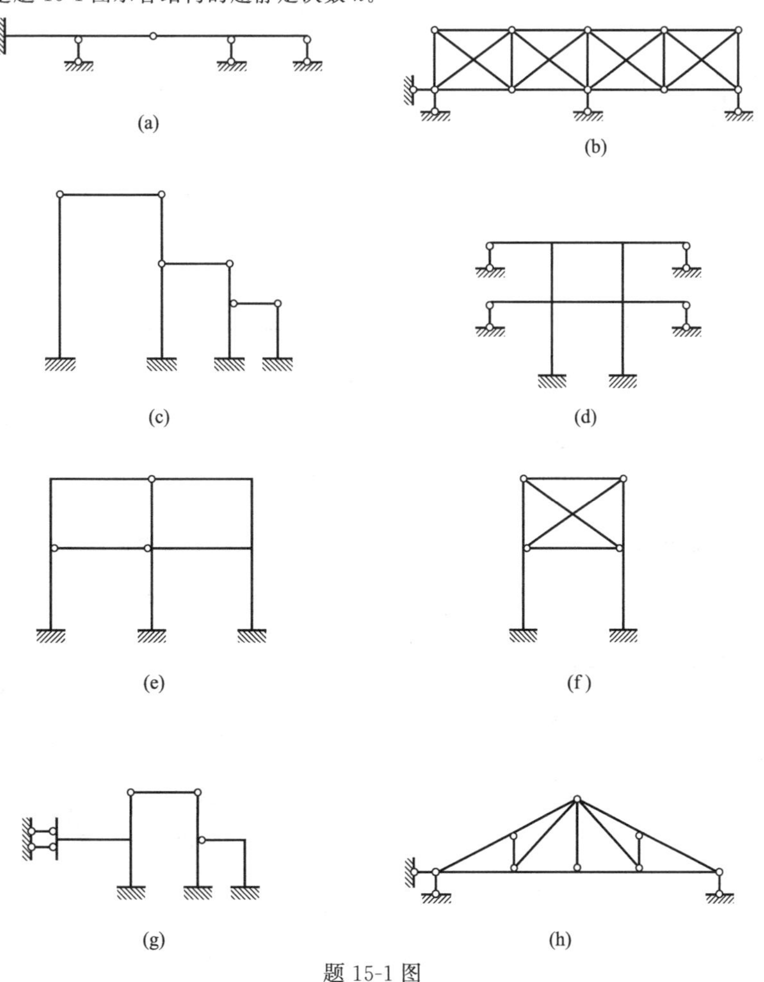

题 15-1 图

15-2 作题 15-2 图示各超静定梁的 M、F_S 图。

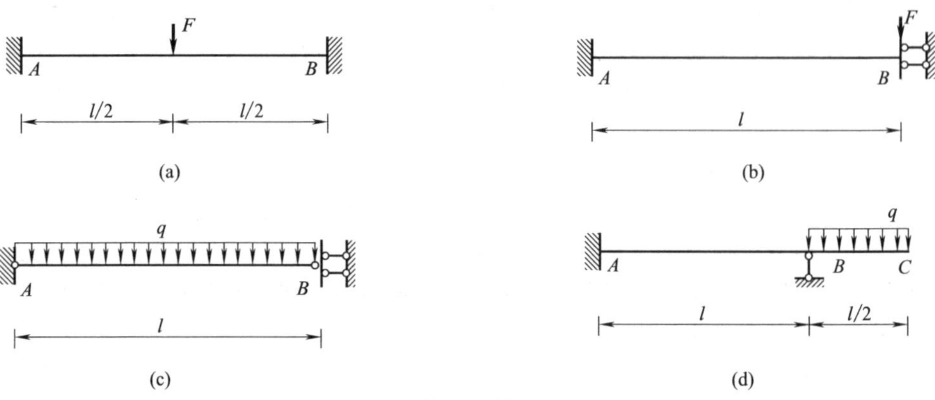

题 15-2 图

15-3 作题 15-3 图示各结构的 M 图。

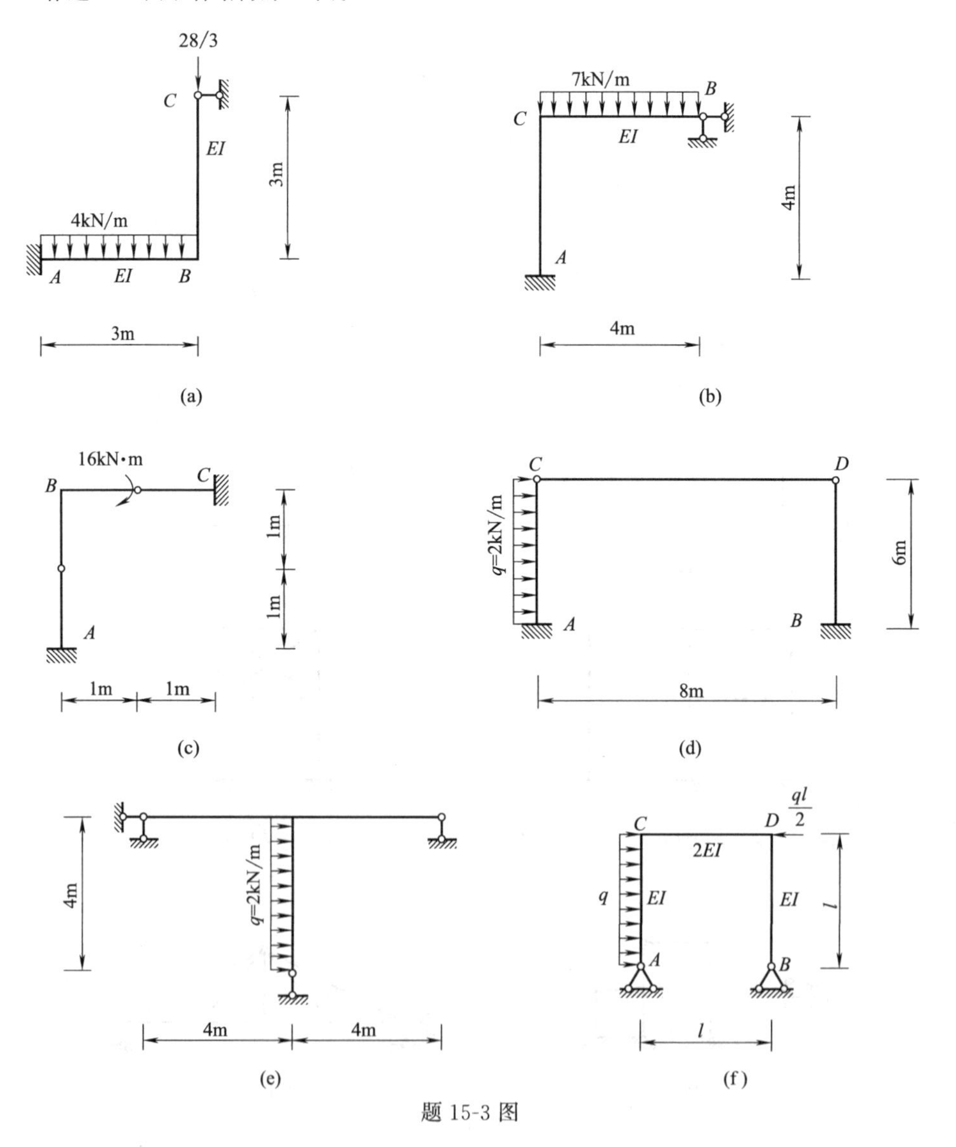

题 15-3 图

15-4　计算题 15-4 图示各桁架杆件 BC 的内力。各杆 EA 为常量。

15-5　用力法计算题 15-5 图示各桁架中杆件 CD 的内力，各杆 EA 为常量。

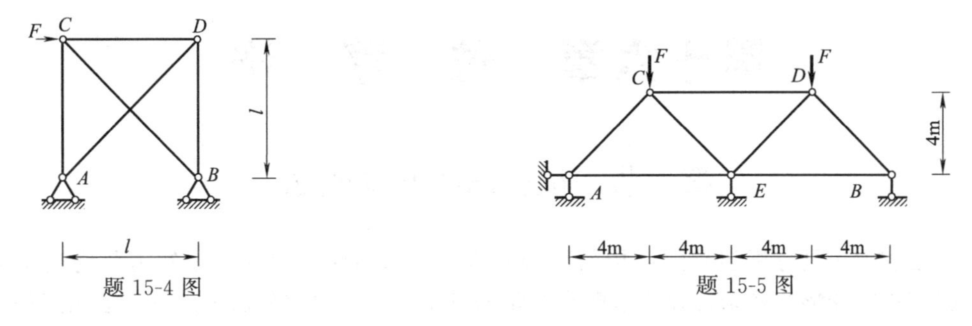

题 15-4 图　　　　题 15-5 图

15-6　试求题 15-6 图示结构中 C 点的竖向位移。EI 为常量，支座 A、B 的位移分别为 $a=10\text{mm}$，$b=20\text{mm}$，$c=0.01\text{rad}$。

15-7　用力法作题 15-7 图示结构的 M 图，EI 为常数，截面高度 h 均为 1m，$t=20℃$，$+t$ 为温度升高，$-t$ 为温度降低，温度膨胀系数为 α。

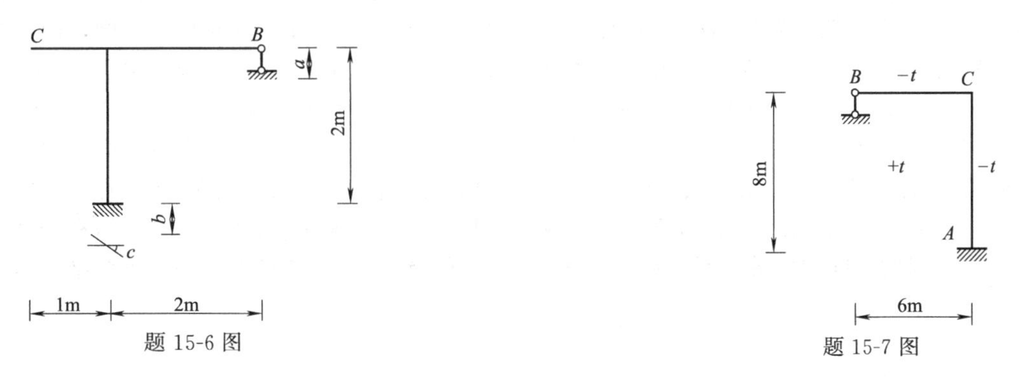

题 15-6 图　　　　题 15-7 图

15-8　题 15-8 图示连续梁为 28a 工字钢制成，$I=7114\text{cm}^4$，$E=210\times10^3\text{MPa}$，$F=50\text{kN}$，若欲使梁中最大正负弯矩相等，问应将 B 支座升高或降低多少？

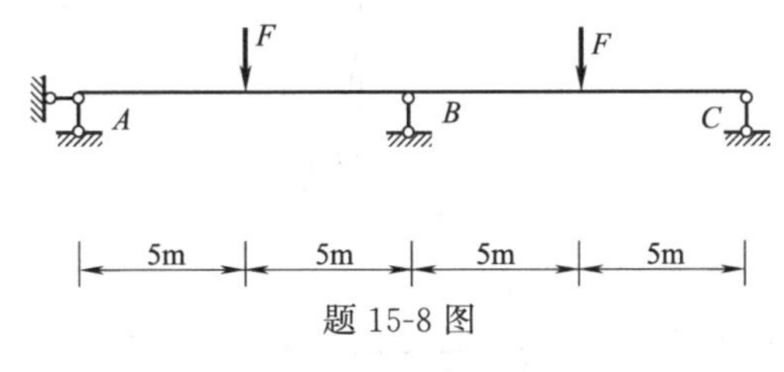

题 15-8 图

15-9　题 15-9 图示超静定梁，B 端支座发生移动，试以两种不同的基本体系计算，作 M 图。

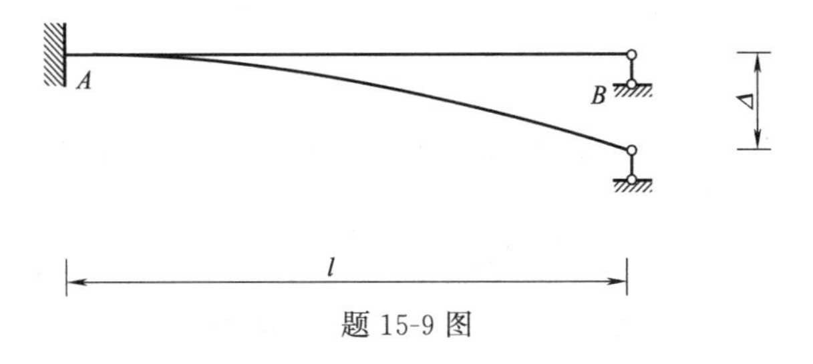

题 15-9 图

第十六章　位　移　法

第一节　位移法的基本概念

位移法和力法是分析超静定结构的两种基本方法。力法是以多余未知力作为基本未知量，根据结构的变形协调条件建立求解未知量的基本方程，而位移法则是以某些结点的位移作为基本未知量，通过力的平衡条件建立求解未知量的基本方程。下面结合简单实例说明位移法的基本概念。

如图 16-1（a）所示刚架，在荷载作用下发生变形，假设不考虑受弯杆件的轴向变形，由变形协调条件可知，B 结点所连两杆 BA 及 BC 在 B 端均无线位移，只有相同的角位移均为 φ_B。将整个刚架分解为 AB、BC 杆件，则 AB 杆件相当于两端固定的单跨梁，固定端 B 发生转角 φ_B（可理解成人为使固定支座发生转动，此转动可等同于一外荷载，下同）[图 16-1（b）]，BC 杆件相当于一端固定另一端铰支且受集中荷载 F 作用的单跨梁，且在 B 端发生转角 φ_B（此时 C 端也有一转角，但和 φ_B 有区别）[图 16-1（c）]，当 AB 梁的固定端发生转角 φ_B 时，其内力可用力法求得，BC 梁的内力可看作由 φ_B 及 F 分别引起的内力叠加而得，同样可由力法求出。AB 和 BC 杆的内力均和 φ_B 有关，若 φ_B 已知，则结构所有杆件的内力可求，因此，问题的关键是求结点的角位移。下面给出利用结点力的平衡求解结点角位移的过程。

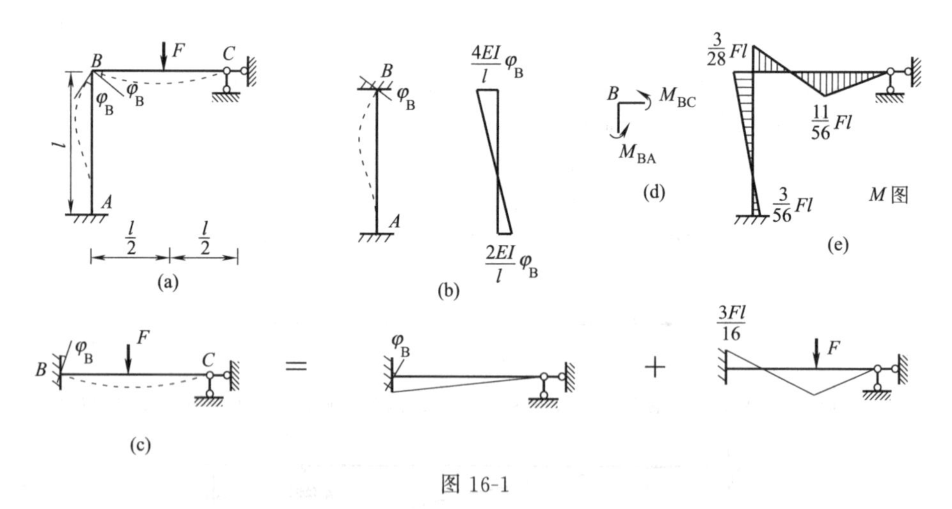

图 16-1

若取图 16-1（a）中 B 结点为隔离体如图 16-1（d）所示，则 M_{BA} 及 M_{BC} 必须满足 B 结点的平衡条件 $\sum M_B=0$，于是有

$$M_{BA}+M_{BC}=0$$

$$M_{BA}=\frac{4EI}{l}\varphi_B \quad \text{（左侧受拉为正）} \tag{a}$$

$$M_{AB}=\frac{3EI}{l}\varphi_B-\frac{3Fl}{16} \quad \text{（下侧受拉为正）} \tag{b}$$

$$\frac{7EI}{l}\varphi_B-\frac{3Fl}{16}=0$$

$$\varphi_B=\frac{3Fl^2}{112EI} \tag{c}$$

将（c）式代入式（a）、（b）得

$$M_{BA}=\frac{3Fl}{28}\quad M_{BC}=-\frac{3Fl}{28}$$

由图 16-1（b）、（c）可得 $M_{AB}=\frac{3Fl}{56}$，$M_{CB}=0$，有了杆端弯矩，则刚架的弯矩图即可求出，如图 16-1（e）所示。

由以上分析可以看出，用位移法解题时，存在一个“拆、搭”的过程，即先把原结构[如图 16-1（a）]“拆”成若干个单跨超静定梁，计算出已知荷载及杆端位移影响下的内力，然后再把这些单跨梁“搭”成原结构，利用平衡条件求出 φ_B，这就是位移法的整个思路。

在应用位移法时，还必须首先解决：

（1）各种单跨超静定梁在杆端位移及荷载作用下的内力计算；

（2）哪些结点位移可以作为位移法的基本未知量；

（3）怎样建立求解未知量的方程。

下面各节将分别讲述这些问题。

第二节　单跨超静定梁的转角位移方程

本节讨论等截面单跨静定梁计算的两个问题：一是在已知端点位移下求杆端弯矩，二是在已知荷载作用下求固端弯矩。

一、由杆端位移求杆端弯矩

首先对杆端力及位移作一些新规定：如图 16-2 所示，杆端弯矩以顺时针方向为正，反之为负；杆端剪力的规定同以前规定。杆端位移 φ_A、φ_B也均以顺时针方向为正，两端垂直杆轴的相对线位移 Δ_{AB}则以使整个杆件顺时针转动为正（注意，如果杆件沿平行或垂直杆轴方向平行移动，则不引起杆端弯矩）。

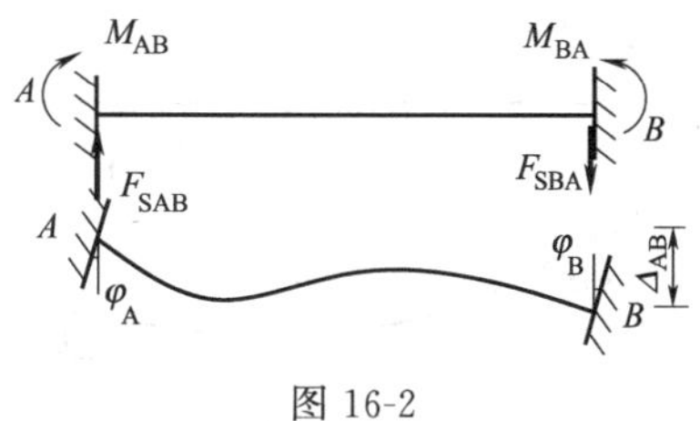

图 16-2

必须注意：位移法计算中关于杆端弯矩的正负号规定与通常关于弯矩的正负号规定（如在梁中，弯矩使梁下部纤维受拉则规定为正）有所不同。第一，这里的规定是针对杆端弯矩，而不是针对杆中任一截面的弯矩，在作弯矩图时，后者仍遵循通常的正负号规则（有的教材规定弯矩画在受拉侧，不规定正负号）。第二，当取杆件为隔离体时，杆端弯矩可看作隔离体上的外力，建立隔离体平衡方程时，本章力矩一律以顺时针转向为正。因此，在不同的场合有不同的正负号规则，这里的规则是把杆端弯矩看作外力，为了便于建立平衡方程而规定正负号的。

如图 16-2 所示，一等截面杆件 AB，截面惯性矩 I 为常数。已知端点 A 和 B 的角位移分别为 φ_A 和 φ_B，两端垂直杆轴的相对线位移为 Δ_{AB}，拟求杆端弯矩 M_{AB}和 M_{BA}。

具体求解之前，应该说明的是：任一刚结点可以看成一铰结点加上一对力偶，该力偶为该结点处的实际弯矩，因此，图 16-2 中 AB 杆可看成一简支梁加上两个集中力偶 M_{AB}和 M_{BA}。

首先，利用单位荷载法计算简支梁在两端力偶 M_{AB} 和 M_{BA} 作用下产生的杆端转角。

$$\left.\begin{aligned}\varphi'_A&=\frac{1}{3i}M_{AB}-\frac{1}{6i}M_{BA}\\ \varphi'_B&=-\frac{1}{6i}M_{AB}+\frac{1}{3i}M_{BA}\end{aligned}\right\}\tag{a}$$

式中 $i=\frac{EI}{l}$，称为杆件的线刚度。

其次，当简支梁两端有相对竖向位移 Δ_{AB} 时，杆端转角为

$$\varphi''_A=\varphi''_B=\frac{\Delta_{AB}}{l}\tag{b}$$

综合起来，当两端有力偶 M_{AB}、M_{BA} 作用，而两端又有相对竖向位移 Δ_{AB} 时，杆端转角为

$$\left.\begin{aligned}\varphi'_A&=\frac{1}{3i}M_{AB}-\frac{1}{6i}M_{BA}+\frac{\Delta_{AB}}{l}\\ \varphi'_B&=-\frac{1}{6i}M_{AB}+\frac{1}{3i}M_{BA}+\frac{\Delta_{AB}}{l}\end{aligned}\right\}\tag{c}$$

解联立方程，则得

$$\left.\begin{aligned}M_{AB}&=4i\varphi_A+2i\varphi_B-6i\frac{\Delta_{AB}}{l}\\ M_{BA}&=2i\varphi_A+4i\varphi_B-6i\frac{\Delta_{AB}}{l}\end{aligned}\right\}\tag{16-1}$$

式（16-1）称为 AB 梁的转角位移方程。根据平衡条件又可得 AB 杆的杆端剪力为

$$F_{SAB}=F_{SBA}=-\frac{6i}{l}\varphi_A-\frac{6i}{l}\varphi_B+\frac{12i}{l^2}\Delta_{AB}\tag{16-2}$$

下面讨论杆件在一端具有不同约束时的刚度方程。

（1）B 端为固定支座（图 16-2）

参见图 16-2，由于 B 端无转角 φ_B，在式（16-1）中令 $\varphi_B=0$，则得

$$\left.\begin{aligned}M_{AB}&=4i\varphi_A-6i\frac{\Delta_{AB}}{l}\\ M_{BA}&=2i\varphi_A-6i\frac{\Delta_{AB}}{l}\end{aligned}\right\}$$

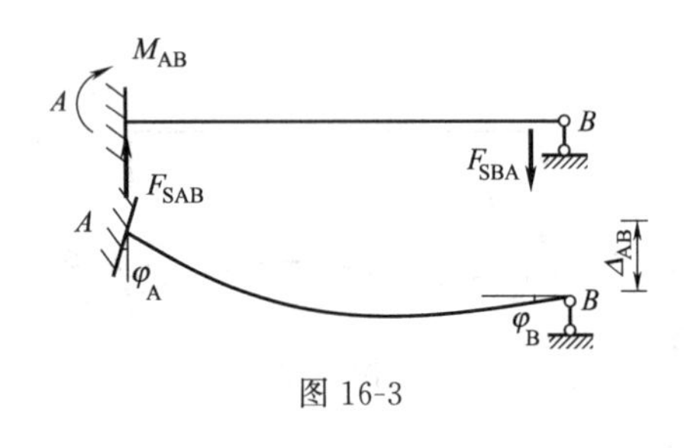

图 16-3

（2）B 端为铰支座（图 16-3）

和图 16-2 相比，B 端无弯矩 M_{BA}，在式（16-1）中令 $M_{BA}=0$，则得

$$M_{AB}=3i\varphi_A-3i\frac{\Delta_{AB}}{l}$$

（3）B 端为滑动支座（图 16-4）

和图 16-2 相比，B 端无转角 φ_B，同时 $F_{SAB}=F_{SBA}=0$，则得

$$\left.\begin{aligned}M_{AB}&=i\varphi_A\\ M_{BA}&=-i\varphi_A\end{aligned}\right\}$$

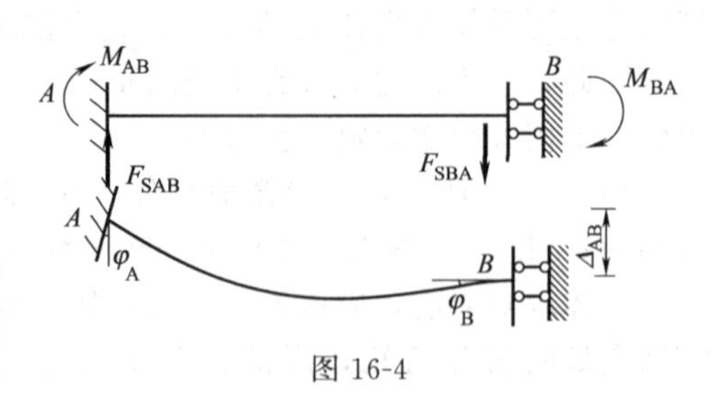

图 16-4

值得注意的是，①在以上的分析中，A 端产生杆端转角需要有相应的杆端弯矩，可理解为实际结构中的刚结点。B 端可为实际的支座，也可为结构中的铰结点。为了方便，通常把 A 端称

为近端，B 端称为远端。②由以上（2）分析可以看出，单跨梁 B 端的转角 φ_B 虽然是一个未知量，但不是一个独立的未知量，而是 φ_A、Δ_{AB} 的函数（可以自己动手求出 φ_B 的表达式），因此不能作为位移法中的基本未知量，同理（3）中的 B 端竖向位移也不能作为位移法中的基本未知量。

二、由荷载求固端弯矩

对于三种杆件：(1) 两端固定的梁；(2) 一端固定、另一端简支的梁；(3) 一端固定、另一端滑动支撑的梁；表 16-1 给出了在几种常见荷载作用下的杆端弯矩和杆端剪力，称为固端弯矩和固端剪力（具体求解过程，可以自行利用力法进行推导）。固端弯矩用 M_{AB}^F 和 M_{BA}^F 表示。注意，在表 16-1 中，由于近端 A 的实际转角和竖向位移（此处可理解为荷载）引起的内力已经在前面讨论过了，因此这里不再考虑 A 端的杆端位移，所以 A 端皆为固定端。

如果等截面杆件既有已知荷载作用，又有已知的端点位移，则利用叠加原理，杆端弯矩的一般公式为

$$\left.\begin{aligned} M_{AB}&=4i\varphi_A+2i\varphi_B-6i\frac{\Delta_{AB}}{l}+M_{AB}^F \\ M_{BA}&=2i\varphi_A+4i\varphi_B-6i\frac{\Delta_{AB}}{l}+M_{BA}^F \end{aligned}\right\} \tag{16-3}$$

杆端剪力的一般公式为

$$\left.\begin{aligned} F_{SAB}&=-\frac{6i}{l}\varphi_A-\frac{6i}{l}\varphi_B+\frac{12i}{l^2}\Delta_{AB}+F_{SAB}^F \\ F_{SBA}&=-\frac{6i}{l}\varphi_A-\frac{6i}{l}\varphi_B+\frac{12i}{l^2}\Delta_{AB}+F_{SBA}^F \end{aligned}\right\} \tag{16-4}$$

式中　F_{SAB}^F 和 F_{SBA}^F 是由荷载引起的固端剪力。

当杆端弯矩求出后，单跨梁的内力图就不难画出。

表 16-1　等截面单跨超静定梁的固端弯矩及剪力（跨长为 l）

编号	简　图	弯　矩　图	固端弯矩（以顺时针转向为正）		固端剪力	
			M_{AB}	M_{BA}	F_{SAB}	F_{SBA}
1	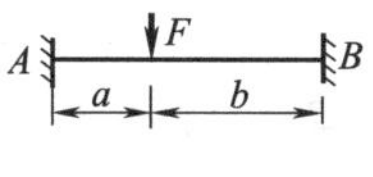	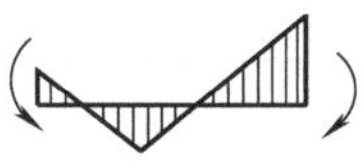	$-\frac{Fab^2}{l^2}$	$+\frac{Fab^2}{l^2}$	$+\frac{Fb^2(l+2a)}{l^3}$	$-\frac{Fa^2(l+2b)}{l^3}$
			$a=b=l/2$ $-\frac{Fl}{8}$	$a=b=l/2$ $+\frac{Fl}{8}$	$a=b=l/2$ $+\frac{F}{2}$	$a=b=l/2$ $-\frac{F}{2}$
2	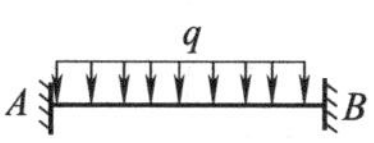		$-\frac{ql^2}{12}$	$+\frac{ql^2}{12}$	$+\frac{ql}{2}$	$-\frac{ql}{2}$
3	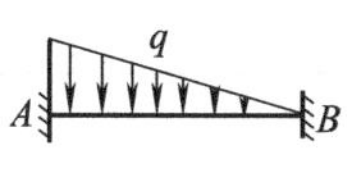		$-\frac{ql^2}{20}$	$+\frac{ql^2}{30}$	$+\frac{7ql}{20}$	$-\frac{3ql}{20}$
4	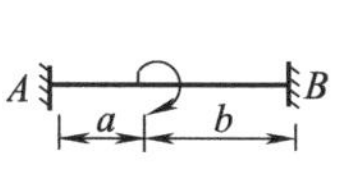	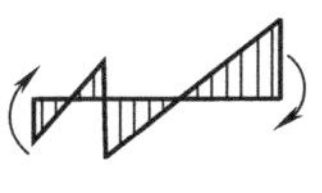	$-\frac{Mb(2l-3b)}{l^2}$	$+\frac{Ma(2l-3a)}{l^2}$	$-\frac{6abM}{l^3}$	$-\frac{6abM}{l^3}$
			$a=b=l/2$ $+\frac{M}{4}$	$a=b=l/2$ $+\frac{M}{4}$	$a=b=l/2$ $-\frac{3M}{2l}$	$a=b=l/2$ $-\frac{3M}{2l}$

续表

编号	简图	弯矩图	固端弯矩（以顺时针转向为正）		固端剪力	
			M_{AB}	M_{BA}	F_{SAB}	F_{SBA}
5	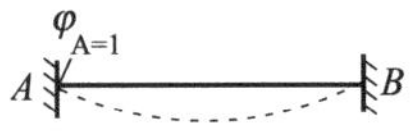 $\varphi_{A=1}$ A B	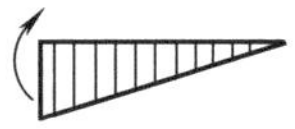	$+3i$	0	$-\frac{3i}{l}$	$-\frac{3i}{l}$
6	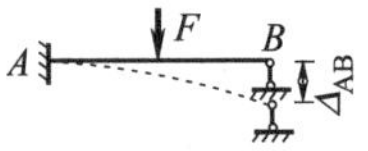 A F B Δ_{AB}	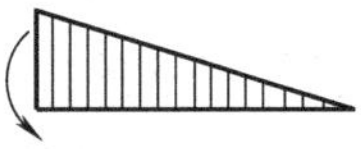	$-\frac{3i}{l}$	0	$+\frac{3i}{l^2}$	$+\frac{3i}{l^2}$
7	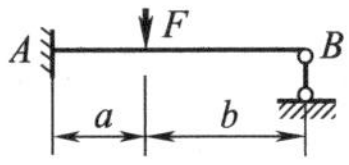 A F B a b		$-\frac{Fb(l^2-b^2)}{2l^2}$	0	$-\frac{Fb(3l^2-b^2)}{2l^3}$	$-\frac{Fa^2(3l-a)}{2l^3}$
			$a=b=l/2$ $-\frac{3Fl}{16}$	$a=b=l/2$ 0	$a=b=l/2$ $+\frac{11F}{16}$	$a=b=l/2$ $-\frac{5F}{16}$
8	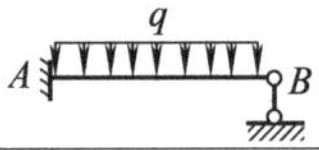 q A B		$-\frac{ql^2}{8}$	0	$+\frac{5ql}{8}$	$-\frac{3ql}{8}$
9	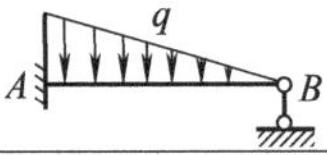 q A B		$-\frac{ql^2}{15}$	0	$+\frac{2ql}{5}$	$-\frac{ql}{10}$
10	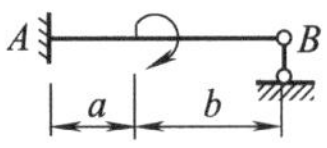 A B a b	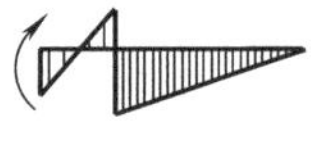	$+\frac{M(l^2-3b^2)}{2l^2}$	0	$-\frac{3M(l^2-b^2)}{2l^3}$	$-\frac{3M(l^2-b^2)}{2l^3}$
			$b=0$ $+\frac{M}{2}$	$+M$	$-\frac{3M}{2l}$	$-\frac{3M}{2l}$
11	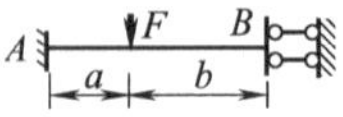 A F B a b		$-\frac{Fa(l+b)}{2l}$	$-\frac{Fa^2}{2l}$	$+F$	0
			$a=b=l/2$ $-\frac{3Fl}{8}$	$a=b=l/2$ $-\frac{Fl}{8}$	$a=b=l/2$ $+F$	$a=b=l/2$ 0
12	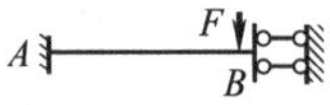 A F B		$-\frac{Fl}{2}$	$-\frac{Fl}{2}$	$+F$	$F_{SB左A}=F$
13	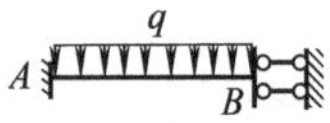 q A B		$-\frac{ql^2}{3}$	$-\frac{ql^2}{6}$	$+ql$	0
14	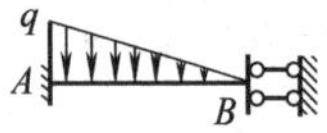 q A B	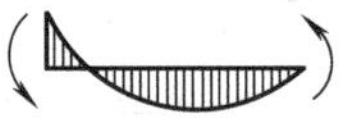	$-\frac{ql^2}{8}$	$-\frac{ql^2}{24}$	$+\frac{ql}{2}$	0
15	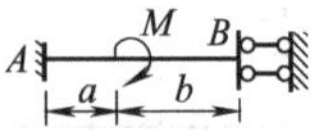 A M B a b		$-\frac{bM}{l}$	$-\frac{aM}{l}$	0	0
			$a=b=l/2$ $-\frac{M}{2}$	$a=b=l/2$ $-\frac{M}{2}$	$a=b=l/2$ 0	$a=b=l/2$ 0

第三节　位移法基本未知量及基本结构

一、基本未知量

在位移法中，基本未知量是指结构中各结点的独立未知位移，下面例子说明什么样的位移是独立位移。图 16-5（a）所示刚架在荷载作用下，刚结点 C、D 除产生角位移 φ_C、φ_D 外，还有线位移 Δ_C 及 Δ_D。由于一般情况下受弯杆件通常忽略轴向变形的影响，C、D 结点无竖向线位移，只有水平位移，且 $\Delta_C=\Delta_D=\Delta$，Δ 即为结点的独立线位移，φ_C、φ_D 则为独立的角位移，该刚架结点的独立位移总数应为 3。若用 n_φ 表示独立的角位移数目，用 n_l 表示独立的线位移数目，即，$n_\varphi=2$，$n_l=1$。由上述分析可知，独立的角位移数目也就是结构中刚结点的数目。如图 16-5（d）所示刚架，E 为铰结点，汇交于 E 结点的三根杆件各杆端转角由上节可知不是独立的，故该刚架 $n_\varphi=2$，$n_l=1$。

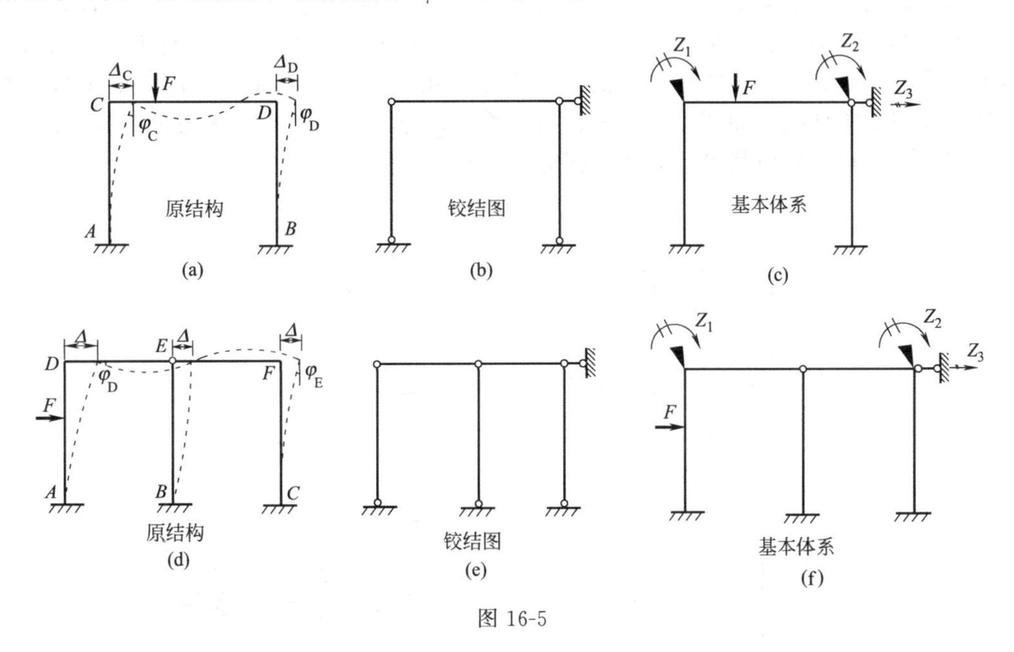

图 16-5

独立的线位移数目，对于较复杂的结构无法直接观察而得，可采用下述方法进行判断：将结构所有刚结点和固定支座都改为铰结点，从而得到一个相应的铰结图形。若此铰结图形为几何不变体系，则原结构所有各结点均无线位移，若铰结图形为几何可变体系，则为了使此铰结体系成为几何不变而需添加的链杆数就等于原结构的独立结点线位移的数目。这种方法适用于任何有刚结点的结构。图 16-5（b）、（e）分别为图 16-5（a）、（d）对应的铰结图形。所加的链杆数与上述分析的线位移数目相同。结构中若有考虑轴向变形的杆件如图 16-6（a）、（b）中的 CD 杆，则结点的独立线位移数目不能用以上方法判断。另外，对于一般刚架，独立结点线位移的数目常可由观察判定。如多层刚架，每层有一个线位移，因而独立结点线位移的数目等于刚架的层数。

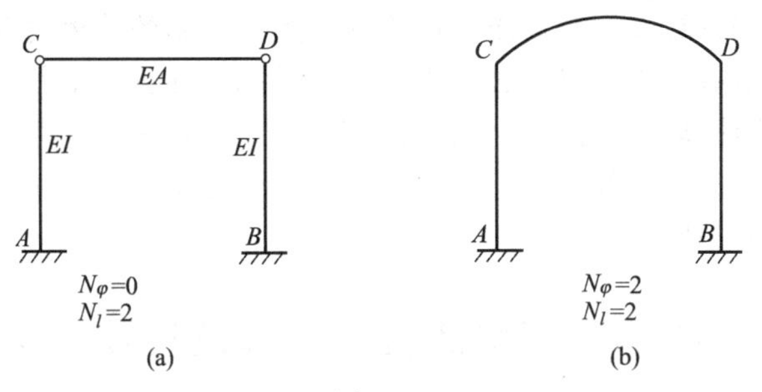

图 16-6

二、基本结构

由第一节可知，用位移法计算时，先把每杆件都看成一个单跨超静定梁，因此位移法的基本结构就是暂时将每根杆件看成两端固定或一端固定一端铰支或一端固定一端为定向支撑的单跨梁的集合体，可假想地在每个刚结点上加一个“附加刚臂”以阻止该结点的转动（但不阻止该结点的移动），在刚结点或铰接点处沿线位移方向加上一个“附加链杆”阻止结点的移动。基本结构与原结构的区别在于：增加了与基本未知量相应的人为约束，从而使基本未知量由被动的位移成为受人工控制的主动的位移。这一点很重要，这样，就可以将人工控制的主动的结点位移看成广义的荷载，进一步地由此表达杆端力，从而使得未知的结点位移出现在结构的平衡方程中。位移法中的基本未知量用 Z 表示，这是一个广义的位移，加在附加刚臂及附加链杆处，如图 16-5（c）、（f）所示，为了保证基本结构与原结构变形一致，必须人工控制结点位移使其等于原结构相应结点的实际位移。

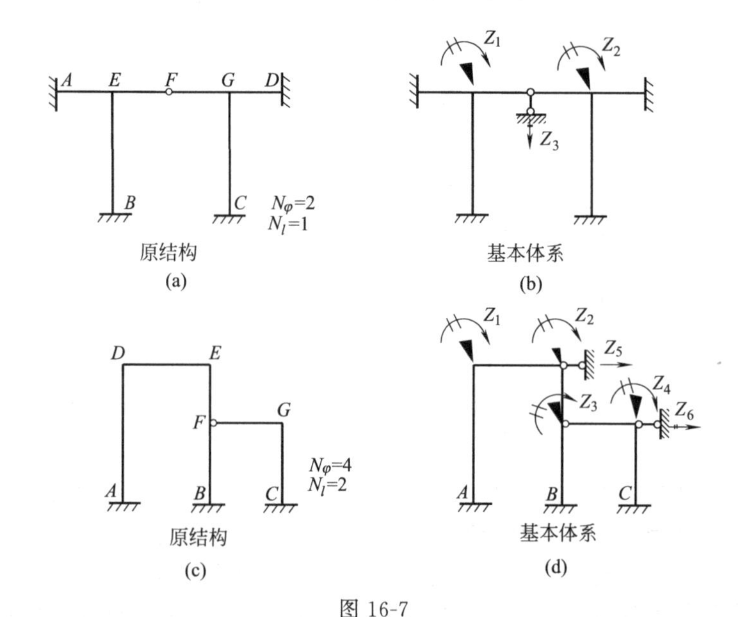

图 16-7

对于图 16-7（a）所示刚架，刚结点 E、G 的转角为基本未知量，分别用 Z_1、Z_2 表示，铰结点处的竖向线位移也是一个基本未知量用 Z_3 表示，基本结构为图 16-7（b）。图 16-7（c）所示刚架，F 为一组合结点，即 BF、EF 杆在 F 处为刚结，该结构 $n_\varphi=4$、$n_l=2$，基本结构见图 16-7（d）。

基本结构是用来计算原结构的工具或桥梁。一方面，它可以转化为原结构，可以代表原结构；另一方面，它的计算又比较简单。因为加了人工控制的约束之后，原来的整体结构就被分隔成许多杆件（这些杆件各自单独变形，互不干扰；并且已知其杆端位移和杆端力之间的关系），结构的整体计算拆成许多单个杆件的计算，从而使计算简化。注意，在力法中是用撤除约束的方式达到简化计算的目的，而在位移法中是用增加约束的方式达到简化计算的目的，措施相反，效果相同。

第四节 位移法典型方程及计算步骤

以图 16-8（a）所示刚架为例，说明利用位移法基本体系（基本体系为基本结构加上作用其上的力系）建立位移法基本方程的计算思路。设原结构 C 结点的角位移为 Z_1，C、D 结点的线位移为 Z_2，基本体系如图 16-8（b）所示。基本结构的变形与原结构是相同的，要使它们受力也相同，则基本结构在荷载与 Z_1、Z_2 的共同作用下，附加联系（含附加刚臂及附加链杆）处的反力矩及反力应为零（因为原结构本来就不存在这些约束），假设附加刚臂处的反力矩为 F_1，附加链杆处的反力为 F_2，则

$$\left.\begin{aligned}F_1=0\\F_2=0\end{aligned}\right\}\tag{a}$$

设由 Z_1、Z_2 及荷载引起的附加刚臂上的反力矩为 F_{11}、F_{12}、F_{1P}，引起的附加链杆上的反力为 F_{21}、F_{22}、F_{2P}，如图 16-8（c）、（d）、（e）所示，根据叠加原理式（a）可写为

$$\left.\begin{aligned}F_{11}+F_{12}+F_{1P}=0\\F_{21}+F_{22}+F_{2P}=0\end{aligned}\right\}\tag{b}$$

式（b）中 F 的两个脚标含义是：第一个表示反力（或反力矩）所属附加联系，第二个表示引起反力（或反力矩）的原因。若设 r_{11}、r_{12}表示 $\overline{Z}_1=1$、$\overline{Z}_2=1$ 时引起的附加刚臂反力矩，r_{21}、r_{22}表示 $\overline{Z}_1=1$、$\overline{Z}_2=1$ 时引起的附加链杆反力，则式（b）又可写为

$$\left.\begin{aligned}r_{11}Z_1+r_{12}Z_2+F_{1P}=0\\r_{21}Z_1+r_{22}Z_2+F_{2P}=0\end{aligned}\right\}\tag{c}$$

当结构有 n 个独立的结点位移时，基本结构就有 n 个附加联系，根据每个附加联系的反力或反力矩均应为零，则可写出 n 个方程

$$\left.\begin{aligned}r_{11}Z_1+r_{12}Z_2+r_{13}Z_3+\cdots\cdots+r_{1n}Z_n+F_{1P}=0\\r_{21}Z_1+r_{22}Z_2+r_{23}Z_3+\cdots\cdots+r_{2n}Z_n+F_{2P}=0\\r_{31}Z_1+r_{32}Z_2+r_{33}Z_3+\cdots\cdots+r_{3n}Z_n+F_{3P}=0\\\cdots\cdots\cdots\cdots\cdots\cdots\cdots\cdots\cdots\cdots\cdots\cdots\cdots\\r_{n1}Z_1+r_{n2}Z_2+r_{n3}Z_3+\cdots\cdots+r_{nn}Z_n+F_{nP}=0\end{aligned}\right\}\tag{16-5}$$

式（16-5）称为位移法的典型方程。其中主对角线上的系数 r_{ii} 称为主系数（主反力或主反力矩），因 r_{ii} 的方向始终与 $\overline{Z}_i=1$ 的方向一致，故恒为正值且不会为零。位于主对角线两侧的系数称为副系数（副反力或副反力矩），其值可能为正、或负、或零。根据反力互等定理，$r_{ij}=r_{ji}$。F_{iP}称为自由项，它是由荷载或其它外因引起的，其值同样可能为正、或负、或零。

位移法典型方程的物理意义是：基本结构在荷载等外因和各结点位移 Z_1、Z_2、Z_3、……、Z_n共同影响下，每个附加联系的反力或反力矩均为零。因此典型方程实质上就是力的平衡方程。由于每个系数都是单位位移引起的附加联系上的反力或反力矩，它与结构的刚度成正比，因此这些系数也称为刚度系数，上述典型方程也称为结构的刚度方程，位移法又叫刚度法。

典型方程中的系数及自由项计算：仍以图 16-8（a）为例，首先可利用表 16-1 绘出基本结构在 $\overline{Z}_1=1$、$\overline{Z}_2=1$ 及荷载单独作用下的 $\overline{M}_1$、$\overline{M}_2$、M_P图，如图 16-9（a）、（b）、（c）所示，然后取图 16-9（d）、（e）、（f）、（g）、（h）、（i）所示分离体，利用平衡条件求出系数及自由项。为使计算简化，各杆线刚度仍取相对值进行计算，如本例设 $i=\dfrac{EI}{l}$，则 $i_{AC}=i_{BD}=i$，$i_{CD}=2i$。r_{11}、r_{12}、F_{1P}表示附加刚臂上的反力矩，可分别由平衡方程$\sum M_C=0$ 求出：

$$r_{11}=10i \quad r_{12}=-\frac{6i}{l} \quad F_{1P}=-\frac{ql^2}{8}$$

r_{21}、r_{22}、F_{2P}表示附加链杆的反力，图中所示隔离体是沿链杆方向将柱顶切断，取上部分进

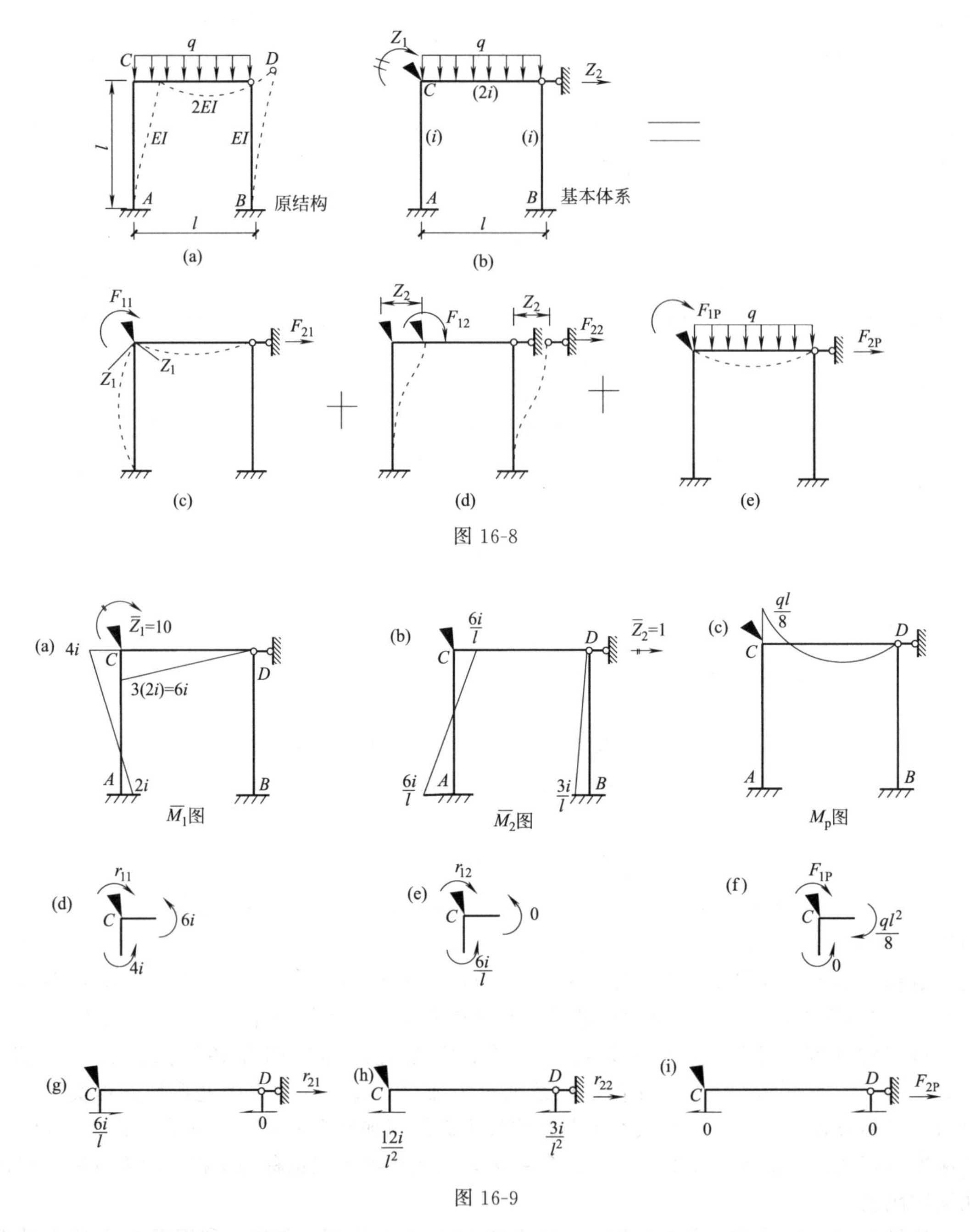

图 16-8

图 16-9

行计算，柱子的杆端剪力仍由表16-1查得，根据作用力与反作用力方向相反而得图中隔离体所示方向，再利用$\sum X=0$即可求出

$$r_{21}=-\frac{6i}{l}\quad r_{22}=\frac{15i}{l^2}\quad F_{2P}=0$$

将上述系数及自由项代入式（c）

$$\begin{cases}10iZ_1-\dfrac{6i}{l}Z_2-\dfrac{ql^2}{8}=0\\[2mm] -\dfrac{6i}{l}Z_1+\dfrac{15i}{l^2}Z_2=0\end{cases}$$

解联立方程得：$Z_1=\dfrac{5ql^2}{304i}$（顺时针转），　$Z_2=\dfrac{2ql^3}{304i}$（→）。

最后弯矩图可由 $M=\overline{M}_1Z_1+\overline{M}_2Z_2+M_P$ 叠加而得，剪力图及轴力图可按平衡条件求出，见图 16-10（a）、（b）、（c）所示。内力图的校核仍包括平衡条件及位移条件的校核。由于位移法的基本结构建立时已考虑了位移连续条件，故 M 图校核的重点应为平衡条件。

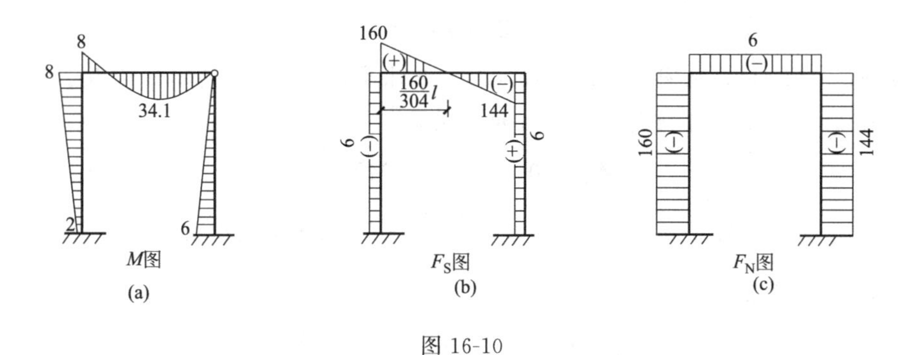

图 16-10

综上所述，位移法的计算步骤应为：

（1）确定原结构的基本未知量 n_φ、n_l。

（2）加上相应的附加联系得基本体系。

（3）列位移法典型方程。

（4）绘 $\overline{M}_1$、$\overline{M}_2$、……、M_P 图，利用平衡条件求系数及自由项。

（5）解典型方程，求出 Z_1、Z_2、……、Z_n。

（6）由 $M=\overline{M}_1Z_1+\overline{M}_2Z_2+\cdots\cdots+M_P$ 绘 M 图，并进行校核。再根据平衡条件求各杆杆端剪力和轴力，绘 F_S、F_N 图。

【例 16-1】　用位移法求图 16-11（a）所示刚架的 M 图。已知 B 支座下沉 $\Delta_B=0.5\text{cm}$，$EI=3\times10^5\text{kN}\cdot\text{m}^2$。

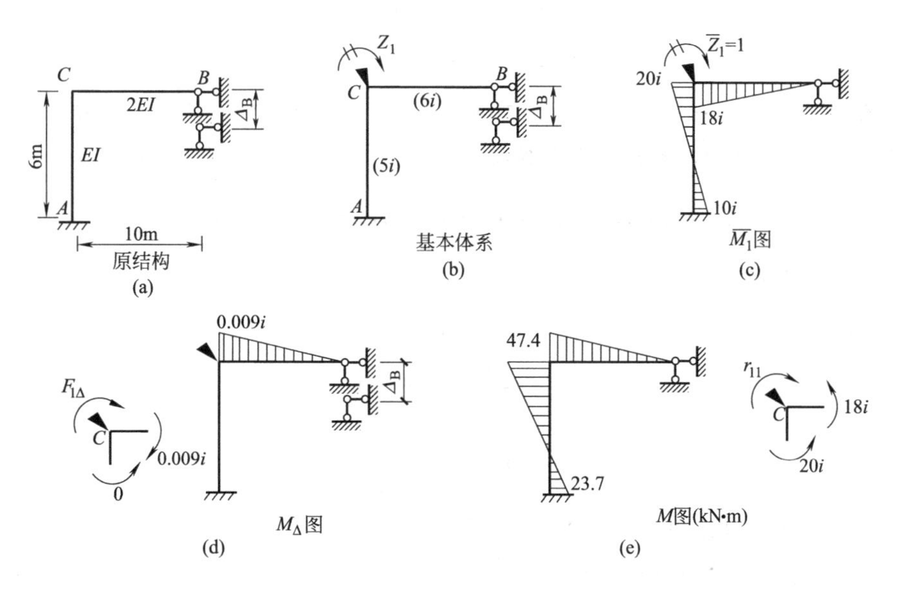

图 16-11

【解】 本题的特点是外因为支座移动，在绘 M_Δ 图时仍可查表 16-1。

(1) $n_\varphi=1$、$n_l=0$。

(2) 确定基本结构，如图 16-11 (a) 所示。设 $i=\frac{EI}{30}$，则 $i_{AC}=\frac{EI}{6}=5i$，$i_{BC}=\frac{2EI}{10}=6i$。

(3) 列典型方程。

$$r_{11}Z_1+F_{1\Delta}=0$$

(4) 绘$\overline{M}_1$、M_Δ 图，见图 16-11 (c)、(d)，并计算 r_{11}、$F_{1\Delta}$。基本结构由于 B 支座下沉 $\Delta_B=0.005$m 时，由表 16-1 可得各杆的杆端弯矩为

$$M_{AC}^{F}=0 \qquad M_{CA}^{F}=0$$

$$M_{CB}^{F}=-\frac{3i_{CB}}{l}\cdot\Delta_B=-\frac{3\times6i}{10}\times0.005=-0.009i$$

由图中隔离体根据$\sum M_C=0$ 可得

$$r_{11}=38i, \qquad F_{1\Delta}=-0.009i$$

(5) 解联立方程，求 Z_1。

$$38iZ_1-0.009i=0$$

$$Z_1=2.37\times10^{-4}\text{(顺时针转)}$$

(6) 绘 M 图。如图 16-11 (e) 所示（由读者自行检算）。

【例 16-2】 求图 16-12 (a) 所示刚架的内力图。E 为常数。

【解】 本题的特点是承受结点荷载，在计算自由项时，隔离体上勿忘该荷载。

(1) $n_\varphi=1$、$n_l=1$。

(2) 确定基本结构如图 16-12 (b) 所示。

(3) 列典型方程。

$$\left.\begin{aligned}r_{11}Z_1+r_{12}Z_2+F_{1P}=0\\r_{21}Z_1+r_{22}Z_2+F_{2P}=0\end{aligned}\right\}$$

(4) 绘$\overline{M}_1$、$\overline{M}_2$、……、M_P 图，如图 16-12 (c)、(d)、(e) 所示。取相应的隔离体见图 16-12 (f)、(g)、(h)，利用平衡条件得

$$r_{11}=14i, r_{12}=r_{21}=0, F_{1P}=0, r_{22}=\frac{27i}{l^2}, F_{2P}=-F$$

(5) 解典型方程。

$$\begin{cases}14iZ_1=0\\\frac{27i}{l^2}Z_2-F=0\end{cases}$$

$$Z_1=0 \quad Z_2=\frac{l^2}{27i}F(\rightarrow)$$

(6) 绘 M、F_S、F_N 图，如图 16-12 (i)、(j)、(k) 所示。在画 M 图时应逐一对刚结点处的 M 值进行校核，无须另列方程。

注意：用位移法求解结构，除了上述介绍的位移法基本体系求解法之外，还可以采用直接平衡法，如例题 16-2 中，利用 B 点的力矩平衡以及杆 BD 水平方向力的平衡可求出基本

未知量，具体过程读者可尝试分析。

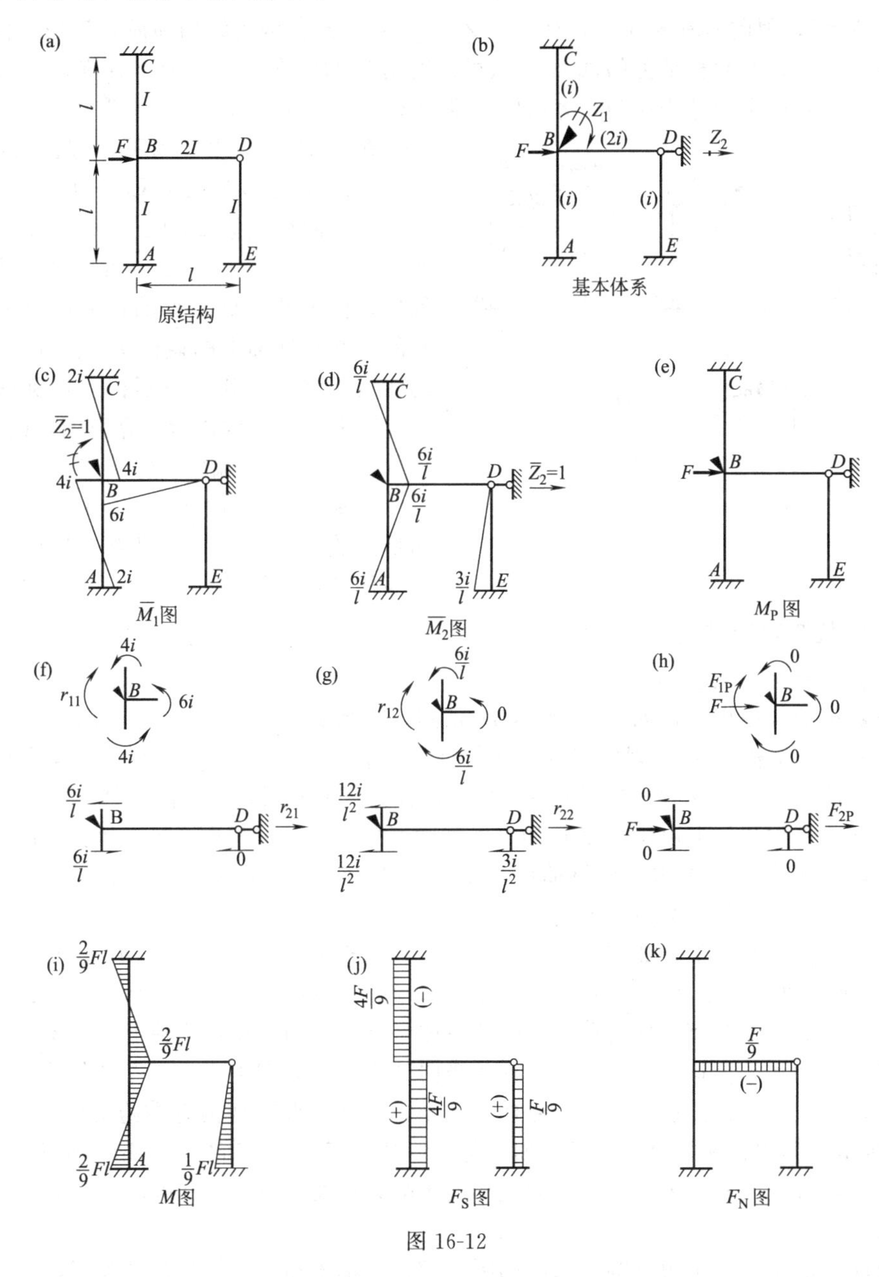

图 16-12

第五节　对称性的利用

由力法计算可知，对称结构在正对称荷载作用下，其弯矩图、轴力图及变形图都是正对称图形，剪力为反对称图形；对称结构在反对称荷载作用下，弯矩图、轴力图及变形图都是反对称图形，而剪力图则为正对称图形。这些规律在位移法中仍将得到应用。

一、奇数跨对称结构

用位移法解图 16-13（a）所示刚架。

在正对称荷载作用下，如图 16-13（b）所示，变形为正对称，$\varphi_C=-\varphi_D$，结点 C、D 的线位移 $\Delta=0$，因此基本未知量只有一个 $Z_1=\varphi_C=-\varphi_D$。因为结构和荷载都是对称的，因此整体是对称的，在对称轴上的截面 E 只可能有对称的竖向位移，而不存在反对称的转角和水平位移，若取半个结构作为计算简图，则如图 16-13（d）所示，E 端取滑动支撑端。

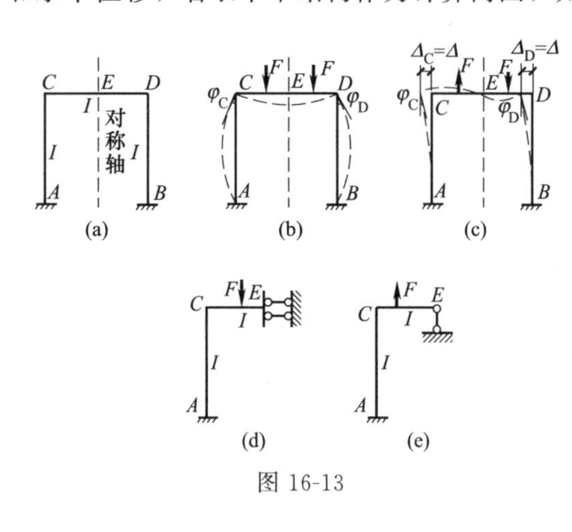

图 16-13

在反对称荷载作用下，如图 16-13（c）所示，由于变形为反对称，故 $\varphi_C=\varphi_D$，C、D 两结点的线位移 $\Delta\neq0$，所以基本未知量有两个，$Z_1=\varphi_C=\varphi_D$，$Z_2=\Delta$。因为结构是对称的，荷载都是反对称的，因此整体是反对称的，在对称轴上的截面 E 只可能有反对称的转角和水平位移，而不存在对称的竖向位移，若取半个结构作为计算简图，则如图 16-13（e）所示，E 端取辊轴支座。

分别与图 16-13（b）、（c）比较，基本未知量的数目并没改变，但由于杆件数目的减少而使计算工作量也得到相应的减少。

二、偶数跨对称结构

用位移法解图 16-14（a）所示刚架。

在正对称荷载作用下，如图 16-14（b）所示，变形为正对称，$\varphi_D=-\varphi_F$，$\varphi_E=0$，结点 D、E 和 F 的线位移 $\Delta=0$，因此基本未知量只有一个 $Z_1=\varphi_D=-\varphi_F$。因为结构和荷载都是对称的，因此整体是对称的，在对称轴上的 EB 杆只可能有对称的竖向位移，而不存在反对称的转角和水平位移，但由于支座 B 的存在，同时忽略杆件的轴向变形，因此 EB 杆也没有竖向位移，若取半个结构作为计算简图，则如图 16-13（d）所示，EB 杆由于没有任何变形，因此可以取消，E 端取固定支座。

在反对称荷载作用下，如图 16-14（c）所示，由于变形为反对称，故 $\varphi_D=\varphi_F$、$\varphi_E\neq0$，D、F 两结点的线位移 $\Delta\neq0$，所以基本未知量有两个，$Z_1=\varphi_D=\varphi_F$，$Z_2=\varphi_E$，$Z_3=\Delta$。因为结构是对称的，荷载都是反对称的，因此整体是反对称的，在对称轴上的 EB 杆只可能有反对称的转角和水平位移，而不存在对称的竖向位移，因为 EB 杆有转角和水平位移，可将其分成两根分柱，分柱的抗弯刚度为原柱的一半，这样问题就变为奇数跨的问题，如图 16-14（e）所示，其中在两根分柱之间增加一跨，但其跨度为零。若取半个结构作为计算简图，则如图 16-14（e）所示，因为忽略轴向变形的影响，E 处的竖向支杆可取消，半边结构也可按图选取。

值得注意的是，①半边结构与原结构图比较，基本未知量的数目并没改变，但由于杆件数目的减少而使计算工作量也得到相应的减少。②以上的半边结构选取的分析过程中，主要是从对称轴处变形的角度进行分析，如在对称轴处与对称轴垂直的线位移和转角是反对称量，而与对称轴平行的线位移为对称量。也可以从对称轴处内力的角度进行分析，如在结构对称轴处，弯矩和轴力是对称量，而剪力是反对称量。按此分析可以得出相同的结论（具体过程可自行分析），如偶数跨对称结构受反对称荷载，对称轴处的 EB 杆不能有轴力，但半边结构中的两根分柱可有绝对值相同而正负号相反的轴力存在。这里须提醒读者注意对称轴处梁的 E 截面和柱 EB 中任一截面上内力的对称性的区别。③对取得的半边结构，可以进一步选取任何合适的方法进行计算，如力学、位移法以及后面要学习到的力矩分配法等。

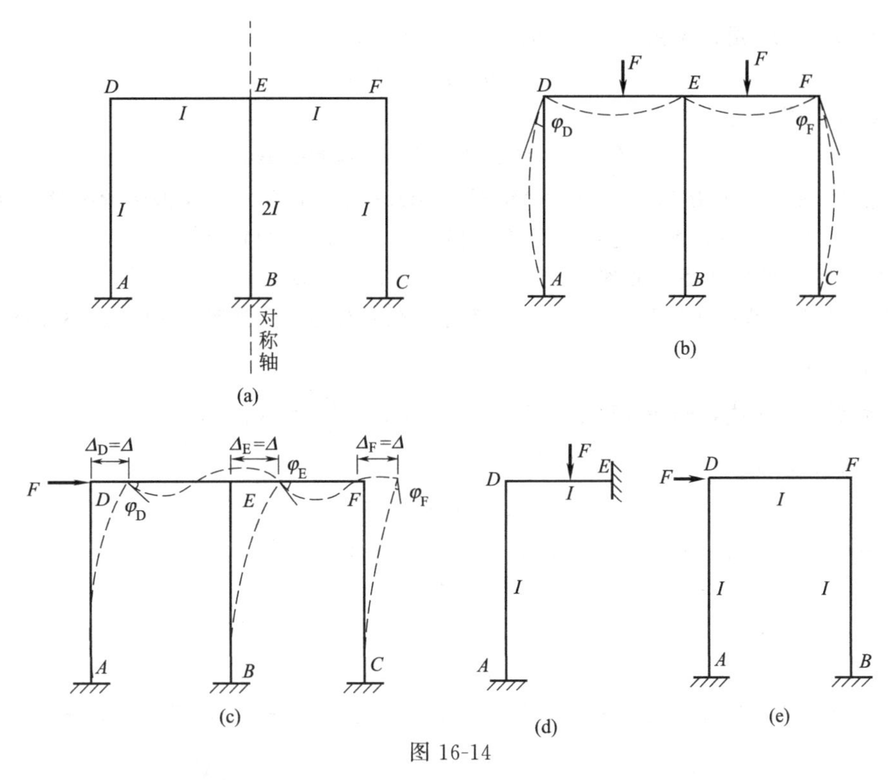

图 16-14

【例 16-3】 用位移法求图 16-15（a）所示连续梁的 M 图。

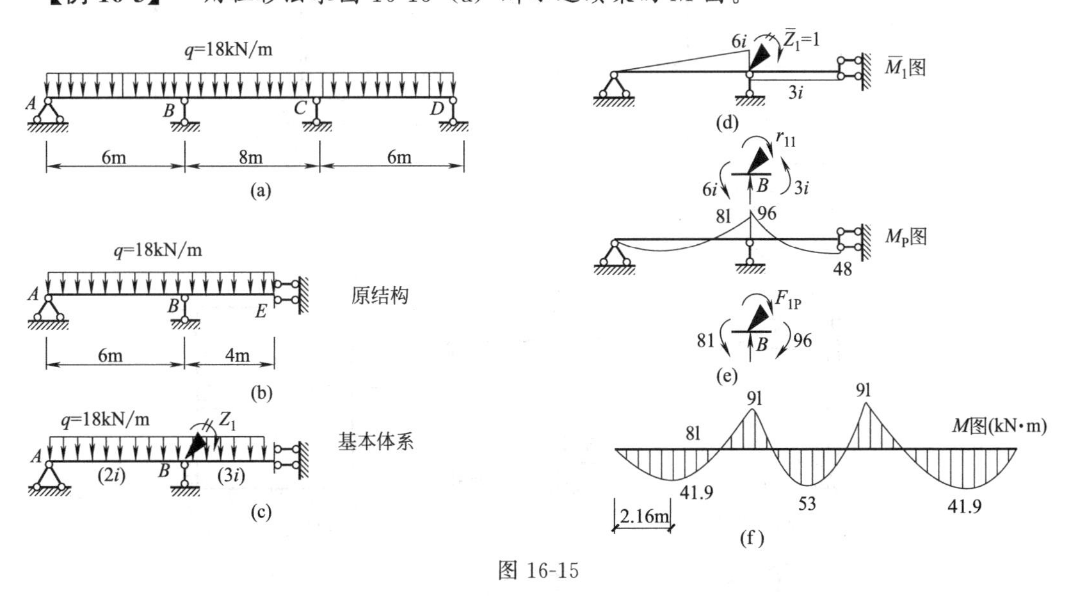

图 16-15

【解】 本题取 1/2 进行计算，计算简图如图 16-15（b）所示。

（1）$n_{\varphi}=1$、$n_l=0$。

（2）确定基本结构，如图 16-15（c）所示。设 $i=EI/12$，则

$$i_{AB}=\frac{EI}{6}=2i,\qquad i_{BE}=\frac{EI}{4}=3i$$

（3）列典型方程。

$$r_{11}Z_1+F_{1P}=0$$

（4）绘$\overline{M}_1$、M_P 图，见图 16-15（d）、（e），并计算 r_{11}、F_{1P}。

$$r_{11}=9i \quad F_{1P}=-15$$

（5）解方程求 Z_1。

$$9iZ_1-15=0 \quad Z_1=5/3i\text{(顺时针转)}$$

（6）绘 M 图。首先由 $M=\overline{M}_1Z_1+M_P$ 绘出 AE 部分 M 图，再根据对称性绘出 ED 部分 M 图，即得图 16-15（a）所示连续梁的弯矩图，见图 16-15（f）所示。

【例 16-4】 用位移法计算图 16-16（a）所示刚架 M 图。EI=常数。

【解】 由于该结构有两个对称轴，故可取 1/4 结构作为计算简图，如图 16-16（b）所示。

（1）$n_\varphi=1$、$n_l=0$。

（2）确定基本结构，如图 16-15（c）所示。设 $i=\dfrac{2EI}{a}=i_{AB}=i_{BC}$。

（3）列典型方程。

$$r_{11}Z_1+F_{1P}=0$$

（4）绘$\overline{M}_1$、M_P 图，见图 16-16（d）、（e），并计算 r_{11}、F_{1P}。

$$r_{11}=2i \quad F_{1P}=Fa/8$$

（5）解方程求 Z_1。

$$2iZ_1+Fa/8=0 \quad Z_1=-Fa/16i\text{(逆时针转)}$$

（6）$M=\overline{M}_1Z_1+M_P$，并根据对称性绘出图 16-16（a）所示刚架 M 图，如图 16-16（f）所示。

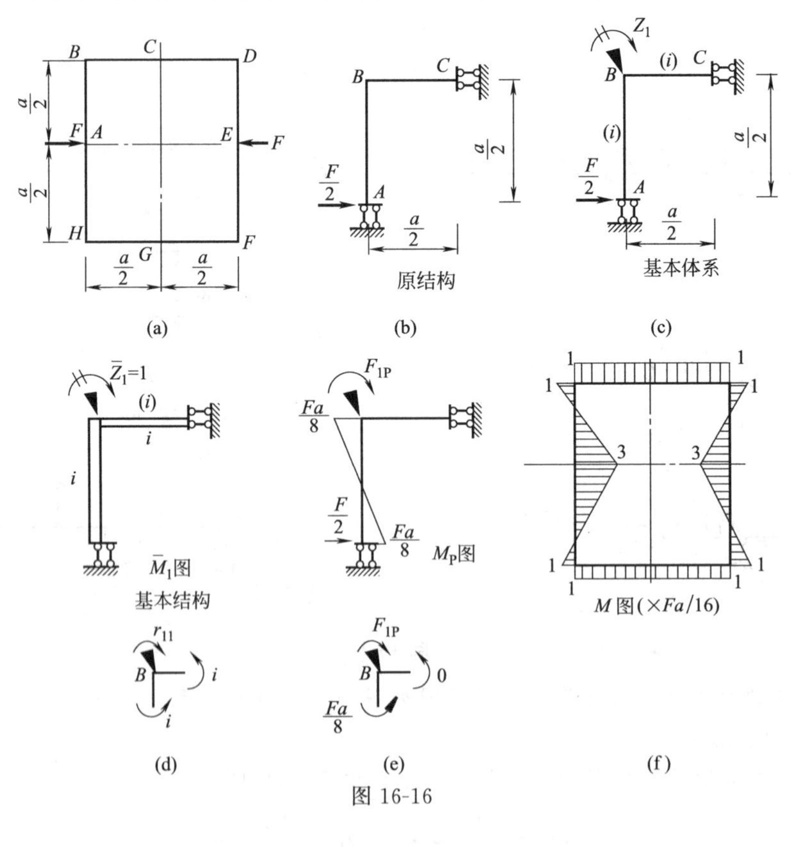

图 16-16

习 题

16-1 确定题 16-1 图示各结构基本未知量，并绘基本结构。

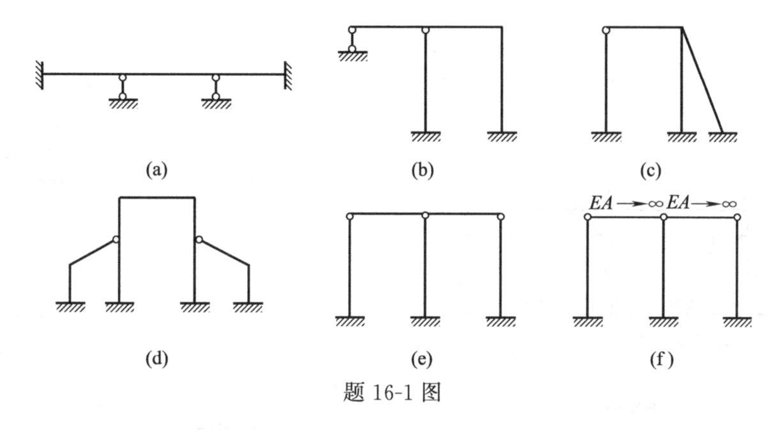

(a)　(b)　(c)
(d)　(e)　(f)

题 16-1 图

16-2　如题 16-2 图所示，用位移法计算。绘 M 图，E=常数。

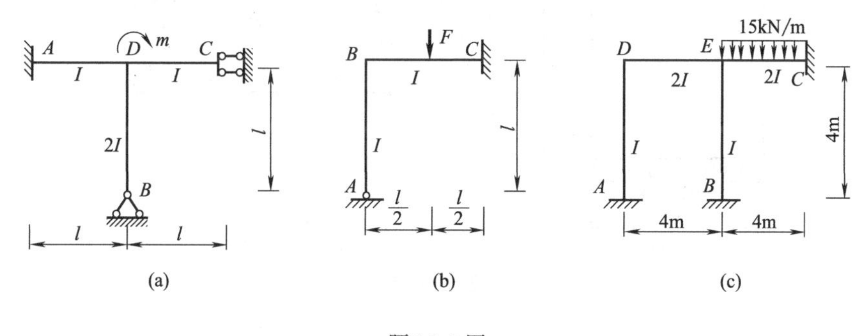

(a)　(b)　(c)

题 16-2 图

16-3　用位移法计算题 16-3 图示结构，绘 M 图。

16-4　如题 16-4 图所示，等截面连续梁 B 支座下沉 0.02m，C 支座下沉 0.012m。已知 $EI=420\times10^2\text{kN}\cdot\text{m}^2$，试绘 M 图。

16-5　求题 16-5 图示刚架 B 截面的转角 φ_B 及 D 截面的水平线位移 Δ_{DX}。

16-6　利用对称性计算题 16-6 图所示结构，绘制 M 图。EI=常数。

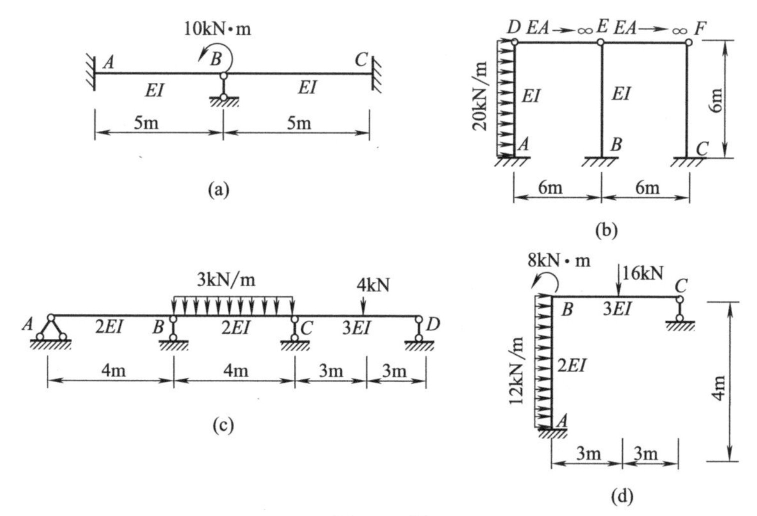

(a)　(b)
(c)　(d)

题 16-3 图

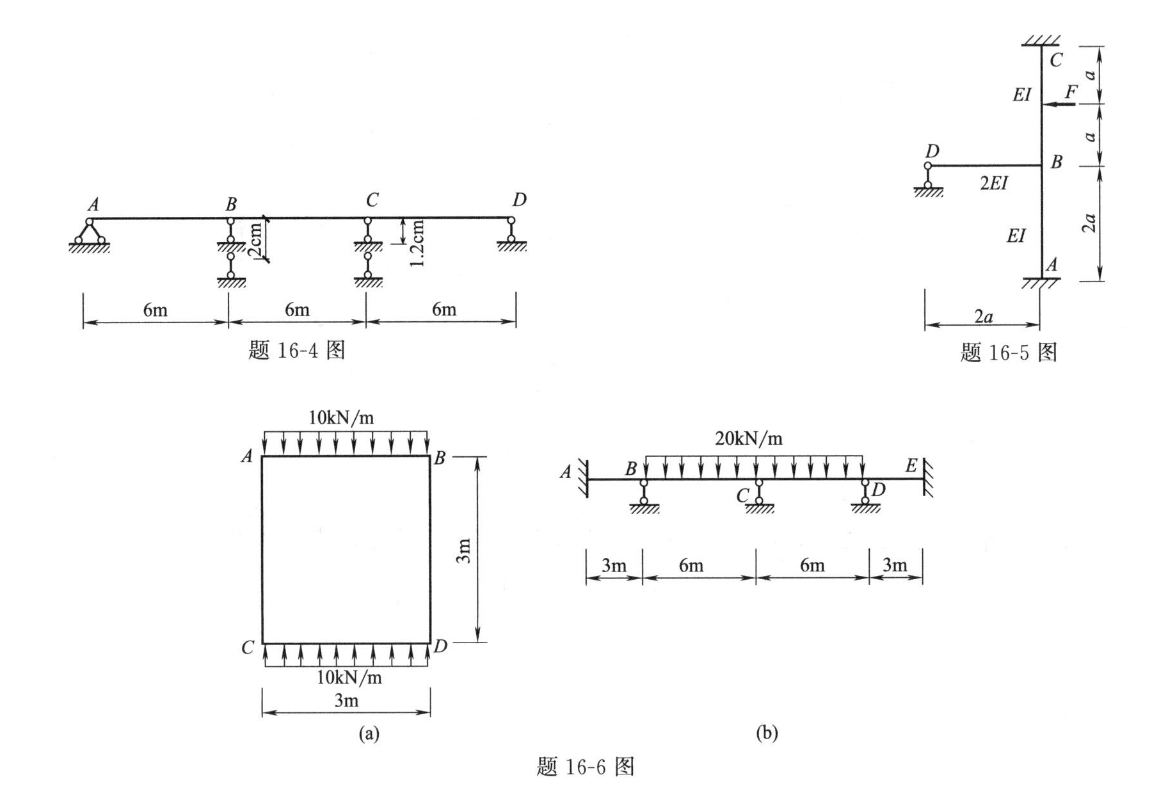

题 16-4 图

题 16-5 图

(a)

(b)

题 16-6 图

第十七章　力矩分配法

第一节　力矩分配法的基本概念

力矩分配法的理论基础是位移法，它是一种渐近计算方法，不需要计算结点位移，而是以逐次渐近的方法来计算杆端弯矩，计算结果的精度随计算轮次的增加而提高，最后收敛于精确解。力矩分配法物理概念生动形象，每轮计算都是按相同步骤进行，易于掌握，适用于无结点线位移的连续梁刚架。力矩分配法中杆端弯矩的正负号规定与位移法相同。下面先介绍几个常用的名词。

一、名词解释

1. 转动刚度（也称为劲度系数）S

它表示杆端对转动的抵抗能力，在数值上等于使杆端产生单位转角时需要施加的力矩。如图 17-1（a）所示单跨梁，A 端为铰结，B 端为固定端，当 A 端（为施力端，又称近端）产生单位转角 $\varphi_A=1$ 时，需要施加的力矩为 $4i$，即转动刚度 $S_{AB}=4i$，注意，在此处，A 端可理解为可转动（但不能移动）的刚结点，A 端画成铰支座也是表达此特点，不代表 A 端为一实际的铰支座。图 17-1 中其他情形下的转动刚度可由位移法中的杆端弯矩公式导出。汇总如下：

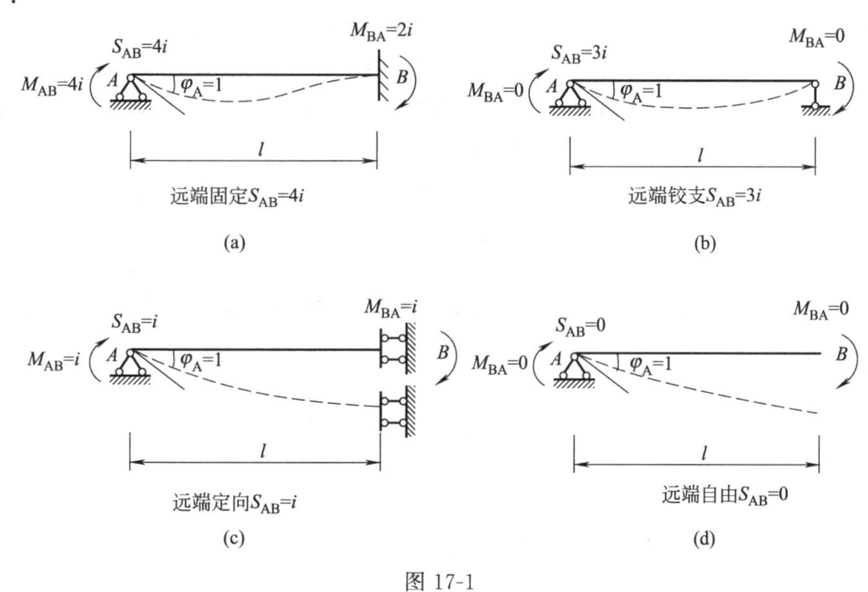

图 17-1

远端固定　$S_{AB}=4i$

远端简支　$S_{AB}=3i$

远端滑动　$S_{AB}=i$

远端自由　$S_{AB}=0$

式中　$i=\dfrac{EI}{l}$

2. 传递系数 C

由图 17-1 知，当近端发生单位转角 $\varphi_A=1$ 时，除了近端产生杆端弯矩 M_{AB} 外，远端也产生杆端弯矩 M_{BA}。对于等截面杆件，由位移法中的刚度方程可得杆端弯矩如下：

远端固定 $M_{AB}=4i_{AB}\varphi_A$ $M_{BA}=2i_{AB}\varphi_A$

远端简支 $M_{AB}=3i_{AB}\varphi_A$ $M_{BA}=0$

远端滑动 $M_{AB}=i_{AB}\varphi_A$ $M_{BA}=-i_{AB}\varphi_A$

远端自由 $M_{AB}=0$ $M_{BA}=0$

将远端杆端弯矩 M_{BA} 与近端杆端弯矩 M_{AB} 之比称为传递系数，用 C 表示，如 $C_{AB}=\dfrac{M_{BA}}{M_{AB}}=\dfrac{2i_{AB}\varphi_A}{4i_{AB}\varphi_A}=\dfrac{1}{2}$。同理可得出常见的几种传递系数如下：

远端固定 $C=\dfrac{1}{2}$

远端铰结 $C=0$

远端滑动 $C=-1$

远端自由 $C=0$

远端弯矩 $M_{BA}=C_{AB}M_{AB}$，也称为传递弯矩，用 M^C 表示。

3. 分配系数 μ

图 17-2 所示刚架，刚结点 A 处作用有一集中力偶 M，刚架产生图中虚线所示变形，根据 A 点的位移协调条件，汇交于 A 结点的各杆端产生的转角均为 φ_A，由转动刚度的定义可知各杆杆端弯矩为：

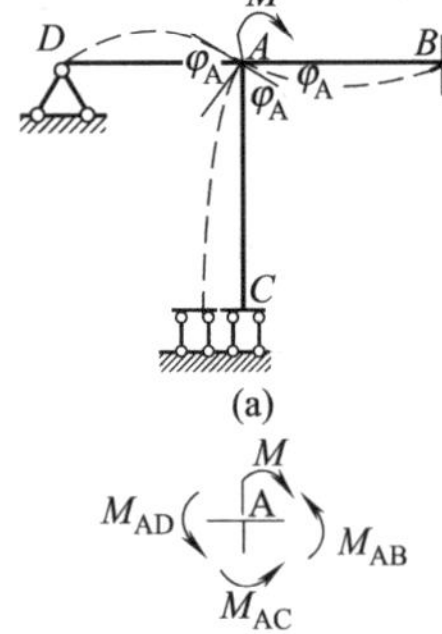

图 17-2

$$\left.\begin{aligned}M_{AB}&=S_{AB}\varphi_A=4i_{AB}\varphi_A\\M_{AC}&=S_{AC}\varphi_A=i_{AC}\varphi_A\\M_{AD}&=S_{AD}\varphi_A=3i_{AD}\varphi_A\end{aligned}\right\}\quad\text{(a)}$$

取结点 A 为隔离体，见图 17-2（b），由平衡方程 $\sum M_A=0$ 得：

$$\left.\begin{aligned}&M-M_{AB}-M_{AC}-M_{AD}=0\\&M=M_{AB}+M_{AC}+M_{AD}=(S_{AB}+S_{AC}+S_{AD})\varphi_A\\&\varphi_A=M/(S_{AB}+S_{AC}+S_{AD})=M/\sum_A S\end{aligned}\right\}\quad\text{(b)}$$

式中 $\sum\limits_A S$ 表示汇交于 A 结点各杆端转动刚度的总和。将式（b）中的 φ_A 值代入式（a）：

$$\left.\begin{aligned}M_{AB}&=\frac{S_{AB}}{\sum\limits_A S}M=\mu_{AB}M\\M_{AC}&=\frac{S_{AC}}{\sum\limits_A S}M=\mu_{AC}M\\M_{AD}&=\frac{S_{AD}}{\sum\limits_A S}M=\mu_{AD}M\end{aligned}\right\}\quad\text{(c)}$$

显然，各杆 A 端的弯矩与 A 结点上作用的集中力偶之间存在一个比例系数，该比例系数与各杆的转动刚度相对比值有关，即相当于把结点力矩 M 按各杆转动刚度的大小比例分配给各杆近端，称该比例系数为弯矩分配系数如 μ_{AB}、μ_{AC}、μ_{AD}，所得的近端弯矩称为分配弯矩，用 M^{μ} 表示。显然，汇交于 A 结点各杆端分配系数之和为 1，即 $\sum\mu_{Aj}=\mu_{AB}+\mu_{AC}+\mu_{AD}=1$。

二、力矩分配法的基本原理（以单结点的力矩分配为例）

以图 17-3（a）两跨连续梁为例进行说明，图中 AB 跨跨中作用有一集中力，产生相应变形，同时在 A、B 结点所在的杆端产生杆端弯矩，在不求解结点位移和多余约束力的情形下如何直接计算这些杆端弯矩？用力矩分配法求解可以按下列步骤进行分析。此处，杆端弯矩以顺时针转向为正。

（1）设想先在 B 结点加上一个人工附加刚臂阻止 B 结点转动，如图 17-3（b）所示。此时只有 AB 跨受荷载作用产生变形，相应的杆端弯矩即为固端弯矩 M_{AB}^{F}、M_{BA}^{F}，附加刚臂的反力矩可取 B 结点为隔离体而得：$\sum M_B=0$，$M_B=M_{BA}^{F}$，M_B是汇交于 B 结点各杆端固端弯矩代数和，它是未被平衡的各杆固端弯矩的差值，故称为 B 结点上的不平衡力矩，以顺时针方向为正。

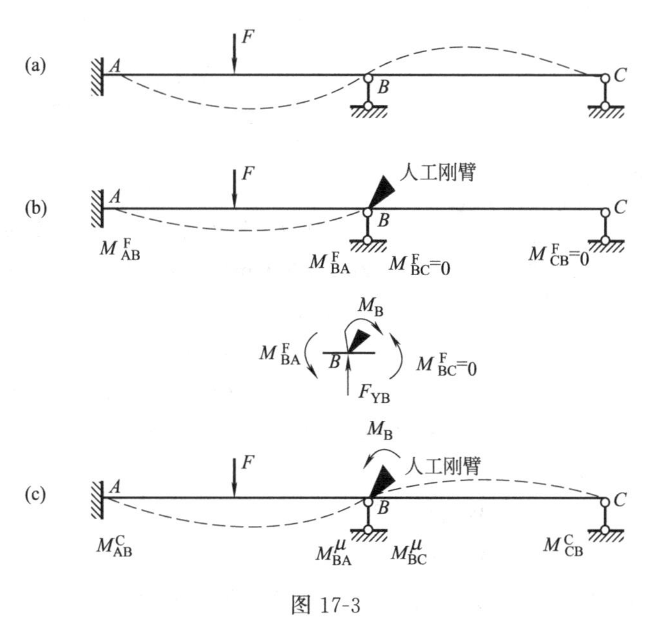

图 17-3

（2）原连续梁 B 结点并无附加刚臂，在第一步中增加附加的人工刚臂只是为了将 B 结点的实际变形分阶段考虑以便于分析，因此在此步骤中要取消刚臂，让 B 结点在人为的控制下转动，就相当于在 B 结点加上一个反向的不平衡力矩如图 17-3（c）所示。对于单结点情形，可一次性让 B 结点恢复到实际转动。这时汇交于 B 结点的各杆杆端产生的弯矩 $M_{BA}=\mu_{BA}(-M_B)=M_{BA}^{\mu}$，$M_{BC}=\mu_{BC}(-M_B)=M_{BC}^{\mu}$，即前面所述的分配弯矩。在远端产生的杆端弯矩即传递弯矩 M^{C}，它可由各近端的分配弯矩乘以相应的传递系数得到。

（3）将图 17-3（b）、（c）所代表的两个阶段叠加，就得到图 17-3（a）所示连续梁的受力及变形。此时，杆端弯矩 $M_{BA}=M_{BA}^{F}+M_{BA}^{\mu}$，$M_{AB}=M_{AB}^{F}+M_{AB}^{C}$，$M_{BC}=M_{BC}^{F}+M_{BC}^{\mu}$。

以上就是力矩分配法的基本思路，概括来说：先在 B 结点加上附加人工刚臂阻止 B 结点转动，把连续梁看作两个单跨梁，求出各杆的固端弯矩 M^{F}，此时附加刚臂承受不平衡力矩 M_B（各杆固端弯矩的代数和），然后去掉附加刚臂（因为此刚臂是人为加上的，本来就不存在），即相当于在 B 结点作用一个反向的不平衡力矩（$-M_B$），相应地，求出各杆端的分配弯矩 M^{μ} 及传递弯矩 M^{C}，叠加各杆端弯矩即得原连续梁各杆端的最后弯矩。连续梁的

M 图求出后，F_S图及支座反力则不难进一步求出。用力矩分配法作题时，不必绘图 17-3（b）、（c）所示图，而是按一定的格式进行计算，即可十分清晰地说明整个计算过程，举例如下。

【例 17-1】 用力矩分配法计算图 17-4（a）所示连续梁的 M 图。EI＝常数。

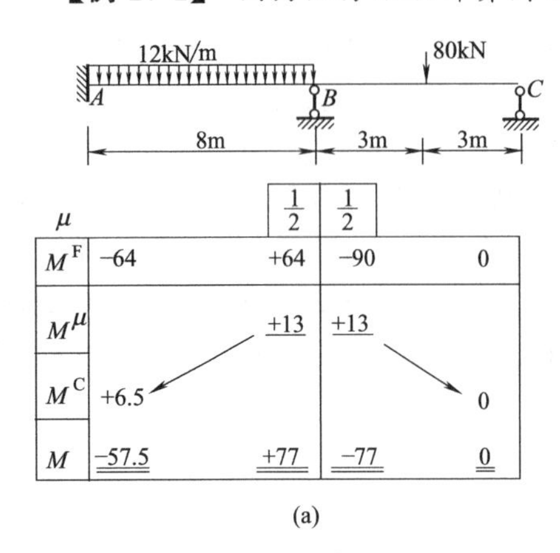

(a)

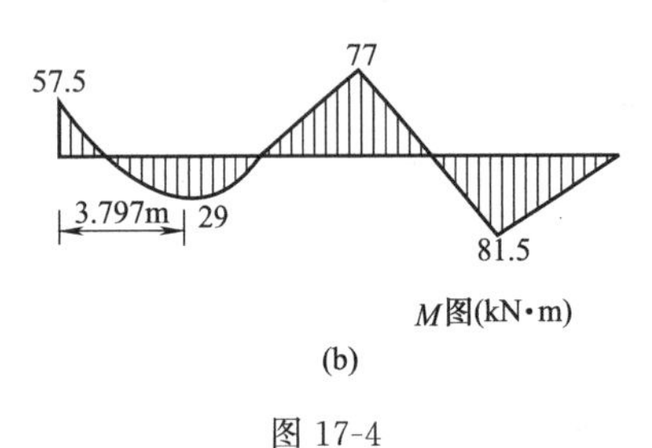

(b)

图 17-4

【解】（1）计算分配系数 μ。设 $i=EI/24$，则

$$i_{AB}=EI/8=3i \quad i_{BC}=EI/6=4i$$

$$\mu_{BA}=4\times(3i)/[4\times(3i)+3\times(4i)]=1/2,$$

$$\mu_{BC}=3\times(4i)/[4\times(3i)+3\times(4i)]=1/2$$

将分配系数写在 B 结点下方的方框内。

（2）计算各杆端的固端弯矩 M^F（查表 16-1）。

$$M_{AB}^F=-\frac{ql^2}{12}=-\frac{12\times8^2}{12}=-64\ (\text{kN}\cdot\text{m})$$

$$M_{BA}^F=+\frac{ql^2}{12}=+\frac{12\times8^2}{12}=+64\ (\text{kN}\cdot\text{m})$$

$$M_{BC}^F=-\frac{3Fl}{16}=-\frac{3\times80\times6}{16}=-90\ (\text{kN}\cdot\text{m})$$

$$M_{CB}^F=0$$

写在各杆端下方 M^F 一行。

（3）B 结点的不平衡力矩为：$M_B=64-90=-26$（kN·m），将其反号进行分配，得各杆端的分配弯矩 M^μ。

$$M_{AB}^\mu=1/2\times26=13\ (\text{kN}\cdot\text{m})$$

$$M_{BC}^\mu=1/2\times26=13\ (\text{kN}\cdot\text{m})$$

写在 B 结点下方 M^μ 一行，并画一横线表示 B 结点已放松获得平衡。

（4）各杆远端的传递弯矩 M^C 的计算。

$$M_{AB}^C=1/2\times13=+6.5\ (\text{kN}\cdot\text{m})$$

$$M_{CB}^C=0$$

写在对应的杆端下方 M^C 一行，并用箭头表示弯矩的传递方向。

（5）最后杆端弯矩的计算。

$$M_{AB}=M_{AB}^F+M_{AB}^C=-64+6.5=-57.5\ (\text{kN}\cdot\text{m})$$

$$M_{BA}=M_{BA}^F+M_{BA}^\mu=64+13=+77\ (\text{kN}\cdot\text{m})$$

$$M_{BC}=M_{BC}^F+M_{BC}^\mu=-90+13=-77\ (\text{kN}\cdot\text{m})$$

$$M_{CB}=0$$

写在各杆端下方 M 一行，并用双横线表示计算的最后结果。由于在计算分配弯矩时，已使结点保持平衡，在最后 M 图校核中，利用 $\sum M_B=0$ 只能校核分配过程有无错误，而对分配系数 μ、固端弯矩 M^F 计算是否有误则必须考虑变形条件的校核。最后弯矩图见图 17-4（b）所示。

为了计算更加简单起见，分配弯矩 M^μ，及传递弯矩 M^C 的具体算式可不必另写，而直接在图 17-4 表格上进行即可。

【例 17-2】 计算图 17-5（a）所示刚架的 M 图。

【解】（1）计算分配系数 μ。

设 $i=EI/4$，$i_{AB}=EI/4=i$，$i_{AC}=EI/4=i$，$i_{AD}=2EI/4=2i$

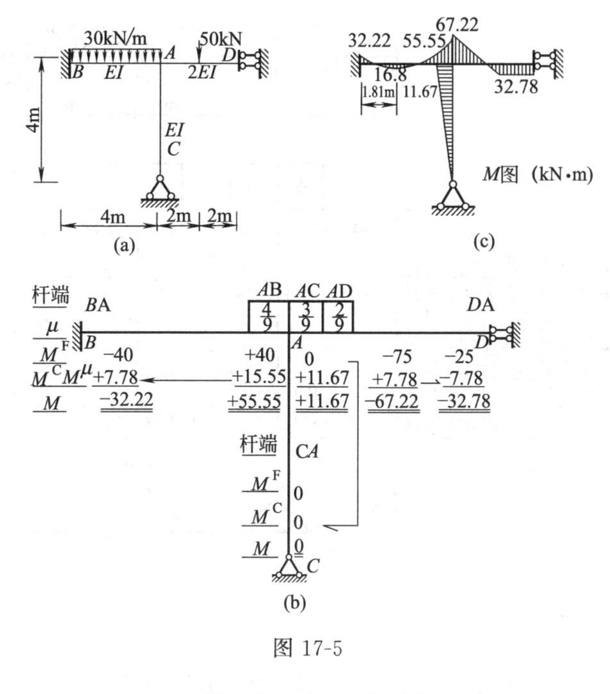

图 17-5

$$\mu_{AB}=4i/[4i+3i+1\times(2i)]=4/9$$

$$\mu_{AC}=3i/[4i+3i+1\times(2i)]=3/9$$

$$\mu_{AD}=1\times(2i)/[4i+3i+1\times(2i)]=2/9$$

(2) 计算固端弯矩 M^F。

$$M_{BA}^F=-\frac{ql^2}{12}=-\frac{30\times4^2}{12}=-40\ (\text{kN}\cdot\text{m})$$

$$M_{AB}^F=+\frac{ql^2}{12}=+\frac{30\times4^2}{12}=+40\ (\text{kN}\cdot\text{m})$$

$$M_{AD}^F=-\frac{3Fl}{8}=-\frac{3\times50\times4}{8}=-75\ (\text{kN}\cdot\text{m})$$

$$M_{DA}^F=-\frac{Fl}{8}=-\frac{50\times4}{8}=-25\ (\text{kN}\cdot\text{m})$$

$$M_{AC}^F=M_{CA}^F=0$$

(3) 分配、传递均在图 17-5 (b) 上进行。

(4) 绘 M 图，如图 17-5 (c) 所示。A 结点满足 $\sum M_A=55.55+11.67-67.22=0$

变形条件校核由读者自行验算。

第二节 多结点的力矩分配

上节以只有一个结点转角说明了力矩分配法的基本原理。对于有多个结点转角但无结点线位移（如两跨以上连续梁、无侧移刚架），只需依次对各结点使用上节方法便可求解。

下面用图 17-6 (a) 所示三跨连续梁来说明用逐次渐近的方法计算杆端弯矩的过程。

首先将 B、C 两结点同时固定，计算各自的分配系数 μ：由于各跨 l 及 EI 均为常数，故线刚度均为 $i=\frac{EI}{8}$，则 $i_{AB}=i_{BC}=i_{CD}=i$。分配系数为：

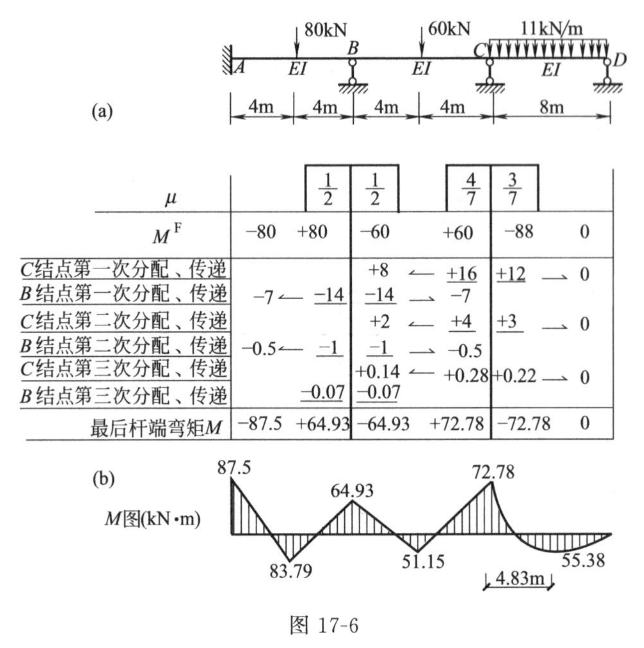

μ		$\frac{1}{2}$	$\frac{1}{2}$	$\frac{4}{7}$	$\frac{3}{7}$	
M^F	−80	+80	−60	+60	−88	0
C结点第一次分配、传递			+8 ←	+16	+12 →	0
B结点第一次分配、传递	−7 ←	−14	−14 →	−7		
C结点第二次分配、传递			+2 ←	+4	+3 →	0
B结点第二次分配、传递	−0.5 ←	−1	−1 →	−0.5		
C结点第三次分配、传递			+0.14 ←	+0.28	+0.22 →	0
B结点第三次分配、传递		−0.07	−0.07			
最后杆端弯矩M	−87.5	+64.93	−64.93	+72.78	−72.78	0

图 17-6

B 结点：$\mu_{BA}=4i/(4i+4i)=1/2$，$\mu_{BC}=4i/(4i+4i)=1/2$

C 结点：$\mu_{CB}=4i/(4i+3i)=4/7$，$\mu_{CD}=3i/(4i+3i)=3/7$

再计算各杆的固端弯矩 M^F：

$$M_{AB}^F=-\frac{Fl}{8}=-\frac{80\times 8}{8}=-80\ (\text{kN}\cdot\text{m})$$

$$M_{BA}^F=+\frac{Fl}{8}=+\frac{80\times 8}{8}=+80\ (\text{kN}\cdot\text{m})$$

$$M_{BC}^F=-\frac{Fl}{8}=-\frac{60\times 8}{8}=-60\ (\text{kN}\cdot\text{m})$$

$$M_{CB}^F=+\frac{Fl}{8}=+\frac{60\times 8}{8}=+60\ (\text{kN}\cdot\text{m})$$

$$M_{CD}^F=-\frac{ql^2}{8}=-\frac{11\times 8^2}{8}=-88\ (\text{kN}\cdot\text{m})$$

$$M_{DC}^F=0$$

将以上数据填到图 17-6 相应栏中，此时 B、C 结点均有不平衡力矩，为消除这两个不平衡力矩，位移法中是令 B、C 同时产生和原结构相同的转角，即同时放松 B、C 结点让它们一次转到实际的平衡位置，在计算中就是意味着解联立方程，而在力矩分配法中，为了避免解联立方程，只能将各结点轮流放松，用逐次渐近的方法使 B、C 结点达到平衡位置。

第一步，放松 C 结点。C 结点的不平衡力矩 $M_C=60-88=-28$ (kN·m)，将其反号分配（反号的目的就是为了消除不平衡力矩）：

$$M_{CD}^{\mu}=28\times 3/7=+12\ (\text{kN}\cdot\text{m})\quad M_{CB}^{\mu}=28\times 3/7=+16\ (\text{kN}\cdot\text{m})$$

将它们填入图中对应位置，C 结点暂时获得平衡，在分配弯矩下面画一横线表示暂时的平衡（C 结点虽然转动了一个角度，但还未到最后位置），将 C 结点暂时再固定。分配弯矩应向各自的远端进行传递，传递弯矩为：

$$M_{DC}^{C}=0,\quad M_{BC}^{C}=1/2\times 16=+8\ (\text{kN}\cdot\text{m})$$

填入图中相应位置。

第二步，放松 B 结点，B 结点的不平衡力矩应为原固端弯矩再加上由结点 C 传递过来的传递弯矩之和：$M_B=80-60+8=+28$（kN·m）。将上述不平衡力矩反号进行分配。

$$M^{\mu}_{BA}=1/2\times(-28)=-14\ (\text{kN}\cdot\text{m}),\quad M^{\mu}_{BC}=1/2\times(-28)=-14\ (\text{kN}\cdot\text{m})$$

并同时向远端传递

$$M^{C}_{AB}=1/2\times(-14)=-7\ (\text{kN}\cdot\text{m}),\quad M^{C}_{CB}=1/2\times(-14)=-7\ (\text{kN}\cdot\text{m})$$

将上述各数据填入图中相应位置，B 结点此时亦暂时平衡，仍在分配弯矩数值下面画一横线。将 B 结点暂时固定（B 结点此时也未转到最后位置）。C、B 两结点各放松一次称为第一轮计算。

第三步，再放松 C 结点。C 结点由于传递弯矩 $M^{C}_{CB}=-7$kN·m 又产生了不平衡力矩，放松 C 结点，即在 C 结点加上一个反向的不平衡力矩再次进行分配、传递，暂时再将 C 结点固定。此时 B 结点由于 $M^{C}_{CB}=+2$kN·m 也产生了不平衡力矩，再放松 B 结点进行分配、传递。

……

如此反复将各结点轮流进行放松、固定，不断进行分配、传递，直到传递弯矩的数值小到按计算精度要求可以不计时，即可停止计算（最后应停止在分配弯矩这一步，而不再向远端传递）。最后弯矩图见图 17-6（b）所示。

由于分配系数 μ 及传递系数 C 均不大于 1，故在上述计算中，随计算轮次的增加，数值愈来愈小。为使计算收敛得更快，一般首先从不平衡力矩（绝对值）数值最大的结点开始分配、传递。当结点多于 2 个时，可同时放松不相邻的各结点，也同样可加快收敛的速度。

【例 17-3】 用力矩分配法计算图 17-7（a）所示连续梁的 M 图。

【解】 本题的特点是 DE 为悬臂部分；B 结点有一集中力偶 $m=6$kN·m。如何处理分述如下：

右端悬臂部分 DE 内力为静定，可由静力平衡条件求出，若将其切去以截面的弯矩和剪力作为外力施加于结点 D 上，则 D 结点便可作为铰支端进行处理，如图 17-7（b）所示。

（1）计算分配系数 μ：设 $i=\dfrac{EI}{6}$，则 $i_{AB}=i_{CD}=i$，$i_{BC}=2i$ 。

B 结点：

$$\mu_{BA}=4i/[4i+4\times(2i)]=1/3,\quad \mu_{BC}=4\times(2i)/[4i+4\times(2i)]=2/3$$

C 结点：

$$\mu_{CB}=4\times(2i)/[4\times(2i)+3i]=8/11,\quad \mu_{CD}=3i/[4\times(2i)+3i]=3/11$$

（2）固端弯矩 M^F。

$$M^F_{BA}=12\times6/8=12\ (\text{kN}\cdot\text{m})\qquad M^F_{AB}=-12\times6/8=-12\ (\text{kN}\cdot\text{m})$$

$$M^F_{BC}=-12\times6^2/12=-36\ (\text{kN}\cdot\text{m})\qquad M^F_{CB}=+12\times6^2/12=+36\ (\text{kN}\cdot\text{m})$$

$$M^F_{CD}=+1/2\times4=+2\ (\text{kN}\cdot\text{m})\qquad M^F_{DC}=+4\text{kN}\cdot\text{m}$$

（3）进行分配、传递。

结点 B 有集中力偶 m 作用，首先计算 B 结点的不平衡力矩，因为有固端弯矩 $M^F_{AB}=+12$kN·m、$M^F_{BC}=-36$kN·m 及传递弯矩 $M^C_{BC}=-13.82$kN·m，因此 $M_B=+12-36-13.82=-37.82$（kN·m），将上述不平衡力矩反号进行分配，同时还应考虑结点荷载——集中力偶 m（m 是直接作用在结点上的荷载，可以直接进行分配，不需要反号），即，最终 B 结点的分配弯矩为 37.82＋6＝43.82（kN·m）。

分配、传递的过程为 $C\to B\to C\to B\to C\to B\to C\to B$。

（4）最后 M 图，见图 17-7（c）。

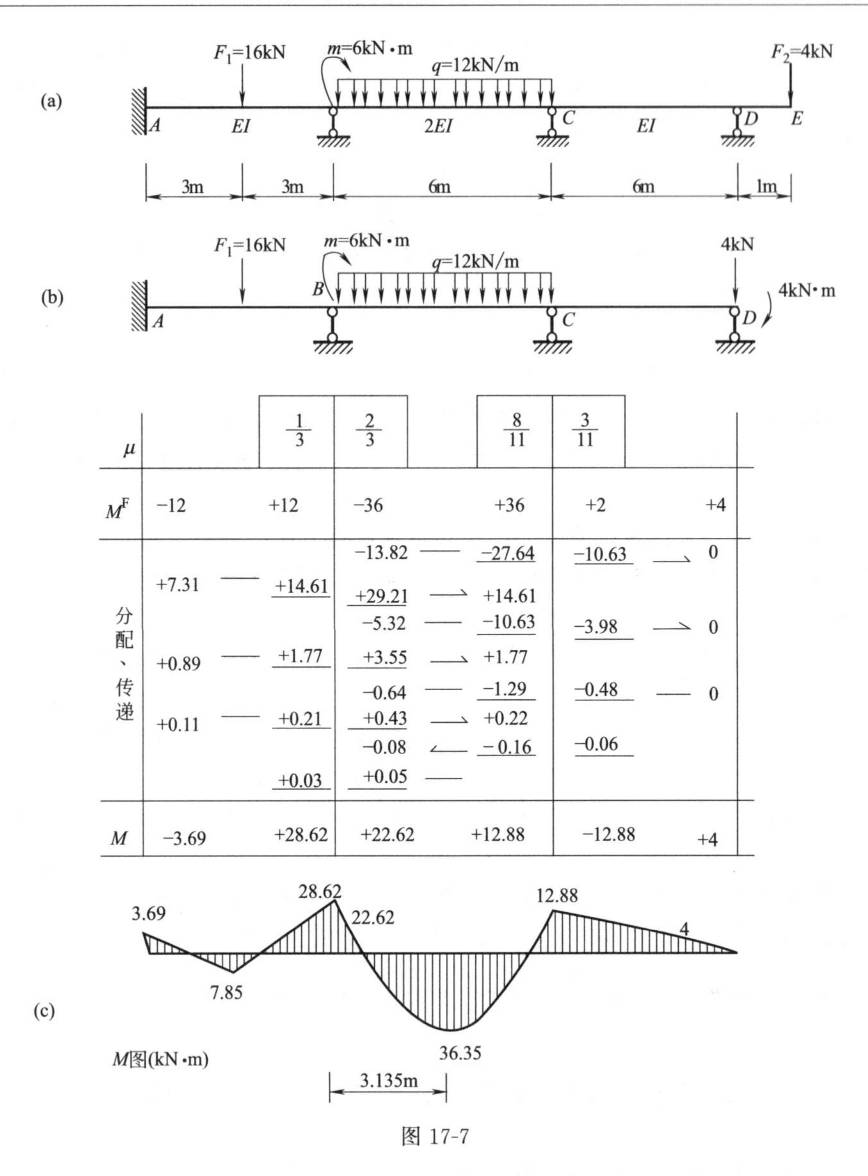

图 17-7

【例 17-4】 用力矩分配法作图 17-8（a）所示刚架 M 图。EI=常数。

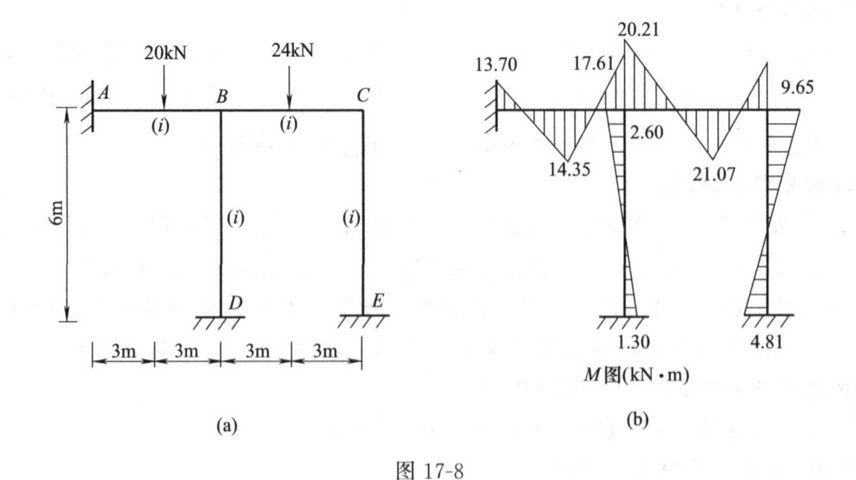

图 17-8

【解】 用力矩分配法计算刚架的杆端弯矩时，对于简单的刚架，可直接在计算简图上进行，如例17-2。但当结构杆件比较多时，采用表格的形式比较方便。表格的格式有多种，现推荐下面的格式供读者参考。

(1) 计算分配系数μ。

B结点：

$$\mu_{BA}=4i/(4i+4i+4i)=1/3，同理 \mu_{BD}=1/3，\mu_{BC}=1/3$$

C结点：

$$\mu_{CB}=4i/(4i+4i)=1/2，同理 \mu_{CE}=1/2$$

(2) 计算M^F。

$$M^F_{AB}=-20\times6/8=-15\ (kN\cdot m),\quad M^F_{BA}=+20\times6/8=+15\ (kN\cdot m)$$

$$M^F_{BC}=-24\times6/8=-18\ (kN\cdot m),\quad M^F_{CB}=+24\times6/8=+18\ (kN\cdot m)$$

$$M^F_{BD}=M^F_{DB}=0,\quad M^F_{CE}=M^F_{EC}=0$$

(3) 分配传递过程$C\to B\to C\to B\to C$，见表17-1（读者可借助EXCEL表格进行计算）。

(4) 最后M图，如图17-8(b)所示。

表17-1　杆端弯矩的计算

结点	D	A	B			C		E
杆端	DB	AB	BA	BD	BC	CB	CE	EC
μ	（固定端）	（固定端）	$\frac{1}{3}$	$\frac{1}{3}$	$\frac{1}{3}$	$\frac{1}{2}$	$\frac{1}{2}$	（固定端）
M^F	0	−15	+15	0	−18	+18	0	0
分配及传递					−4.5	−9	−9	−4.5
	+1.25	+1.25	+2.5	+2.5	+2.5	+1.25		
					−0.31	−0.63	−0.62	−0.31
	+0.05	+0.05	+0.11	+0.10	+0.10	+0.05		
						−0.02	−0.03	
	+1.30	−13.70	+17.61	+2.60	−20.21	+9.65	−9.65	−4.81

习　题

17-1　用力矩分配法计算题17-1图示结构，并绘M图。

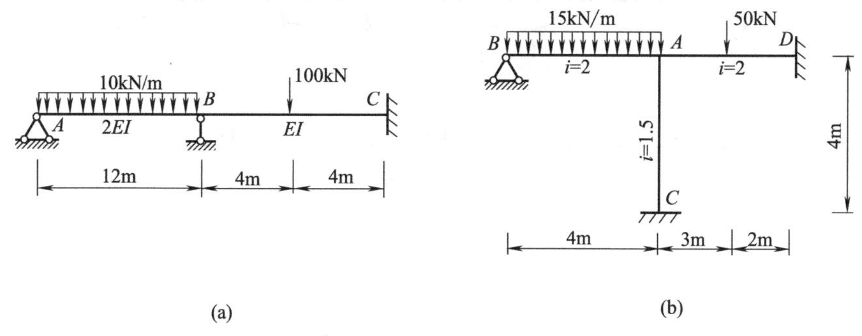

题17-1图

17-2　用力矩分配法计算题17-2图示连续梁，绘M图。

17-3　用力矩分配法计算，绘题17-3图示刚架M图。

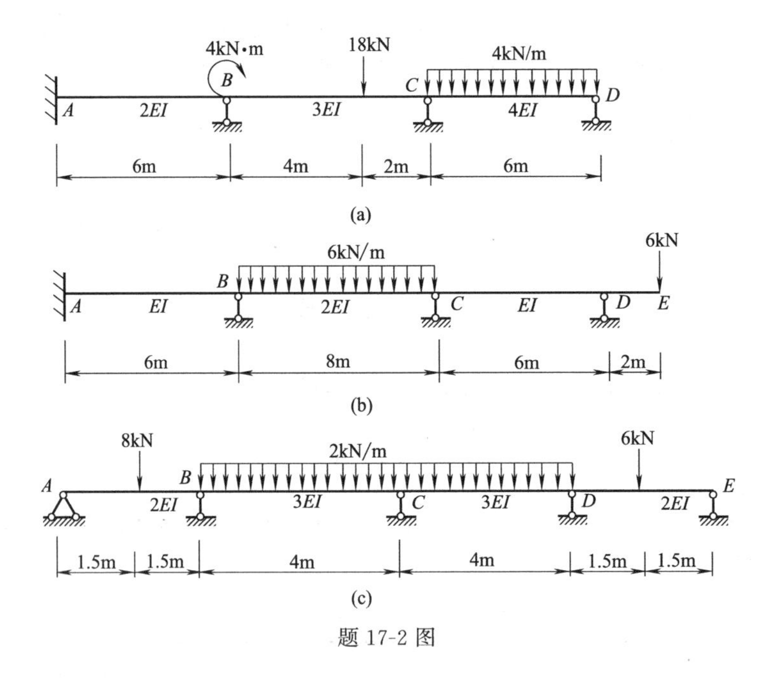

题 17-2 图

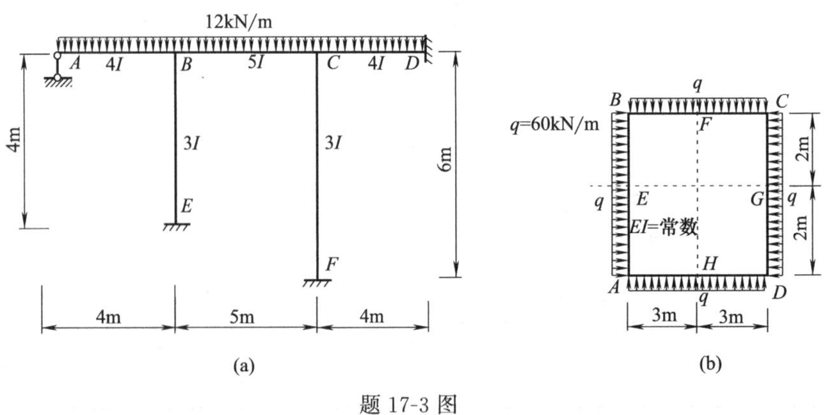

题 17-3 图

17-4　题 17-4 图示对称等截面连续梁，支座 B、C 都向下发生 $\Delta=2\mathrm{cm}$ 的线位移，用力矩分配法计算，绘 M 图。$EI=8\times10^4\mathrm{kN\cdot m^2}$。

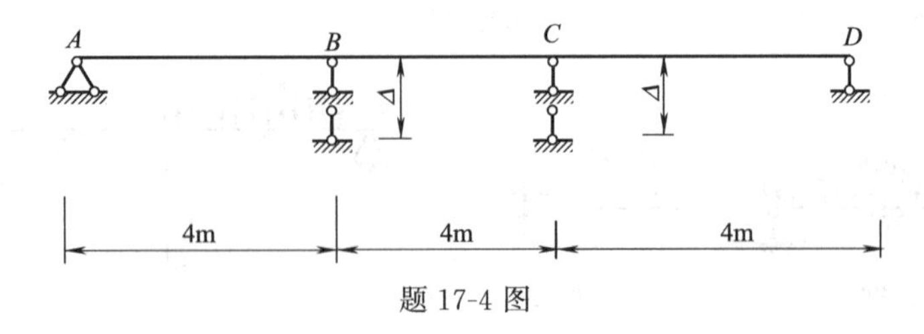

题 17-4 图

第十八章　影响线及其应用

第一节　影响线的概念

一、移动荷载的概念

作用在结构上的荷载有多种类型，如可以分为恒载和活载或分为静力荷载和动力荷载，也可以分为固定荷载和移动荷载。前面各章讨论的荷载，其作用点的位置固定不变，即结构受到的是固定荷载，但一般的工程结构，除受固定荷载外还要承受移动荷载。例如工业厂房吊车梁上移动的吊车，桥梁上行驶的火车、汽车及公共建筑中集散的人群等都是移动荷载。

移动荷载仍然属于静力荷载，但结构的反力、内力及变形都将随荷载位置的移动而变化，它们都是荷载位置的函数。结构设计中必须求出各量值（如某一反力、某一截面内力或某点位移）的最大值。因此，寻求产生与该量值最大值对应的荷载位置，即最不利荷载位置，并进而求出该量值的最大值，就是移动荷载作用下结构计算中必须解决的问题。

二、影响线的概念

工程结构中所遇到的移动荷载通常类型很多，由一系列间距不变的竖向荷载组成。由于其类型很多，没必要对它们逐一加以研究，只需从各类移动荷载中抽象出一个共同具有的最基本、最简单的单位集中荷载 $F=1$。首先研究这个单位集中荷载 $F=1$ 在结构上移动时对某一量值的影响，然后再利用叠加原理确定各类移动荷载对该量值的影响。为了更直观地描述上述问题，可把某量值随荷载 $F=1$ 的位置移动而变化的规律（即函数关系）用图形表示出来，这种图形称为该量值的影响线。

由此可得影响线的定义如下：当一个单位集中荷载沿结构移动时，表示某一指定量值（如内力、支反力）随该单位荷载移动的变化规律图形，称为该量值的影响线。

三、影响线与内力图的区别

影响线与内力图是截然不同的，初学者容易将两者混淆。尽管两者均表示某种函数关系的图形，但各自的自变量和因变量是不同的。

影响线中的纵距代表 $F=1$ 移动至该点时引起的另外某截面量值的大小，而弯矩图中的纵距代表固定荷载 F 作用某位置时产生的该截面的弯矩值。

下面讨论影响线的绘制方法。

第二节　用静力法作简支梁影响线

绘制静定结构的内力或支座反力影响线有两种基本方法，静力法和机动法。本节介绍静力法。静力法是以移动荷载的作用位置 x 为变量，通过平衡方程求出所求量值与荷载位置 x 之间的影响函数，并作出影响线。

1. 支座反力影响线

要绘制图 18-1（a）所示反力 F_{AY} 的影响线，可设 A 为坐标原点，x 表示荷载作用点的横坐标，并假设反力方向以向上为正，如果 x 是常量，则 F 就是一个固定荷载。反之，如

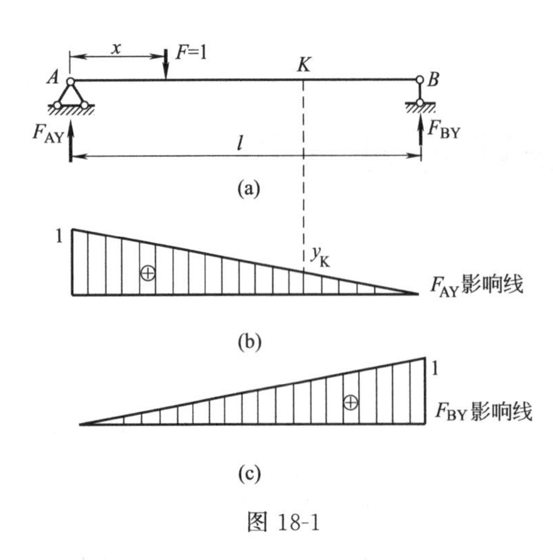

图 18-1

果把 x 看做变量，则 F 就成为移动荷载。

当荷载 F 在梁上任意位置 x（$0\leqslant x\leqslant l$）时，由平衡方程 $\sum M_B=0$，得

$$F_{AY}\cdot l-1\cdot(l-x)=0$$

$$F_{AY}=\frac{l-x}{l}\quad(0\leqslant x\leqslant l)$$

上式称为反力 F_{AY} 的影响线方程，它是 x 的一次式，即 F_{AY} 的影响线是一段直线。只要求出以下两点：

当 $x=0$ 时，$F_{AY}=1$

当 $x=1$ 时，$F_{AY}=0$

即可绘出反力 F_{AY} 的影响线，如图 18-1（b）所示。

绘影响线图形时，通常规定纵距为正时画在基线的上方，反之画在下方。并要求在图中注明正、负号。根据影响线的定义，F_{AY} 影响线中的任一纵距 y_K 即代表当荷载 $F=1$ 移动至梁上 K 处时反力 F_{AY} 的大小。

绘制 F_{BY} 的影响线时，利用平衡方程 $\sum M_A=0$，可得

$$F_{BY}\cdot l-1\cdot x=0$$

$$F_{BY}=\frac{x}{l}\quad(0\leqslant x\leqslant l)$$

它也是 x 的一次式，故 F_{BY} 的影响线也是一条直线，如图 18-1（c）所示。

由上可知反力影响线的特点：跨度之间为一直线，最大纵距在该支座之下，其值为 1；最小纵距在另一支座之下，其值为 0。

作影响线时，由于单位荷载 $F=1$ 为一无量纲量，因此，反力影响线的纵距亦是无量纲量。以后利用影响线研究实际荷载对某一量值的影响线时，应乘上荷载的相应单位。

2. 弯矩影响线

设要绘制任一截面 C［如图 18-2（a）所示］的弯矩影响线。仍以 A 点为坐标原点，荷

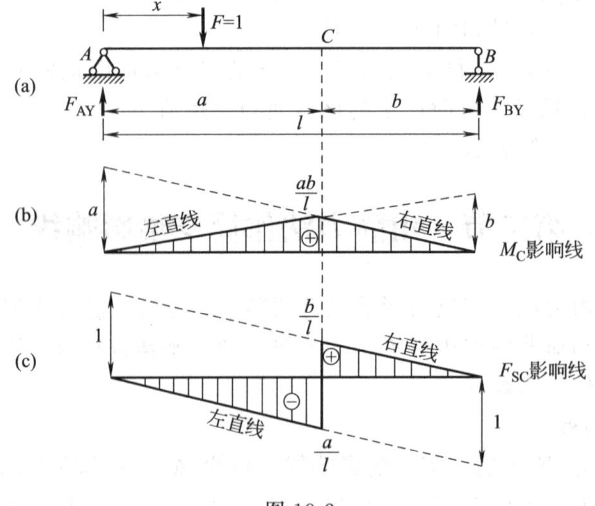

图 18-2

载 $F=1$ 距 A 点的距离为 x。当 $F=1$ 在截面 C 以左的梁段 AC 上移动时（$0\leqslant x\leqslant a$），为计算简便起见，可取 CB 段为隔离体，并规定使梁的下侧纤维受拉的弯矩为正，由平衡方程 $\sum M_C=0$，得

$$M_C-F_{BY}\cdot b=0$$

$$M_C=F_{BY}\cdot b=\frac{x}{l}\cdot b \quad (0\leqslant x\leqslant a)$$

可知 M_C 影响线在 AC 之间为一直线。并且

当 $x=0$ 时，$M_C=0$

当 $x=a$ 时，$M_C=\dfrac{ab}{l}$

据此，可绘出 $F=1$ 在 AC 之间移动时 M_C 的影响线，如图 18-2（b）所示。

当荷载 $F=1$ 在截面 C 以右移动时，

为计算简便，取 AC 段为隔离体，由 $\sum M_C=0$，得

$$M_C-F_{AY}\cdot a=0$$

$$M_C=F_{AY}\cdot a=\frac{l-x}{l}\cdot a \quad (a\leqslant x\leqslant l)$$

上式表明，M_C的影响线在截面 C 以右部分也是一直线。

当 $x=a$ 时，$M_C=\dfrac{ab}{l}$

当 $x=l$ 时，$M_C=0$

即可绘出当 $F=1$ 在截面 C 以右移动时 M_C 的影响线。M_C影响线如图 18-2（b）所示。M_C的影响线由两段直线组成，呈一三角形，两直线的交点即三角形的顶点就在截面 C 的下方，其纵距为$\dfrac{ab}{l}$。通常称截面 C 以左的直线为左直线，截面 C 以右的直线为右直线。

由上述弯矩影响线方程可知，左直线可由反力 F_{BY}的影响线乘以常数 b 所取 AC 段而得到；而右直线可由反力 F_{AY}的影响线乘以常数 a 并取 CB 段而得到。这种利用已知量值的影响线来作其他未知量值影响线的方法，常会带来很大的方便，以后常用到。弯矩影响线的纵距的量纲是长度的量纲。

3. 剪力影响线

设要绘制截面 C［如图 18-2（a）所示］的剪力影响线。当 $F=1$ 在 AC 段移动时（$0\leqslant x<a$），可取 CB 部分为隔离体，由 $\sum Y=0$，得

$$F_{SC}+F_{BY}=0$$

$$F_{SC}=-F_{BY}$$

由此可知，在 AC 段内，F_{CS}的影响线与反力 F_{BY}的影响线相同，但正负号相反。因此，可先把 F_{BY}影响线画在基线下面，再取其中的 AC 部分。C 点的纵距由比例关系可知为$-\dfrac{a}{l}$。该段称为 F_{CS}影响线的左直线，如图 18-2（c）所示。当 $F=1$ 在 CB 段移动时（$a<x\leqslant l$），可取 AC 段为隔离体，由 $\sum Y=0$，得

$$F_{AY}-F_{SC}=0$$

$$F_{SC}=F_{AY}$$

此式即为 F_{SC}影响线的右直线方程，它与 F_{AY}影响线完全相同。画图时可先作出 F_{AY}影响线，而后取其 CB 段，如图 18-2（c）所示。C 点的纵距由比例关系知为$\dfrac{b}{l}$。显然，F_{SC}影响

线由两段互相平行的直线组成，其纵距在 C 处有突变$\left(由-\dfrac{a}{l}变为\dfrac{b}{l}\right)$，突变值为 1。当 $F=1$ 恰好作用在 C 点时，F_{SC} 的值是不确定的。剪力影响线的纵距为无量纲量。

【例 18-1】 试作图 18-3（a）所示伸臂梁的 F_{AY}、F_{BY}、M_C、F_{SC}、$F_{SB左}$、$F_{SB右}$、M_F 以及 F_{SF} 的影响线。

【解】（1）支座反力 F_{AY} 和 F_{BY} 影响线

图 18-3（a）所示伸臂梁，取 A 支座为坐标原点，x 以向右为正。由平衡条件可求得反力 F_{AY} 和 F_{BY} 的影响线方程为

$$\left.\begin{aligned}F_{AY}&=\frac{l-x}{l}\\F_{BY}&=\frac{x}{l}\end{aligned}\right\}\quad(-l_1\leqslant x\leqslant l+l_2)$$

当 $F=1$ 在 A 点以左时，x 为负值，故以上两方程在全梁范围内均适用。由于方程与相应简支梁的反力影响线方程完全相同，故只需将简支梁反力影响线向两伸臂部分延长，即可得到伸臂梁的反力影响线，如图 18-3（b）、（c）所示。

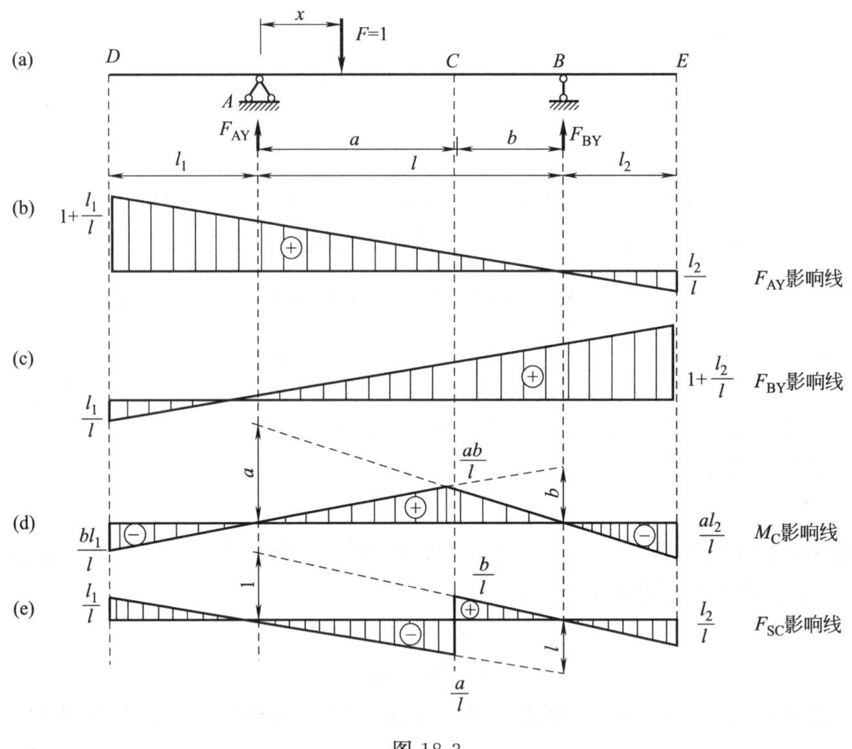

图 18-3

（2）跨内 C 截面 M_C 影响线

为求两支座间任一截面 C 的弯矩，首先写出影响线方程。当 $F=1$ 在截面 C 以左移动时，取截面 C 以右部分为隔离体，由平衡条件得

$$M_C=F_{BY}\cdot b$$

当 $F=1$ 在截面 C 以右部分移动时，取截面 C 以左部分为隔离体，由平衡条件得

$$M_C=F_{AY}\cdot a$$

由此可知，M_C 的影响线方程和简支梁相应截面的相同。因而与作反力影响线一样，只需将

相应简支梁截面C的弯矩和剪力影响线的左、右两直线向两伸臂部分延长，即可得到伸臂梁的M_C影响线，如图18-3（d）所示。

（3）跨内C截面F_{SC}影响线

为求跨内剪力影响线，先写出相应的影响线方程。

当$F=1$在截面C以左移动时，取截面C以右部分为隔离体，由平衡条件得$F_{SC}=-F_{BY}$；

同理，当$F=1$在截面C以右移动时，取截面C以左部分为隔离体，由平衡条件得$F_{SC}=F_{AY}$由此可知，F_{SC}的影响线方程和简支梁相应截面的相同。因而与作反力影响线一样，只需将相应简支梁截面C的剪力影响线的左、右两直线向两伸臂部分延长，即可得到伸臂梁的F_{SC}影响线，如图18-3（e）所示。

（4）伸臂F截面点M_F影响线

为了求伸臂部分任一截面F［如图18-4（a）所示］的弯矩影响线，另取F点为坐标原点，x仍以向右为正。当$F=1$在F点以左移动时，取截面F的右边为隔离体，由平衡方程得

$$M_F=0$$

当$F=1$在F点右边移动时，仍取截面F的右边为隔离体，得

$$M_F=-X \quad (0\leqslant x\leqslant d)$$

由此可做出M_F的影响线，如图18-4（b）所示。

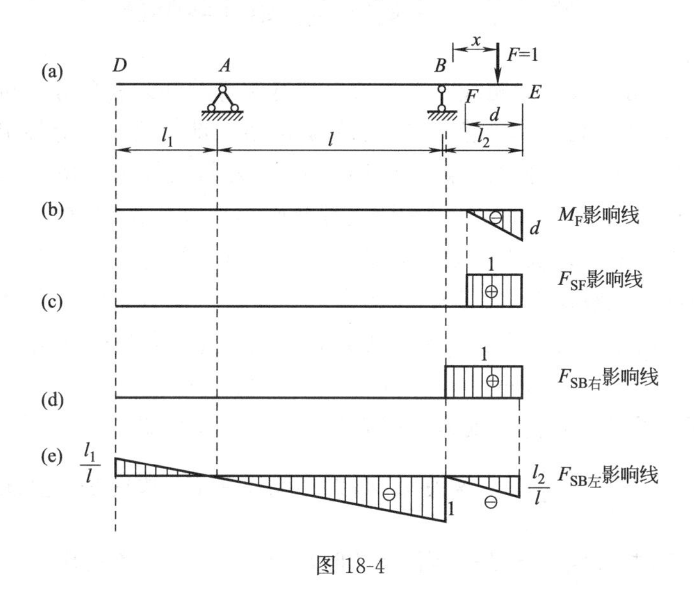

图18-4

（5）伸臂截面F点F_{SF}影响线

为了求伸臂部分任一截面F［如图18-4（a）所示］的剪力影响线，可取F点为坐标原点，x仍以向右为正。当$F=1$在F点以左移动时，取截面F的右边为隔离体，由平衡方程得

$$F_{SF}=0$$

当$F=1$在F点右边移动时，仍取截面F的右边为隔离体，得

$$F_{SF}=+1$$

由此可做出F_{SF}的影响线，如图18-4（c）所示。

（6）支座B截面$F_{SB左}$和$F_{SB右}$影响线

为了求支座 B 截面 $F_{SB左}$ 和 $F_{SB右}$ 的剪力影响线，可取 B 点为坐标原点，x 仍以向右为正。

先求 $F_{SB右}$ 的影响线。

当 $F=1$ 在 B 点以左移动时，取截面 B 的右边为隔离体，由平衡方程得：

$$F_{SB右}=0$$

当 $F=1$ 在 B 点以右移动时，仍取截面 B 的右边为隔离体，由平衡方程得：

$$F_{SB右}=1$$

作出 $F_{SB右}$ 的影响线如图 18-4（d）所示。

再求 $F_{SB左}$ 的影响线。

当 $F=1$ 在 B 点以左移动时，取截面 B 的右边为隔离体，由平衡方程得：

$$F_{SB左}=-F_{BY}$$

当 $F=1$ 在 B 点右边移动时，仍取截面 B 的左边为隔离体，由平衡方程得：

$$F_{SB左}=F_{AY}$$

利用前面已得出的支座反力的影响线可做出 $F_{SB左}$ 的影响线，如图 18-4（e）所示。

最后需要指出，对于静定结构，由于其反力和内力影响线方程均为 x 的一次式，故影响线都是由直线所组成的。

第三节　多跨静定梁的影响线

用静力法作多跨静定梁的影响线，首先要分清基本部分和附属部分，再将多跨静定梁分解成若干个单跨梁，然后利用单跨静定梁的已知影响线，即可绘出多跨静定梁的影响线。

例如图 18-5（a）所示多跨静定梁，图 18-5（b）为其层叠图。现要作弯矩 M_K 的影响线。当 $F=1$ 在 AC 段上移动时，CE 段为附属部分而不受力，故 M_K 的影响线在 AC 段内的纵距恒为零；当 $F=1$ 在 CE 段上移动时，此时 M_K 的影响线与 CE 段单独作为伸臂梁时相同；当 $F=1$ 在 EG 段上移动时，CE 梁则承受一个作用位置不变而大小变化的力 F_{EY} 的作用，如图 18-5（c）所示。若以 E 点为坐标原点，写出 F_{EY} 的影响线方程为

$$F_{EY}=(l-x)/l \quad (0\leqslant x\leqslant l+l_5)$$

可见，F_{EY} 是 x 的一次式。由这个反力所引起的 CE 梁内指定截面的内力也是 x 的一次式，如 $M_K=-\frac{l_4 a}{l_3}F_{EY}=-\frac{l_4 a}{l_3}\frac{(l-x)}{l}$。这说明 M_K 的影响线在 EG 段内是一直线。画出直线只需定出两点，当 $x=0$ 时，$M_K=-\frac{l_4 a}{l_3}$；当 $x=l$ 时，$M_K=0$。M_K 影响线在全梁的变化图形如图 18-5（c）所示。

由上述分析可知，多跨静定梁反力及内力影响线的一般作法如下：

（1）当 $F=1$ 在所求量值所在的梁段上移动时，该量值的影响线与相应单跨静定梁影响线相同。

（2）当 $F=1$ 在对于该量值所在的梁段来说是附属部分的梁段上移动时，量值的影响线是一直线，可根据支座处纵距为零，铰处的纵距为已知的两点绘出。

（3）当 $F=1$ 在对于该量值所在的梁段来说是基本部分的梁段上移动时，该量值影响线的纵距为零。按上述方法，即可作出 $F_{SB左}$、$F_{SB右}$ 和 F_{FY} 的影响线，如图 18-5（d）、（e）、（f）所示。读者可自行校核。

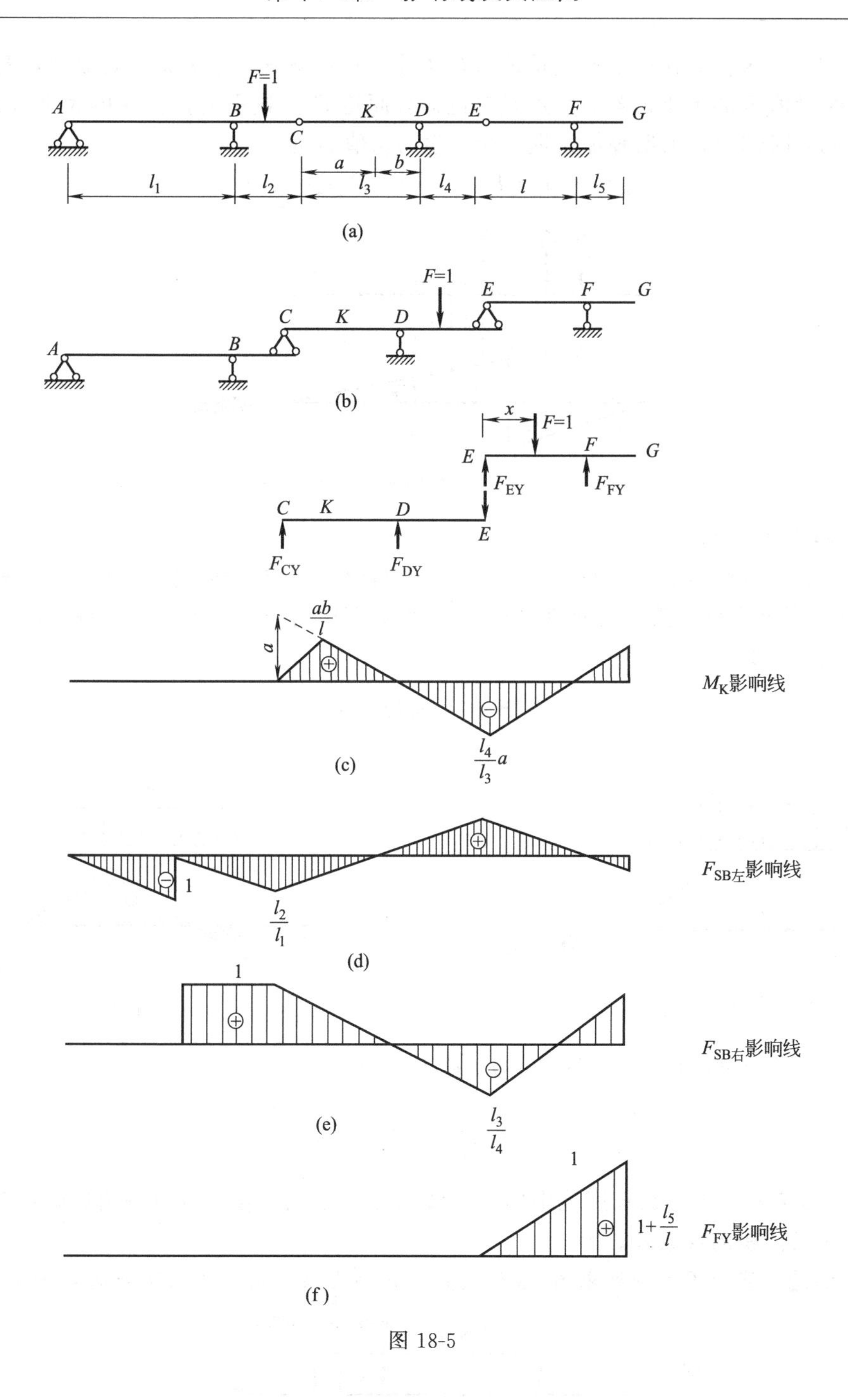

图 18-5

第四节　影响线的应用

一、求各种荷载作用下的影响

1. 集中荷载作用

作影响线时，用的是单位荷载，其他荷载作用时可利用叠加原理求其产生的总影响。

如图 18-6 所示，设某量值 S 的影响线已绘出，设有一组集中荷载 F_1、F_2、…、F_n作用在结构的已知位置上，其对应于 S 影响线上的竖距分别为 y_1、y_2、…、y_n。现要求利用量

值 S 的影响线，求荷载作用下产生量值 S 的大小。由影响线的定义知，y_1 表示荷载 $F=1$ 作用于该处时量值 S 的大小，若荷载不是单位荷载而是 F_1，则引起量值 S 的大小为 F_1y_1。现有 n 个荷载同时作用，根据叠加原理，所产生的量值 S 为

$$S=F_1y_1+F_2y_2+\cdots+F_ny_n=\sum F_iy_i \tag{18-1}$$

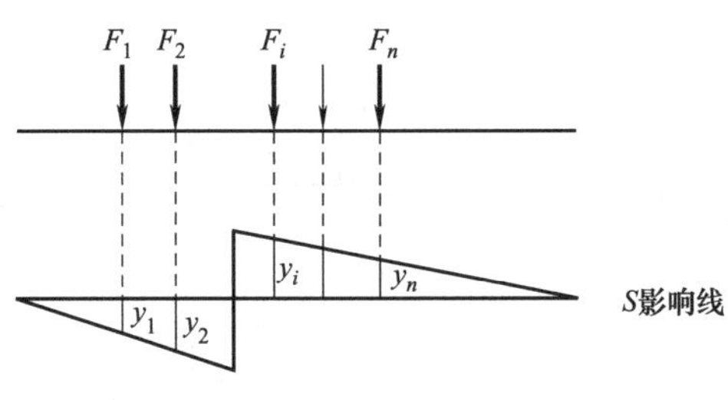

图 18-6

2. 分布荷载作用

设有分布荷载作用于结构的已知位置上，若将分布荷载沿其长度方向划分为许多无穷小的微段 dx，则可将每一微段上的荷载 $q(x)\mathrm{d}x$ 看成集中荷载（图 18-7），则在 ab 段内分布荷载产生的量值 S 为

$$S=\int_a^b yq(x)\mathrm{d}x \tag{18-2}$$

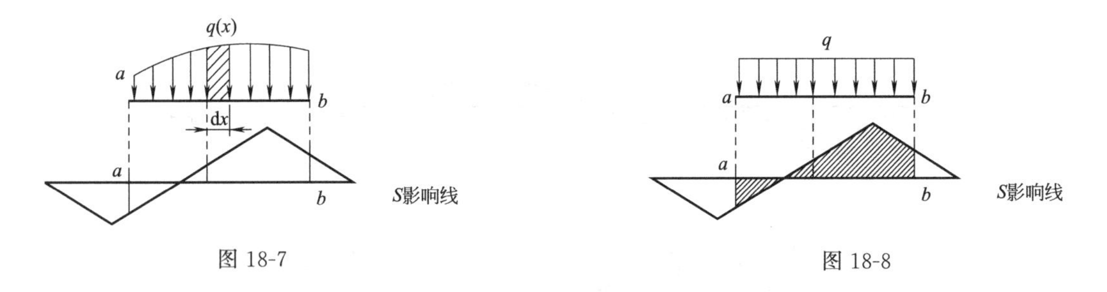

图 18-7　　图 18-8

若 $q(x)$ 是均布荷载 q 时（图 18-8），则上式为

$$S=q\int_a^b y\cdot\mathrm{d}x=q\omega \tag{18-3}$$

式中，ω 表示均布荷载长度范围内影响线图形的面积。若在该范围内影响线有正有负，则 ω 应为正负面积的代数和。

【例 18-2】 试利用影响线求图 18-9（a）所示简支梁在荷载作用下截面 C 的剪力。

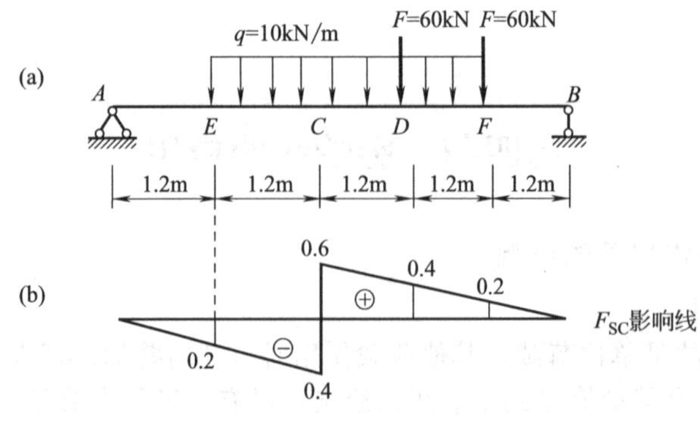

图 18-9

【解】 首先作出 F_{SC} 影响线，并求有关竖距值，如图 18-9（b）所示。其次由叠加原理，可得

$$
\begin{aligned}
F_{SC} &= F(y_D + y_F) + q\omega \\
&= 60\times(0.4+0.2)+10\times[1/2\times(0.2+0.6)\times2.4-1/2\times(0.2+0.4)\times1.2] \\
&= 42\ (\text{kN})
\end{aligned}
$$

二、最不利荷载位置的确定

在移动荷载作用下，结构上某一量值 S 是随着荷载位置的变化而变化的。如果荷载移动到某个位置，使某量值 S 达到最大正值 S_{max} 或最大负值 S_{min}（也称最小值），则此荷载位置称为最不利位置。影响线的一个重要作用，就是用来确定荷载的最不利位置。

在结构设计中，需要确定荷载的最不利位置作为设计的依据。最不利荷载位置确定后，即可按本节前述方法计算出该量值的最大值（或最小值）。下面讨论在不同的荷载作用下，最不利荷载位置的确定方法。

1. 单个集中荷载

如图 18-10 所示，此时，可凭直观得出：

$$S_{max}=Fy_{max}\quad S_{min}=Fy_{min}$$

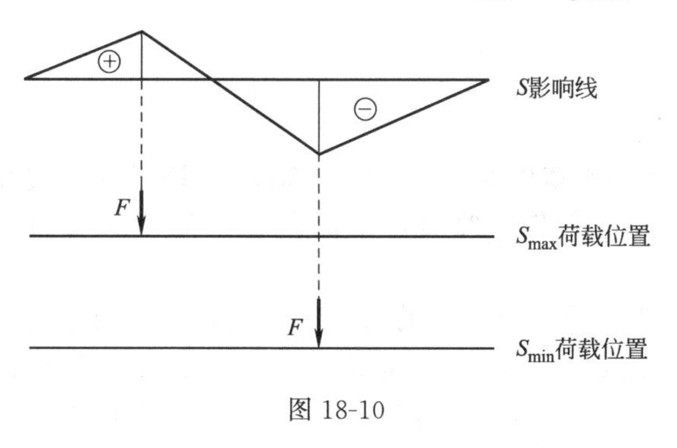

图 18-10

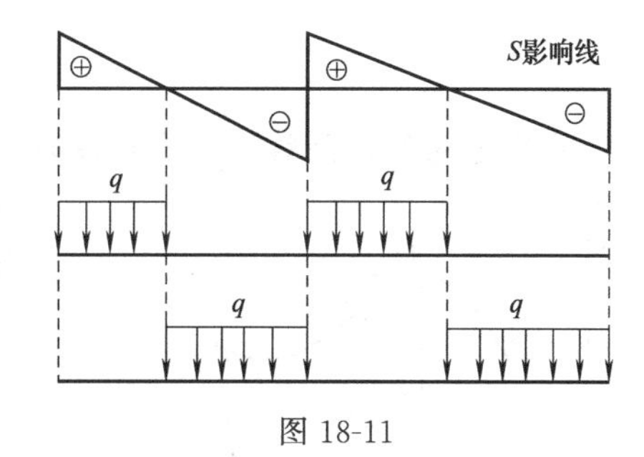

图 18-11

2. 可任意分割的均布荷载（如人群、货物）

由式（18-4）可知 $S=q\omega$，显然，将荷载布满影响线所有正面积的部分，则产生 S_{min}；反之，将荷载布满对应影响线所有负面积的部分，则产生 S_{min}（图 18-11）。

3. 行列荷载

行列荷载是指一系列间距不变的移动集中荷载（也包括均布荷载）。如汽车车队等，其最不利荷载位置难以由直观得出，只能通过寻求 S 的极值条件来解决求 S_{max} 的问题。一般分两步进行：

第一步，求出使量值 S 达到极值的荷载位置。该荷载位置叫做荷载的临界位置。

第二步，从荷载的临界位置中找出荷载的最不利位置，亦即从 S 的极大值中找最大值，从极小值中找最小值。

（1）临界位置的判定

设某量值 S 的影响线如图 18-12（a）所示为一折线形，各段直线的倾角分别为 α_1、α_2、…、α_n。取坐标轴 x 向右为正，y 轴向上为正，倾角 α 以逆时针转动为正。现有行列荷载作用于图 18-12（b）所示位置，此时产生的量值 S_1 为

$$S_1=R_1y_1+R_2y_2+\cdots+R_ny_n=\sum R_iy_i$$

这里 y_1、y_2、…、y_n 分别为各段直线范围内荷载合力 R_1、R_2、…、R_n 对应的影响线的竖距。当整个荷载组向右移动微小距离 Δx（向右移动 Δx 为正）。则此时产生的量值 S_2 为

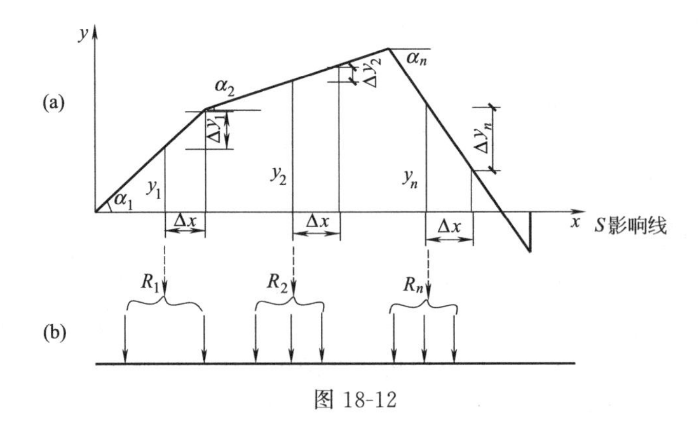

图 18-12

$$S_2 = R_1(y_1+\Delta y_1)+R_2(y_2+\Delta y_2)+\cdots+R_n(y_n+\Delta y_n)$$

量值 S 的增量为

$$\begin{aligned}\Delta S &= S_2-S_1=R_1\Delta y_1+R_2\Delta y_2+\cdots+R_n\Delta 6y_n\\&=R_1\Delta x\tan\alpha_1+R_2\Delta x\tan\alpha_2+\cdots+R_n\Delta x\tan\alpha_n\\&=\Delta x\sum R_i\tan\alpha_i\end{aligned}$$

亦即

$$\frac{\Delta S}{\Delta x}=\sum R_i\tan\alpha_i$$

由数学可知，函数的一阶导数为零或变号处函数可能存在极值，如图 18-13 所示是分布荷载的极值条件，此时，极值两边的导数必定符号相反。

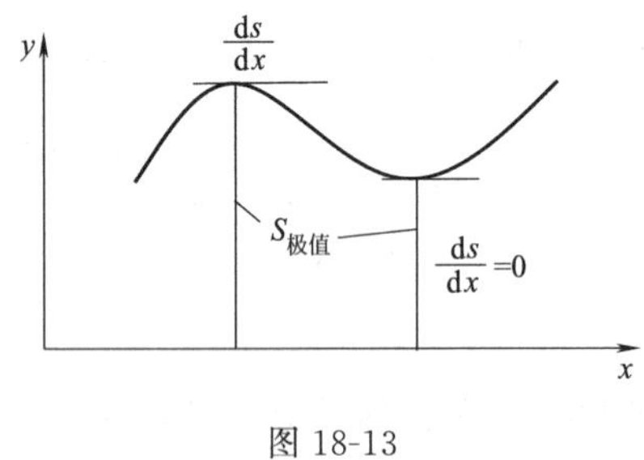

图 18-13

可知，使 S 成为极大值的荷载临界位置是：荷载自该位置向左或向右移动时，量值 S 均应减小或保持不变，即 $\Delta S\leqslant 0$。由于荷载向左移动时 $\Delta x<0$，而向右移动时 $\Delta x>0$，故使 S 成为极大值的条件为

荷载稍向左移：$\sum R_i\tan\alpha_i\geqslant 0$

荷载稍向右移：$\sum R_i\tan\alpha_i\leqslant 0$　　(18-4)

同理，使 S 成为极小值的荷载临界位置应为

荷载稍向左移：$\sum R_i\tan\alpha_i\leqslant 0$

荷载稍向右移：$\sum R_i\tan\alpha_i\geqslant 0$　　(18-5)

若只讨论 $\sum R_i\tan\alpha_i\neq 0$ 的情况，可得如下结论：当荷载组向左或向右移动微小距离时，$\sum R_i\tan\alpha_i$ 必须变号，S 才产生极值。

下面讨论在什么情况下 $\sum R_i\tan\alpha_i$ 才有可能变号。由于 $\tan\alpha_i$ 是影响线中各段直线的斜率，是常数，并不随荷载位置而改变，因此，要使 $\sum R_i\tan\alpha_i$ 改变符号，只有各段内的合力 R_i 改变数值才有可能。而要使 R_i 改变数值，只有当某一个集中荷载正好作用在影响线的某一顶点（转折点）处时，才有可能。当然，并不是每个集中荷载位于影响线顶点时都能使 $\sum R_i\tan\alpha_i$ 变号。把能使 $\sum R_i\tan\alpha_i$ 变号的荷载，亦即使 S 产生极值的荷载叫临界荷载。此时相应的荷载位置称为临界位置。这样，式（18-5）及式（18-6）称为临界位置的判别式。

一般情况下，临界位置可能不止一个，因此 S 的极值也不止一个，这时需要将各个 S 的极值分别求出，再从中找出最大（或最小）的 S 值。至于哪一个荷载是临界荷载，则需要试算，看将该荷载置于影响线某一顶点处是否能满足判别式。为了减少试算次数，可从以下两点估计临界荷载位置：

1）将行列荷载中数值较大，且较密集的部分置于影响线的最大纵距附近。

2）位于同符号影响线范围内的荷载应尽可能的多。

(2) 最不利荷载位置的确定

荷载的临界位置确定以后，从中就可以确定荷载的最不利位置。一般来讲，确定最不利荷载位置的一般步骤如下：

1）从荷载中选定一个集中力 F_i，使它位于影响线的一个顶点上。

2）令荷载分别向左、右移动（即当 F_i 在该顶点稍左或稍右）时，分别求 $\sum R_i \tan\alpha_i$ 的数值，看其是否变号（或由零变为非零，由非零变为零）。若变号，则此荷载位置为临界位置。

3）对每一个临界位置求出 S 的一个极值，再找出最大值即为 S_{max}，找出最小值即为 S_{min}。与产生该最大值及最小值所对应的荷载位置，即为最不利荷载位置。

【例 18-3】 图 18-14 (a) 所示为某简支梁 M_C 的影响线，试求在一组移动荷载作用下 M_C 的最大值。

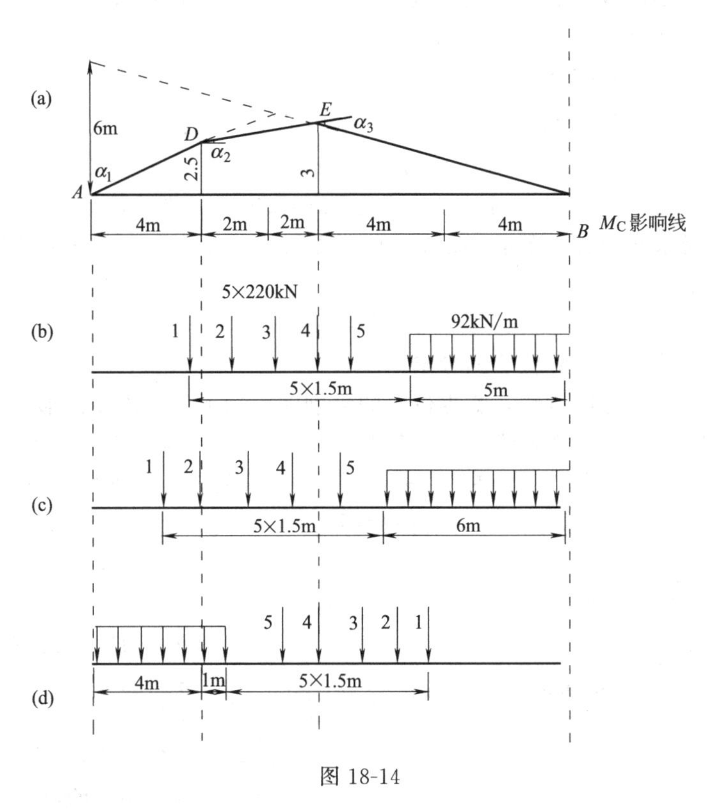

图 18-14

【解】 M_C 影响线如图 18-14 (a) 所示。由图求得各段斜率为

$$\tan\alpha_1=\frac{5}{8},\ \tan\alpha_2=\frac{1}{8},\ \tan\alpha_3=-\frac{3}{8}$$

由式 (18-5) 通过试算确定临界位置。

(1) 先考虑列车从右向左开行时的情况。

① 将轮 4 置于影响线顶点 E 处试算，如图 18-14 (b) 所示。由判别式 (18-4)，有

荷载稍左移：$\sum R_i \tan\alpha_i=220\times5/8+(3\times220)\times1/8-(220+92\times5)\times3/8<0$

荷载稍右移：$\sum R_i \tan\alpha_i=220\times5/8+(2\times220)\times1/8-(2\times220+92\times5)\times3/8<0$

$\sum R_i \tan\alpha_i$ 未变号，说明轮 4 位于 E 点不是临界位置。应将荷载向左移到下一位置试算。

② 将轮 2 置于 D 点试算，如图 18-14（c）所示。有

荷载左移：$\sum R_i \tan\alpha_i=(2\times220)\times5/8+(2\times220)\times1/8-(220+92\times6)\times3/8>0$

荷载右移：$\sum R_i \tan\alpha_i=220\times5/8+(3\times220)\times1/8-(220+92\times6)\times3/8<0$

$\sum R_i \tan\alpha_i$ 变号，可知轮 2 在 D 点为一临界位置。在算出各荷载对应的影响线竖距后（同一段直线上的荷载可用合力 R 代替），则此位置产生的 M_C 值为

$$\begin{aligned}M_C^{(1)}&=\sum F_i y_i+q\cdot\omega\\&=220\times1.5625+660\times2.6875+220\times2.8125+92\times1/2\times6\times2.25\\&=3357.3\ (\mathrm{kN\cdot m})\end{aligned}$$

③ 经过继续试算可知，列车由右向左开行时只有上述一个临界位置。

(2) 再考虑列车从左向右开行时的情况。

① 先将轮 4 置于影响线顶点 E 处试算，如图 18-14（d）所示，有

荷载左移：$\sum R_i \tan\alpha_i=(92\times4)\times5/8+(92\times1+2\times220)\times1/8-(3\times220)\times3/8>0$

荷载右移：$\sum R_i \tan\alpha_i=(92\times4)\times5/8+(92\times1+220)\times1/8-(4\times220)\times3/8<0$

故知这也是一个临界位置。相应的 M_C 值为

$$\begin{aligned}M_C^{(2)}&=\sum F_i y_i+q\cdot\omega\\&=92\times(1/2\times4\times2.5)+92\times[1/2\times(2.625+2.5)\times1]+\\&\quad 220\times2.8125+220\times3+660\times1.875=3212\ (\mathrm{kN\cdot m})\end{aligned}$$

② 经继续试算表明，列车从左向右开行也只有上述一个临界位置。

(3) 比较上面求得的 M_C 的两个极值可知，图 18-14（c）所示荷载位置为最不利荷载位置。截面 C 的最大弯矩为

$$M_{C(\max)}=M_C^{(1)}=3357.3\mathrm{kN\cdot m}$$

(3) 三角形影响线时临界位置的判定

对于常遇到的三角形影响线，临界位置的判别式可用下面更简单的形式表示。

如图 18-15 所示，设 S 影响线为一三角形。并设 F_K 为临界荷载，分别用 $R_{左}$、$R_{右}$ 表示 F_K 左方、右方的荷载的合力，则式（18-5）可写为

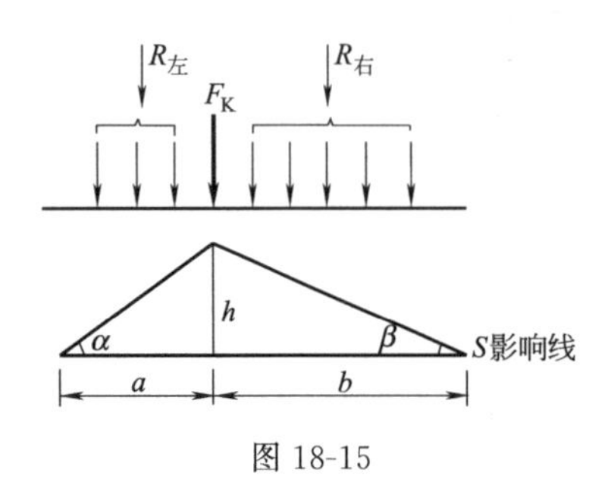

图 18-15

荷载左移：

$$(R_{左}+F_K)\tan\alpha-R_{右}\tan\beta\geqslant0$$

荷载右移：

$$R_{左}\tan\alpha-(F_K+R_{右})\tan\beta\leqslant0$$

将 $\tan\alpha=\dfrac{h}{a}$，$\tan\beta=\dfrac{h}{b}$，代入上式，得

$$\left.\begin{aligned}R_{左}/a&\leqslant(F_K+R_{右})/b\\(R_{左}+F_K)/a&\geqslant R_{右}/b\end{aligned}\right.\qquad(18\text{-}6)$$

上式表明，临界位置的特点为有一集中荷载 F_K 在影响线的顶点，将临界荷载 F_K 算入哪一边，则哪一边荷载的平均集度就大。

还应指出，有时临界位置也可能在均布荷载跨过三角形影响线顶点时发生，如图 18-16 所示。此时，判别极值的条件应为 $\dfrac{\Delta S}{\Delta x}=\sum R_i\tan\alpha_i=0$，即

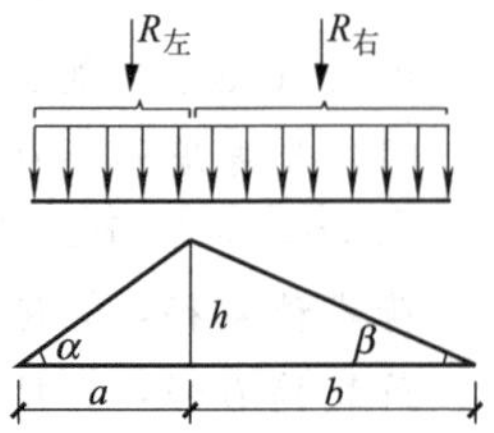

$$R_{左}\frac{h}{a}+R_{右}\left(-\frac{h}{b}\right)=0$$

图 18-16

可得

$$R_{左}/a=R_{右}/b \tag{18-7}$$

上式表明：在临界位置时，影响线顶点左、右两边的荷载“平均集度”应相等。

【例 18-4】 图 18-17（a）所示跨度为 40m 的简支梁，承受汽车车队荷载。试求截面 C 的最大弯矩。

【解】 首先作出 M_C 的影响线如图 18-17（b）所示。

（1）先考虑车队向右开行时的情况。

将重车后轮 130kN 置于 C 点，如图 18-17（c）所示，用式（18-7）试算

$$(150+130)/15>220/25$$
$$150/15<(130+220)/25$$

故知该位置为临界位置，相应的 M_C 值为

$$M_C^{(1)}=100\times3.75+50\times6.25+130\times9.38+70\times7.88+100\times2.25+50\times0.75=2720\ (\text{kN}\cdot\text{m})$$

由于此时梁上荷载较多，且最重轮子位于影响线最大纵距处，故可不必考虑其他情况。

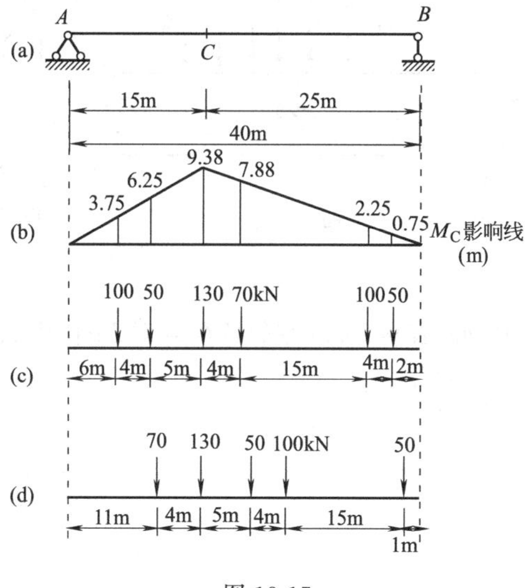

图 18-17

（2）再考虑车队向左开行情况

仍将重车后轮 130kN 置于 C 点，如图 18-17（d）所示，有

$$(70+130)/15>200/25$$
$$70/15<(130+200)/25$$

可知此位置亦为临界位置，相应的 M_C 值为

$$M_C^{(2)}=70\times6.88+130\times9.38+50\times7.5+100\times6.0+50\times0.38=2694\ (\text{kN}\cdot\text{m})$$

在此情况下，其他荷载位置亦无需考虑。

（3）比较上述结果，可知图 18-17（c）所示荷载位置为最不利荷载位置。最大弯矩值为

$$M_{C(\max)}=M_C^{(1)}=2720\text{kN}\cdot\text{m}$$

第五节　简支梁的绝对最大弯矩

在移动荷载作用下，按前述方法可求出简支梁上任一指定截面的最大弯矩。全梁所有各截面最大弯矩中的最大者，称为绝对最大弯矩。

要确定简支梁的绝对最大弯矩应解决下面两个问题：

（1）绝对最大弯矩发生在哪一个截面；

（2）此截面产生最大弯矩时的荷载位置。

若按前述方法求出各截面的最大弯矩，再通过比较求绝对最大弯矩，计算工作量太大，为此，下面介绍一种当简支梁所受行列荷载均为集中力时，求绝对最大弯矩的方法。

以图 18-18 所示简支梁为例进行说明。

由本章第四节可知，梁内任一截面最大弯矩必然发生在某一临界荷载 F_K 作用于该截面处。由此可以断定，绝对最大弯矩一定发生在某一个集中荷载的作用点处。究竟发生在哪个荷载位置时的哪个荷载下面？可采用下述方法解决。在移动荷载中，可任选一个荷载作为临

界荷载 F_K，研究它移动到什么位置时，其作用点处的弯矩达到最大值。然后按同样的方法，分别求出其他荷载作用点处的最大弯矩，再加以比较，即可确定绝对最大弯矩。

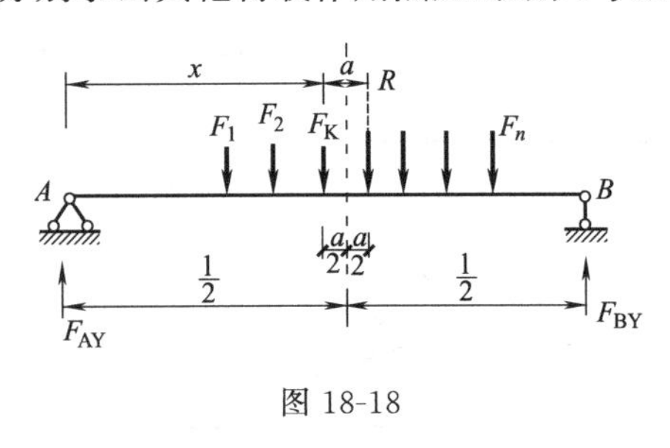

图 18-18

如图 18-18 所示，设以 x 表示 F_K 至支座 A 的距离，以 a 表示梁上荷载的合力 R 与 F_K 之间的距离。由 $\sum M_B=0$，得

$$F_{AY}=\frac{R}{l}(l-x-a)$$

用 F_K 作用截面以左的所有外力对 F_K 作用点取矩，得 F_K 作用截面的弯矩 M_x 为

$$M_x=F_{AY}\cdot x-M_K=\frac{R}{l}(l-x-a)x-M_K$$

式中 M_K 表示 F_K 以左的各荷载对 F_K 作用点的力矩之和，它是一个与 x 无关的常数。利用极值条件 $\frac{dM_x}{dx}=0$，有

$$\frac{R}{l}(l-2x-a)=0$$

得

$$x=\frac{l}{2}-\frac{a}{2} \tag{18-8}$$

上式表明，当 F_K 作用点的弯矩最大时，F_K 与梁上合力 R 位于梁的中点两侧的对称位置。此时最大弯矩为

$$M_{max}=\frac{R}{l}\left(\frac{l}{2}-\frac{a}{2}\right)^2-M_K \tag{18-9}$$

应用上式时应特别注意，R 是梁上实有荷载的合力。若安排 F_K 与 R 的位置时，有些荷载进入梁跨范围内，或有些荷载离开梁上。这时应重新计算合力 R 的数值和位置。当 F_K 位于合力 R 的右边时，上式中 a 应取负值。

应用式（18-8）及式（18-9）可将每个荷载作用点处截面最大弯矩求出，再加以比较即可求出绝对最大弯矩，但工作量仍相当大。由经验可知，使梁中点截面产生最大弯矩的临界荷载通常是发生绝对最大弯矩的临界荷载。由此可得出计算绝对最大弯矩的步骤为：

（1）确定使梁中点截面发生最大弯矩的临界荷载 F_K。

（2）利用式（18-8）求出相应的最不利荷载位置，再利用式（18-9）计算出 F_K 作用点处的弯矩即为全梁的绝对最大弯矩。

【例 18-5】 试求图 18-19（a）所示吊车梁的绝对最大弯矩，并与跨中截面 C 的最大弯矩相比较。已知 $F_1=F_2=F_3=F_4=280\text{kN}$。

【解】（1）首先求出使跨中截面 C 产生最大弯矩的临界荷载。经分析可知，只有 F_2 或 F_3 在 C 点时才能产生截面 C 的最大弯矩。当 F_2 在截面 C 处时，如图 18-19（a）所示，根据 M_C 影响线，如图 18-19（b）所示，得

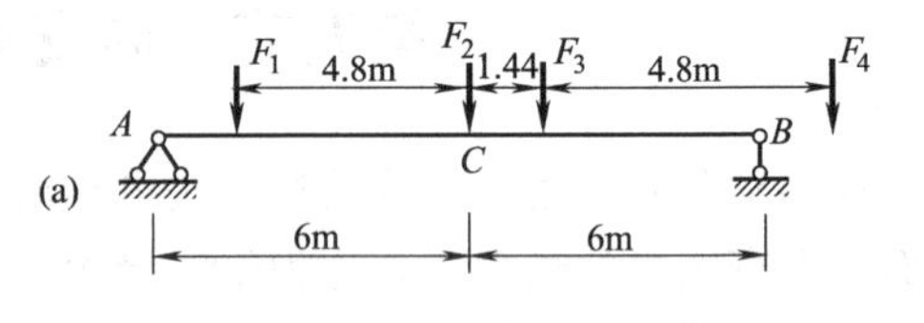

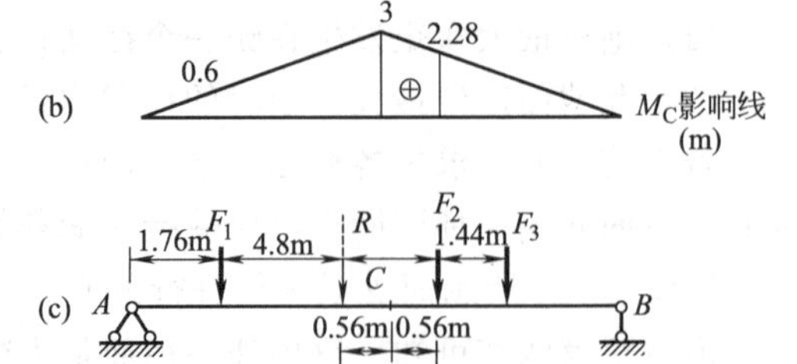

图 18-19

$$M_{C(\max)}=280\times(0.6+2.28)=1646.4\ (\mathrm{kN\cdot m})$$

由对称性可知，F_3 作用在 C 点时产生截面 C 的最大弯矩与上相同。因此，F_2 和 F_3 都是产生绝对最大弯矩的临界荷载。现以 $F_K=F_2$ 为例求梁的绝对最大弯矩。

(2) 确定最不利荷载位置及求绝对最大弯矩。

此时梁上有三个荷载，合力 $R=3\times280=840$ (kN)。合力 R 作用点到 F_2 的距离，可由合力矩定理得

$$a=(280\times4.8-280\times1.44)/(3\times280)=1.12\ (\mathrm{m})$$

此时最不利荷载位置如图 18-19 (c) 所示。由于 $F_K=F_2$ 位于合力 R 的右侧，故计算绝对最大弯矩时，a 应取负值，即取 $a=-1.12\mathrm{m}$。则 F_2 作用点处截面的弯矩为

$$M_{\max}=\frac{R}{l}\left(\frac{l}{2}-\frac{a}{2}\right)^2-M_K=\frac{840}{12}\times\left(\frac{12}{2}-\frac{-1.12}{2}\right)^2-280\times4.8$$

$$=1668.4\ (\mathrm{kN\cdot m})$$

与跨中截面 C 最大弯矩相比，绝对最大弯矩仅比跨中最大弯矩大 1.3%，在实际工作中，有时也用跨中截面最大弯矩来近似代替绝对最大弯矩。

习　题

18-1　试作题 18-1 图示悬臂梁的反力 F_{BY}、M_B 及内力 F_{SC}、M_C 的影响线。

题 18-1 图　　题 18-2 图

18-2　试作题 18-2 图示伸臂梁 F_{AY}、M_C、F_{SC}、M_A、$F_{SA左}$、$F_{SA右}$ 的影响线。

18-3　试作题 18-3 图示刚架截面 C 的 F_{SC} 和 M_C 影响线。

18-4　试作题 18-4 图示多跨静定梁 F_{AY}、F_{CY}、$F_{SB左}$、$F_{SB右}$ 和 M_F、F_{SF}、M_G、F_{SG} 的影响线。

18-5　利用影响线，计算题 18-5 图所示伸臂梁截面 C 的弯矩和剪力。

18-6　试求题 18-6 图示简支梁在两台吊车荷载作用下，截面 C 的最大弯矩，最大正剪力及最大负剪力。

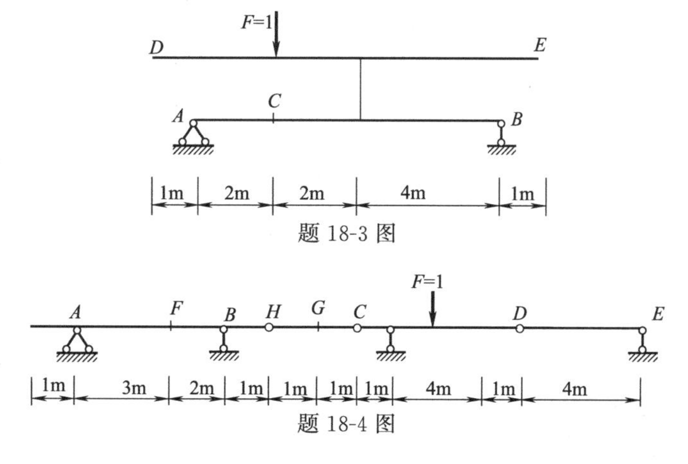

题 18-3 图

题 18-4 图

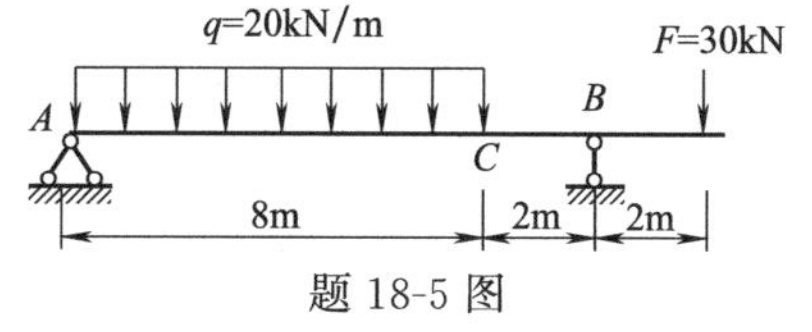

题 18-5 图

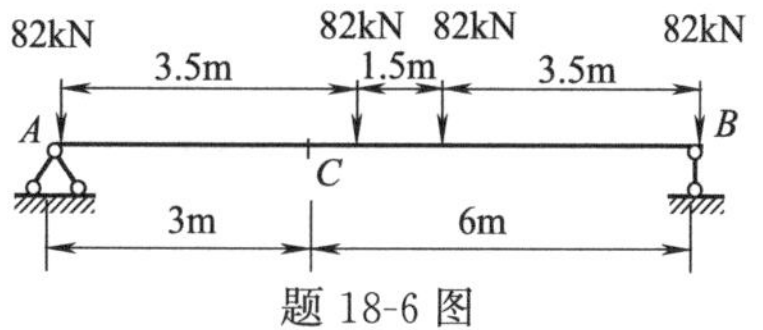

题 18-6 图

18-7 试判定最不利荷载位置并求题 18-7 图示简支梁 F_{BY}的最大值及 F_{SC}的最大、最小值。

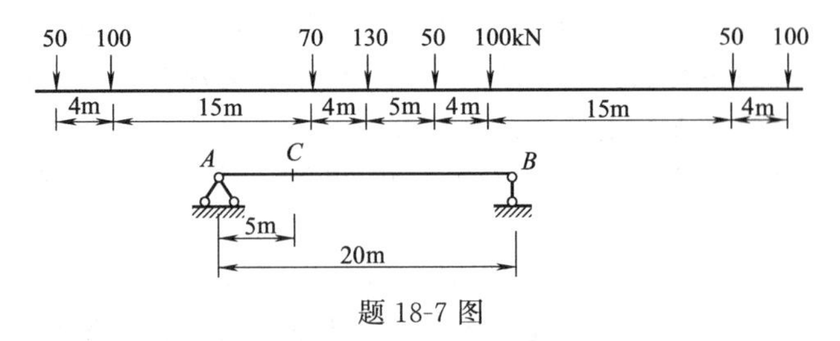

题 18-7 图

18-8～18-9 试求题 18-8 图、题 18-9 图所示简支梁在移动荷载作用下的绝对最大弯矩，并与跨中截面最大弯矩作比较。

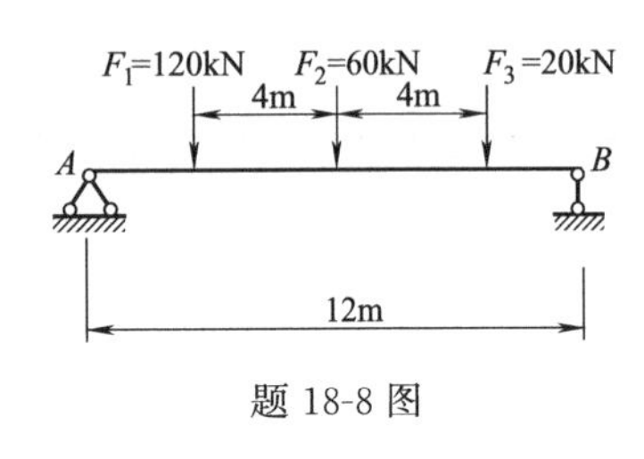

题 18-8 图

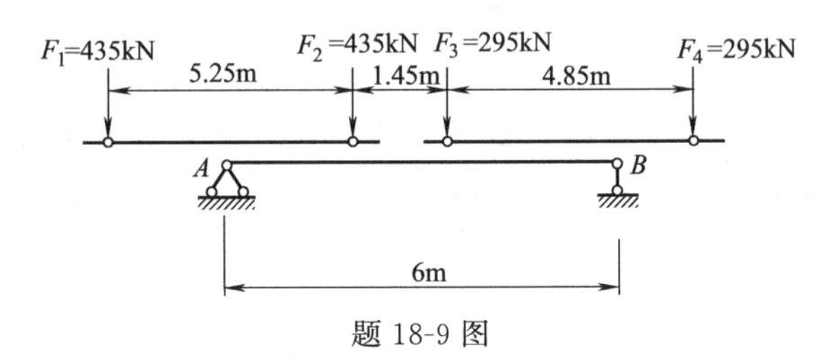

题 18-9 图

附　　录

附录一　型　钢　表

1. 热轧等边角钢（YB/T 5309—2006）

符号意义：

b——边宽；　　d——边厚；

r——内圆弧半径；　　r_1——边端内弧半径；

r_2——边端外弧半径；　　r_0——顶端内弧半径；

I——惯性矩；　　i——惯性半径；

W——截面模量；　　Z_0——重心距离

附表 1

角钢号数	尺寸/mm			截面面积/cm^2	理论重量/$kg \cdot m^{-1}$	参考数值										Z_0/cm
						$x—x$			$x_0—x_0$			$y_0—y_0$			$x_1—x_1$	
	b	d	r			I_x/cm^4	i_x/cm	W_x/cm^3	I_{x0}/cm^4	i_{x0}/cm	W_{x0}/cm^3	I_{y0}/cm^4	i_{y0}/cm	W_{y0}/cm^3	I_{x1}/cm^4	
2	20	3	3.5	1.132	0.889	0.40	0.59	0.29	0.63	0.75	0.45	0.17	0.39	0.20	0.81	0.60
		4		1.459	1.145	0.50	0.85	0.36	0.78	0.76	0.55	0.22	0.38	0.24	1.09	0.64
2.5	25	3		1.432	1.124	0.82	0.76	0.46	1.29	0.95	0.73	0.34	0.49	0.33	1.57	0.73
		4		1.859	1.459	1.03	0.74	0.59	1.62	0.93	0.92	0.43	0.40	0.40	2.11	0.76

续表

角钢号数	尺寸/mm			截面面积/cm²	理论重量/kg·m⁻¹	参考数值										Z₀/cm
						x—x			x_0—x_0			y_0—y_0			x_1—x_1	
	b	d	r			I_x/cm^4	i_x/cm	W_x/cm^3	I_{x0}/cm^4	i_{x0}/cm	W_{x0}/cm^3	I_{y0}/cm^4	i_{y0}/cm	W_{y0}/cm^3	I_{x1}/cm^4	Z_0/cm
3.0	30	3	4.5	1.749	1.373	1.46	0.91	0.68	2.31	1.15	1.09	0.61	0.59	0.51	2.71	0.85
		4		2.276	1.786	1.84	0.90	0.87	2.92	1.13	1.37	0.77	0.58	0.62	3.63	0.89
3.6	36	3		2.109	1.656	2.58	1.11	0.99	4.09	1.39	1.61	1.07	0.71	0.76	4.68	1.00
		4		2.756	2.163	3.29	1.09	1.28	5.22	1.38	2.05	1.37	0.70	0.93	6.25	1.04
		5		3.382	2.654	3.95	1.08	1.56	6.24	1.36	2.45	1.65	0.70	1.09	7.84	1.07
4	40	3	5	2.359	1.852	3.59	1.23	1.23	5.69	1.55	2.01	1.49	0.79	0.96	6.41	1.09
		4		3.086	2.422	4.60	1.22	1.60	7.29	1.54	2.58	1.91	0.79	1.19	8.56	1.13
		5		3.791	2.976	5.53	1.21	1.96	8.76	1.52	3.10	2.30	0.78	1.39	10.74	1.17
4.5	45	3	5	2.659	2.088	5.17	1.40	1.58	8.20	1.76	2.58	2.14	0.90	1.24	9.12	1.22
		4		3.486	2.736	6.65	1.38	2.05	10.56	1.74	3.32	2.75	0.89	1.54	12.18	1.26
		5		4.292	3.369	8.04	1.37	2.51	12.74	1.72	4.00	3.33	0.88	1.81	15.25	1.30
		6		5.076	3.985	9.33	1.36	2.95	14.76	1.70	4.64	3.89	0.88	2.06	18.36	1.33
5	50	3	5.5	2.971	2.332	7.18	1.55	1.96	11.37	1.96	3.22	2.93	1.00	1.57	12.50	1.34
		4		3.897	3.059	9.26	1.54	2.56	14.70	1.94	4.16	3.82	0.99	1.96	16.69	1.38
		5		4.803	3.770	11.21	1.53	3.13	17.79	1.92	5.03	4.64	0.98	2.31	20.90	1.42
		6		5.688	4.465	13.05	1.52	3.68	20.69	1.91	5.85	5.42	0.98	2.63	25.14	1.46
5.6	56	3	6	3.343	2.624	10.19	1.75	2.48	16.14	2.20	4.08	4.24	1.1	2.02	17.56	1.48
		4		4.390	3.446	13.18	1.73	3.24	20.92	2.18	5.28	5.46	1.11	2.52	23.43	1.53
		5		5.415	4.251	16.02	1.72	3.97	25.42	2.17	6.42	6.61	1.10	2.98	29.33	1.57
		6		8.367	6.568	23.63	1.68	6.03	37.37	2.11	9.44	9.89	1.09	4.16	47.24	1.68
6.3	63	4	7	4.978	3.907	19.03	1.96	4.13	30.17	2.46	6.78	7.89	1.26	3.29	33.35	1.70
		5		6.143	4.822	23.17	1.94	5.08	36.77	2.45	8.25	9.57	1.25	3.90	41.73	1.74

续表

角钢号数	尺寸/mm			截面面积/cm^2	理论重量/$kg \cdot m^{-1}$	参考数值										Z_0/cm
						$x-x$			x_0-x_0			y_0-y_0			x_1-x_1	
	b	d	r			I_x/cm^4	i_x/cm	W_x/cm^3	I_{x0}/cm^4	i_{x0}/cm	W_{x0}/cm^3	I_{y0}/cm^4	i_{y0}/cm	W_{y0}/cm^3	I_{x1}/cm^4	
6.3	63	6	7	7.288	5.721	27.12	1.93	6.00	43.03	2.43	9.66	11.20	1.24	4.46	50.14	1.78
		8		9.515	7.469	34.46	1.90	7.75	54.56	2.40	12.25	14.33	1.23	5.47	67.11	1.85
		10		11.657	9.151	41.09	1.88	9.39	64.85	2.36	14.56	17.33	1.22	6.36	84.31	1.93
7	70	4	8	5.570	4.372	26.39	2.18	5.14	41.80	2.74	8.44	10.99	1.40	4.17	45.74	1.86
		5		6.875	5.397	32.21	2.16	6.32	51.08	2.73	10.32	13.34	1.39	4.95	57.21	1.91
		6		8.160	6.406	37.77	2.15	7.48	59.93	2.71	12.11	15.61	1.38	5.67	68.73	1.95
		7		9.424	7.398	43.09	2.14	8.59	68.35	2.69	13.81	17.82	1.38	6.34	80.29	1.99
		8		10.667	8.373	48.17	2.12	9.68	76.37	2.68	15.43	19.98	1.37	6.98	91.92	2.03
7.5	75	5	9	7.367	5.818	39.97	2.33	7.32	63.30	2.92	11.94	16.63	1.50	5.77	70.56	2.04
		6		8.797	6.905	46.95	2.31	8.64	74.38	2.90	14.02	19.51	1.49	6.67	84.55	2.07
		7		10.160	7.976	53.57	2.30	9.93	84.96	2.89	16.02	22.18	1.48	7.44	98.71	2.11
		8		11.503	9.030	59.96	2.28	11.20	95.07	2.88	17.93	24.86	1.47	8.19	112.97	2.15
		10		14.126	11.089	71.98	2.26	13.64	113.92	2.84	21.48	30.05	1.46	9.56	141.71	2.22
8	80	5		7.912	6.211	48.79	2.48	8.34	77.33	3.13	13.67	20.25	1.60	6.66	85.36	2.15
		6		9.397	7.376	57.35	2.47	9.87	90.98	3.11	16.08	23.72	1.59	7.65	102.50	2.19
		7		10.860	8.525	65.58	2.46	11.37	104.07	2.10	18.40	27.09	1.58	8.58	119.70	2.23
		8		12.303	9.658	73.49	2.44	12.83	116.60	3.08	20.61	30.39	1.57	9.46	136.97	2.27
		10		15.126	11.874	88.43	2.42	15.64	140.09	3.04	24.76	36.77	1.56	11.08	171.74	2.35
9	90	6	10	10.637	8.350	82.77	2.79	12.61	131.26	3.51	20.63	34.28	1.80	9.95	145.87	2.44
		7		12.301	9.656	94.83	2.78	14.54	150.47	3.50	23.64	39.18	1.78	11.19	170.30	2.48
		8		13.944	10.946	106.47	2.76	16.42	168.97	3.48	26.55	43.97	1.78	12.35	194.80	2.52
		10		17.167	13.476	128.58	2.74	20.07	203.90	3.45	32.04	53.26	1.76	14.52	244.07	2.59

续表

角钢号数	尺寸/mm			截面面积/cm^2	理论重量/$kg \cdot m^{-1}$	参考数值										Z_0/cm
						$x-x$			x_0-x_0			y_0-y_0			x_1-x_1	
	b	d	r			I_x/cm^4	i_x/cm	W_x/cm^3	I_{x0}/cm^4	i_{x0}/cm	W_{x0}/cm^3	I_{y0}/cm^4	i_{y0}/cm	W_{y0}/cm^3	I_{x1}/cm^4	
9	90	12	10	20.306	15.940	149.22	2.71	23.57	236.21	3.41	37.12	62.22	1.75	16.49	293.76	2.67
10	100	6	12	11.932	9.366	114.95	3.10	15.68	181.93	3.90	25.74	47.92	2.00	12.69	200.07	2.67
		7		13.796	10.830	131.86	3.09	18.10	208.97	3.89	29.55	54.74	1.99	14.26	233.54	2.71
		8		15.638	12.276	148.24	3.08	20.47	235.07	3.88	33.24	61.41	1.98	15.75	267.09	2.76
		10		19.261	15.120	179.51	3.05	25.06	284.68	3.84	40.26	74.35	1.96	18.54	334.48	2.84
		12		22.800	17.898	208.90	3.03	29.48	330.95	3.81	46.80	86.84	1.95	21.08	402.34	2.91
		14		26.256	20.611	236.53	3.00	33.73	374.06	3.77	52.90	99.00	1.94	23.44	470.75	2.99
		16		29.627	23.257	262.53	2.98	37.82	414.16	3.74	58.57	110.89	1.94	25.63	539.80	3.06
11	110	7	12	15.196	11.928	177.16	3.41	22.05	280.94	4.30	36.12	73.38	2.20	17.51	310.64	2.96
		8		17.238	13.532	199.46	3.40	24.95	316.49	4.28	40.69	82.42	2.19	19.39	355.20	3.01
		10		21.261	16.690	242.19	3.38	30.60	384.39	4.25	49.42	99.98	2.17	22.19	444.65	3.09
		12		25.200	19.782	282.55	3.35	36.05	448.17	4.22	57.62	116.93	2.15	26.15	534.60	3.16
		14		29.056	22.809	320.71	3.32	41.31	508.01	4.18	65.31	133.40	2.14	29.14	625.16	3.24
12.5	125	8	14	19.750	15.504	297.03	3.88	32.52	470.89	4.88	53.28	123.16	2.50	25.86	521.01	3.37
		10		24.373	19.133	361.67	3.85	39.97	573.89	4.85	64.93	149.46	2.48	30.62	651.93	3.45
		12		28.912	22.696	423.16	3.83	41.17	671.44	4.82	75.96	174.88	2.46	35.03	783.42	3.53
		14		33.367	26.193	481.65	3.80	54.16	673.73	4.78	86.41	199.57	2.45	39.13	915.61	3.61
14	140	10		27.373	21.488	514.65	4.34	50.58	817.27	5.46	82.56	212.00	2.78	39.20	915.11	3.61
		12		32.512	25.522	603.68	4.31	59.80	958.79	5.43	96.85	248.57	2.76	45.02	1099.28	3.90
		14		37.567	29.490	688.81	4.28	68.75	1093.56	5.40	110.47	284.06	2.75	50.45	1284.22	3.98
		16		42.539	33.393	770.24	4.26	77.46	1221.81	5.36	123.42	318.67	2.74	55.55	1470.07	4.06
16	160	10	16	31.502	24.729	779.53	4.98	66.70	1237.30	6.27	109.36	321.76	3.20	52.76	1365.33	4.13

续表

角钢号数	尺寸/mm			截面面积/cm²	理论重量/kg·m⁻¹	参考数值										Z₀/cm
						x—x			x_0—x_0			y_0—y_0			x_1—x_1	
	b	d	r			I_x/cm⁴	i_x/cm	W_x/cm³	I_{x0}/cm⁴	i_{x0}/cm	W_{x0}/cm³	I_{y0}/cm⁴	i_{y0}/cm	W_{y0}/cm³	I_{x1}/cm⁴	
16	160	12	16	37.441	29.391	916.58	4.95	78.98	1455.68	6.24	128.67	377.49	3.18	60.74	1639.57	4.39
		14		43.296	33.987	1048.36	4.92	90.95	1665.02	6.20	147.17	431.70	3.16	68.24	1914.68	4.47
		16		49.067	38.518	1175.08	4.89	102.63	1865.57	6.17	164.89	484.59	3.14	75.31	2190.82	4.55
18	180	12		42.241	33.159	1321.35	5.59	100.82	2100.10	7.05	165.00	542.61	3.58	78.41	2332.80	4.89
		14		48.896	38.383	1514.48	5.56	116.25	2407.42	7.02	189.14	621.53	3.56	88.38	2723.48	4.97
		16		55.467	43.542	1700.99	5.54	131.13	2703.37	6.98	212.40	698.60	3.55	97.83	3115.29	5.05
		18		61.955	48.634	1875.12	5.50	145.64	2988.24	6.94	234.78	762.01	3.51	105.14	3502.43	5.13
20	200	14	18	54.642	42.894	2103.55	6.20	144.70	3343.26	7.82	236.40	863.83	3.98	111.82	3734.10	5.46
		16		62.013	48.680	2366.15	6.18	163.65	3760.89	7.79	265.93	971.41	3.96	123.96	4270.39	5.54
		18		69.301	54.401	2620.64	6.15	182.22	4164.54	7.75	294.48	1076.74	3.94	135.52	4808.13	5.62
		20		76.505	60.056	2867.30	6.12	200.42	4554.55	7.72	322.06	1180.04	3.93	146.55	5347.51	5.69
		24		90.661	71.168	3338.25	6.07	236.17	5294.97	7.64	374.41	1381.53	3.90	166.55	6457.16	5.87

注：1. $r_1=\frac{1}{3}d$，$r_2=0$，$r_0=0$。

2. 角钢长度：2～4号，3～9m；4.5～8号，4～12m；9～14号，4～19m；16～20号，6～19m。

3. 一般采用材料：A2，A3，A5，A3F。

2. 热轧不等边角钢（GB 9788—88）

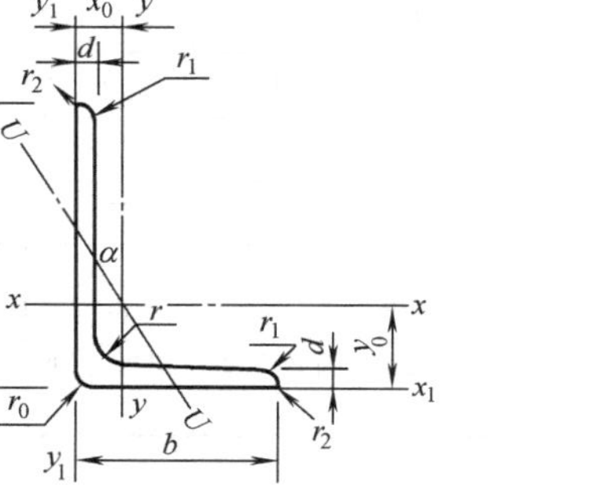

符号意义：

B——长边宽度；	b——短边宽度；
d——边厚；	r——内圆弧半径；
r_1——边端内弧半径；	r_2——边端外弧半径；
r_0——顶端内弧半径；	I——惯性矩；
i——惯性半径；	W——截面模量；
x_0——重心距离；	y_0——重心距离

附表 2

角钢号数	尺寸/mm				截面面积/cm^2	理论重量/$kg \cdot m^{-1}$	参考数值									
							$x-x$			$y-y$			x_1-x_1		y_1-y_1	
	B	b	d	r			I_x/cm^4	i_x/cm	W_x/cm^3	I_y/cm^4	i_y/cm	W_y/cm^3	I_{x1}/cm^4	y_0/cm	I_{y0}/cm^4	x_0/cm
2.5/1.6	25	16	3	3.5	1.162	0.912	0.70	0.78	0.43	0.22	0.44	0.19	1.56	0.86	0.43	0.42
			4		1.499	1.176	0.88	0.77	0.55	0.27	0.43	0.24	2.09	0.90	0.59	0.46
3.2/2	32	20	3		1.492	1.171	1.53	1.01	0.72	0.46	0.55	0.30	3.27	1.08	0.82	0.49
			4		1.939	1.522	1.93	1.00	0.93	0.57	0.54	0.39	4.37	1.12	1.12	0.53
4/2.5	40	25	3	4	1.890	1.484	3.08	1.28	1.15	0.93	0.70	0.49	6.39	1.32	1.59	0.59
			4		2.467	1.936	3.93	1.26	1.49	1.18	0.69	0.63	8.53	1.37	2.14	0.63
4.5/2.8	45	28	3	5	2.149	1.687	4.45	1.44	1.47	1.34	0.79	0.62	9.10	1.47	2.23	0.64
			4		2.806	2.203	5.69	1.42	1.91	1.70	0.78	0.80	12.13	1.51	3.00	0.68
5/3.2	50	32	3	5.5	2.431	1.908	6.24	1.60	1.84	2.02	0.91	0.82	12.49	1.60	3.31	0.73
			4		3.177	2.494	8.02	1.59	2.39	2.58	0.90	1.06	16.65	1.65	4.45	0.77
5.6/3.6	56	36	3	6	2.743	2.153	8.88	1.80	2.32	2.92	1.03	1.05	17.54	1.78	4.70	0.80
			4		3.590	2.818	11.45	1.79	3.03	3.76	1.02	1.37	23.39	1.82	6.33	0.85
			5		4.415	3.466	13.86	1.77	3.71	4.49	1.01	1.65	29.25	1.87	7.94	0.88
6/3.4	63	40	4	7	4.058	3.185	16.49	2.02	3.87	5.23	1.14	1.70	33.30	2.04	8.63	0.92
			5		4.993	3.920	20.02	2.00	4.74	6.31	1.12	2.71	41.63	2.08	10.86	0.95
			6		5.908	4.638	23.36	1.96	5.59	7.29	1.11	2.43	49.98	2.12	13.12	0.99
			7		6.802	5.339	26.53	1.98	6.40	8.24	1.10	2.78	58.07	2.15	15.47	1.03
7/4.5	70	45	4	7.5	4.547	3.570	23.17	2.26	4.86	7.55	1.29	2.17	45.92	2.24	12.26	1.02
			5		5.609	4.403	27.95	2.23	5.92	9.13	1.28	2.65	57.10	2.28	15.39	1.09
			6		6.647	5.218	32.54	2.21	6.95	10.62	1.26	3.12	68.35	2.32	18.58	1.09
			7		7.657	6.011	37.22	2.20	8.03	12.01	1.25	3.57	79.99	2.36	21.84	1.13
7.5/5	75	50	5	8	6.125	4.808	34.86	2.39	6.83	12.61	1.44	3.30	70.00	2.40	21.04	1.17

续表

角钢号数	尺寸/mm				截面面积/cm^2	理论重量/$kg\cdot m^{-1}$	参考数值									
							$x-x$			$y-y$			x_1-x_1		y_1-y_1	
	B	b	d	r			I_x/cm^4	i_x/cm	W_x/cm^3	I_y/cm^4	i_y/cm	W_y/cm^3	I_{x1}/cm^4	y_0/cm	I_{y0}/cm^4	x_0/cm
7.5/5	75	50	6	8	7.260	5.699	41.12	2.38	8.12	14.70	1.42	3.88	84.30	2.44	25.37	1.21
			8		9.467	7.431	52.39	2.35	10.52	18.53	1.40	4.99	112.50	2.52	34.23	1.29
			10		11.590	9.098	62.71	2.33	12.79	21.96	1.38	6.04	140.80	2.60	43.43	1.36
8/5	80	50	5		6.375	5.005	41.96	2.56	7.78	12.82	1.42	3.32	85.21	2.60	21.06	1.14
			6		7.560	5.935	49.49	2.56	9.25	14.95	1.41	3.91	102.53	2.65	25.41	1.16
			7		8.724	6.848	56.16	2.54	10.58	16.96	1.39	4.48	119.33	2.69	29.82	1.21
			8		9.867	7.745	62.83	2.52	11.92	18.85	1.38	5.03	136.41	2.73	34.32	1.25
9/5.6	90	56	5	9	7.212	5.661	60.45	2.90	9.92	18.32	1.59	4.21	121.32	2.91	29.53	1.25
			6		8.557	6.717	71.03	2.88	11.74	21.42	1.58	4.96	145.59	2.95	35.58	1.29
			7		9.880	7.756	81.01	2.86	13.49	24.36	1.57	5.70	169.66	3.00	41.71	1.33
			8		11.183	8.779	91.03	2.85	15.27	27.15	1.56	6.41	194.17	3.04	47.93	1.36
10/6.3	100	63	6	10	9.617	9.550	99.06	3.21	14.64	30.94	1.79	6.35	199.71	3.24	50.50	1.43
			7		11.111	8.722	113.45	3.20	16.88	35.26	1.78	7.29	233.00	3.28	59.14	1.47
			8		12.584	9.878	127.37	3.18	19.08	39.39	1.77	8.21	266.32	3.32	67.88	1.50
			10		15.467	12.142	153.81	3.15	23.32	47.12	1.74	9.98	333.06	3.40	85.73	1.58
10/8	100	80	6		10.637	8.350	107.04	3.17	15.19	61.24	2.40	10.16	199.83	2.95	102.68	1.97
			7		12.301	9.656	122.73	3.16	17.52	70.08	2.39	11.71	233.20	3.00	119.98	2.01
			8		13.944	10.946	137.92	3.14	19.81	78.58	2.37	13.21	266.61	3.04	137.37	2.05
			10		17.167	13.476	166.87	3.12	24.24	94.65	2.35	16.12	333.63	3.12	172.48	2.13
11/7	110	70	6		1.57	10.637	8.350	133.37	3.54	17.85	42.92	2.01	7.90	265.78	3.53	69.08
			7		12.301	9.656	153.00	3.53	20.60	49.01	2.00	9.09	310.07	3.57	80.82	1.61
			8		13.944	10.946	172.04	3.51	23.30	54.87	1.98	10.25	354.39	3.62	92.70	1.65

续表

角钢号数	尺寸/mm				截面面积 /cm^2	理论重量 /kg·m^{-1}	参考数值									
							$x-x$			$y-y$			x_1-x_1		y_1-y_1	
	B	b	d	r			I_x/cm^4	i_x/cm	W_x/cm^3	I_y/cm^4	i_y/cm	W_y/cm^3	I_{x1}/cm^4	y_0/cm	I_{y0}/cm^4	x_0/cm
11/7	110	70	10		17.167	13.476	208.39	3.48	28.54	65.88	1.96	12.48	443.13	3.70	116.83	1.72
12.5/8	125	80	7	11	14.086	11.066	227.98	4.02	26.86	74.42	2.30	12.01	454.99	4.01	120.32	1.80
			8		15.989	12.551	256.77	4.01	30.41	83.49	2.28	13.56	519.99	4.06	137.85	1.84
			10		19.712	15.474	312.04	3.98	37.33	100.67	2.26	16.56	650.09	4.14	173.40	1.92
			12		23.351	18.330	364.41	3.95	44.01	116.67	2.24	19.43	780.39	4.22	209.67	2.00
14/9	140	90	8	12	18.038	14.160	365.64	4.50	38.48	120.69	2.59	17.34	730.53	4.50	195.79	2.04
			10		22.261	17.475	445.50	4.47	47.31	146.03	2.56	21.22	913.20	4.58	245.92	2.12
			12		26.400	20.721	521.59	4.44	55.87	169.79	2.54	24.95	1096.09	4.66	296.89	2.19
			14		30.456	23.908	594.10	4.42	64.18	192.10	2.51	28.54	1279.26	4.74	348.82	2.27
16/10	160	100	10	13	25.315	19.872	668.69	5.14	62.13	205.03	2.85	26.56	1362.89	5.24	336.59	2.28
			12		30.054	23.592	784.91	5.11	73.49	239.06	2.82	31.28	1635.56	5.32	405.94	2.36
			14		34.709	27.247	896.30	5.08	84.56	271.20	2.80	35.83	1908.50	5.40	476.42	2.43
			16		39.281	30.835	1003.04	5.05	95.33	301.69	2.77	40.24	2181.79	5.48	548.22	2.51
18/11	180	110	10	14	28.373	22.273	956.25	5.80	78.96	278.11	3.13	32.49	1940.40	5.89	447.22	2.44
			12		33.712	26.464	1124.72	5.78	93.53	325.03	3.10	38.32	2328.38	5.98	538.94	2.25
			14		38.967	30.589	1286.91	5.75	107.76	369.55	3.08	43.97	2716.60	6.06	631.95	2.59
			16		44.139	34.649	1443.06	5.72	121.64	411.85	3.06	49.44	3105.15	6.14	726.46	2.67
20/12.5	200	125	12	10	37.912	29.761	1570.90	6.44	116.73	483.16	3.57	49.99	3193.85	6.54	787.74	2.83
			14		43.867	34.436	1800.97	6.41	134.65	550.83	3.54	57.44	3726.17	6.26	922.47	2.91
			16		49.739	39.045	2023.35	6.38	152.18	615.44	3.52	64.69	4258.86	6.70	1058.86	2.99
			18		55.526	43.588	2238.30	6.35	160.33	677.19	3.49	71.74	4792.00	6.78	1197.13	3.06

注：1. $r_1=\frac{1}{3}d$，$r_2=0$，$r_0=0$。

2. 角钢长度：2.5/1.6～5.6/6.3 号，长 3～9m；6.3/4～9/5.6 号，长 4～12m；10/6.3～14/9 号，长 4～19m；16/10～20/12.5 号，长 6～19m。

3. 一般采用材料：A2，A3，A5，A3F。

3. 热轧普通槽钢（GB 707—88）

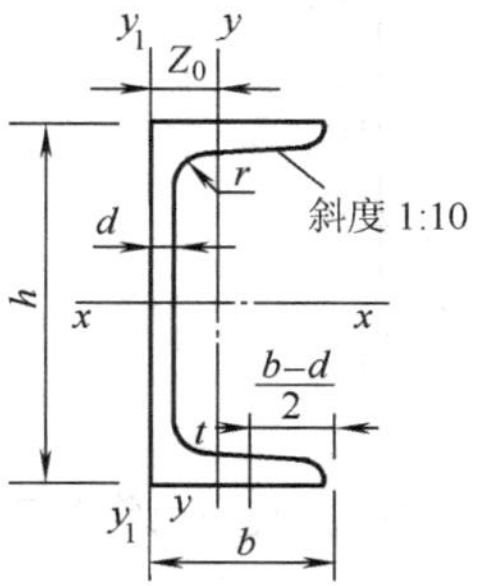

符号意义：

h——高度；
b——腿宽；
d——腰厚；
t——平均腿厚；
r——内圆弧半径；
r_1——腿端圆弧半径；
I——惯性矩；
W——截面模量；
i——惯性半径；
Z_0——$y-y$ 与 y_1-y_1 轴线间距离

附表 3

型号	尺寸/mm						截面面积/cm^2	理论重量/$kg \cdot m^{-1}$	参考数值							Z_0/cm
									$x-x$			$y-y$			y_1-y_1	
	h	b	d	t	r	r_1			W_x/cm^3	I_x/cm^4	i_x/cm	W_y/cm^3	I_y/cm^4	i_y/cm	I_{y1}/cm^4	
5	50	37	4.5	7	7	3.5	6.93	5.44	10.4	26	1.94	3.55	8.3	1.1	20.9	1.35
6.3	63	40	4.8	7.5	7.5	3.75	8.444	6.63	16.123	50.786	2.453	3.7688	11.872	1.185	28.38	1.36
8	80	43	5	8	8	4	10.24	8.04	25.3	101.3	3.15	5.79	16.6	1.27	37.4	1.43
10	100	48	5.3	8.5	8.5	4.25	12.74	10	39.7	198.3	3.95	7.8	25.6	1.41	54.9	1.52
12.6	126	53	5.5	9	9	4.5	15.69	12.37	62.137	391.466	4.953	10.242	37.99	1.567	77.09	1.59
14a	140	58	6	9.5	9.5	4.75	18.51	14.53	80.5	563.7	5.52	13.01	53.2	1.7	107.1	1.71
14b	140	60	8	9.5	9.5	4.75	21.31	16.73	87.1	609.4	5.35	14.12	61.1	1.69	120.6	1.67
16a	160	63	6.5	10	10	5	21.95	17.23	108.3	866.2	6.28	16.3	73.3	1.83	144.1	1.8
16	160	65	8.5	10	10	5	25.15	19.74	116.8	934.5	6.1	17.55	83.4	1.82	160.8	1.75
18a	180	68	7	10.5	10.5	5.25	25.69	20.17	141.4	1272.7	7.04	20.3	98.6	1.96	189.7	1.88
18	180	70	9	10.5	10.5	5.25	29.29	22.99	152.2	1369.9	6.84	21.52	111	1.95	210.1	1.84
20a	200	73	7	11	11	5.5	28.83	22.63	178	1780.4	7.86	24.2	128	2.11	244	2.01
20	200	75	9	11	11	5.5	32.83	25.77	191.4	1913.7	7.64	25.88	143.6	2.09	268.4	1.95

续表

型号	尺寸/mm						截面面积 /cm^2	理论重量 /$kg\cdot m^{-1}$	参考数值							Z_0/cm
									$x-x$			$y-y$			y_1-y_1	
	h	b	d	t	r	r_1			W_x/cm^3	I_x/cm^4	i_x/cm	W_y/cm^3	I_y/cm^4	i_y/cm	I_{y1}/cm^4	
22a	220	77	7	11.5	11.5	5.75	31.84	24.99	217.6	2393.9	8.67	28.17	157.8	2.23	298.2	2.1
22	220	79	9	11.5	11.5	5.75	36.24	28.45	233.8	2571.4	8.42	30.05	176.4	2.21	326.3	2.03
25a	250	78	7	12	12	6	34.91	27.47	269.597	3369.62	9.823	30.607	175.527	2.243	322.256	2.065
25b	250	80	9	12	12	6	39.91	31.39	282.402	3530.04	9.405	32.657	196.421	2.218	353.187	1.982
25c	250	82	11	12	12	6	44.91	35.32	295.236	3690.45	9.065	35.926	218.415	2.206	384.133	1.921
28a	280	82	7.5	12.5	12.5	6.25	40.02	31.42	340.328	4764.59	10.91	35.719	217.989	2.333	387.566	2.097
28b	280	84	9.5	12.5	12.5	6.25	45.62	35.81	366.46	5130.45	10.6	37.929	242.144	2.304	427.589	2.016
28c	280	86	11.5	12.5	12.5	6.25	51.22	40.21	392.594	5496.32	10.35	40.301	267.602	3.286	426.597	1.951
32a	320	88	8	14	14	7	48.7	38.22	474.879	7598.06	12.49	46.473	304.787	2.502	552.31	2.242
32b	320	90	10	14	14	7	55.1	43.25	509.012	7144.2	12.15	49.157	336.332	2.471	592.933	2.158
32c	320	92	12	14	14	7	61.5	48.28	543.145	8690.33	11.88	52.642	374.175	2.467	643.299	2.092
36a	360	96	9	16	16	8	60.89	47.8	659.7	11874.2	13.97	63.54	455	2.73	818.4	2.44
36b	360	98	11	16	16	8	68.09	53.45	702.9	12651.8	13.63	66.85	496.7	2.7	880.4	2.37
36c	360	100	13	16	16	8	75.29	50.1	746.1	13429.4	13.36	70.02	536.4	2.67	947.9	2.34
40a	400	400	10.5	18	18	9	75.05	58.91	878.9	17577.9	15.30	78.83	592	2.81	1067.7	2.49
40b	400	102	12.5	18	18	9	83.05	65.19	932.2	18644.5	14.98	82.52	640	2.78	1135.6	2.44
40c	400	104	14.5	18	18	9	91.05	71.47	985.6	19711.2	14.71	86.19	687.8	2.75	1220.7	2.42

注：1. 槽钢长度：5～8 号，长 5～12m；10～18 号，长 5～19m；20～40 号，长 6～19m。

2. 一般采用材料：A2，A3，A5，A3F。

4. 热轧普通工字钢（GB 706—88）

符号意义：

h——高度；

b——腿宽；

d——腰厚；

t——平均腿厚；

r——内圆弧半径；

r_1——腿端圆弧半径；

I——惯性矩；

W——截面模量；

i——惯性半径；

S——半截面端静力矩

附表 4

型号	尺寸/mm				截面面积 /cm^2	理论重量 /$kg\cdot m^{-1}$	参考数值						
							x—x				y—y		
	h	b	d	t			I_x/cm^4	W_x/cm^3	i_x/cm	$I_z:S_x$	I_y/cm^4	W_y/cm^3	i_y/cm
10	100	68	4.5	7.6	14.3	11.2	245	49	4.14	8.59	33	9.72	1.52
12.6	126	74	5	8.4	18.1	14.2	488.43	77.529	5.195	10.85	46.906	12.677	1.609
14	140	80	5.5	9.1	21.5	16.9	712	102	5.76	12	64.4	16.1	1.73
16	160	88	6	9.9	26.1	20.5	1130	141	6.58	13.8	93.1	21.2	1.89
18	180	94	6.5	10.7	30.6	24.1	1660	185	7.36	15.4	122	26	2
20a	200	100	7	11.4	35.5	27.9	2370	237	8.15	17.2	158	31.5	2.12
20b	200	102	9	11.4	39.5	31.1	2500	250	7.96	16.9	169	33.1	2.06
22a	220	110	7.5	12.3	42	33	3400	309	8.99	18.9	225	40.9	2.31
22b	220	112	9.5	12.3	46.4	36.4	3570	325	8.78	18.7	239	42.7	2.27
24a	240	116	8	13	47.7	37.4	4570	381	9.77	20.7	280	48.4	2.42
24b	240	118	10	18	52.6	41.2	4800	400	9.57	20.4	297	50.4	2.38
25a	250	116	8	13	48.5	38.1	5023.54	401.88	10.18	21.58	280.046	48.283	2.403
25b	250	118	10	13	53.5	42	5283.96	422.72	9.938	21.27	309.297	52.423	2.404
28a	280	122	8.5	13.7	55.45	43.4	7114.14	508.15	11.32	24.62	345.051	56.565	2.495
28b	280	124	10.5	13.7	61.05	47.9	7480	534.29	11.08	24.24	379.496	61.209	2.493
30a	300	126	9	14.4	61.2	48	8950	597	12.1	25.7	400	63.5	2.55
30b	300	128	11	14.4	67.2	52.7	9400	627	11.8	25.4	422	65.9	2.50
32a	320	130	9.5	15	67.05	52.7	11075.5	692.2	12.84	27.46	459.93	70.758	2.619
32b	320	132	11.5	15	73.45	57.7	11621.4	762.33	12.58	27.09	501.53	75.989	2.614
32c	320	134	13.5	15	79.95	62.8	12167.5	760.47	12.34	26.77	543.81	81.166	2.608
36a	360	136	10	15.8	76.3	59.9	15760	875	14.4	30.7	552	81.2	2.69
36b	360	138	12	15.8	83.5	65.5	16530	919	14.1	30.3	582	84.3	2.64

续表

型号	尺寸/mm				截面面积/cm²	理论重量/kg·m⁻¹	参考数值						
							$x—x$				$y—y$		
	h	b	d	t			I_x/cm^4	W_x/cm^3	i_x/cm	$I_z:S_x$	I_y/cm^4	W_y/cm^3	i_y/cm
36c	360	140	14	15.8	90.7	71.2	17310	962	13.8	29.9	612	87.4	2.6
40a	400	142	10.5	16.5	86.1	67.6	21720	1090	15.9	34.1	660	93.2	2.77
40b	400	144	12.5	16.5	94.1	73.8	22780	1140	15.6	33.6	692	96.2	2.71
40c	400	146	14.5	16.5	102	80.1	23850	1190	15.2	33.2	727	99.6	2.65
45a	450	150	11.5	18	102	80.4	32240	1430	17.7	38.6	866	114	2.89
45b	450	152	13.5	18	111	87.4	33760	1500	17.4	38	894	118	2.84
45c	450	154	45.5	18	120	94.5	35280	1570	17.1	37.6	938	122	2.79
50a	500	158	12	20	119	93.6	46470	1860	19.7	42.8	1120	142	3.07
50b	500	160	14	20	129	101	48560	1940	19.4	42.4	1170	146	3.01
50c	500	162	16	20	139	109	50640	2080	19	41.8	1220	151	2.96
56a	560	166	12.5	21	135.25	106.2	65585.6	2342.31	22.02	47.73	1370.16	165.08	3.182
56b	560	168	14.5	21	146.45	115	68512.5	2446.69	21.63	47.17	1486.75	174.25	3.165
56c	560	170	16.5	21	157.85	123.9	71439.4	2551.41	21.27	46.66	1558.39	183.34	3.158
63a	630	176	13	22	154.9	121.6	93916.2	2981.47	24.62	54.17	1700.55	193.24	3.314
63b	630	178	15	22	167.5	131.5	98083.6	3163.98	24.2	53.51	1812.07	203.6	3.289
63c	630	180	17	22	180.1	141	10225.1	3298.42	23.82	52.92	1924.91	213.88	3.268

注：1. 工字钢长度：10～18号，长5～19m；20～63号，长6～19m。

2. 一般采用材料：A2，A3，A5，A3F。

附录二　部分习题参考答案

第一章（略）

第二章

2-1　$F_R=17.26kN$，与力 $\boldsymbol{F}_1$ 的夹角 $\alpha=190.97°$

2-2　$F_{1x}=-10kN$、$F_{1y}=0$；$F_{2x}=-6.50kN$、$F_{2y}=-3.75kN$；
　　$F_{3x}=7.66kN$、$F_{3y}=6.43kN$；$F_{4x}=4.28kN$、$F_{4y}=-11.75kN$

2-3　$F_{AB}=290.75N$（压），$F_{BC}=84.53N$（压）

2-4　(a) $F_{AC}=0.58kN$（拉），$F_{BC}=1.15kN$（压）
　　(b) $F_{AC}=0.71kN$（拉），$F_{BC}=0.71kN$（压）

2-5　(1) $F_{AB}=392kN$，$F_{AC}=392kN$；(2) $F_{AB}=277.19kN$，$F_{AC}=277.19kN$

2-6　$F_{BD}=0.58P$（拉）

2-7　(a) $F_A=1.12P$（↙），与水平线之间的夹角为 26.57°；$F_B=0.5P$（↑）
　　(b) $F_A=0.71P$（↙），$F_B=0.71P$（↖），两力与水平线之间的夹角均为 45°

2-8　$F_A=P\tan\alpha$（→）；$F_C=P/\cos\alpha$（↖），与铅垂线之间的夹角为 α；$l_{AC}=l\cos^2\alpha$

2-9　$F_N=5.77kN$（←）

2-10　$P=136.60kN$；$F_{AB}=122.47kN$

2-11　$F_{AC}=1.77kN$（压）；$F_B=1.77kN$（↘），与水平线之间的夹角为 15°

2-12　$M_o(\boldsymbol{F})=-0.5kN\cdot m$；$M_B(\boldsymbol{F})=-1.47kN\cdot m$；$M_C(\boldsymbol{F})=0.21kN\cdot m$

2-13　$M_A(\boldsymbol{F})=0.71F\cdot m$；$M_D(\boldsymbol{F})=-2.12F\cdot m$

2-14　$M=60.57N\cdot m$

2-15　(a) $F_A=m/l$（↑），$F_B=m/l$（↓）
　　(b) $F_A=m/(l\cos\alpha)$（↖），$F_B=m/(l\cos\alpha)$（↘）

2-16　$F_A=0.35m/a$（↘），$F_C=0.35m/a$（↖）

第三章

3-1　$F_R=11.25kN$，与 x 正向的夹角 $\alpha=1.24°$，合力作用线通过点（69.98，0）

3-2　$F_R=5.66kN$（↗），与水平线之间的夹角 $\alpha=45°$，合力作用线通过 A 点

3-3　(a) $F_{Ax}=0.71P_2$（→），$F_{Ay}=P_1+0.71P_2$（↑），$m_A=P_1l+0.35P_2l$
　　(b) $F_{Ax}=0$，$F_{Ay}=1.17P$（↑），$F_B=0.17P$（↓）
　　(c) $F_{Ax}=0$，$F_{Ay}=0$，$F_B=P$（↑）
　　(d) $F_{Bx}=0$，$F_{By}=qa$（↑），$F_C=2qa$（↑）

3-4　(a) $F_{Ax}=0.58F$（→），$F_{Ay}=F$（↑），$F_B=1.15F$（↖）
　　(b) $F_A=0.87P-0.5m/a$（↑），$F_B=0.87P+0.5m/a$（↑），$F_C=P$（↘）

3-5　(a) $F_{Ax}=qa$（→），$F_{Ay}=0$，$m_A=0.5qa^2$
　　(b) $F_{Ax}=qa$（←），$F_{Ay}=0.75qa$（↓），$F_B=1.75qa$（↑）
　　(c) $F_A=2F$（→），$F_{Bx}=2F$（←），$F_{By}=F$（↑）
　　(d) $F_{Ax}=0.41F$（←），$F_{Ay}=1.70F$（↑），$F_B=0.81F$（↘）
　　(e) $F_{Ax}=4kN$（←），$F_{Ay}=2kN$（↑），$F_B=6kN$（↑）
　　(f) $F_{Ax}=qa$（←），$F_{Ay}=0.5qa$（↑），$F_B=0.5qa$（↓）

3-6　$F_{BC}=1733.33kN$，$F_{Ax}=1501.11kN$（→），$F_{Ay}=533.33kN$（↑）

3-7　(a) $F_{Ax}=0.5qa\tan\alpha$（→），$F_{Ay}=1.5qa$（↑），$m_A=2.5qa^2$，

$F_B=0.5qa/\cos\alpha$（↖），$F_{Cx}=0.5qa\tan\alpha$，$F_{Cy}=0.5qa$

(b) $F_{Ax}=m\tan\alpha/a$（→），$F_{Ay}=P-m/a$（↑），$m_A=Pa-2m$，

$F_B=m/(a\cos\alpha)$（↖），$F_{Cx}=m\tan\alpha/a$，$F_{Cy}=m/a$

(c) $F_{Ax}=0.125ql^2/h$（→），$F_{Ay}=0.5ql$（↑），

$F_{Bx}=0.125ql^2/h$（←），$F_{By}=0.5ql$（↑），

$F_{Cx}=0.125ql^2/h$，$F_{Cy}=0$

3-8 (a) $F_{Ax}=0$，$F_{Ay}=m/a+qa$（↓），$F_B=m/a+2qa$（↑），$F_{Cx}=0$，$F_{Cy}=qa$，

$F_D=qa$（↑）

(b) $F_{Ax}=0$，$F_{Ay}=0.5P+1.25qa$（↓），$F_B=P+3qa$（↑），

$F_{Cx}=0$，$F_{Cy}=0.5P+0.75qa$，$F_D=0.5P+0.25qa$（↑）

3-9 $F_{Ax}=2.25q_1a+0.17m/a-0.33P$（←），$F_{Ay}=1.5q_1a+0.33m/a-0.67P$（↓），

$F_{Bx}=0.75q_1a-0.17m/a-0.67P$（←），

$F_{By}=1.5q_1a+q_2a+0.33m/a-0.67P$（↑），

$F_C=q_2a$（↑）

3-10 $F_{AC}=8\text{kN}$（拉），$F_{BC}=6.93\text{kN}$（压）

3-11 $F_{Ax}=7.5\text{kN}$（→），$F_{Ay}=15\text{kN}$（↑），$F_{Dx}=7.5\text{kN}$（←），$F_{Dy}=25\text{kN}$（↑）

3-12 匀速上升时的拉力 $F=26\text{kN}$，均速下降时的拉力 $F=21\text{kN}$

3-13 系统平衡

3-14 $0.433\text{kN}\leqslant P\leqslant 0.866\text{kN}$

第四章

4-1 $F_{Px}=-447\text{N}$，$F_{Py}=0$，$F_{Pz}=224\text{N}$；

$F_{Qx}=-375\text{N}$，$F_{Qy}=-563\text{N}$，$F_{Qz}=187\text{N}$

4-2 $F_{Rx}=-345.4\text{N}$，$F_{Ry}=249.6\text{N}$，$F_{Rz}=10.56\text{N}$；

$M_x=-51.78\text{N}\cdot\text{m}$，$M_y=-36.65\text{N}\cdot\text{m}$，$M_z=103.6\text{N}\cdot\text{m}$

4-3 $F_{AO}=\dfrac{\sqrt{a^2+b^2}}{b}G$，$F_{BO}=0$，$F_{CO}=-\dfrac{a}{b}G$

4-4 $G_{max}=\dfrac{Q}{2\sqrt{3}l\cos\alpha}$

4-5 $F_T=200\text{N}$，$F_{Bx}=F_{By}=0$，$F_{Ax}=86.6\text{N}$，$F_{Ay}=150\text{N}$，$F_{Az}=100\text{N}$

4-6 $F_1=F_5=-F$，$F_3=F$，$F_2=F_4=F_6=0$

4-7 $x_C=187.5\text{mm}$，$y_C=0$

4-8 $x_C=-\dfrac{r_1r_2^2}{2(r_1^2-r_2^2)}$

第五章

5-1 $y_C=27.5\text{cm}$，$S_z=1.99\times10^4\text{cm}^3$，$I_z=87.7\times10^4\text{cm}^4$

5-2 (a) $I_{z0}=424\text{cm}^4$　　$I_{y0}=167.4\text{cm}^4$

(b) $I_{z0}=1.88\times10^4\text{cm}^4$　　$I_{y0}=2.38\times10^4\text{cm}^4$

(c) $I_{z0}=3.56\times10^4\text{cm}^4$　　$I_{y0}=1.19\times10^4\text{cm}^4$

(d) $I_{z0}=5.98\times10^3\text{cm}^4$　　$I_{y0}=8.48\times10^2\text{cm}^4$

(e) $I_{z0}=1.35\times10^4\text{cm}^4$　　$I_{y0}=5.0\times10^2\text{cm}^4$

第六章

6-1 (a) $F_{N\text{I}}=5\text{kN}(-)$，$F_{N\text{II}}=1\text{kN}$，$F_{N\text{III}}=4\text{kN}$

（b）$F_{N I}=12kN$，$F_{N II}=2kN$，$F_{N III}=4kN(-)$

6-2　（a）$\sigma=3.17MPa$；（b）$\sigma=6.65MPa$

6-3　$\sigma_{max}^{+}=30MPa$，$\sigma_{max}^{-}=20MPa$

6-4　$\Delta l=0.02mm(-)$，$\sigma_{下}=20MPa(-)$

6-5　$F=20kN$，$\sigma_{max}=15.94MPa$

6-6　杆 1 上段应力 $\sigma_{上}=0.6MPa(-)$，中段应力 $\sigma_{中}=1MPa(-)$，下段应力 $\sigma_{下}=0.85MPa(-)$

6-7　$F=502N$

6-8　$F=13.75kN$

6-9　（1）$\sigma=735MPa$

（2）$\Delta=83.7mm$

（3）$F=96.4N$

6-10　$\sigma=5.63MPa$

6-11　$d=35mm$

6-12　钢丝根数 $n=199$ 根。等边角钢 4×40×4

6-13　$F=33.3kN$

6-14　AB 杆 2L100×10，AD 杆 2L80×6

6-15　$F=21.6kN$

6-16　距 A 端 1.7m 处

6-17　$\sigma_1=66.6MPa$，$\sigma_2=133.2MPa$

6-18　$\sigma_{I}=108MPa$，$\sigma_{II}=8.3MPa$，$\sigma_{III}=141.7MPa(-)$

6-19　（1）$F=25kN$　（2）$\sigma_{上}=76.9MPa$，$\sigma_{下}=71.9MPa$

6-21　$F=19.2kN$

6-22　稳定

6-23　$F=250.8kN$

6-24　$d=18cm$

第七章

7-1　$\tau=66.3MPa$，$\sigma_c=102MPa$

7-2　$l\geqslant200mm$，$h\geqslant20mm$

7-3　$d\geqslant15mm$

7-4　$F\leqslant350N$

7-5　$\tau=106MPa$　$\sigma_c=100MPa$

削弱截面　$\sigma=31.6MPa$

7-6　$[F]=157kN$

7-7　$l=155mm$

7-8　$[F]=275.5kN$

第八章

8-1　（1）$F_{S1}=2qa$，$M_1=-3qa^2$；$F_{S2}=qa$，$M_2=-0.5qa^2$

（2）$F_{S1}=0$，$M_1=-2kN\cdot m$；$F_{S2}=-5kN$，$M_2=-12kN\cdot m$

（3）$F_{S1}=0$，$M_1=85.5kN\cdot m$

（4）$F_{S1}=-\dfrac{m}{4a}$，$M_1=-\dfrac{1}{4}m$；$F_{S2}=-\dfrac{m}{4a}$，$M_2=-m$；$F_{S3}=0$，$M_3=-m$

(5) $F_{S1}=30kN$，$M_1=-45kN\cdot m$；$F_{S2}=0$，$M_2=-40kN\cdot m$

(6) $F_{S1}=-qa$，$M_1=-qa^2$；$F_{S2}=-qa$，$M_2=-3qa^2$；$F_{S3}=-2qa$，$M_3=-4.5qa^2$

8-2 (1) $F_{Smax}=\dfrac{m}{l}$ $M_{max}=m$

(2) $|F_S|_{max}=\dfrac{3}{4}ql$ $|M|_{max}=\dfrac{ql^2}{4}$

(3) $F_{Smax}=F$ $|M|_{max}=\dfrac{Fl}{2}$

(4) $F_{Smax}=\dfrac{3}{2}qa$ $M_{max}=\dfrac{9}{8}qa^2$

8-3 (1) $F_{Smax}=1.5F$ $M_{max}=2Fa$

(2) $|F_S|_{max}=4kN$ $|M|_{max}=4kN\cdot m$

(3) $F_S=0$ $M_{max}=m$

(4) $F_{Smax}=1.67qa$ $M_{max}=1.39qa^2$

(5) $F_{Smax}=qa$ $|M|_{max}=qa^2$

(6) $F_{Smax}=17kN$ $M_{max}=39kN\cdot m$

8-5 $a=0.207l$

8-6 $X=(2l-d)/4$ $M_{max}=F\left(l-\dfrac{d}{2}\right)^2\Big/2l$

第九章

9-1 $\sigma_A=9.26MPa$，$\sigma_B=0$，$\sigma_C=6.18MPa(-)$，$\sigma_D=9.26MPa(-)$

9-2 $\sigma_{max}^{+}=15MPa$，$\sigma_{max}^{-}=9.6MPa$

9-3 $\sigma_{实max}=159MPa$，$\sigma_{空max}=93.7MPa$

空心截面比实心截面的最大应力减少了41%

9-4 $[F]=56.8kN$

9-5 (1) 横放时，$M_o=8.14kN\cdot m$

(2) 竖放时，$M_o=71.9kN\cdot m$

9-6 №12

9-7 15.7kN/m

9-8 矩形：$b=3.9cm$，$h=7.8cm$，$A=30.4cm^2$

工字形：№10，$A=14.3cm^2$

圆形：$d=73mm$，$A=42.0cm^2$

圆管形：$D=75mm$，$A=33.1cm^2$

9-9 (a) №24b

(b) №30b

(c) №30b

(d) №18b

9-10 $q=37.2kN/m$，$a=\dfrac{l}{\sqrt{8}}$

9-11 $x=22.5cm$

9-12 $a=1.385m$

9-13 №25b

9-14 $\tau_{max}=2.08MPa$，满足强度要求

9-15　$\sigma_{max}=213MPa$，$\tau_{max}=41.53MPa$

9-17　$[F]=44.2kN$

9-18　高 $h=\sqrt{\frac{2}{3}}d$，宽 $b=\frac{1}{\sqrt{3}}d$

9-19　$\sigma_{max}=105MPa$

第十章

10-1　正扭矩 $T=0.637kN\cdot m$，最大负扭矩 $T=2.02kN\cdot m$

10-2　$\tau_A=63.7MPa$，$\tau_{max}=84.9MPa$，$\tau_{min}=42.4MPa$

10-3　$N=197kW$

10-4　(1) $\theta_{AB}=-0.0045rad/m$

$\theta_{BC}=-0.0060rad/m$

(2) $\varphi_{C-A}=-0.009rad/m$

10-5　$\tau_{max}=32MPa<[\tau]$

10-6　$\tau_{max}=20MPa$，$\theta=0.359°/m$，刚度不满足要求

10-7　$D=42cm$，重量比：空/实$=71\%$

10-8　铝质空心轴

10-9　$d\geqslant 111.8mm$

第十一章

11-1　$a=4.63m$

11-2　$\sigma^{+}_{max}=6.75MPa$，$\sigma^{-}_{max}=6.99MPa$

11-3　$2\times 20a$

11-4　$F=22.2kN$

11-5　增大 7 倍（为原应力的 8 倍）

11-6　$d\geqslant 64mm$

11-7　$F=788N$

11-8　安全

第十二章

(a) 无多余约束的几何不变体系

(b) 瞬变体系

(c) 无多余约束的几何不变体系

(d) 无多余约束的几何不变体系

(e) 无多余约束的几何不变体系

(f) 可变体系

(g) 无多余约束几何不变体系

(h) 无多余约束几何不变体系

(i) 瞬变体系

(j) 无多余约束的几何不变体系

(k) 可变体系

(l) 有两个多余约束的几何不变体系

第十三章

13-1　(a) $M_B=-30kN\cdot m$（上部受拉）

(b) $M_B=10kN\cdot m$（下部受拉）

(c) $M_E=22.5kN \cdot m$（下部受拉），$M_F=20kN \cdot m$（下部受拉）

(d) $M_B=qa^2/4kN \cdot m$（下部受拉）

13-2 (a) $M_{BA}=-120kN \cdot m$（外侧受拉）

(b) $M_C=-30kN \cdot m$（外侧受拉），$F_{SAC}=10kN$

(c) $M_{CD}=10kN \cdot m$（下部受拉），$M_{CA}=0$，$F_{SCA}=-5kN$

(d) $M_D=-8kN \cdot m$（外侧受拉），$F_{SDA}=-1.33kN$

(e) $M_D=16kN \cdot m$（内侧受拉），$F_{SDA}=-8kN$

(f) $M_D=-160kN \cdot m$（外侧受拉），$F_{SED}=10kN$，$F_{NFB}=-10kN$

(g) $M_D=2.32kN \cdot m$（内侧受拉）

13-4 $M_D=31.9kN \cdot m$，$F_{SD左}=9.6kN$，$F_{ND右}=34.6kN$

13-5 (a) 7 根

(b) 4 根

(c) 2 根

(d) 11 根

13-6 (a) $F_{NCD}=53.4kN$，$F_{NCG}=-16.6kN$，$F_{NCF}=30kN$

(b) $F_{NAC}=-42.4kN$，$F_{NBC}=-14.1kN$

13-7 (a) $F_{N1}=150kN$，$F_{N2}=-32.3kN$，$F_{N3}=-124.2kN$

(b) $F_{N1}=-60kN$，$F_{N2}=-66.7kN$，$F_{N3}=36.1kN$

13-8 (a) $F_{NDE}=12kN$，$M_{FC}=-12kN \cdot m$（上侧受拉）

(b) $F_{NDE}=-84.9kN$，$M_D=30kN \cdot m$（下侧受拉）

13-9 (a) $F_{Na}=24.03kN$，$F_{Nb}=-36.06kN$，(b) $F_{Na}=-\dfrac{F}{2}$，$F_{Nb}=\sqrt{2}F$

(c) $F_{Na}=30kN$，$F_{Nb}=0$，$F_{Nc}=-30kN$，(d) $F_{Na}=-2\sqrt{2}F$，$F_{Nb}=-\sqrt{2}F$

第十四章

14-1 $\Delta_{cy}=1.5$ (cm) (↓) $\varphi_A=0.0093rad$（顺时针转）

14-2 (a) $\dfrac{ql^4}{8EI}$ (↓)；(b) $\dfrac{5Fl^3}{48EI}$ (↓)

(c) $\dfrac{5ql^4}{384EI}$ (↓)；(d) $\dfrac{5ql^4}{384EI}+\dfrac{Fl^3}{48EI}$ (↓)

14-3 $\dfrac{59l^4}{192EI}$ (←)

14-4 E 点水平$\dfrac{2430}{EI}$ (→)；B 的转角$\dfrac{495}{EI}$（逆时针）

14-5 $\Delta_{CD}=\dfrac{ql^4}{60EI}$（靠拢）

14-6 $\Delta_{Cy}=1.653cm$ (↑)

14-7 $\Delta_{CD}=-\dfrac{atl}{2}+\dfrac{2\sqrt{3}atl^2}{27h}$

14-8 $\Delta_{Ey}=1.5d$ (↓)，$\Delta_{Cx}=1.5d$ (→)，$\varphi_D=\dfrac{d}{2l}$（顺时针）

14-9 $\theta=\alpha\dfrac{t_1 l}{h}-\dfrac{Ml}{2EI}$（逆时针）

第十五章

15-1　(a) 2　(b) 5　(c) 4　(d) 10　(e) 8　(f) 4　(g) 5　(h) 5

15-2　(a) $M_{AB}=\frac{Fl}{8}$（上边受拉）；$F_{SAB}=F/2$

(b) $M_{AB}=\frac{Fl}{2}$（上边受拉）；$F_{SAB}=F$

(c) $M_{AB}=\frac{ql^2}{3}$（上边受拉）

(d) $M_{AB}=\frac{ql^2}{16}$（下边受拉）；$F_{SAB}=\frac{3ql}{16}$

15-3　(a) $M_{AB}=31\text{kN}\cdot\text{m}$（上边受拉）；$M_{BC}=15\text{kN}\cdot\text{m}$（右边受拉）

(b) $M_{CA}=8\text{kN}\cdot\text{m}$（左边受拉）

(c) $M_{AB}=2\text{kN}\cdot\text{m}$（左边受拉）；$M_{CB}=14\text{kN}\cdot\text{m}$（上边受拉）

(d) $M_{AC}=22.69\text{kN}\cdot\text{m}$（左边受拉）；$M_{BD}=13.31\text{kN}\cdot\text{m}$（左边受拉）

(e) $M_{DB}=8\text{kN}\cdot\text{m}$（下边受拉）

(f) $M_{CA}=\frac{ql^2}{28}$（左边受拉）；$M_{DB}=\frac{ql^2}{28}$（右侧受拉）

15-4　$F_{NCB}=-0.789F$（压力）

15-5　$F_{By}=1.173F$（↑）

15-6　$\Delta_{Cy}=17.5\text{mm}$（↓）

15-7　$X_1=7.33EI\alpha$；$M_{AC}=44EI\alpha$

15-8　将 B 支座降低 $\Delta=\frac{Fl^3}{144EI}=23.2\text{mm}$

15-9　$M_{AB}=\frac{3EI\Delta}{l^2}$（上边受拉）

第十六章

16-2　(a) $M_{DB}=6/11\text{m}$（左侧受拉），(b) $M_{BA}=3Pl/56$（左侧受拉）

(c) $M_{CE}=170/7=24.29\text{kN}\cdot\text{m}$（上边受拉），

$M_{DA}=10/7=1.43\text{kN}\cdot\text{m}$（右侧受拉）

16-3　(a) $M_{AB}=2.5\text{kN}\cdot\text{m}$（上边受拉），(b) $M_{AD}=240\text{kN}\cdot\text{m}$（左侧受拉）

(c) $M_{BA}=54/26=2.08\text{kN}\cdot\text{m}$（上边受拉），(d) $M_{BA}=24\text{kN}\cdot\text{m}$（右侧受拉）

16-4　$M_{BA}=50.41\text{kN}\cdot\text{m}$（下侧受拉）

16-5　$\varphi_B=\frac{Fa^2}{28EI}$（逆时针转），$\Delta_{Dx}=\frac{Fa^3}{6EI}$（←）

16-6　(a) $M_{AB}=3.75\text{kN}\cdot\text{m}$（上边受拉），(b) $M_{BA}=40\text{kN}\cdot\text{m}$（上边受拉）

第十七章

17-1　(a) $M_{BA}=140\text{kN}\cdot\text{m}$（上边受拉）

(b) $M_{AB}=28.2\text{kN}\cdot\text{m}$（上边受拉），$M_{AD}=26.4\text{kN}\cdot\text{m}$（上边受拉）

17-2　(a) $M_{BA}=4.97\text{kN}\cdot\text{m}$（上边受拉），$M_{BC}=0.97\text{kN}\cdot\text{m}$（上边受拉）

(b) $M_{AB}=9.93\text{kN}\cdot\text{m}$（下边受拉）

(c) $M_{CD}=2.12\text{kN}\cdot\text{m}$（上边受拉）

17-3　(a) $M_{BC}=25.74\text{kN}\cdot\text{m}$（上边受拉），$M_{CB}=21.76\text{kN}\cdot\text{m}$（上边受拉）

(b) $M_{BA}=M_{AB}=140\text{kN}\cdot\text{m}$（左侧受拉）

17-4　$M_{BC}=M_{CB}=120\text{kN}\cdot\text{m}$（下边受拉）

第十八章

18-5 $F_{SC}=-70kN$，$M_C=80kN\cdot m$

18-6 $M_{C(max)}=314kN\cdot m$，$F_{SC(max)}=104.5kN$，$F_{SC(min)}=-27.3kN$

18-7 (a) $F_{BY(max)}=1294kN$，$F_{SC(max)}=789kN$，$F_{SC(min)}=-131kN$

(b) $F_{BY(max)}=237kN$，$F_{SC(max)}=149kN$，$F_{SC(min)}=-36kN$

18-8 $M_{max}=426.7kN\cdot m$

18-9 $M_{max}=891kN\cdot m$

参考文献

[1] 哈尔滨工业大学理论力学教研室编. 理论力学. 第6版. 北京：高等教育出版社，2002.
[2] 浙江大学理论力学教研室编. 理论力学. 第3版. 北京：高等教育出版社，2002.
[3] 范钦珊主编. 工程力学. 北京：高等教育出版社，2002.
[4] 杨云芳主编. 建筑力学. 杭州：浙江大学出版社，2007.
[5] 杨茀康等. 结构力学. 第4版. 北京：高等教育出版社，1998.
[6] 包世华，龙驭球. 结构力学. 第2版. 北京：高等教育出版社，2006.
[7] 李廉锟. 结构力学. 第5版. 北京：高等教育出版社，2010.
[8] 华北水利学院编. 理论力学. 第2版. 北京：高等教育出版社，1984.
[9] 南京工学院，西安交通大学编. 理论力学. 北京：人民教育出版社，1987.
[10] 重庆建筑工程学院编. 理论力学. 北京：人民教育出版社，1984.
[11] 哈尔滨建筑工程学院，重庆建筑工程学院编. 材料力学. 北京：人民教育出版社，1979.
[12] 上海化工学院，无锡轻工学院编. 工程力学. 北京：人民教育出版社，1979.
[13] 张肇新，吴亚平等. 工程力学教程. 成都：西南交通大学出版社，1994.
[14] 孙训方等。材料力学教程. 北京：高等教育出版社，1979.
[15] 单辉祖. 材料力学. 北京：国防工业出版社，1982.
[16] 罗亚，刘章玮等. 材料力学. 北京：高等教育出版社，1985.
[17] 清华大学. 材料力学习题集. 北京：人民教育出版社，1965.
[18] 哈尔滨建筑工程学院，重庆建筑工程学院编. 结构力学. 北京：人民教育出版社，1979.
[19] 吴亚平，程耀芳，康希良编. 工程力学简明教程，北京：化学工业出版社，2005.